MW00614556

ARISTOTLE

XIV

LCL 307

ARISTOTLE

MINOR WORKS

ON COLOURS · ON THINGS HEARD ·
PHYSIOGNOMICS · ON PLANTS · ON
MARVELLOUS THINGS HEARD ·
MECHANICAL PROBLEMS · ON
INDIVISIBLE LINES · SITUATIONS AND
NAMES OF WINDS · ON MELISSUS,
XENOPHANES, AND GORGIAS

WITH AN ENGLISH TRANSLATION BY

W. S. HETT

HARVARD UNIVERSITY PRESS
CAMBRIDGE, MASSACHUSETTS
LONDON, ENGLAND

First published 1936

LOEB CLASSICAL LIBRARY® is a registered trademark
of the President and Fellows of Harvard College

ISBN 978-0-674-99338-9

*Printed on acid-free paper and bound by
The Maple-Vail Book Manufacturing Group*

CONTENTS

GENERAL INTRODUCTION

ALEXANDER THE GREAT died in 323 B.C. Though he
had held his commanding position for a comparatively
short time, his personal grip on the Hellenic world
was so complete, that his death was the signal for
the break up of the regime he had established. In
particular, Athens welcomed his death as a renewed
opportunity for asserting her traditional freedom. At
this time, Aristotle was living in Athens and presiding
over his philosophic school. Though there is no
reason to suspect him of any political activities, the
fact that he had been the tutor and personal friend
of Alexander made him an object of suspicion, and he
thought it wise to return from Athens to his property
at Chalcis in Euboea. He did not long survive his
retirement, as he died in the following year, B.C. 322.
On leaving Athens he handed over the fortunes of the
Academy to Theophrastus. Theophrastus presided
over the school from 322 to 288 and was succeeded
by Strato who remained at the head until about 269.
To this period most of the treatises included in this
volume belong, though they cannot, for the most part,
be ascribed with confidence to any particular author.
There is no doubt that Theophrastus followed his
master's example, and left behind him a large body
of notes, and possibly complete works which have
not survived. From these most of the treatises

have been compiled, though parts of some (*e.g.* the *Mechanica* and *De Melisso, Xenophane, Gorgia*), did not reach their present form until a much later date. All these treatises form part of the Aristotelian Corpus, which has come down to us, and, although they are probably none of them genuinely Aristotelian in the strict sense of the word, they all reflect the teaching of his school, and are in themselves extremely interesting. Perhaps the *Mechanica* is the most convincing, but the *De Lineis Insectabilibus* not only argues closely really abstruse mathematical problems, but reminds us that it is only within living memory that Euclid has been superseded in our schools as a teacher of geometry.

In the notes upon the mathematical treatises I have had the great advantage of comments and criticisms from Mr. J. Storr-Best, B.A., who has read them all and in places suggested valuable additions or alterations.

The text has, as a whole, suffered more from transcription and translation than most of Aristotle's work, and, in spite of a great deal of scholarly emendation, many passages have to be abandoned as hopeless, or entirely rewritten. The text used for this volume is that of Bekker, except in a few cases where the 1888 edition of O. Apelt has been employed. For permission to use this, our thanks are due to Messrs. Teubner of Leipzig. Where it has been necessary to emend the text, the letter B has been attached to the Bekker reading in the critical notes.

THE TRADITIONAL ORDER of the works of Aristotle as they appear since the edition of Immanuel Bekker (Berlin, 1831), and their division into volumes in this edition.

THE TRADITIONAL ORDER

THE TRADITIONAL ORDER

THE TRADITIONAL ORDER

ON COLOURS
(DE COLORIBUS)

INTRODUCTION

ALL authorities are agreed that this tract was not
written by Aristotle ; but though it has been assigned
both to Theophrastus and to Strato, there is really
no evidence upon which to determine the authorship.
It probably emanates from one of the Peripatetic
School.

As the author states at the end of the treatise, it
is intended rather to supply data for a detailed
examination into the scientific theory of colour than
to expound a complete thesis. He has realized that
the development of colour in animals and plants
depends to some extent on heat, and he seems to
suggest that heat and moisture are the controlling
factors. It is of more value as a collection of observed
facts than for any theory of the origin and develop-
ment of colour in physical life. There is of course no
knowledge of the part played by chemical action ;
but the author distinguishes between primary and
secondary colours and raises a doubt whether black
is a colour at all.

ΑΡΙΣΤΟΤΕΛΟΥΣ ΠΕΡΙ ΧΡΩΜΑΤΩΝ

I. Ἁπλᾶ τῶν χρωμάτων ἐστὶν ὅσα τοῖς στοιχείοις
συνακολουθεῖ, οἷον πυρὶ καὶ ἀέρι καὶ ὕδατι καὶ γῇ.
ἀὴρ μὲν γὰρ καὶ ὕδωρ καθ᾽ ἑαυτὰ τῇ φύσει λευκά,
τὸ δὲ πῦρ καὶ ὁ ἥλιος ξανθά. καὶ ἡ γῆ δ᾽ ἐστὶ
5 φύσει λευκή, παρὰ δὲ τὴν βαφὴν πολύχρους φαί-
νεται. δῆλον δ᾽ ἐπὶ τῆς τέφρας τοῦτ᾽ ἐστίν· ἐκ-
καυθέντος γὰρ τοῦ τὴν βαφὴν πεποιηκότος ὑγροῦ
λευκὴ γίνεται, οὐ παντελῶς δὲ διὰ τὸ τῷ καπνῷ
βεβάφθαι μέλανι ὄντι. διὸ καὶ ἡ κονία ξανθὴ γί-
νεται, τοῦ φλογοειδοῦς καὶ μέλανος ἐπιχρώζοντος
10 τὸ ὕδωρ. τὸ δὲ μέλαν χρῶμα συνακολουθεῖ τοῖς
στοιχείοις εἰς ἄλληλα μεταβαλλόντων. τὰ δ᾽ ἄλλα
ἐκ τούτων εὐσύνοπτα τῇ μίξει κεραννυμένων
ἀλλήλοις γίνεται. τὸ δὲ σκότος ἐκλείποντος τοῦ
φωτὸς γίνεται.

Τριχῶς γὰρ τὸ μέλαν ἡμῖν φαίνεται. ἢ γὰρ
ὅλως τὸ μὴ ὁρώμενόν ἐστι τῇ φύσει μέλαν (ἁπάν-
15 των γὰρ τῶν τοιούτων ἀνακλᾶταί τι φῶς μέλαν),
ἢ ἀφ᾽ ὧν μηδὲν ὅλως φέρεται φῶς πρὸς τὰς ὄψεις·
τὸ γὰρ μὴ ὁρώμενον, ὅταν ὁ περιέχων τόπος ὁρᾶται,
φαντασίαν ποιεῖ μέλανος. φαίνεται δὲ καὶ τὰ
τοιαῦτα ἡμῖν ἅπαντα μέλανα, ἀφ᾽ ὅσων ἀραιὸν καὶ
ὀλίγον ἰσχυρῶς ἀνακλᾶται τὸ φῶς. διὸ καὶ αἱ
20 σκιαὶ φαίνονται μέλαιναι. ὁμοίως δὲ καὶ τὸ ὕδωρ,

4

ARISTOTLE : ON COLOURS

I. THOSE colours are simple which belong to the ^{Simple} elements, fire, air, water and earth. For air and ^{colours.} water are naturally white in themselves, while fire and the sun are golden. The earth is also naturally white, but seems coloured because it is dyed. This becomes clear when we consider ashes ; for they become white when the moisture which caused their dyeing is burned out of them ; but not completely so, for they are also dyed by smoke, which is black. In the same way sand becomes golden, because the fiery red and black tints the water. The colour black belongs to the elements of things while they are undergoing a transformation of their nature. But the other colours are evidently due to mixture, when they are blended with each other. For darkness follows when light fails.

But black appears to us in three ways. In the first, ^{Black.} that which is not seen is, generally speaking, black naturally (for any light from such things is reflected as black) ; or secondly, black is that from which no light is conveyed to the eyes ; for that which is not seen, when the surrounding region is seen, gives an impression of black. Thirdly, all things appear black of the kind from which a very small amount of light is reflected. This is why shadows appear to be black.

5

ὅταν τραχυνθῇ, καθάπερ ἡ τῆς θαλάττης φρίκη· διὰ
γὰρ τὴν τραχύτητα τῆς ἐπιφανείας ὀλίγων τῶν
αὐγῶν προσπιπτουσῶν καὶ διασπωμένου τοῦ φωτός,
τὸ σκιερὸν μέλαν φαίνεται. καὶ τὸ νέφος, ὅταν ᾖ
25 πυκνὸν ἰσχυρῶς, διὰ τοῦτο. κατὰ τὰ αὐτὰ δὲ
τούτοις καὶ τὸ ὕδωρ καὶ ὁ ἀήρ, ὅταν ᾖ μὴ παντελῶς
διαδῦνον τὸ φῶς. καὶ γὰρ ταῦτα εἶναι δοκεῖ μέλανα,
791 b βάθος ἔχοντα, διὰ τὸ παντελῶς ἀραιὰς ἀνακλᾶσθαι
τὰς ἀκτῖνας· τὰ γὰρ μεταξὺ μόρια τοῦ φωτὸς
αὐτῶν ἅπαντα εἶναι δοκεῖ μέλανα διὰ τὸ σκότος.
ὅτι δὲ τὸ σκότος οὐ χρῶμα ἀλλὰ στέρησίς ἐστι
5 φωτός, οὐ χαλεπὸν ἐξ ἄλλων τε πολλῶν κατα-
μαθεῖν, καὶ μάλιστα ἐκ τοῦ μηδὲ αἰσθητὸν εἶναι τὸ
πηλίκον καὶ ποῖόν τι τῷ σχήματι τετύχηκεν ὂν τὸ
σκότος, καθάπερ ἐπὶ τῶν ἄλλων ὁρατῶν.

Τὸ δὲ φῶς ὅτι πυρός ἐστι χρῶμα, δῆλον ἐκ τοῦ
μηδεμίαν ἄλλην ἢ ταύτην ἔχον εὑρίσκεσθαι χρόαν,
καὶ διὰ τὸ μόνον τοῦτο δι᾽ ἑαυτοῦ ὁρατὸν γίνεσθαι,
10 τὰ δ᾽ ἄλλα διὰ τούτου. ἐπισκεπτέον δὲ τοῦτο.
ἔνια γὰρ οὐκ ὄντα πῦρ οὐδὲ πυρὸς εἶδη τὴν φύσιν
φῶς ποιεῖν φαίνεται. εἰ μὴ ἄρα τὸ μὲν τοῦ πυρὸς
χρῶμα φῶς ἐστίν, οὐ μέντοι καὶ τὸ φῶς πυρός ἐστι
χρῶμα μόνου, ἀλλ᾽ ἐνδέχεται μὴ μόνῳ μὲν ὑπάρχειν
τῷ πυρὶ τὴν χρόαν ταύτην, εἶναι μέντοι χρῶμα τὸ
15 φῶς αὐτοῦ. οὐδενὶ γοῦν ἄλλῳ τὴν ὄρασιν αὐτοῦ
συμβαίνει γίνεσθαι πλὴν τῷ φωτί, καθάπερ καὶ τὴν
τῶν ἄλλων σωμάτων ἁπάντων τῇ τοῦ χρώματος[1]
φαντασία. τὸ δὲ μέλαν χρῶμα συμβαίνει γίνεσθαι,
ὅταν ὁ ἀὴρ καὶ τὸ ὕδωρ ὑπὸ τοῦ πυρὸς διακαυθῇ,
διὸ καὶ πάντα τὰ καόμενα μελαίνεται, καθάπερ

---

[1] σώματος B.

6

In the same way water appears to be black when it is rough, as for instance the ripple of the sea ; for owing to the roughness of the surface few rays can fall on it, and the light is scattered, and so what is in shadow appears black. It is for the same reason that cloud appears to be black when it is very thick. It is just the same with water and air when the light does not entirely penetrate them. For these also appear to be black when deep, for very few rays of light are totally reflected ; for all those parts which are in between the light parts seem to be black because of the darkness. One can learn from many facts that darkness is not a colour at all, but is merely an absence of light, and particularly from the fact that it is not possible to perceive in darkness the character or shape of anything, as it is in the case of visible objects.

But that light is the colour of fire is clear from the fact that it is discovered to have no colour but this, and because it alone is visible by itself, whereas all other things are visible by means of it. This point must be further considered. For some things which are neither fire nor forms of fire seem to produce light by nature. Unless the colour of fire is light, light is not the colour of fire alone ; but it is possible that this colour does not belong to fire merely, but that light is actually its colour. Certainly visibility is impossible in any way except by light, just as the visibility of all other bodies is only possible by the appearance of colour. But the colour black is seen when air and water are burned by fire ; thus all things grow black when burning, such as wood and coals

20 ξύλα καὶ ἄνθρακες σβεσθέντος τοῦ πυρός, καὶ ὁ ἐκ
τοῦ κεράμου καπνὸς ἐκκρινομένου τοῦ ἐνυπάρχον-
τος ἐν τῷ κεράμῳ ὑγροῦ καὶ καομένου. διὸ καὶ
τοῦ καπνοῦ γίνεται μελάντατος ὁ ἀπὸ τῶν πιόνων
καὶ λιπαρῶν, οἷον ἐλαίου καὶ πίττης καὶ δᾳδός, διὰ
25 τὸ μάλιστα ταῦτα κάεσθαι καὶ συνέχειαν ποιεῖν.
μέλανα δὲ καὶ ταῦτα γίνεται, δι' ὅσων ῥεῖ τὸ ὕδωρ,
ὅταν βρυωθέντων πρῶτον ἀναξηρανθῇ τὸ ὑγρόν,
καθάπερ καὶ τὰ ἐν τοῖς τοίχοις κονιάματα. ὁμοίως
792 a δὲ καὶ οἱ καθ' ὕδατος λίθοι· καὶ γὰρ οὗτοι βρυω-
θέντες, ὕστερον ἀποξηραινόμενοι τῷ χρώματι γί-
νονται μέλανες. τὰ μὲν οὖν ἁπλᾶ τῶν χρωμάτων
ταῦτα καὶ τοσαῦτά ἐστιν.

II. Τὰ δ' ἄλλα ἐκ τούτων τῇ κράσει καὶ τῷ μᾶλ-
5 λον καὶ ἧττον γιγνόμενα πολλὰς καὶ ποικίλας ποιεῖ
χρωμάτων φαντασίας. κατὰ μὲν τὸ μᾶλλον καὶ
ἧττον, ὥσπερ τὸ φοινικοῦν καὶ τὸ ἁλουργές, κατὰ
δὲ τὴν κρᾶσιν, ὥσπερ τὸ λευκὸν καὶ τὸ μέλαν, ὅταν
μιχθέντα φαιοῦ ποιήσῃ φαντασίαν. διὸ τὸ μέλαν
10 καὶ σκιερὸν τῷ φωτὶ μιγνύμενον φοινικοῦν. τὸ γὰρ
μέλαν μιγνύμενον τῷ τε τοῦ ἡλίου καὶ τῷ ἀπὸ τοῦ
πυρὸς φωτὶ θεωροῦμεν ἀεὶ γιγνόμενον φοινικοῦν,
καὶ τὰ μέλανα πυρωθέντα πάντα εἰς χρῶμα μετα-
βάλλοντα φοινικοῦν· αἵ τε γὰρ καπνώδεις φλόγες
καὶ οἱ ἄνθρακες, ὅταν ὦσι διακεκαυμένοι, φαίνονται
15 χρῶμα ἔχοντες φοινικοῦν. τὸ δ' ἁλουργὲς εὐανθὲς
μὲν γίνεται καὶ λαμπρόν, ὅταν τῷ μετρίῳ λευκῷ
καὶ σκιερῷ κραθῶσιν ἀσθενεῖς αἱ τοῦ ἡλίου αὐγαί.
διὸ καὶ περὶ ἀνατολὰς καὶ δύσεις ὁ ἀὴρ πορφυρο-
ειδὴς ἔστιν ὅτε φαίνεται, περὶ ἀνατολὴν καὶ δύσιν
ὄντος τοῦ ἡλίου· ἀσθενεῖς γὰρ οὖσαι τότε μάλιστα
20 πρὸς σκιερὸν ὄντα τὸν ἀέρα προσβάλλουσιν. φαί-

when the fire is quenched, and the smoke from potter's clay when the moisture which is in the clay separates out and is burned. For this reason smoke that arises from fat and oily matter is the blackest, such as from oil, pitch and a pinewood torch, because these burn to the greatest extent and have continuity of substance. Those things also become black through which water flows, when the moisture of those which are grown over with moss first dries up, like the plaster in walls. Stones behave in the same way in the presence of water. For these too when moss-grown and afterwards dried become black in colour.

These then are all the simple colours.

II. The other colours derived from these by mixture in greater or smaller proportions make many different varieties. By greater and smaller proportions I mean such as red and purple, by mixture such as white and black, which when mixed give an appearance of grey. So when what is black and shady is mixed with light the result is red. For we see that, when what is black is mixed with the light of the sun and fire, the result is always red, and black things when burned always change to the colour red; for smoky flame and coal, when it is burned through, are seen to have a red colour. Purple is gay and bright whenever the rays of the sun are a weak mixture of white and shady. Consequently at the hours of sunrise and sunset the air seems to have a purple tint, the sun being at its rising or setting. For its rays being weak at the time are cast upon the air when it is inclined to be dark. The sea again has

Colour due to mixture.

9

792 a

νεται δὲ καὶ ἡ θάλαττα πορφυροειδής, ὅταν τὰ
κύματα μετεωριζόμενα κατὰ τὴν ἔγκλισιν σκιασθῇ·
πρὸς γὰρ τὸν ταύτης κλισμὸν ἀσθενεῖς αἱ τοῦ ἡλίου
αὐγαὶ προσβάλλουσαι ποιοῦσι φαίνεσθαι τὸ χρῶμα
ἀλουργές. ὃ καὶ ἐπὶ τῶν πτερωμάτων θεωρεῖται
25 γιγνόμενον· ἐντεινόμενα γάρ πως πρὸς τὸ φῶς
ἀλουργὲς ἔχει τὸ χρῶμα. ἐλάττονος δὲ τοῦ φωτὸς
προσβάλλοντος ζοφερόν, ὃ καλοῦσιν ὄρφνιον· πολὺ
δὲ καὶ τῷ πρώτῳ μέλανι κραθὲν φοινικοῦν. εὐανθὲς
δ' ὂν καὶ στίλβον εἰς τὸ φλογοειδὲς χρῶμα μετα-
βάλλει.

30 Κατὰ γὰρ τὴν πρὸς ἄλληλα κρᾶσιν οὕτως
ληπτέον, ἐξ ὑποκειμένου τεθεωρημένου χρώματος
ποιοῦντας τὴν μίξιν, ἀλλὰ μὴ πάντων ὁμοίαν γένε-
σιν ποιοῦντας. ἔστι γὰρ τῶν χρωμάτων οὐχ ἁπλᾶ
μέν, λόγον δ' ἔχει πρός τινα τὸν αὐτὸν τῶν συν-
θέτων ὅνπερ τὰ ἁπλᾶ πρὸς ἑαυτά, διὰ τὸ τὰ ἁπλᾶ
792 b πρὸς μίξιν ἑνὸς ἔχειν, καὶ μὴ εὔσημον ἐν τῷ παντί,
καὶ προστεθεωρημένον κατασκευάζειν ὁμοίως. τὴν
γὰρ τοῦ ἀλουργοῦ ἢ φοινικοῦ κρᾶσιν λέγοντας
ἀνάγκη ὁμοίως τοῖς ἐκ τούτων μιγνυμένοις καὶ
ποιοῦσιν ἄλλην χρόαν τὴν γένεσιν διηγεῖσθαι, καὶ
5 μὴ ὁμοίαν ἔμφασιν ποιεῖν. διόπερ ἐκ τοῦ προ-
κατεσκευασμένου ληπτέον καὶ θεωρητέον τὴν
κρᾶσιν, οἷον ὅτι τὸ οἰνωπὸν χρῶμα γίνεται, ὅταν
ἀκράτῳ τῷ μέλανι καὶ στίλβοντι κραθῶσιν αὐγαὶ
ἠεροειδεῖς, ὥσπερ καὶ αἱ τῶν βοτρύων ῥᾶγες· καὶ
γὰρ τούτων οἰνωπὸν φαίνεται τὸ χρῶμα ἐν τῷ
10 πεπαίνεσθαι· μελαινομένων γὰρ τὸ φοινικοῦν εἰς τὸ
ἀλουργὲς μεταβάλλει. κατὰ δὲ τὸν ὑποδεδειγμένον
τρόπον θεωρητέον πάσας τὰς τῶν χρωμάτων δια-
φοράς, ἐκ κινήσεως τὴν ὁμοιότητα λαμβάνοντας

10

a purple tinge when the waves rise at an angle, and consequently are in shadow; for the sun's rays striking feebly at an angle cause the colour to appear purple. The same thing is seen to occur with plumage; for when exposed to the light it has a purple tint. When less light strikes it, it is of that dark tint which men call grey-brown; when however the light is strong and mixed with primary black it becomes red. But when it is light and shining as well it changes to flame colour.

As far as mixture with each other is concerned we must begin our inquiry by making a mixture starting with an observed base, but not assuming a similar origin for all. For some colours are not simple, but the same relation applies to some of the compound colours as the simple ones bear to them, because in a sense the simple colours must be mixed with one of these compounds, and we must not assume it to be equally obvious in every case even on a close inspection. For when we speak of a mixture of purple and red we must explain on similar lines those which are a mixture of these two and produce another colour, but must not expect a similar appearance. We must then base our assumptions and our examination of mixtures on what has been prepared before, for instance that the colour of dark wine occurs when sunlight rays are mixed with what is pure black and what is glittering, like the berries of the grape; for their colour is said to be wine-dark at the moment of ripening; for, when they are growing black, red changes to purple. According to the method we have laid down we must inquire into all the variations of colour, finding similarity of colour in objects

Experimental method.

11

792 b

κατ' αὐτὸ τὸ φαινόμενον, τὴν ἐν ἑκάστῳ μίξιν
ὁμοιοῦντας καὶ ἐπὶ τῶν κατὰ μέρος ἐν γενέσει τινὶ
καὶ κράσει ποιούντων φαντασίαν, καὶ πίστιν προσ-
φερομένους. δεῖ δὲ καὶ πάντων τούτων ποιεῖσθαι
τὴν θεωρίαν μὴ καθάπερ οἱ ζωγράφοι τὰ χρώματα
ταῦτα κεραννύντας, ἀλλ' ἀπὸ τῶν εἰρημένων τὰς
ἀνακλωμένας αὐγὰς πρὸς ἀλλήλας συμβάλλοντας·
μάλιστα γὰρ δύναιτ' ἄν τις κατὰ φύσιν θεωρῆσαι
τὰς τῶν χρωμάτων κράσεις. τὰς δὲ πίστεις καὶ
τὰ ὅμοια δεῖ ἐν οἷς ἡ γένεσις ἔσται φανερὰ τῶν
χρωμάτων. ταῦτα δὲ μάλιστά ἐστι τό τ' ἀπὸ τοῦ
ἡλίου φῶς καὶ τὸ ἀπὸ τοῦ πυρὸς καὶ ὁ ἀὴρ καὶ τὸ
ὕδωρ· κεραννύμενα γὰρ τῷ μᾶλλον καὶ ἧττον ταῦτα
μάλιστα πάσας ὡς εἰπεῖν τὰς χρόας ἀποτελεῖ. ἐπι-
ληπτέον δὲ καὶ ἀπὸ τῶν ἄλλων χρωμάτων ταῖς
αὐγαῖς κεραννυμένων τὴν ὁμοιότητα· οἱ γὰρ ἄν-
θρακες καὶ ὁ καπνὸς καὶ ὁ ἰὸς καὶ τὸ θεῖον καὶ
τὰ πτερώματα κεραννύμενα τὰ μὲν ταῖς τοῦ ἡλίου
αὐγαῖς, τὰ δὲ ταῖς τοῦ πυρός, πολλὰς καὶ ποι-
κίλας ποιοῦσι μεταβολὰς χρωμάτων. τὰ δὲ καὶ τῇ
πέψει θεωρητέον, γινόμενα ἐν φυτοῖς καὶ καρποῖς
καὶ τριχώμασι καὶ πτερώμασι καὶ τοῖς τοιούτοις
πᾶσιν.

III. Δεῖ δὲ μὴ λανθάνειν τὸ πολυειδὲς καὶ τὸ
ἄπειρον τῶν χρωμάτων, διὰ πόσα συμβαίνει γί-
νεσθαι. εὑρήσομεν γὰρ ἤτοι διὰ τὸ τῷ φωτὶ καὶ
ταῖς σκιαῖς ἀνίσως καὶ ἀνωμάλως λαμβάνεσθαι·
καὶ γὰρ αἱ σκιαὶ καὶ τὸ φῶς κατὰ τὸ μᾶλλον καὶ
ἧττον πολὺ διαφέρουσιν αὐτῶν, ὥστε καὶ καθ'
αὑτὰς καὶ μετὰ τῶν χρωμάτων μιγνύμεναι ποιοῦσι
μεταβολὰς χρωμάτων, ἢ τῷ τὰ κεραννύμενα τῷ
πλήθει καὶ ταῖς δυνάμεσι διαφέρειν, ἢ τῷ λόγους

793 a

undergoing movement according to their actual appearance, finding similar explanations of the mixing in each case, even in the case of those which both by origin and through mixture produce the appearance, and by bringing forward convincing proof. But we must make our investigation into these things not by mixing these colours as painters do, but by comparing the rays which are reflected from those to which we have already referred. For one could especially consider the mixing of rays in nature. But we require convincing proof and a consideration of similarities, if the origin of the colours is to become obvious. This is especially the case with the light of the sun, and that which comes from fire, air and water ; for these being mixed in greater or less proportions produce in a sense all the colours. One must also base conclusions on the similarities of the other colours, when mixed with the rays of the sun ; for coal, smoke, rust and sulphur and plumage when mixed, some with the rays of the sun and some with fire, provide many variations of colour. Other colours, again, must be considered in ripening, occurring as they do in plants and fruit, hair and feathers and all such things.

III. We must not, however, neglect the variegated and the ill-defined among colours, and the quantities to which their occurrence is due. We shall find that it is because they have an unequal and disproportionate share of light and shade ; for the difference between light and shade is a quantitative difference of more and less, so that by themselves and when mixed with colours they cause change of colour, either because the colours mixed differ in quantity and strength, or because they have not the same propor-

The causes of indefinite shades of colour.

13

798 a

ἔχειν μὴ τοὺς αὐτούς. πολλὰς γὰρ καὶ τὸ ἁλουργὲς
ἔχει διαφορὰς καὶ τὸ φοινικιοῦν καὶ τὸ λευκὸν καὶ
τῶν ἄλλων ἕκαστον καὶ κατὰ τὸ μᾶλλον καὶ ἧττον
10 καὶ κατὰ τὴν πρὸς ἄλληλα μίξιν καὶ εἰλικρίνειαν
αὐτῶν. ποιεῖ δὲ διαφορὰν καὶ τὸ λαμπρὸν ἢ στιλ-
βὸν εἶναι τὸ μιγνύμενον ἢ τοὐναντίον αὐχμηρὸν καὶ
ἀλαμπές. ἔστι δὲ τὸ στιλβὸν οὐκ ἄλλο τι ἢ συν-
έχεια φωτὸς καὶ πυκνότης. τὸ γὰρ χρυσοειδὲς
γίνεται, ὅταν τὸ ξανθὸν καὶ τὸ ἡλιῶδες πυκνωθὲν
15 ἰσχυρῶς στίλβῃ. διὸ καὶ οἱ τῶν περιστερῶν
τράχηλοι καὶ τῶν ὑδάτων οἱ σταλαγμοὶ φαίνονται
χρυσοειδεῖς τοῦ φωτὸς ἀνακλωμένου. ἔστι δὲ ἃ
λειούμενα τρίψει καὶ δυνάμεσί τισιν ἀλλοίας ἴσχει
καὶ ποικίλας χρόας, ὥσπερ καὶ ὁ ἄργυρος παρα-
τριβόμενος καὶ χρυσὸς καὶ χαλκὸς καὶ σίδηρος.
20 καί τινα γένη λίθων διαφόρους ποιεῖ χρόας, καθά-
περ καὶ * * * μέλαιναι γὰρ οὖσαι λευκὰς γράφουσι
γραμμάς, διὰ τὸ πάντων τῶν τοιούτων τὰς μὲν ἐξ
ἀρχῆς συστάσεις ἐκ μικρῶν εἶναι μορίων καὶ πυκ-
νῶν καὶ μελάνων, ὑπὸ δὲ τῆς ἐν τῇ γενέσει βαφῆς
ἁπάντων τῶν πόρων κεχρωσμένων δι' ὧν διελή-
25 λυθεν αὐτῶν ἡ βαφή, ἄλλην ἐσχηκέναι τὴν τοῦ
χρώματος φαντασίαν. ὁ δ' ἀποτριβόμενος ἀπ'
αὐτῶν οὐκέτι γίνεται χρυσοειδὴς οὐδὲ χαλκοειδὴς
οὐδ' ἄλλην οὐδεμίαν τοιαύτην ἔχων χροιάν, ἀλλὰ
πάντως μέλας, διὰ τὸ τοὺς μὲν πόρους παρατριβο-
μένων αὐτῶν ἀναρρήγνυσθαι, δι' ὧν ἡ βαφὴ διελή-
30 λυθε, φύσει δὲ καὶ τῶν αὐτῶν εἶναι. τοῦ γὰρ
προτέρου χρώματος οὐκέτι ὄντος ἡμῖν φανεροῦ
παρὰ τὸ διασπᾶσθαι τὴν βαφήν, τὸ κατὰ φύσιν
ὑπάρχον αὐτοῖς χρῶμα ὁρῶμεν· διὸ καὶ πάντα
φαίνεται μέλανα. ἐν δὲ τῷ παρατρίβεσθαι πρὸς

14

tions. For purple exhibits a large number of variations, and so does red and white, and each of the other colours, both in the matter of greater and less, and in their mixture with each other and in their purity. It also makes a difference whether the colour mixed is bright and shining, or on the contrary dark and dull. Shining is nothing but the continuity and intensity of light. A golden colour appears when what is yellow and sunny gleams with great intensity. This is why the necks of doves and drops of water appear golden when light is reflected from them. Some objects, when smoothed by rubbing or by other forces, exhibit varied and different colours, like silver when it is rubbed and gold, bronze and steel. Some kinds of stones show different colours, like * * *,[a] for though black they draw white lines, because they are originally composed of small elements which are thick and black, and by the dyeing process which takes place when they are made, all the passages through which the dyeing passes are coloured, so that a different appearance is given to the colour. But what is rubbed off from them is no longer golden in appearance, nor bronze, nor has it any other such tinge, but it is entirely black, because by the rubbing the passages through which the dyeing takes place are broken up, but originally they are of the same colour. For when the former colour is no longer obvious to us, because the dyeing process is dissipated, we see the colour which naturally belongs to them; and so they all appear black. But in the process of

[a] A lacuna of six or seven letters, probably containing the name of the stone.

15

793 a
ὁμαλὲς καὶ λεῖον ἕκαστον τούτων, καθάπερ καὶ
793 b πρὸς τὰς βασάνους, ἀποβάλλοντα ἀπολαμβάνει
πάλιν τὴν χρόαν ἐν τῇ συνάψει καὶ συνεχείᾳ τὸ τῆς
βαφῆς διαφαινόμενον. ἐπὶ δὲ τῶν καυστῶν καὶ
διαλυομένων καὶ τηκομένων ἐν τῷ πυρὶ ταῦτα
5 πλείστας ἔχει χρόας, ὅσων ὁ καπνός ἐστι λεπτὸς
καὶ ἀεροειδὴς καὶ τὰ χρώματα σκιώδη, ὥσπερ ὅ
τε ἀπὸ τοῦ θείου καὶ τῶν ἰωμένων χαλκείων, καὶ
ὅσα ἐστὶ πυκνὰ καὶ λεῖα, καθάπερ ὁ ἄργυρος. ἐπὶ
δὲ τῶν ἄλλων ὅσα σκιώδεις ἔχει τὰς χρόας καὶ
λειότητος μετέχει, ὥσπερ τὸ ὕδωρ καὶ τὰ νέφη καὶ
10 τὰ πτερώματα τῶν ὀρνίθων· καὶ γὰρ ταῦτα διά τε
τὴν λειότητα καὶ τὰς προσπιπτούσας αὐγάς, ἄλλοτε
ἄλλως κεραννυμένας, ποιεῖ διαφόρους τὰς χρόας,
καθάπερ καὶ τὸ σκότος.

Τῶν δὲ χρωμάτων οὐδὲν ὁρῶμεν εἰλικρινὲς οἷόν
ἐστιν, ἀλλὰ πάντα κεκραμένα ἐν ἑτέροις· καὶ γὰρ
15 ἂν μηδενὶ τῶν ἄλλων, ταῖς γε τοῦ φωτὸς αὐγαῖς καὶ
ταῖς σκιαῖς κεραννύμενα ἀλλοῖα, καὶ οὐχ οἷά ἐστι,
φαίνεται. διὸ καὶ τὰ ἐν σκιᾷ θεωρούμενα καὶ ἐν
φωτὶ καὶ ἡλίῳ, καὶ σκληρᾷ αὐγῇ ἢ μαλακῇ, καὶ
κατὰ τὰς ἐγκλίσεις οὕτως ἢ οὕτως ἔχοντι, καὶ κατὰ
τὰς ἄλλας διαφοράς, ἀλλοῖα φαίνεται. καὶ ταῖς
20 πρὸς τῷ πυρὶ καὶ τῇ σελήνῃ, καὶ ταῖς τῶν λύχνων
αὐγαῖς, διὸ καὶ τὸ φῶς ἑκάστου τούτων ἀλλοιοτέραν
ἔχει χρόαν. καὶ τῇ πρὸς ἄλληλα δὲ μίξει τῶν
χρωμάτων· δι' ἀλλήλων γὰρ φερόμενα χρώζεται.
τὸ γὰρ φῶς ὅταν προσπεσὸν ὑπό τινων χρωσθῇ,
καὶ γένηται φοινικιοῦν ἢ ποῶδες, καὶ τὸ ἀνακλα-
25 σθὲν προσπέσῃ πρὸς ἕτερόν τι χρῶμα, πάλιν ὑπ'
ἐκείνου κεραννύμενον ἄλλην τινὰ λαμβάνει τοῦ χρώ-
ματος κρᾶσιν. καὶ τοῦτο πάσχον συνεχῶς μὲν οὐκ

16

rubbing each of them to a homogeneous and smooth surface, as in treating on a touchstone, they lose their blackness, and recover their colour, the dye showing through when there is contact and continuity. But in the case of things burned and being disintegrated and melting in the fire those exhibit most colours where the smoke is light and misty and the colours are dark, like the smoke that arises from sulphur and from rusty bronze, and all substances which are dense and smooth such as silver. But other cases of variety are those which have dark colours and some measure of smoothness, such as water, clouds and birds' plumage. For these owing to their smoothness and the rays that fall upon them, mixed in various ways, produce various colours, just as darkness does.

We do not see any of the colours pure as they really are, but all are mixed with others ; or if not mixed with any other colour they are mixed with rays of light and with shadows, and so they appear different and not as they are. Consequently things appear different according to whether they are seen in shadow or in sunlight, in a hard or a soft light, and according to the angle at which they are seen and in accordance with other differences as well. Those which are seen in the light of the fire or the moon and by the rays of a lamp differ by reason of the light in each case : and also by the mixture of the colours with each other ; for in passing through each other they are coloured ; for when light falls on something, and, being tinted by it, becomes reddish or greenish, and then the reflected light falls on another colour, being again mixed by it, it takes on still another mixture of colour. And by being affected in this way,

We never see a pure colour.

17

αἰσθητῶς δὲ ἐνίοτε παραγίνεται πρὸς τὰς ὄψεις ἐκ
πολλῶν μὲν κεκραμένον χρωμάτων, ἑνὸς δέ τινος
30 τῶν μάλιστα ἐπικρατούντων ποιοῦν τὴν αἴσθησιν.
διὸ καὶ καθ' ὕδατος ὑδατοειδῆ μᾶλλον φαίνεται, καὶ
τὰ ἐν τοῖς κατόπτροις ὁμοίας ἔχοντα χρόας ταῖς τῶν
κατόπτρων. ὃ καὶ περὶ τὸν ἀέρα οἰητέον συμβαίνειν.
ὥστε ἐκ τριῶν εἶναι τὰς χρόας ἁπάσας μεμιγμένας,
τοῦ φωτός, καὶ δι' ὧν φαίνεται τὸ φῶς, οἷον τοῦ
794 a τε ὕδατος καὶ τοῦ ἀέρος, καὶ τρίτου τῶν ὑποκει-
μένων χρωμάτων, ἀφ' ὧν ἀνακλᾶσθαι συμβαίνει τὸ
φῶς. τὸ δὲ λευκὸν καὶ διαφανὲς ὅταν μὲν ἀραιὸν
ᾖ σφόδρα, φαίνεται τῷ χρώματι ἀεροειδές· ἐπὶ δὲ
5 τῶν πυκνῶν ἐπὶ πάντων ἐπιφαίνεταί τις ἀχλύς,
καθάπερ ἐπὶ τοῦ ὕδατος καὶ ὑάλου καὶ τοῦ ἀέρος,
ὅταν ᾖ παχύς. τῶν γὰρ αὐγῶν διὰ τὴν πυκνότητα
πανταχόθεν ἐκλειπουσῶν, οὐ δυνάμεθα τὰ ἐντὸς
αὐτῶν ἀκριβῶς διορᾶν. ὁ δ' ἀὴρ ἐγγύθεν μὲν
10 θεωρούμενος οὐδὲν ἔχειν φαίνεται χρῶμα (διὰ γὰρ
τὴν ἀραιότητα ὑπὸ τῶν αὐγῶν κρατεῖται, χωρι-
ζόμενος ὑπ' αὐτῶν πυκνοτέρων οὐσῶν καὶ δια-
φαινομένων δι' αὐτοῦ), ἐν βάθει δὲ θεωρουμένου,
ἐγγυτάτω φαίνεται τῷ χρώματι κυανοειδὴς διὰ
τὴν ἀραιότητα. ᾗ γὰρ λείπει τὸ φῶς, ταύτῃ σκότῳ
διειλημμένος φαίνεται κυανοειδής. ἐπιπυκνωθεὶς
15 δέ, καθάπερ καὶ τὸ ὕδωρ, πάντων λευκότατόν ἐστιν.

IV. Τὰ δὲ βαπτόμενα πάντα τὰς χρόας ἀπὸ τῶν
βαπτόντων λαμβάνει. πολλὰ μὲν γὰρ τοῖς ἄνθεσι
βάπτεται τοῖς φυομένοις, πολλὰ δὲ ῥίζαις, πολλὰ
δὲ φλοιοῖς ἢ ξύλοις ἢ φύλλοις ἢ καρποῖς. ἔτι δὲ
20 πολλὰ μὲν γῇ, πολλὰ δ' ἀφρῷ, πολλὰ δὲ καὶ
μελαντηρίᾳ. τὰ δὲ καὶ τοῖς τῶν ζῴων χυλοῖς,
καθάπερ καὶ τὸ ἁλουργὲς τῇ πορφύρᾳ. τὰ δὲ οἴνῳ,
18

continually but imperceptibly, it sometimes reaches the eyes as a mixture of many colours, but producing the sensation of the most predominant ; so in water things appear more watery and things seen in mirrors appear to have similar colours to those in the mirrors. This also happens, one would suppose, in the case of air. So that all colours are a mixture of three things, the light, the medium through which the light is seen, such as water and air, and thirdly, the colours forming the ground, from which the light happens to be reflected. But the white and the transparent, when it is very thin, appears misty in colour. But over what is dense a haze invariably appears, as in the case of water, glass and air, when it is dense. For, as the rays from all directions fail owing to the density, we cannot see accurately into their inner parts. But the air when examined from near by seems to have no colour (for owing to its thinness it is controlled by the rays and is divided up by them, because they are denser and show right through it), but when examined in depth, the air appears from very near by to be blue in colour because of its rarity. For where the light fails, there, being penetrated by darkness at this point, it appears blue. But when dense, just as with water, it is the whitest of all things.

IV. All dyed things take their colour from what   Coloration. dyes them. For many are coloured by the flowers of plants, many by the roots, many again by bark or wood or leaves or fruit. Many again are coloured by earth, by foam, and many by ink ; others again are coloured by animal juices, such as purple by the murex. Others again by wine, by smoke, by sand,

794 a

τὰ δὲ καπνῷ, τὰ δὲ κονίᾳ, τὰ δὲ θαλάττῃ, ὥσπερ
τὰ τριχώματα τῶν θαλαττίων· καὶ γὰρ ταῦτα πάντα
ὑπὸ τῆς θαλάττης γίγνονται πυρρά. καὶ ὅλως ὅσα
25 χρόας ἰδίας ἔχει. ἀεὶ γὰρ ἀπὸ πάντων αὐτῶν, ἅμα
τῷ τε ὑγρῷ καὶ θερμῷ τῶν χρωμάτων συνεισιόν-
των εἰς τοὺς τῶν βαπτομένων πόρους, ὅταν ἀπο-
ξηρανθῇ, τὰς ἀπ᾽ ἐκείνων χρόας λαμβάνει. διὸ καὶ
πολλάκις αὐτῶν ἐκπλύνεται, τῶν ἀνθῶν ἐκ τῶν
πόρων ἐκρυέντων.   πολλὰς δὲ καὶ αἱ στύψεις ἐν
30 τῇ βαφῇ ποιοῦσι διαφορὰς καὶ μίξεις, καὶ τὰ πάθη
τῶν βαπτομένων, ὥσπερ καὶ ἐπὶ τῆς κράσεως εἴρη-
ται πρότερον.   βάπτεται δὲ καὶ τὰ μέλανα τῶν
ἐρίων, οὐ μὴν ὁμοίως γε τῷ χρώματι γίγνεται
λαμπρά, διὰ τὸ βάπτεσθαι τοὺς πόρους αὐτῶν εἰς
794 b τοὺς τῶν ἀνθῶν εἰσιόντας, τὰ δὲ μεταξὺ διαστή-
ματα τῆς τριχὸς μηδεμίαν λαμβάνειν βαφήν. ταῦτα
λευκὰ μὲν ὄντα, καὶ παρ᾽ ἄλληλα κείμενα τοῖς
χρώμασι, ποιεῖ πάντα φαίνεσθαι τὰ ἄνθη λαμπρό-
τερα· τὰ μέλανα δὲ τοὐναντίον σκιερὰ καὶ ζοφώδη.
5 διὸ καὶ τὸ καλούμενον ὄρφνιον εὐανθέστερον γίγνεται
τῶν μελάνων ἢ τῶν λευκῶν· οὕτω γὰρ ἀκρατέσ-
τερον αὐτῶν φαίνεται τὸ ἄνθος, κεραννύμενον ταῖς
τοῦ μέλανος αὐγαῖς. καθ᾽ αὑτὸ μὲν γὰρ τὸ μεταξὺ
διάστημα τῶν πόρων οὐχ ὁρᾶται διὰ σμικρότητα,
καθάπερ οὐδὲ καττίτερος τῷ χαλκῷ κραθείς, οὐδὲ
10 τῶν ἄλλων οὐθὲν τῶν τοιούτων. τῶν δὲ βαπτομένων
τὰ χρώματα ἀλλοιοῦται διὰ τὰς εἰρημένας αἰτίας.
   V. Τὰ δὲ τριχώματα καὶ τὰ πτερώματα καὶ τὰ
ἄνθη καὶ οἱ καρποὶ καὶ τὰ φυτὰ πάντα ὅτι μὲν
ἅμα τῇ πέψει πάσας τὰς τῶν χρωμάτων λαμβάνει
15 μεταβολάς, φανερὸν ἐκ πολλῶν· τίνες δέ εἰσιν
ἑκάστοις τῶν φυομένων ἀρχαὶ τῶν χρωμάτων, καὶ

20

or by sea as is the case with the hair among sea
creatures ; for these are all made reddish by the sea.
This is true, speaking generally, of all those which have
distinctive colours. For when the colours enter the
passages of that which is being dyed together with
moisture and heat, when they are dried they take
their colours from them. And so it is often washed
out of them, when the dye flows out of the passages.
But the steeping in alum in the dyeing process pro-
duces many differences and mixtures, and so do the
qualities of the substances dyed, as has been said
before in the case of mixtures. When black fleeces
are dyed they do not become all equally bright in
colour, because their passages are dyed when the dye
enters into them, but the spaces in between the hair
receive no dye. These being white and lying side by
side with the colours make the dye appear brighter ;
the black parts on the other hand are shadowy and
dark. Consequently what is called brown-grey is
brighter when on black wool than on white. For in
this case the dye appears purer, being mingled with
the rays of the black. By itself the space in between
the passages is not noticed because of its smallness,
just as tin is not noticed when it is mixed with bronze,
nor any other such thing. The colours of things dyed
vary in kind according to the reasons we have out-
lined.

V. Hair and plumage and flowers and fruit and
all plants can in many ways be seen to take on
changes of colour at the time of ripening ; but now we
have to consider what are the primary sources of the

Coloration
in plants.

21

794 b

ποίας τὰς μεταβολὰς ἐκ ποίων λαμβάνουσι, καὶ δι᾽
ἃς αἰτίας ταῦτα πάσχει, κἂν εἴ τινας ἄλλας ἀπορίας
αὐτοῖς συμβαίνει παρακολουθεῖν, περὶ πάντων τού-
των ἐπισκεπτέον ἐκ τῶν τοιούτων. ἐν πᾶσι δὴ τοῖς
20 φυτοῖς ἀρχὴ τὸ ποῶδές ἐστι τῶν χρωμάτων· καὶ
γὰρ οἱ βλαστοὶ καὶ τὰ φύλλα καὶ οἱ καρποὶ γίνονται
κατ᾽ ἀρχὰς ποώδεις. ἴδοι δ᾽ ἄν τις τοῦτο καὶ ἐπὶ
τῶν ὑομένων ὑδάτων· ὅπου ἂν πλείονα χρόνον
συστῇ τὸ ὕδωρ, πάλιν ἀποξηραινόμενον γίνεται τῷ
25 χρώματι ποῶδες. κατὰ λόγον δὲ συμβαίνει καὶ τὸ
πρῶτον ἐν πᾶσι τοῖς φυομένοις τοῦτο συνίστασθαι
τῶν χρωμάτων. τὰ γὰρ ὕδατα πάντα χρονιζόμενα
κατ᾽ ἀρχὰς μὲν γίνεται χλωρά, κεραννύμενα ταῖς
τοῦ ἡλίου αὐγαῖς, κατὰ μικρὸν δὲ μελαινόμενα,
πάλιν μιγνύμενα τῷ χλωρῷ, γίνεται ποώδη. τὸ
30 γὰρ ὑγρόν, ὥσπερ εἴρηται, καθ᾽ ἑαυτὸ παλαιού-
μενον καὶ καταξηραινόμενον μελαίνεται, καθάπερ
καὶ τὰ ἐν ταῖς δεξαμέναις κονιάματα· καὶ γὰρ
τούτων ὅσα μέν ἐστιν ἀεὶ καθ᾽ ὕδατος, ταῦτα
μὲν ἅπαντα γίγνεται μέλανα διὰ τὸ καθ᾽ αὑτὰ μὴ
795 a ξηραίνεσθαι διαψυχόμενον τὸ ὑγρόν, ὅσον δ᾽ ἀπαν-
τλούμενον ἡλιοῦται, τοῦτο δὲ[1] ποῶδες γίνεται διὰ
τὸ τὸ ξανθὸν τῷ μέλανι κεράννυσθαι. μᾶλλον μὲν
οὖν τοῦ ὑγροῦ μελαινομένου τὸ ποῶδες γίνεται
κατακορὲς ἰσχυρῶς καὶ πρασοειδές. διὸ καὶ πάν-
των οἱ παλαιοὶ βλαστοὶ πολὺ μᾶλλόν εἰσι τῶν νέων
μέλανες· οἱ δὲ ξανθότεροι διὰ τὸ μήπω τὸ ὑγρὸν
ἐν αὐτοῖς μελαίνεσθαι. τῆς γὰρ αὐξήσεως αὐτῶν
βραδυτέρας γιγνομένης, καὶ τῆς ὑγρασίας πολὺν
10 χρόνον ἐμμενούσης, διὰ τὸ ψυχόμενον ἰσχυρῶς
μελαίνεσθαι τὸ ὑγρόν, γίνεται πρασοειδὲς ἀκράτῳ
τῷ μέλανι κεραννύμενον.

22

colours which belong naturally to each species, what changes they exhibit and from what and for what reason they are thus affected, and whether any other difficulties follow these facts. The inquiry depends on the following facts. The primary colour of all plants is green ; for shoots and leaves and fruit are all green to begin with. One can see exactly the same thing in rain water ; when the water has stood for a long time, as it dries up again it becomes green in colour. This happens logically, and in all growing things this is the first colour that obtains. For all water that stands for a long time is green originally, being mixed with the rays of the sun, but it gradually grows black, but becomes green again when mixed with fresh water. For anything moist, as has been said, as it grows old by itself and dries up, becomes black, as plaster does in its receptacles ; for all things which are always in water become black, because the moisture does not grow cold and dry, but all that is drained out and exposed to the sun becomes green because the yellow is mixed with the black. Or rather, as the moist part blackens, the green becomes very dark, and of the colour of a leek. Consequently the older shoots are much blacker than the young ones ; the latter are yellower because the moisture in them has not yet turned black. For as their growth becomes slower and their moisture lasts for a long time, as the moisture becomes very black as it cools, it changes to leek-green by being mixed with pure black.

---

[1] τὸ μὲν B.

795 a

Ἐν ὅσοις δὲ τὸ ὑγρὸν μὴ μίγνυται ταῖς τοῦ
ἡλίου αὐγαῖς, τούτων διαμένει τὸ χρῶμα λευκόν,
ἐὰν μὴ χρονιζόμενον καὶ καταξηραινόμενον μελανθῇ
πρότερον. διὸ καὶ τὰ μὲν ὑπὲρ γῆς χλωρὰ πάντων
τῶν φυομένων τὸ πρῶτόν ἐστι, τὰ δὲ κατὰ γῆς,
15 καυλοὶ καὶ ῥίζαι λευκαί. καὶ οἱ βλαστοὶ κατὰ γῆς
μὲν ὄντες εἰσὶ λευκοί, περιαιρεθείσης δὲ τῆς γῆς τὸ
μὲν ἐξ ἀρχῆς, ὡς προείρηται, πάντες γίγνονται
ποώδεις διὰ τὸ καὶ τὴν ὑγρασίαν τὴν διὰ τῶν
βλαστῶν εἰς αὐτοὺς διηθουμένην τοιαύτην ἔχειν
τὴν τοῦ χρώματος φύσιν, καὶ ταχέως αὐτὴν εἰς
20 τὴν αὔξησιν καταναλίσκεσθαι τὴν τῶν καρπῶν·
ὅταν δὲ μηκέτι αὐξάνωνται διὰ τὸ μὴ κρατεῖν ἤδη
τὸ θερμὸν τῆς ἐπιρρεούσης τροφῆς, ἀλλὰ καὶ τοὐ-
ναντίον ἀναλύηται τὸ ὑγρὸν ὑπὸ τῆς θερμότητος.
τότε δὴ πεπαίνονται[1] οἱ καρποὶ πάντες, καὶ τῆς
ὑπαρχούσης ἐν αὐτοῖς ὑγρασίας συνεψομένης ὑπό
25 τε τοῦ ἡλίου καὶ τῆς τοῦ ἀέρος θερμότητος ἕκαστοι
ἀπολαμβάνουσι τὰς ἀπὸ τῶν χυλῶν[2] χρόας, καθά-
περ καὶ τὰ βαπτόμενα τῶν ἀνθῶν. διὸ κατὰ μικρὸν
χρώζονται, καὶ μάλιστα αὐτῶν τὰ πρὸς τὸν ἥλιον
ἐστραμμένα καὶ τὴν ἀλέαν.

Ὥστε καὶ τὰς χρόας αὐτῶν ἅμα ταῖς ὥραις
30 ἁπάντων μεταβάλλειν. φανερὸν δὲ τοῦτο ἐστίν· οἱ
γὰρ τοῦ ποώδους χρώματος ἅπαντες ἤδη πεπαινό-
μενοι μεταβάλλουσιν εἰς τὸ κατὰ φύσιν χρῶμα.
καὶ γὰρ λευκοὶ καὶ μέλανες καὶ φαιοὶ καὶ ξανθοὶ
795 b καὶ μελανοειδεῖς καὶ σκιοειδεῖς καὶ φοινικιοῖ καὶ
οἰνωποὶ καὶ κροκοειδεῖς σχεδὸν ἁπάσας ἔχοντες
γίγνονται τὰς τῶν χρωμάτων διαφοράς. ἐπεὶ δὲ
τὰ πλεῖστα γίνεται τῶν χρωμάτων πλειόνων κε-
ραννυμένων ἀλλήλοις, φανερὸν ὅτι καὶ τὰς ἐν τοῖς

24

But in the case of those in which the moisture is Effect of sun and moisture. not mixed with the rays of the sun, their white colour persists, unless it grows black by lasting a long time and drying up first. Consequently in all plants the parts above the earth are green at first, but beneath the earth stalks and roots are white.[a] Shoots, again, if they are below the earth are white, but if the earth is removed from around them they all become green right from the first, as has been said before, because the moisture which passes down into them through the shoots has this colour naturally and in the case of fruits this is soon spent on growth ; but when they no longer grow, it is because the heat cannot control the food which flows into them, but on the contrary the moisture is exhausted by the heat. Then all the fruits become ripe; and as the moisture in them is also warmed by the sun and the heat of the atmosphere, each combines to take the colours from the juices, just as those which are dyed from the flowers. So they are coloured little by little, and most of all those which are turned towards the sun and the warmth.

So that the colours change in accordance with the seasons. This is obvious ; those of a green hue all change as they grow ripe to their natural colour. For they are white, black, grey, yellow, blackish, dark, dull-coloured red, wine-dark and saffron and exhibit almost all the differences of colour. But since the largest number of colours appear when more are mixed with each other, it is obvious that the colours in plants

---

[a] Aristotle of course does not understand the chemical action of the sun, but he does at any rate know that the green is due to the sun's action.

---

¹ ὅταν δὲ πεπαίνωνται B.
² φυτῶν B.

795 b

5 φυτοῖς χρόας· ἀνάγκη τὰς αὐτὰς ἔχειν κράσεις· διὰ
γὰρ τούτων τὸ ὑγρὸν διηθούμενον, καὶ μεθ' ἑαυτοῦ
συνεκκλύζον, ἁπάσας λαμβάνει τὰς τῶν χρωμάτων
δυνάμεις. καὶ τούτου συνεψομένου περὶ τὰς τῶν
καρπῶν πέψεις ὑπό τε τοῦ ἡλίου καὶ τῆς τοῦ ἀέρος
θερμότητος, ἕκαστα καθ' ἑαυτὰ συνίσταται τῶν
10 χρωμάτων, τὰ μὲν θᾶττον τὰ δὲ βραδύτερον, καθά-
περ συμβαίνει καὶ περὶ τὴν βαφὴν τὴν τῆς πορ-
φύρας. καὶ γὰρ ταύτην ὅταν κόψαντες ἅπασαν
ἐξ αὐτῆς τὴν ὑγρασίαν ἐκκλύσωσι, καὶ ταύτην
ἐγχέαντες ἕψωσιν ἐν ταῖς χύτραις, τὸ μὲν πρῶτον
15 οὐδὲν ὅλως ἐν τῇ βαφῇ τῶν χρωμάτων φανερόν
ἐστι διὰ τὸ κατὰ μικρὸν ἕκαστον αὐτῶν τοῦ ὑγροῦ
συνεψομένου μᾶλλον καὶ τῶν ἔτι ὑπαρχόντων ἐν
αὐτοῖς χρωμάτων μιγνυμένων ἀλλήλοις πολλὰς καὶ
ποικίλας λαμβάνειν διαφοράς· καὶ γὰρ μέλαν καὶ
λευκὸν καὶ ὄρφνιον καὶ ἀεροειδὲς καὶ τὸ τελευταῖον
20 ἅπαν γίνεται πορφυροειδὲς¹ συνεψηθέντων, ὥστε
διὰ τὴν κρᾶσιν μηκέτι καθ' αὑτὸ μηδὲν τῶν ἄλλων
χρωμάτων φανερὸν εἶναι.

Τὸ δ' αὐτὸ τοῦτο συμβαίνει καὶ ἐπὶ τῶν καρπῶν.
ἐν πολλοῖς γὰρ διὰ τὸ μὴ πάσας ἅμα γίνεσθαι
τὰς τῶν χρωμάτων πέψεις, ἀλλὰ τὰ μὲν αὐτῶν
25 συνίστασθαι πρότερον τὰ δ' ὕστερον, ἐξ ἑτέρων
εἰς ἕτερα μεταβάλλουσιν, ὥσπερ καὶ οἱ βότρυες
καὶ οἱ φοίνικες. καὶ γὰρ τούτων ἔνιοι τὸ μὲν
πρῶτον γίνονται φοινικοῖ, τοῦ δὲ μέλανος ἐν αὐτῷ
συνισταμένου μεταβάλλουσι πάλιν εἰς τὸ οἰνωπόν·
τὸ δὲ τελευταῖον γίνονται κυανοειδεῖς, ὅταν ἤδη
30 καὶ τὸ φοινικιοῦν πολλῷ καὶ ἀκράτῳ τῷ μέλανι
μιχθῇ. τὰ γὰρ ὕστερον ἐπιγινόμενα τῶν χρωμά-
των, ὅταν κρατήσῃ, τὰς προτέρας χρόας ἐξαλ-

26

must have the same mixture; for the moisture penetrating through them, and washing all colours through with it, produces all the possible colours. And as this is warmed up in the ripening of the fruit by the sun and the warmth of the air, each of the colours becomes fixed by itself, some more quickly and some more slowly, as occurs in dyeing by the murex. For when they have cut this open and drained from it all the moisture, and have poured this out and boiled it in vessels, at first none of the colours is quite obvious in the dye, because as the liquid boils more, and the colours which are still in it get more mixed, each of them exhibits many and varied differences; for there is black and white, and dull, and misty, and finally all becomes purple when the boiling is complete, so that in the mixture none of the other colours is visible by itself.

Same principle is seen in artificial dyeing.

The same thing occurs with fruits. For in many of them owing to the fact that the ripening of all the colours does not take place at once, but some form earlier and others later, they change from one to the other, as in grapes and dates. For some of these become red at first, but as the black is formed in them they turn to wine-dark; but at last they become purplish, when the red colour is mixed with a large quantity of pure black. For those colours which are formed later, when they prevail, cause the

---

[1] τότε ἅπαν γίνεται B.

λάττει. μάλιστα δὲ τοῦτο ἐπὶ τῶν μελάνων καρπῶν
φανερόν ἐστιν· σχεδὸν γὰρ αὐτῶν οἱ πλεῖστοι,
796 a καθάπερ εἴρηται, κατ' ἀρχὰς μὲν ἐκ τοῦ ποώδους
μεταβάλλοντες μικρὸν ἐπιφοινικίζουσι καὶ γίνονται
πυρροί, ταχὺ δὲ μεθίστανται πάλιν ἐκ τοῦ πυρροῦ
καὶ γίνονται κυανοειδεῖς[1] ἀκράτου τοῦ μέλανος ἐν
τοῖς τοιούτοις ἐνυπάρχοντος. δηλοῖ δέ· καὶ γὰρ τὰ
5 κλήματα καὶ τὰ ἔρνη[2] καὶ τὰ φύλλα πάντων ἐστὶ
τῶν τοιούτων φοινικιᾶ[3] διὰ τὸ πλείστην ἐν αὐτοῖς
ὑπάρχειν τὴν τοιαύτην χρόαν, ἐπεὶ διότι γε τῶν
καρπῶν οἱ μέλανες ἀμφοτέρων τῶν χρωμάτων
μετέχουσι, φανερόν ἐστιν· πάντων γὰρ ὁ χυλὸς
γίνεται τῶν τοιούτων οἰνωπός.

10 Τὰ δὲ χρώματα ἐν τῇ γενέσει προτερεῖ τὰ φοι-
νικιᾶ τῶν μελάνων. δηλοῖ δέ· καὶ γὰρ τὰ ὑπὸ
τοὺς σταλαγμοὺς ἐδάφη, καὶ ὅλως ὅπου συμβαίνει
γίνεσθαι μετρία ὑδάτων ἔκρυσις ἐν τόποις σκιεροῖς,
ἅπαντα μεταβάλλει πρῶτον ἐκ τοῦ ποώδους εἰς τὸ
15 φοινικιοῦν χρῶμα, καὶ γίνεται τὸ ἔδαφος ὡς ἂν
αἵματος ἀρτίως ἐπεσφαγμένου κατὰ τὸν τόπον τοῦ-
τον, καθ' ὃν ἂν λάβῃ τὸ ποῶδες τῶν χρωμάτων
τὴν πέψιν· τὸ δὲ τελευταῖον καὶ τοῦτο μέλαν ἰσ-
χυρῶς γίνεται καὶ κυανοειδές. ὅπερ συμβαίνει καὶ
ἐπὶ τῶν καρπῶν. ὅτι δὲ χρωμάτων ὕστερον ἐπι-
20 γινομένων, ὅταν κρατῆται τὰ πρότερον, τὸ χρῶμα
τῶν καρπῶν μεταβάλλει, καὶ διὰ τῶν τοιούτων
ῥάδιον συνιδεῖν. καὶ γὰρ τῆς ῥοιᾶς ὁ καρπὸς καὶ
τὰ τῶν ῥόδων φύλλα κατ' ἀρχὰς μὲν γίνεται λευκά,
τὸ δὲ τελευταῖον ἤδη χρωζομένων ἐν αὐτοῖς τῶν
χυλῶν ὑπὸ τῆς πέψεως ἀποχραίνεται, καὶ μετα-
25 βάλλει πάλιν εἰς τὸ τοῦ ἁλουργοῦ χρῶμα καὶ τὸ
φοινικιοῦν. τὰ δὲ καὶ πλείους ἐπ' αὐτοῖς ἔχει χρόας,

previous colours to change. This is most obvious in the case of the black fruits ; for the larger number of them, as has been said, changing from their initial green redden and become tawny, but they soon change again from the red and become purple owing to the unmixed black which exists in them. But this proves the point ; for cuttings, and shoots, and leaves of all such plants are red, because this kind of colour exists in them, since it is obvious that the black fruits share in both these colours ; for the juice of all such plants is wine-dark.

But in their order of origin the red comes before the black. This is obvious; for the ground upon which the drops fall and speaking generally any spot at which there is a moderate fall of water in dark places all change first from a greenish colour to red, and the ground becomes as though blood had been recently spilled on the spot in which the green takes on the ripening ; at the end this becomes very black and blueish. The same thing happens with fruits. In their case it is easy to see that the colour of the fruit changes, as the colours are laid on it afterwards. For the fruit of the pomegranate and the petals of the rose are white to begin with, but at last as the juices in them get tinted by ripening, they become shaded off and change again to the colour of sea-purple and red. Other things have more

Order of appearance of colours.

---

[1] γίνονται κυανοειδεῖς om. B.
[2] ἔρια B.   [3] μέλανα B.

796 a

καθάπερ καὶ ἐπὶ τῆς μήκωνος ὁ ὀπὸς καὶ τῆς
ἐλαίας ὁ ἀμόργης· καὶ γὰρ οὗτος τὸ μὲν πρῶτον
γίνεται λευκός, καθάπερ καὶ ὁ τῆς ῥοιᾶς καρπός,
λευκανθεὶς δὲ πάλιν εἰς τὸ φοινικιοῦν μεταβάλλει
30 χρῶμα, τὸ δὲ τελευταῖον πολλῷ τῷ μέλανι κραθεὶς
γίνεται κυανοειδής. διὸ καὶ τὰ τῆς μήκωνος φύλλα
τὰ μὲν ἄνω ἔχει φοινικιοῦντα παρὰ τὸ γίνεσθαι
ταχεῖαν αὐτῶν τὴν ἔκπεψιν, τὰ δὲ πρὸς ταῖς ἀρχαῖς
796 b μέλανα, ἤδη τούτου τοῦ χρώματος ἐν αὐτοῖς ἐπι-
κρατοῦντος, ὥσπερ καὶ ἐπὶ τοῦ καρποῦ· καὶ γὰρ
τὸ τελευταῖον γίνεται μέλας. ἐν ὅσοις δ' ὑπάρχει
τῶν φυτῶν ἓν χρῶμα μόνον, οἷον τὸ λευκὸν ἢ τὸ
μέλαν ἢ τὸ φοινικιοῦν ἢ τὸ ἁλουργές, τούτων δὲ
5 πάντων οἱ καρποὶ διαμένουσιν ἀεὶ τὴν αὐτὴν ἔχον-
τες τοῦ χρώματος φύσιν, ὅταν ἅπαξ ἐκ τοῦ ποώ-
δους εἰς ἄλλην χρόαν μεταβάλλωσιν. τὰ δ' ἄνθη
τοῖς καρποῖς ἐπ' ἐνίων μὲν ὁμόχροα συμβαίνει
γίνεσθαι, καθάπερ ἔχει καὶ ἐπὶ τῆς ῥοιᾶς· καὶ γὰρ
10 ὁ καρπὸς αὐτῆς γίνεται φοινικιοῦς καὶ τὸ ἄνθος·
ἐπ' ἐνίων δὲ πολὺ τῷ χρώματι διαφέρει, οἷον ἐπί
τε τῆς δάφνης καὶ τοῦ κιττοῦ· τὸ μὲν γὰρ ἄνθος
ἐστὶν αὐτῶν ἁπάντων ξανθόν, ὁ δὲ καρπὸς τῶν
μὲν μέλας τῶν δὲ φοινικιοῦς. ὁμοίως δ' ἔχει καὶ
ἐπὶ τῆς μηλέας· καὶ γὰρ ταύτης τὸ μὲν ἄνθος ἐστὶ
15 λευκὸν ἐπιπορφυρίζον, ὁ δὲ καρπὸς ξανθός. τῆς
δὲ μήκωνος τὸ μὲν ἄνθος φοινικιοῦν, ὁ δὲ καρπὸς
ὁ μὲν μέλας ὁ δὲ λευκός, παρὰ τὸ καὶ τὰς πέψεις
τῶν ἐνυπαρχόντων ἐν αὐτοῖς χυλῶν κατ' ἄλλους
γίνεσθαι χρόνους. ῥᾴδιον δὲ τοῦτο ἐκ πολλῶν συν-
ιδεῖν· καὶ γὰρ τῶν καρπῶν ἔνιοι, καθάπερ εἴρηται,
20 πολλὰς διαφορὰς ἅμα τῇ πέψει λαμβάνουσιν.

Διὸ καὶ τὰς ὀσμὰς καὶ τοὺς χυλοὺς πολὺ δια-

colours in them, such as the juice of the poppy and the lees of the olive ; for the latter is white at first, just like the fruit of the pomegranate, but after having grown white again it changes to the colour red, and at last by being mixed with black it becomes blueish. Consequently the leaves of the poppy are reddish on top, because their ripening comes quickly, but their other parts are black at the bottom, as this colour prevails in them, as is also the case with the fruit ; for at last it becomes black. In the case of those plants which have one colour only, such as white, black, red or purple, the fruits of all these persist in having the same type of colour, when once they change from green to another colour. The flowers are in some cases of the same colour as the fruit, as is true of the pomegranate ; for both its fruit and its flower become reddish ; in some cases there is a great difference in colour, for instance in the bay and the ivy ; for the flower of all these species is yellow, but the fruit of the latter is black and of the former red. The same thing is true of the apple-tree ; for its flower is white tending to grow purple, while its fruit is golden. The flower of the poppy is red, and its fruit partly black and partly white, according to the ripening of the juices in it at different times. One can see this in many cases ; for some fruits, as has already been said, exhibit many variations at the time of ripening.

So it happens that very different scents and juices

796 b

φόρους συμβαίνει τοῖς ἄνθεσι καὶ τοῖς καρποῖς
συνακολουθεῖν. ἔτι δὲ μᾶλλον τοῦτό ἐστιν ἐπ᾽ αὐ-
τῶν τῶν ἀνθῶν φανερόν· τοῦ γὰρ αὐτοῦ φύλλου τὸ
μέν ἐστι μέλαν τὸ δὲ φοινικιοῦν, ἐνίων δὲ τὸ μέν
25 τι λευκὸν τὸ δὲ πορφυροειδές. οὐχ ἥκιστα δὲ
τοῦτο φανερόν ἐστιν ἐπὶ τῆς ἴριδος· πολλὰς γὰρ
ἔχει καὶ τοῦτο τὸ ἄνθος ἐν αὑτῷ ποικιλίας παρὰ
τὰς τῆς πέψεως διαφοράς, ὥσπερ καὶ τῶν βοτρύων,
ὅταν ἤδη πεπαινόμενοι τυγχάνωσιν. διὸ καὶ πάν-
30 των μάλιστα συμβαίνει πέττεσθαι τῶν ἀνθῶν τὰ
ἄκρα, τὰ δὲ πρὸς ταῖς ἀρχαῖς ἀχρούστερα γίνεται
πολλῷ. σχεδὸν γὰρ ἐνίων ὥσπερ ἐκκάεται τὸ ὑ-
γρὸν πρότερον ἢ λαβεῖν τὴν οἰκείαν πέψιν. διὸ καὶ
τὰ μὲν ἄνθη τῷ χρώματι διαμένει, οἱ δὲ καρποὶ
797 a πεττόμενοι μεταβάλλουσιν· τὰ μὲν γὰρ διὰ μικρό-
τητα τῆς τροφῆς ταχέως ἐκπέττεται, οἱ δὲ καρποὶ
διὰ τὸ πλῆθος τῆς ὑγρασίας εἰς πάσας ἅμα τῇ
πέψει τὰς κατὰ φύσιν χρόας μεταβάλλουσιν. φα-
5 νερὸν δὲ τοῦτο ἐστί, καθάπερ εἴρηται πρότερον, καὶ
ἐπὶ τῶν βαπτομένων ἀνθῶν. τὰ μὲν γὰρ ἐξ ἀρχῆς,
ὅταν βάπτοντες τὴν πορφύραν καθιῶσι τὰς αἱμα-
τίτιδας¹ ὄρφνιαι γίνονται καὶ μέλαιναι καὶ ἀεροει-
δεῖς· τοῦ δ᾽ ἄνθους συνεψηθέντος ἱκανῶς ἁλουργὲς
γίνεται εὐανθὲς καὶ λαμπρόν. ὥστ᾽ ἀνάγκη καὶ
τῶν ἀνθῶν ὁμοίως πολλὰ τοῖς χρώμασι τῶν καρπῶν
10 διαλλάττειν, καὶ τὰ μὲν ὑπερβαίνειν τὰ δὲ ἀπο-
λείπειν τῶν κατὰ φύσιν χρωμάτων, διὰ τὸ τῶν μὲν
ἀτελῆ τῶν δὲ τελείαν γίνεσθαι τὴν πέψιν. τὰ μὲν
οὖν ἄνθη καὶ τοὺς καρποὺς διὰ ταύτας τὰς αἰτίας
συμβαίνει τοῖς χρώμασιν ἀλλήλων διαφέρειν· τὰ
δὲ φύλλα τῶν πλείστων δένδρων τὸ τελευταῖον
15 γίνεται ξανθὰ διὰ τὸ τῆς τροφῆς ὑπολειπούσης

32

are associated with both flower and fruit. This is still more obvious in the case of the flowers themselves, for, in the same petal, part may be black and part red and in some cases part may be white and part purplish. This is specially true of the iris [a] ; for this plant has many differences in colour during its ripening, as is also the case with grapes, when they come to ripen. So in their case the tips of the flowers ripen, but these at the extremities have much less colour than the rest. In some of them the moisture is, so to speak, burned out of them before they take on their own proper ripening. So the flowers remain of one colour, but the fruit changes as it ripens. Some plants owing to the smallness of their food ripen quickly, but the fruits owing to their quantity of moisture change at the time of their ripening into all their natural colours. This is clear, as has been said before, especially in the case of dyeing with colour. For sometimes to begin with, when they are dyeing purple and put in the blood-red dye, it becomes grey-brown, black and sky-blue ; but when the dye is boiled enough, it becomes quite purple, gay, and bright. In the same way many of the flowers must differ from the colours of the fruits, some receiving an excess and some a deficiency of their natural colours, owing to the fact that in some the ripening is incomplete, and in some complete. For these reasons it happens that flowers and fruit differ from each other in colour ; but the leaves of most trees become yellow at the end, because, when their food fails, they

---

[a] The purple iris with a yellow centre is common in Greece.

---

[1] αἱματίδας B.

797 a

φθάνειν αὐτὰ καταξηραινόμενα πρότερον ἢ μετα-
βάλλειν εἰς τὸ κατὰ φύσιν χρῶμα, ἐπεὶ καὶ τῶν
ἀπορρεόντων καρπῶν ἔνιοι γίνονται τῷ χρώματι
ξανθοὶ διὰ τὸ καὶ τούτων τῆς πέψεως πρότερον
τὴν τροφὴν ὑπολείπειν. ἔτι δὲ ὅ τε σῖτος καὶ τὰ
20 φυόμενα πάντα· καὶ γὰρ ταῦτα τὸ τελευταῖον
γίνεται ξανθά. τὸ γὰρ ὑγρὸν ἐν αὐτοῖς οὐκέτι
μελαινόμενον διὰ τὸ καταξηραίνεσθαι ταχέως ποιεῖ
τὴν τοῦ χρώματος μεταβολήν. μελαινόμενον γὰρ
καὶ τῷ χλωρῷ κεραννύμενον γίνεται, καθάπερ
25 εἴρηται, ποῶδες· ἀσθενεστέρου δὲ τοῦ μέλανος ἀεὶ
γινομένου, πάλιν κατὰ μικρὸν εἰς τὸ χλωρὸν μετα-
βάλλει χρῶμα, καὶ τὸ τελευταῖον γίνεται ξανθόν,
ἐπεὶ τά γε τῆς ἀπίου φύλλα καὶ τῆς ἀνδράχνης καὶ
τινων ἄλλων πεττόμενα γίνεται φοινικιᾶ. πλὴν
ὅσα καὶ τούτων καταξηραίνεται ταχέως, ταῦτα
30 γίνεται ξανθὰ διὰ τὸ τούτων πρὸ τῆς πέψεως τὴν
τροφὴν ὑπολείπειν. τὰς μὲν οὖν τῶν φυτῶν δια-
φορὰς μάλιστα εὔλογον συμβαίνειν διὰ τὰς εἰρη-
μένας αἰτίας.

VI. Γίνεται δὲ καὶ τὰ τριχώματα καὶ τὰ πτερώ-
ματα καὶ τὰ δέρματα καὶ ἵππων καὶ βοῶν καὶ
35 προβάτων καὶ ἀνθρώπων καὶ τῶν ἄλλων ζῴων

797 b ἁπάντων καὶ λευκὰ καὶ φαιὰ καὶ πυρρὰ καὶ μέλανα
διὰ τὴν αὐτὴν αἰτίαν, λευκὰ μὲν ὅταν ἔτι ὑπὸ τῆς
πέψεως τὸ ὑγρὸν τὸ οἰκεῖον ἔχον χρῶμα κατα-
ξηρανθῇ, μέλανα δὲ τοὐναντίον ὅταν αὐτῶν ἐν τῇ
γενέσει τὸ περὶ τὸν χρῶτα ὑγρόν, καθάπερ ἐν τοῖς
5 ἄλλοις ἅπασι, παλαιούμενον καὶ χρονιζόμενον διὰ
τὸ πλῆθος μελανθῇ· πάντων γὰρ τῶν τοιούτων ὅ
τε χρῶς καὶ τὰ δέρματα γίνεται μέλανα. φαιὰ δὲ
καὶ πυρρὰ καὶ ξανθὰ καὶ τὰς ἄλλας ἔχοντα χρόας,

dry before they change into their natural colours : in the same way when fruits fall off some become yellow in colour because their food has failed them before the time of ripening. This is also true of corn and of all growing things ; for they all become yellow at the end. For the moisture in them being no longer blackened by drying causes the change of colour. For when growing black and mixed with green it becomes, as has been said, greenish ; but as the black grows steadily weaker, the colour changes back again gradually to green, and at last becomes yellow. So the leaves of the parsley, purslane and of some other plants grow red as they ripen. Except for those which grow dry quickly, these become yellow because their food fails before they ripen. The differences in the colours of plants are most reasonably accounted for by the reasons we have given.

VI. Hair, plumage, skin of horses, cattle, sheep, men and all other living creatures are white and grey and red and black for the same reason ; white when the moisture which possesses its own natural colour dries up, and black on the other hand when the moisture about the skin at birth, as happens in all other cases, grows black when it grows old and has lasted a long time because of its quantity ; for the complexion and the skin of all such is black. Those are grey, red, yellow, and other colours, which dry

Coloration in animals.

797 b

ὅσα φθάνει καταξηραινόμενα πρότερον ἢ τελέως ἐν
10 αὑτοῖς μεταβάλλειν εἰς τὸ μέλαν χρῶμα τὸ ὑγρόν.
οἷς δ᾽ ἂν ἀνωμάλως τοῦτο συμβῇ, καὶ τὰ χρώματα
τοιαῦτα γίνεται ποικίλα.

Διὸ καὶ πάντα τοῖς δέρμασι καὶ τῷ χρωτὶ[1] συν-
ακολουθεῖ, ἐπεὶ καὶ τῶν ἀνθρώπων τῶν ἐμπύρρων
καὶ τὰ τριχώματα γίνεται λευκόπυρρα, τῶν δὲ
15 μελάνων μέλανα· κἂν κατὰ μέρος τι τοῦ σώματος
ἐξανθήσῃ λεύκη, καὶ τὰς τρίχας ἴσχουσιν ἅπαντες
λευκὰς κατὰ τὸν τόπον τοῦτον, καθάπερ καὶ τὰ
ποικίλα τῶν ζῴων. οὕτως ἅπαντα τὰ τριχώματα
καὶ τὰ πτερώματα τοῖς δέρμασι συνακολουθεῖ, καὶ
τὰ κατὰ μέρος καὶ τὰ κατὰ σῶμα ὅλον. ὁμοίως
20 δὲ τούτοις ὁπλαὶ καὶ χηλαὶ καὶ ῥύγχη καὶ κέρατα·
καὶ γὰρ ταῦτα τῶν μὲν μελάνων γίνεται μέλανα,
τῶν δὲ λευκῶν λευκά, διὰ τὸ καὶ τούτοις ἅπασι
διὰ τοῦ δέρματος τὴν τροφὴν εἰς τὴν ἐκτὸς περιοχὴν
διηθεῖσθαι. ὅτι δὲ τοῦτό ἐστιν αἴτιον, οὐ χαλεπὸν
ἐκ πολλῶν συνιδεῖν. τῶν τε γὰρ παιδίων ἁπάντων
25 αἱ κεφαλαὶ κατ᾽ ἀρχὰς μὲν γίνονται πυρραὶ διὰ
τὴν ὀλιγότητα τῆς τροφῆς. φανερὸν δὲ τοῦτό
ἐστιν· καὶ γὰρ ἀσθενεῖς αἱ τρίχες καὶ ἀραιαὶ καὶ
βραχεῖαι τὸ πρῶτον ἅπασιν ἐπιγίνονται τοῖς
παιδίοις. προϊούσης δὲ τῆς ἡλικίας μελαίνονται
πάλιν χρωζομένοις αὐτοῖς διὰ τὸ πλῆθος τῆς ἐπιρ-
30 ρεούσης τροφῆς. ὁμοίως δὲ καὶ περὶ τὴν ἥβην
καὶ τὸ γένειον, ὅταν ἄρχωνται τὸ πρῶτον ἡβᾶν καὶ
γενειᾶν, καὶ αὗται γίνονται κατ᾽ ἀρχὰς μὲν πυρραὶ
ταχέως διὰ τὴν ὀλιγότητα τῆς ὑγρασίας ἐν αὐταῖς
καταξηραινομένης, τῆς τροφῆς δὲ πλέον ἐπὶ τὸν
τόπον ἐπιφερομένης μελαίνονται πάλιν. αἱ δὲ ἐπὶ
35 τοῦ σώματος πλεῖστον χρόνον πυρραὶ διαμένουσι
36

before the moisture in them changes completely to black. Those in whom this change takes place unevenly have all kinds of variegated colours.

So everything accords with the skin in colour, since men of ruddy complexion have pale red hair, and dark-skinned men have black hair. But if in any part of the body white leprosy has broken out, all have also white hairs in this place, as in the beasts of varied colours. So also the hair and plumage is in accordance with the skin, and what applies to the parts applies also to the whole body. The same is true of the hoofs, talons, bills and horns ; for in the black animals these are black and in the white white, because in all these cases the food passes to the outer envelope through the skin. It can be seen from many facts that this is the reason. For the heads of all infants at birth are red because of their small amount of food. But this is obvious ; for the hair grows weak and thin and short at first on all infants. But as their age increases the hair grows black, as they themselves get coloured by the amount of food that flows in. Similarly when the hair on the body grows and the beard at the time of adolescence, the hairs are reddish to begin with, as the moisture dries quickly because there is but little of it, but as more food travels to the parts the hair grows black. But the hairs on the body remain red for the longest time

Skin and hair are of the same colour.

---

[1] χρώματι B.

798 a διὰ τὴν ἔνδειαν τῆς τροφῆς, ἐπεὶ καθ' ὃν ἂν χρόνον
αὐξηθῶσι, καὶ ταύτας ὁμοίως συμβαίνει μελαίνε-
σθαι καθάπερ καὶ τὰς ἐπὶ τῆς ἥβης καὶ τῆς
κεφαλῆς. φανερὸν δ' ἐστίν· καὶ γὰρ ὅσα μῆκος ἔχει
5 τῶν τριχωμάτων, ὡς τὸ πολύ ἐστι τὰ μὲν πρὸς τῷ
σώματι μελάντερα, τὰ δὲ πρὸς τοῖς ἄκροις ξανθό-
τερα. καὶ αἱ μὲν τῶν προβάτων καὶ ἵππων καὶ
ἀνθρώπων, διὰ τὸ τὴν τροφὴν ἐλαχίστην αὐτοῖς ἐπὶ
τούτους φέρεσθαι τοὺς τόπους, καὶ καταξηραίνεσθαι
ταχέως. γίνονται δὲ καὶ τὰ πτερώματα τῶν με-
10 λάνων ὀρνίθων τὰ μὲν πρὸς τῷ σώματι μελάντερα
πάντων, τὰ δὲ πρὸς τοῖς ἄκροις ξανθότερα. τὸν
αὐτὸν δὲ τρόπον τοῦτον καὶ τὰ περὶ τὸν τράχηλον,
καὶ ὅλως ὅσα βραχεῖαν τὴν τροφὴν λαμβάνει. δῆλον
δέ· καὶ γὰρ πρὸ τῆς πολιώσεως ἅπαντα τὰ τριχώ-
ματα μεταβάλλει καὶ γίνεται πυρρὰ διὰ τὸ πάλιν
15 τὴν τροφὴν ὑπολείπουσαν καταξηραίνεσθαι ταχέως.
τὸ δὲ τελευταῖον λευκά, πρότερον ἢ μελανθῆναι
τὸ ὑγρόν, τῆς τροφῆς ἐν αὐτοῖς ἐκπεττομένης.
μάλιστα δὲ τοῦτο ἐπὶ τῶν ὑποζυγίων φανερόν
ἐστιν· πάντων γὰρ τὰ τριχώματα γίνεται λευκά.
τῶν γὰρ τόπων οὐ δυναμένων ὁμοίως ἐπισπᾶσθαι
20 τὴν τροφὴν διὰ τὴν ἀσθένειαν τὴν τοῦ θερμοῦ,
ταχέως καταξηραινόμενον τὸ ὑγρόν γίνεται λευκόν.
καὶ τὰ περὶ τοὺς κροτάφους μάλιστα πάντων
πολιοῦνται, καὶ ὅλως περὶ τοὺς ἀσθενεῖς καὶ πε-
πονηκότας τῶν τόπων.

Παρὸ καὶ παρὰ πάντα μάλιστα εἰς τοῦτο τὸ
25 χρῶμα μεταβάλλει, ὅταν τὴν φύσιν παραλλάξῃ τὴν
οἰκείαν. καὶ γὰρ λαγὼς ἤδη γέγονε λευκός, καὶ
μέλας δέ ποτε πέφηνε καὶ ἔλαφος καὶ ἄρκτος,
ὁμοίως δὲ τούτοις καὶ ὄρτυξ καὶ πέρδιξ καὶ

owing to lack of nourishment, since as long as it grows these also continue to grow black, as on other parts of the body and on the head. But this is clear ; for in all living creatures which have long hair, speaking generally those near the body are blacker, while those at the extremities are more golden. The hair of sheep, horses and men are so, because the least amount of food is conveyed to those parts, and so they dry quickly. But even the plumage of black birds is blackest near the body and lighter at the extremities. The same thing is true of the parts about the neck, and speaking generally those which receive but little nourishment. This is clear ; for before the period of becoming grey all the hair changes colour and becomes red, because the failing food supply dries quickly. But at last it is white, before the moisture grows black, as the food in those parts is matured. This is most evident in beasts of burden ; for the hair of all such grows white. For as these parts are unable to draw their sustenance because of the feebleness of the heat, the moisture dries quickly and becomes white. So with men the hair about the temples most readily grows grey, and generally speaking about the parts that are weak and hard worked.

Most of all does the change to this colour take place Abnormal when it changes its own nature. For a hare has been variations. born white, and has also been seen black ; so has a stag and a bear, and similarly a quail, a partridge and

798 a

χελιδών. ὅταν γὰρ ἀσθενήσωσι τῇ γενέσει, πάντα
τὰ τοιαῦτα διὰ τὴν ὀλιγότητα τῆς τροφῆς πρὸ ὥρας
30 ἐκπεττόμενα γίνεται λευκά. οὕτως καὶ τὰ τῶν
παίδων εὐθὺς καὶ τὰς κεφαλὰς ἴσχει λευκὰς καὶ τὰ
βλέφαρα καὶ τὰς ὀφρῦς, ὥσπερ καὶ τῶν ἄλλων
ἑκάστῳ πρὸς τὸ γῆρας φανερῶς ἅπασι δι᾽ ἀσθένειαν
καὶ ὀλιγότητα [τῆς τροφῆς] συμβαίνει τὸ πάθος.
798 b διὸ καὶ τὰ πλεῖστα τῶν ζῴων ἀσθενέστερα γίνεται
τὰ λευκὰ τῶν μελάνων· πρότερον γὰρ ἢ τὴν αὔξησιν
αὐτῶν τελειωθῆναι διὰ τὴν ὀλιγότητα τῆς τροφῆς
ἐκπεττόμενα γίνεται λευκά, καθάπερ καὶ τῶν καρ-
5 πῶν ὅσοι νενοσηκότες τυγχάνουσιν· καὶ γὰρ οὗτοι
πολὺ μᾶλλον δι᾽ ἀσθένειαν ἐκπέττονται. ὅσα δὲ
γίνεται λευκά, πολὺ διαφέροντα ἐκ τῶν ἄλλων, οἷον
ἵπποι καὶ κύνες. τὰ δὲ τοιαῦτα μεταβάλλει πάντα
ἐκ τοῦ κατὰ φύσιν χρώματος εἰς τὸ λευκὸν διὰ τὴν
εὐτροφίαν. τὸ γὰρ ὑγρὸν ἐν τοῖς τοιούτοις οὐ
10 χρονιζόμενον, ἀλλ᾽ ἀναλισκόμενον διὰ τὴν αὔξησιν,
οὐ γίνεται μέλαν. τὰ πλεῖστα γάρ ἐστι τῶν τοιού-
των ὑγρὰ καὶ εὔσαρκα διὰ τὴν εὐτροφίαν. διόπερ
οὐδὲ μεταβάλλει τὰ λευκὰ τῶν τριχωμάτων.
φανερὸν δὲ τοῦτο ἐστίν· καὶ γὰρ τὰ μέλανα πρότε-
ρον τῆς πολιώσεως γίνεται πυρρά, ἤδη τῆς τροφῆς
15 ἐν αὐτοῖς ὑπολειπούσης καὶ μᾶλλον ἐκπεττομένης,
τὸ δὲ τελευταῖον λευκά.

Καίτοι τινὲς ὑπολαμβάνουσι μέλανα γίνεσθαι
πάντα διὰ τὸ συγκάεσθαι τὴν τροφὴν αὐτῶν ὑπὸ
τοῦ θερμοῦ καθάπερ καὶ τὸ αἷμα καὶ τῶν ἄλλων
ἕκαστον, διαμαρτάνοντες. ἔνια γὰρ καὶ τῶν ζῴων
εὐθὺς ἐν ἀρχῇ γίνεται μέλανα, οἷον κύνες καὶ αἶγες
καὶ βόες, καὶ ὅλως ὅσων τὰ δέρματα καὶ τὰ τριχώ-
ματα κατ᾽ ἀρχὰς ἔχει τροφήν, προϊούσης δὲ τῆς
40

a swallow. For when they are weak at birth, all such things are white owing to the shortage of sustenance, because they ripen before their time. So, too, in the case of children; at first they have white heads and eyelids and eyebrows, as is true in each case when they approach old age. Obviously this affection is due to weakness and shortage of sustenance. Consequently most of the white animals are weaker than the black; for before their growth is complete, they are white while developing owing to shortage of sustenance, just as is true of fruits which happen to be diseased; for these ripen much more quickly owing to their weakness. But some creatures are born white and are very superior to the rest, as for instance horses and dogs. These change from their natural colour to white because they are well nourished. For the moisture in them not lasting a long time but being expended on their growth does not become black. Most of these are moist and fleshy because they are well nourished. So that not even the white of the hair changes. This is obvious; for the black parts become reddish before they go grey, because their sustenance is failing and becoming riper, but white in the last stage.

Yet there are some who suppose that all things become black because the food is burned up by the heat, just like the blood and other things, but they are wrong. For some living creatures are black to start with, such as dogs, goats and cattle, and speaking generally those whose skins and hair have sustenance from the beginning, but are less so as their age *An erroneous view.*

798 b

ἡλικίας ἧττον. καίτοι γε οὐκ ἐχρῆν, ἀλλὰ πάντων
ἔδει καὶ τὰ τριχώματα μελαίνεσθαι κατὰ τὴν ἀκμήν,
καθ' ὃν ἂν χρόνον μάλιστα αὐτῶν ἰσχύῃ καὶ τὸ
25 θερμόν, καὶ μᾶλλον ἅπαντα πολιοῦσθαι κατ' ἀρχάς.
πολὺ γὰρ ἁπάντων ἀπὸ πρώτης ἀσθενέστερόν τι
γίνεται τὸ θερμὸν ἢ καθ' ὃν χρόνον ἄρχεται τὰ
τριχώματα αὐτῶν λευκαίνεσθαι. φανερὸν δὲ τοῦτο
ἐστὶ καὶ ἐπὶ τῶν λευκῶν. ἔνια μὲν γὰρ εὐθὺς
30 ἴσχει τὸ χρῶμα λευκότατον, ὅσα καὶ τούτων πλεί-
στην ἔχει κατ' ἀρχὰς τροφήν, καὶ μὴ πρὸ ὥρας ἐν
αὐτῇ καταξηραίνεται τὸ ὑγρόν· προϊούσης δὲ τῆς
ἡλικίας ξανθά, τροφῆς αὐτοῖς ἐλάττονος ὕστερον
ἐπιρρεούσης. τὰ δὲ ἐν ἀρχῇ μὲν γίνεται ξανθά,
799 a κατὰ δὲ τὴν ἀκμὴν λευκότατα, καθάπερ καὶ τῶν
ὀρνίθων μεταβάλλουσι τὰ χρώματα πάλιν τῆς
τροφῆς ἐν αὐτοῖς ὑπολειπούσης. δηλοῖ δέ· πάντα
γὰρ αὐτὰ γίνεται ξανθὰ καὶ περὶ τὸν τράχηλον, καὶ
ὅλως ὅσα σπανίζει τροφῆς τῆς ἐν αὐτοῖς ὑπολει-
5 πούσης. δῆλον δέ· ὥσπερ γὰρ καὶ τὸ πυρρὸν εἰς
τὸ μέλαν μεταβάλλει καὶ τὸ μέλαν πάλιν εἰς τὸ
πυρρόν, οὕτω καὶ τὸ λευκὸν εἰς τὸ ξανθόν. συμ-
βαίνει δὲ τοῦτο καὶ ἐπὶ τῶν φυτῶν· ἔνια γὰρ ἐκ
τῆς ὑστέρας πέψεως ἀνατρέχει πάλιν ἐπὶ τὴν προ-
τέραν. μάλιστα δὲ τοῦτο καὶ ἐπὶ τῆς ῥοιᾶς φανερὸν
10 ἐστιν. τὸ μὲν γὰρ ἐξ ἀρχῆς οἱ κόκκοι γίνονται
φοινικοῖ, καὶ τὰ φύλλα, δι' ὀλιγότητα τῆς τροφῆς
ἐκπεττομένης· ὕστερον δὲ πάλιν μεταβάλλουσιν εἰς
τὸ ποῶδες χρῶμα, πολλῆς τροφῆς ἐπιρρεούσης καὶ
τῆς πέψεως οὐχ ὁμοίως δυναμένης κρατεῖν· τὸ
15 τελευταῖον δὲ πεττομένης ἤδη τῆς τροφῆς πάλιν
γίνεται τὸ χρῶμα φοινικιοῦν.

Καθόλου δὲ εἰπεῖν καὶ περὶ τῶν ἄλλων τριχωμά-

advances. And yet on this assumption it ought not to be so, but the hair of all such creatures should grow blacker at their prime, at which time the heat in them is strongest, and they should be more white at the beginning. For in every case the heat is much more feeble at the beginning than at the time at which the hair is beginning to grow white. This is clear in case of those which are white. For some have the whitest skin from the start, those namely which have the greatest sustenance at the beginning, and in which the moisture does not dry before its time. But as their age advances they become yellow, because later on less food passes into them. But others are yellow to begin with, and whitest at their prime, just as among birds the colours change when the food in them fails. And this is the proof ; for they all grow yellow round the neck, and speaking generally in those parts which go short when the food begins to fail. And this is clear ; for as red changes into black and black again into red, so does white change to yellow. This happens in the case of plants ; for some revert from the latter state of ripeness back to the former. This is most obvious in the case of the pomegranate. For the kernels are red to start with, and so are the leaves through scarcity of digested food, but later on they change back again into a greenish colour, when much food flows into them and the ripening cannot exercise the same degree of control ; but at last, as the food is assimilated, the colour becomes red again.

Speaking generally we may say of the hair and

τῶν καὶ πτερωμάτων, ἅπαντα λαμβάνει τὰς μετα
βολάς, οἷς μέν, καθάπερ εἴρηται, τῆς τροφῆς ἐν
αὐτοῖς ὑπολειπούσης, οἷς δὲ τοὐναντίον πλεοναζού
σης. διόπερ ἄλλα κατ' ἄλλους χρόνους τῆς ἡλικίας
20 καὶ λευκότατα καὶ μελάντατα γίνεται τῶν τριχω
μάτων, ἐπεὶ καὶ τῶν κοράκων τὰ πτερώματα τὸ
τελευταῖον εἰς τὸ ξανθὸν χρῶμα μεταβάλλει, τῆς
τροφῆς ἐν αὐτοῖς ὑπολειπούσης. τῶν δὲ τριχω
μάτων οὐδὲν οὔτε φοινικιοῦν οὔθ' ἁλουργὲς οὔτε
πράσινον οὔτε ἄλλην οὐδεμίαν ἔχον τοιαύτην γίνεται
5 χρόαν, διὰ τὸ πάντα τὰ τοιαῦτα χρώματα γίνεσθαι
μιγνυμένων αὐτοῖς τῶν τοῦ ἡλίου αὐγῶν, ἔτι δὲ
τῶν τριχωμάτων ἁπάντων τῶν ὑγρῶν ἐντὸς τῆς
σαρκὸς συμβαίνειν τὰς μεταβολάς, καὶ μηδεμίαν
αὐτὰ λαμβάνειν μίξιν. δῆλον δ' ἐστίν· καὶ γὰρ τῶν
10 πτερωμάτων τὸ μὲν ἐξ ἀρχῆς οὐδὲν γίνεται τῷ
χρώματι τοιοῦτον, ἀλλὰ καὶ τὰ ποικίλα τῶν ὀρνέων
πάνθ' ὡς εἰπεῖν μέλανα, οἷον ὅ τε ταὼς καὶ ἡ
περιστερὰ καὶ ἡ χελιδών· ὕστερον δὲ λαμβάνει
πάσας τὰς τοιαύτας ποικιλίας, ἤδη τῆς πέψεως
αὐτῶν ἔξω τοῦ σώματος γιγνομένης, ἔν τε τοῖς
15 πτερώμασι καὶ τοῖς λόφοις[1]· ὥστε συμβαίνει, καθ
άπερ καὶ ἐπὶ τῶν φυτῶν, καὶ τούτων ἔξω τοῦ
σώματος γίγνεσθαι τὴν τῶν χρωμάτων πέψιν.
διὸ καὶ τὰ λοιπὰ τῶν ζῴων, τά τ' ἔνυδρα καὶ τὰ
ἑρπετὰ καὶ τὰ κογχύλια, παντοδαπὰς ἴσχει χρω
μάτων μορφάς, πολλῆς καὶ τούτοις τῆς πέψεως
20 γινομένης. τὴν μὲν οὖν περὶ τὰ χρώματα θεωρίαν
μάλιστ' ἄν τις ἐκ τῶν εἰρημένων δύναιτο συνιδεῖν.

plumage, that they all admit changes, in some cases Food is the cause of change of colour. as we have said because food fails, in others on the other hand because it is in excess. Consequently some hairs at some period of its growth and some at others are whitest and blackest, since the plumage even of ravens changes to a yellow tinge at last, when the food in them fails. But in the case of hair none ever changes in such a way as to have red, purple or green nor any other such colour, because all such colours occur when the rays of the sun are mixed with them, but in the case of hair which is moist all change takes place within the flesh, and it does not involve any mixture. This is obvious ; for initially plumage is not at all like this in colour, but all the varied plumage of birds is, so to speak, black, such as the peacock, the pigeon and the swallow ; but later on the plumage takes on all these varied hues, when the ripening of the body has taken place, both in the feathers and in the crests, so that in these cases as with plants the ripening of the colours takes place outside the body. So the remainder of living creatures, both water animals and reptiles and shellfish, have all sorts of colours, as the ripening in them is considerable. From what we have said one could best conduct an investigation into the question of colours.

---

¹ καλαίοις B.

ON THINGS HEARD
(DE AUDIBILIBUS)

INTRODUCTION

THE author is one of the Peripatetic School, and Dr. Zeller thinks it is an early composition, but it is not the work of Aristotle. The treatise deals rather with the mechanics of sound production, than either its scientific or philosophical explanation. The author has noticed that a break in the medium, such as a cracked tube, interrupts the travel of the sound, but his explanation of this and of other phenomena is entirely empirical.

ΕΚ ΤΟΥ ΠΕΡΙ ΑΚΟΥΣΤΩΝ

Τὰς δὲ φωνὰς ἁπάσας συμβαίνει γίγνεσθαι καὶ
τοὺς ψόφους ἢ τῶν σωμάτων ἢ τοῦ ἀέρος πρὸς τὰ
σώματα προσπίπτοντος, οὐ τῷ τὸν ἀέρα σχημα-
τίζεσθαι, καθάπερ οἴονταί τινες, ἀλλὰ τῷ κινεῖσθαι
5 παραπλησίως αὐτὸν συστελλόμενον καὶ ἐκτεινό-
μενον καὶ καταλαμβανόμενον, ἔτι δὲ συγκρούοντα
διὰ τὰς τοῦ πνεύματος καὶ τῶν χορδῶν γιγνομένας
πληγάς. ὅταν γὰρ τὸν ἐφεξῆς ἀέρα πλήξῃ τὸ
πνεῦμα τὸ ἐμπῖπτον αὐτῷ, ὁ ἀὴρ ἤδη φέρεται
βίᾳ, τὸν ἐχόμενον αὐτοῦ προωθῶν ὁμοίως, ὥστε
10 πάντη τὴν φωνὴν διατείνειν τὴν αὐτήν, ἐφ' ὅσον συμ-
βαίνει γίγνεσθαι καὶ τοῦ ἀέρος τὴν κίνησιν. δια-
χεῖται γὰρ ἐπὶ πλέονα ἡ βία τῆς κινήσεως αὐτοῦ
γιγνομένης, ὥσπερ καὶ τὰ πνεύματα τὰ ἀπὸ τῶν
ποταμῶν καὶ ἀπὸ τῆς χώρας ἀποπνέοντα. τῶν
δὲ φωνῶν τυφλαὶ μέν εἰσι καὶ νεφώδεις ὅσαι
15 τυγχάνουσιν αὐτοῦ καταπεπνιγμέναι· λαμπραὶ δὲ
οὖσαι πόρρω διατείνουσι, καὶ πάντα πληροῦσι τὸν
συνεχῆ τόπον.

Ἀναπνέομεν δὲ τὸν μὲν ἀέρα πάντες τὸν αὐτόν,
τὸ δὲ πνεῦμα καὶ τὰς φωνὰς ἐκπέμπομεν ἀλλοίας
διὰ τὰς τῶν ὑποκειμένων ἀγγείων διαφοράς, δι' ὧν
20 ἑκάστου τὸ πνεῦμα περαιοῦται πρὸς τὸν ἔξω τόπον.
ταῦτα δέ ἐστιν ἥ τε ἀρτηρία καὶ ὁ πνεύμων καὶ

ON THINGS HEARD

ALL voices and in fact all sounds arise either from The pro-duction of sound. bodies falling on bodies, or from air falling on bodies ; it is not due to the air taking on a shape as some think, but to it being moved in the same way as bodies, by contraction, expansion and compression, and also by knocking together owing to the striking of the breath and by musical strings. For when the breath that falls on it strikes the air with successive blows, the air is immediately moved violently, thrusting forward the air next to it, so that the same sound stretches in every direction, as far as the movement of the air extends. For the violence of the movement extends beyond its own range, just as breezes do, which arise both from rivers and from the land. But those sounds are faint and fogged which are throttled down ; when they are clear they stretch a long way and fill all space which is continuous.

We all breathe the same air, but we emit different Differences of voice. sounds owing to the difference of the organs involved, through which the breath passes to the region out-side. These are the windpipe, the lung and the

τὸ στόμα. πλείστην μὲν οὖν διαφορὰν ἀπεργάζον-
ται τῆς φωνῆς αἵ τε τοῦ ἀέρος πληγαὶ καὶ οἱ τοῦ
στόματος σχηματισμοί. φανερὸν δ᾽ ἐστίν· καὶ γὰρ
τῶν φθόγγων αἱ διαφοραὶ πᾶσαι γίγνονται διὰ
25 ταύτην τὴν αἰτίαν, καὶ τοὺς αὐτοὺς ὁρῶμεν μιμου-
μένους καὶ ἵππων φωνὰς καὶ βατράχων καὶ ἀηδόνων
καὶ γεράνων καὶ τῶν ἄλλων ζώων σχεδὸν ἁπάν-
των, τῷ αὐτῷ χρωμένους πνεύματι καὶ ἀρτηρίᾳ,
παρὰ τὸ τὸν ἀέρα διαφόρως ἐκπέμπειν αὐτοὺς ἐκ
τοῦ στόματος. πολλὰ δὲ καὶ τῶν ὀρνέων, ὅταν
30 ἀκούσωσι, μιμοῦνται τὰς τῶν ἄλλων φωνὰς διὰ
τὴν εἰρημένην αἰτίαν.

Ὁ δὲ πνεύμων ὅταν ᾖ μικρὸς καὶ πυκνὸς καὶ
σκληρός, οὔτε δέχεσθαι τὸν ἀέρα δύναται πολὺν εἰς
αὑτὸν οὔτε ἐκπέμπειν πάλιν ἔξω, οὐδὲ τὴν πληγὴν
ἰσχυρὰν οὐδὲ εὔρωστον ποιεῖσθαι τὴν τοῦ πνεύ-
ματος. διὰ γὰρ τὸ εἶναι σκληρὸς καὶ πυκνὸς καὶ
συνδεδεμένος οὐ δύναται λαμβάνειν τὴν διαστολὴν
35 ἐπὶ πολὺν τόπον, οὐδὲ πάλιν ἐκ πολλοῦ διαστή-
800 b ματος συνάγων ἑαυτὸν ἐκθλίβειν βίᾳ τὸ πνεῦμα,
καθάπερ οὐδ᾽ ἡμεῖς ταῖς φύσαις, ὅταν ὦσι σκληραὶ
καὶ μήτε διαστέλλεσθαι μήτε πιέζεσθαι δύνωνται
ῥαδίως. τοῦτο γάρ ἐστι τὸ ποιοῦν τὴν τοῦ
5 πνεύματος πληγὴν εὔρωστον, ὅταν ὁ πνεύμων ἐκ
πολλοῦ διαστήματος συνάγων αὐτὸν ἐκθλίβῃ τὸν
ἀέρα βιαίως. δῆλον δὲ τοῦτ᾽ ἐστίν· οὐδὲ γὰρ τῶν
ἄλλων μορίων οὐθὲν ἐκ μικρᾶς ἀποστάσεως δύναται
ποιεῖσθαι τὴν πληγὴν ἰσχυράν. οὔτε γὰρ τῷ σκέλει
δυνατόν ἐστιν οὔτε τῇ χειρὶ πατάξαι σφοδρῶς οὐδὲ
10 ἀπορρῖψαι πόρρω τὸ πληγέν, ἐὰν μή τις αὐτῶν
ἑκατέρω ἐκ πολλοῦ λάβῃ τῆς πληγῆς τὴν ἀπόστα-
σιν. εἰ δὲ μή, σκληρὰ μὲν ἡ πληγὴ γίγνεται διὰ

mouth. But the greatest difference in sound is produced by the blows of the air and the shapes assumed by the mouth. This is evident; for all the differences of voice arise from this cause, and we see the same people imitating the voices of horses, frogs, nightingales, cranes and almost every other kind of living creature, using the same breath and the same windpipe, by driving the air from the mouth in different ways. The birds too, after they have listened to them, often imitate the voices of others for the reason already given.

But when the lung is small, or thick, or hard, it can neither admit much air nor breathe much out again, nor can it make the air's blows either strong or powerful. For because it is hard, thick and tight it cannot admit of great expansion, nor by contracting itself after a great expansion can it forcibly collect the breath, just as we cannot with bellows, when they are hard and can neither be expanded nor contracted easily. For this contributes to making the blow of the breath strong, when the lung contracting after a considerable expansion drives out the air violently. This is evident; for none of the other parts of the body can deliver a violent blow from a short distance. For it is impossible to strike violently with the leg or the hand, nor to strike and drive an object a long distance, unless one takes a considerable distance for the blow in each case. Otherwise the blow may be

The function of the lung in emitting sound.

τὴν συντονίαν, ἐκβιάζεσθαι δὲ οὐ δύναται πόρρω τὸ
πληγέν, ἐπεὶ οὔθ' οἱ καταπέλται μακρὰν δύνανται
βάλλειν οὔθ' ἡ σφενδόνη οὔτε τόξον, ἂν ᾖ σκληρὸν
15 καὶ μὴ δύνηται κάμπτεσθαι, μηδὲ τὴν ἀναγωγὴν ἡ
νευρὰ λαμβάνειν ἐπὶ πολὺν τόπον. ἐὰν δὲ μέγας
ὁ πνεύμων ᾖ καὶ μαλακὸς καὶ εὔτονος, πολὺν τὸν
ἀέρα δύναται δέχεσθαι, καὶ τοῦτον ἐκπέμπειν πάλιν,
ταμιευόμενος ὡς ἂν βούληται διὰ τὴν μαλακότητα
καὶ διὰ τὸ ῥᾳδίως αὐτὸν συστέλλειν.

20 Ἡ δὲ ἀρτηρία μακρὰ μὲν ὅταν ᾖ καὶ στενή,
χαλεπῶς ἐκπέμπουσιν ἔξω τὴν φωνὴν καὶ μετὰ
βίας πολλῆς διὰ τὸ μῆκος τῆς τοῦ πνεύματος
φορᾶς. φανερὸν δ' ἐστίν· πάντα γὰρ τὰ τοὺς
τραχήλους ἔχοντα μακροὺς φθέγγονται βιαίως, οἷον
25 οἱ χῆνες καὶ γέρανοι καὶ ἀλεκτρυόνες. μᾶλλον δὲ
τοῦτο καταφανές ἐστιν ἐπὶ τῶν αὐλῶν· πάντες γὰρ
χαλεπῶς πληροῦσι τοὺς βόμβυκας καὶ μετὰ συν-
τονίας πολλῆς διὰ τὸ μῆκος τῆς ἀποστάσεως. ἔτι
δὲ τὸ πνεῦμα διὰ τὴν στενοχωρίαν ὅταν ἐντὸς
θλιβόμενον εἰς τὸν ἔξω τόπον ἐκπέσῃ, παραχρῆμα
30 διαχεῖται καὶ σκεδάννυται, καθάπερ καὶ τὰ ῥεύματα
φερόμενα διὰ τῶν εὐρίπων, ὥστε μὴ δύνασθαι τὴν
φωνὴν συμμένειν μηδὲ διατείνειν ἐπὶ πολὺν τόπον.
ἅμα δὲ καὶ δυσταμίευτον ἀνάγκη πάντων τῶν
τοιούτων εἶναι τὸ πνεῦμα καὶ μὴ ῥᾳδίως ὑπηρετεῖν.
ὅσων δέ ἐστι μέγα τὸ διάστημα τῆς ἀρτηρίας, τῶν
δὲ τοιούτων ἔξω μὲν περαιοῦσθαι συμβαίνει τὸ
35 πνεῦμα ῥᾳδίως, ἐντὸς δὲ φερόμενον διαχεῖσθαι διὰ
τὴν εὐρυχωρίαν, καὶ τὴν φωνὴν γίνεσθαι κενὴν καὶ
801 a μὴ συνεστῶσαν, ἔτι δὲ μὴ δύνασθαι διαιρεῖσθαι τῷ
πνεύματι τοὺς τοιούτους διὰ τὸ μὴ συνερείδεσθαι
τὴν ἀρτηρίαν αὐτῶν. ὅσων δ' ἐστὶν ἀνωμάλως καὶ

a hard one owing to the tension, but the object struck cannot be forced a long way off, since neither the catapult, nor the sling, nor the bow can shoot a great distance, if they are hard and cannot bend, nor if the bowstring cannot be drawn back over a large space. But if the lung is large and pliable it can admit much air, and expel it again husbanding it as it wishes, because of its softness and because it can easily contract.

But when the windpipe is long and narrow, it expels the voice to the outside with difficulty and needs considerable force because of the length that the breath travels. This is evident; for all creatures with long necks make violent sounds, such as geese, cranes and cocks. But the following is even more evident in the case of pipes; everyone has difficulty in filling the " silkworm pipe," which requires considerable effort owing to the size of the available space. Moreover because of the narrowness of the place, when after being compressed the breath escapes to the outside, it straightway passes through and is dispersed, just like streams that are carried through narrow channels, so that the voice cannot last nor extend over a large space. So that the breath in all such cases must be husbanded and that not easily, and will not readily do its work. But in the case of those that have a large space in the windpipe their breath passes very easily to the outside, and when travelling within passes through the wide space, and the voice becomes hollow and toneless, and moreover such animals cannot differentiate with the breath because the windpipe has no support. But

Variety of sound due to windpipe.

μὴ πάντοθεν ἔχει τὴν διάστασιν ὁμοίαν, τούτους
ἀναγκαῖον ἁπασῶν μετέχειν τῶν δυσχερειῶν. καὶ
5 γὰρ ἀνωμάλως αὐτοῖς ἀνάγκη τὸ πνεῦμα ὑπηρετεῖν
καὶ θλίβεσθαι καὶ καθ' ἕτερον τόπον διαχεῖσθαι
πάλιν. βραχείας δὲ τῆς ἀρτηρίας οὔσης ταχὺ μὲν
ἀνάγκη τὸ πνεῦμα ἐκπέμπειν καὶ τὴν πληγὴν ἰσχυ-
ροτέραν γίνεσθαι τὴν τοῦ ἀέρος, πάντας δὲ τοὺς
τοιούτους ὀξύτερον φωνεῖν διὰ τὸ τάχος τῆς τοῦ
10 πνεύματος φορᾶς.

Οὐ μόνον δὲ συμβαίνει τὰς τῶν ἀγγείων διαφοράς,
ἀλλὰ καὶ τὰ πάθη πάντα τὰς φωνὰς ἀλλοιοῦν.
ὅταν μὲν γὰρ ὦσιν ὑγρασίας πλήρη πολλῆς ὅ τε
πνεύμων καὶ ἡ ἀρτηρία, διασπᾶται τὸ πνεῦμα καὶ
οὐ δύναται περαιοῦσθαι εἰς τὸν ἔξω τόπον συνεχῶς
15 διὰ τὸ προσκόπτειν καὶ γίνεσθαι παχὺν καὶ ὑγρὸν
καὶ δυσκίνητον, καθάπερ καὶ περὶ τοὺς κατάρρους
καὶ τὰς μέθας. ἐὰν δὲ ξηρὸν ᾖ τὸ πνεῦμα παντελῶς,
σκληροτέρα ἡ φωνὴ γίγνεται καὶ διεσπασμένη·
συνέχει γὰρ ἡ νοτίς, ὅταν ᾖ λεπτή, τὸν ἀέρα,
καὶ ποιεῖ τινα τῆς φωνῆς ἁπλότητα. τῶν μὲν οὖν
20 ἀγγείων αἱ διαφοραὶ καὶ τῶν παθῶν τῶν περὶ
αὐτὰ γιγνομένων τοιαύτας ἕκασται τὰς φωνὰς ἀπο-
τελοῦσιν.

Αἱ δὲ φωναὶ δοκοῦσι μὲν εἶναι καθ' οὓς ἂν ἕκα-
σται γίγνωνται τόπους, ἀκούομεν δὲ πασῶν αὐτῶν,
ὅταν ἡμῖν προσπέσωσι πρὸς τὴν ἀκοήν. ὁ γὰρ
25 ὠσθεὶς ὑπὸ τῆς πληγῆς ἀὴρ μέχρι μέν τινος φέρεται
συνεχής, ἔπειτα κατὰ μικρὸν ἀεὶ διακινεῖται μᾶλ-
λον, καὶ τούτῳ γιγνώσκομεν πάντας τοὺς ψόφους
καὶ τοὺς πόρρω γιγνομένους καὶ τοὺς ἐγγύς. δῆλον
δ' ἐστίν· ὅταν γάρ τις λαβὼν κέραμον ἢ αὐλὸν ἢ
σάλπιγγα, προσθείς τε ἑτέρῳ πρὸς τὴν ἀκοήν, διὰ

such as are uneven and have not the same width all through must share all sorts of difficulties. For the breath must serve them irregularly and suffer contraction in one place and in another place be dispersed. For as the windpipe is short it must expel the breath again quickly, and the blow of the air must be stronger, and all such give a sharper sound because of the speed with which the breath travels.

But it is not merely the differences of the organs, but all the accidental properties which cause a difference in the voices. For when the lung and the windpipe are full of much moisture, the breath is pulled in different ways and cannot pass continuously into the region outside because it sticks and becomes thick and wet and hard to move, as in cases of catarrh and drunkenness. But if the breath is quite dry, the voice becomes harder and scattered ; for the moisture, when it is light, contracts the air and produces a certain simpleness of voice. The differences of organs and of accidental properties which belong to them each reproduce corresponding voices. *Accidental variations also produce effects.*

Voices appear to come to us from the places in which they are produced, but we hear them only when they fall on our hearing. For the air, pushed aside by the blow, is carried continuously up to a point, and then little by little penetrates farther, and by this we distinguish all sounds—both those which occur at a distance and those which are near to us. This is evident ; for when a man takes a pitcher or a pipe or a trumpet, and putting it near another man

801 a

80 τούτων λαλῇ, πᾶσαι δοκοῦσιν αἱ φωναὶ παντελῶς
εἶναι πλησίον τῆς ἀκοῆς διὰ τὸ μὴ σκεδάννυσθαι
τὸν ἀέρα φερόμενον, ἀλλὰ διατηρεῖσθαι τὴν φωνὴν
ὁμοίαν ὑπὸ τοῦ περιέχοντος ὀργάνου. καθάπερ οὖν
καὶ ἐπὶ τῆς γραφῆς, ὅταν τις τοῖς χρώμασι τὸ μὲν
ὅμοιον ποιήσῃ τῷ πόρρω τὸ δὲ τῷ πλησίον, τὸ μὲν
85 ἡμῖν ἀνακεχωρηκέναι δοκεῖ τῆς γραφῆς τὸ δὲ προ-
έχειν, ἀμφοτέρων αὐτῶν ὄντων ἐπὶ τῆς αὐτῆς ἐπι-
φανείας, οὕτω καὶ ἐπὶ τῶν ψόφων καὶ τῆς φωνῆς,
ὅταν ἡ μὲν ἤδη διαλελυμένη προσπίπτῃ πρὸς τὴν
ἀκοὴν ἡ δέ τις συνεχής, ἀμφοτέρων αὐτῶν ἀφικνου-
μένων πρὸς τὸν αὐτὸν τόπον, ἡ μὲν ἀφεστηκέναι
40 πόρρω δοκεῖ τῆς ἀκοῆς ἡ δ' εἶναι σύνεγγυς, διὰ τὸ
801 b τὴν μέντοι πόρρωθεν ὁμοίαν εἶναι, τὴν δὲ πλησίον.

Σαφεῖς δὲ μάλιστα αἱ φωναὶ γίγνονται παρὰ
τὴν ἀκρίβειαν τὴν τῶν φθόγγων. ἀδύνατον γὰρ
μὴ τελέως τούτων διηρθρωμένων τὰς φωνὰς εἶναι
σαφεῖς, καθάπερ καὶ τὰς τῶν δακτυλίων σφραγῖδας,
5 ὅταν μὴ διατυπωθῶσιν ἀκριβῶς. διόπερ οὔτε τὰ
παιδία δύνανται διαλέγεσθαι σαφῶς, οὔτε οἱ με-
θύοντες, οὔτε οἱ γέροντες, οὔθ' ὅσοι φύσει τραυλοὶ
τυγχάνουσιν ὄντες, οὔθ' ὅλως ὅσων εἰσὶν αἱ γλῶτται
καὶ τὰ στόματα δυσκίνητα. ὥσπερ γὰρ καὶ τὰ
10 χαλκεῖα καὶ τὰ κέρατα συνηχοῦντα ποιεῖ τοὺς ἀπὸ
τῶν ὀργάνων φθόγγους ἀσαφεστέρους,[1] οὕτως καὶ
ἐπὶ τῆς διαλέκτου πολλὴν ἀσάφειαν ἀπεργάζεται
τὰ ἐκπίπτοντα τῶν πνευμάτων ἐκ τοῦ στόματος,
ὅταν μὴ διατυπωθῶσιν ὁμοίως. οὐ μόνον δὲ ἑαυ-
τῶν τινὰ παρεμφαίνουσιν ἀσάφειαν, ἀλλὰ καὶ τοὺς
διηρθρωμένους τῶν φθόγγων ἐμποδίζουσιν, ἀν-
15 ομοίας αὐτῶν γιγνομένης τῆς περὶ τὴν ἀκοὴν
κινήσεως. διὸ καὶ μᾶλλον ἑνὸς ἀκούοντες συνίεμεν

for hearing purposes talks through it, all the sounds seem to be near the hearing because the travelling air is not scattered, but the voice is equally protected by the surrounding vessel. So also in the case of painting, when one reproduces similarly in colours what is far away and what is close at hand, the former seems to us to retreat from the picture and the latter to stand out, though they are really both on the same surface. So also in the case of sounds and voices, when one falls on the hearing from a distance and the other continuously, although both reach the same place, one appears to occur far away from the hearing and the other to be close by, because one is as if it were distant and the other near by.

But voices appear clear in proportion to the accuracy of the articulation. For unless there is perfect articulation the voices cannot be clear, just like the seal on signet-rings, when the die is not accurately cut. This is why small children cannot talk plainly, nor men who are drunk, nor old men, nor those who naturally lisp, nor generally speaking those whose tongues and mouths are naturally difficult to move. For just as bronze and horn vessels when they are sounded together make the sounds from both instruments less clear, so also in conversation the breath issuing from the mouth causes a lack of clearness when the sounds are not equally stressed; not merely in the case of those which show a lack of clearness by themselves, but also when they interrupt the sounds which are clear, because the movement concerned with hearing becomes uneven. Consequently, when we listen to one, we understand

Distinct articulation.

---

¹ σαφεστέρους B.

801 b

ἢ πολλῶν ἅμα ταὐτὰ λεγόντων, καθάπερ καὶ ἐπὶ
τῶν χορδῶν· καὶ πολὺ ἧττον, ὅταν προσαυλῇ τις
ἅμα καὶ κιθαρίζῃ, διὰ τὸ συγχεῖσθαι τὰς φωνὰς ὑπὸ
20 τῶν ἑτέρων. οὐχ ἥκιστα δὲ τοῦτο ἐπὶ τῶν συμ-
φωνιῶν φανερόν ἐστιν· ἀμφοτέρους γὰρ ἀποκρύπτε-
σθαι τοὺς ἤχους συμβαίνει ὑπ᾽ ἀλλήλων. ἀσαφεῖς
μὲν οὖν φωναὶ γίγνονται διὰ τὰς εἰρημένας αἰτίας,
λαμπραὶ δὲ γίνονται καθάπερ ἐπὶ τῶν χρωμάτων·
καὶ γὰρ ἐκεῖ τὰ μάλιστα δυνάμενα τὰς ὄψεις
25 κινεῖν, ταῦτα εἶναι συμβαίνει τῶν χρωμάτων λαμ-
πρότατα.

Τὸν αὐτὸν τρόπον τῶν φωνῶν ταύτας ὑποληπτέον
εἶναι λαμπροτάτας, ὅσαι μάλιστα δύνανται προσ-
πίπτουσαι κινεῖν τὴν ἀκοήν. τοιαῦται δέ εἰσιν αἱ
σαφεῖς καὶ πυκναὶ καὶ καθαραὶ καὶ πόρρω δυνά-
μεναι διατείνειν· καὶ γὰρ ἐν τοῖς ἄλλοις αἰσθητοῖς
30 ἅπασι τὰ ἰσχυρότερα καὶ πυκνότερα καὶ καθα-
ρώτερα σαφεστέρας ποιεῖ τὰς αἰσθήσεις. δῆλον
δέ· τὸ γὰρ τελευταῖον αἱ φωναὶ πᾶσαι γίγνονται
κωφαί, τοῦ ἀέρος ἤδη διαχεομένου. δῆλον δ᾽ ἐστὶ
κἀπὶ τῶν αὐλῶν. τὰ γὰρ ἔχοντα τῶν ζευγῶν[1] τὰς
γλώττας πλαγίας μαλακωτέραν μὲν ἀποδίδωσι τὴν
35 φωνήν, οὐχ ὁμοίως δὲ λαμπράν· τὸ γὰρ πνεῦμα
φερόμενον εὐθέως εἰς εὐρυχωρίαν ἐμπίπτει, καὶ
οὐκέτι φέρεται σύντονον οὐδὲ συνεστηκός, ἀλλὰ
διεσκεδασμένον. ἐν δὲ ταῖς συγκροτωτέραις[2] γλώτ-
ταις ἡ φωνὴ γίνεται σκληροτέρα καὶ λαμπροτέρα,
ἂν πιέσῃ τις αὐτὰς μᾶλλον τοῖς χείλεσι, διὰ
40 τὸ φέρεσθαι τὸ πνεῦμα βιαιότερον. αἱ μὲν οὖν
802 a λαμπραὶ τῶν φωνῶν γίγνονται διὰ τὰς εἰρημένας
αἰτίας· παρὸ καὶ δοκοῦσιν οὐ χείρους εἶναι τῶν
λευκῶν αἱ καλούμεναι φαιαί. πρὸς γὰρ τὰ πάθη

more than when many are saying the same thing, as is also true with strings. And we hear much less when one plays the flute and the harp at the same time, because the sounds are confused by each other. This is especially obvious in the case of harmonies: for the sounds are obscured by each other. So the sounds lose clearness for the reasons given, but they become clear in the same circumstances as colours; for in that case those which are best able to stimulate the sight become the clearest of colours.

In the same way we may assume that those sounds are the clearest which have the greatest power to stimulate the hearing when they fall upon it. Such are the clear, powerful and pure, and those that can reach furthest; for in all other objects of sense the strongest, most powerful and purest produce the clearest sensations. This is obvious; for ultimately all sounds fade as the air becomes dispersed. This is true also in the case of flutes. For those which have a sloping reed in their mouthpieces produce a softer sound, but one not equally clear; for the breath travelling strikes directly into the wide open space, and is no longer under tension and compressed but scattered. But in the case of tighter fitting reeds the voice becomes harder and clearer, if one compresses the lips more tightly, because the breath travels with more violence. Clear voices occur then for the reasons given; consequently the so-called husky (lit. " grey ") voice is no worse than the clear (lit. " white ") voice. For rougher voices and those

Penetration of sound.

---

¹ δευτέρων B.　　　² σκληροτέραις B.

καὶ τὰς πρεσβυτέρας ἡλικίας μᾶλλον ἁρμόττουσιν
αἱ τραχύτεραι καὶ μικρὸν ὑποσυγκεχυμέναι καὶ μὴ
5 λίαν ἔχουσαι τὸ λαμπρὸν ἐκφανές. ἅμα δὲ καὶ διὰ
τὴν συντονίαν οὐχ ὁμοίως εἰσὶν εὐπειθεῖς. τὸ γὰρ
βίᾳ φερόμενον δυσταμίευτον. οὔτε γὰρ ἐπιτεῖναι
ῥᾴδιον, ὡς βούλεταί τις, οὔτε ἀνιέναι.

Ἐπὶ δὲ τῶν αὐλῶν γίγνονται αἱ φωναὶ λαμπραί,
καὶ τῶν ἄλλων ὀργάνων, ὅταν τὸ ἐκπῖπτον πνεῦμα
10 πυκνὸν ᾖ καὶ σύντονον. ἀνάγκη γὰρ καὶ τοῦ
ἔξωθεν ἀέρος τοιαύτας γίγνεσθαι τὰς πληγάς, καὶ
μάλιστα τὰς φωνὰς οὕτω διαπέμπεσθαι συνεστώσας
πρὸς τὴν ἀκοήν, ὥσπερ καὶ τὰς ὀσμὰς καὶ τὸ φῶς
καὶ τὰς θερμότητας. καὶ γὰρ πάντα ταῦτα ἀραιό-
τερα φαινόμενα πρὸς τὴν αἴσθησιν ἀσημότερα γί-
15 γνεται, καθάπερ καὶ οἱ χυλοὶ κραθέντες τῷ ὕδατι καὶ
ἑτέροις χυλοῖς. τὸ γὰρ ἑαυτοῦ παρέχον αἴσθησιν
ἀσαφεῖς ἑκάστῳ ποιεῖ τὰς δυνάμεις.

Ἀπὸ δὲ τῶν ἄλλων ὀργάνων οἱ τῶν κεράτων ἦχοι
πυκνοὶ καὶ συνεχεῖς πρὸς τὸν ἀέρα προσπίπτοντες
ποιοῦσι τὰς φωνὰς ἀμαυράς· διὸ δεῖ τὸ κέρας τὴν
20 φύσιν ἔχειν τῆς αὐξήσεως ὁμαλὴν καὶ λείαν καὶ μὴ
ταχέως ἐκδεδραμηκυῖαν. ἀνάγκη γὰρ μαλακώτερα
καὶ χαυνότερα γίγνεσθαι τὰ τοιαῦτα τῶν κεράτων,
ὥστε τοὺς ἤχους διασπᾶσθαι καὶ μὴ συνεχεῖς ἐκ-
πίπτειν δι᾽ αὐτῶν μηδὲ γεγωνεῖν ὁμοίως διὰ τὴν
25 μαλακότητα καὶ τὴν ἀραιότητα τῶν πόρων. μηδὲ
πάλιν εἶναι δυσαυξῆ τὴν φύσιν, μηδὲ τὴν σύμφυσιν
ἔχειν πυκνὴν καὶ σκληρὰν καὶ δύσφορον· καθ᾽ ὅ τι
γὰρ ἂν προσκόψῃ φερόμενος ὁ ἦχος, αὐτοῦ λαμ-
βάνει τὴν κατάπαυσιν καὶ οὐκέτι περαιοῦται πρὸς
τὸν ἔξω τόπον, ὥστε κωφοὺς καὶ ἀνωμάλους ἐκ-
30 πίπτειν τοὺς ἤχους ἐκ τῶν τοιούτων κεράτων. ὅτι

which are little confused, and do not possess marked clarity are more proper to illnesses and to the more advanced stage of life. At the same time because of their tension they are not so easily controlled. For that which moves more violently cannot be easily husbanded. Nor is it very easy to raise or lower them as one wishes.

In the case of flutes and other instruments sounds Sounds in flutes, are clear when the issuing breath is powerful and under tension ; for the striking on the air outside must be of this kind, and particularly sounds must be conveyed in this way to the hearing, just as with smells and light and heat. For all these things when they are thinner appear less distinct to the senses, like plant juices when mixed with water and with other juices. For that which provides sensation of itself causes the powers in each case to be obscure.

Unlike all other instruments sounds of horns strik- in horns. ing the air strongly and continuously make the sounds dull. So the horn must have a kind of growth which is even and smooth and has not grown quickly. These kinds of horns are necessarily softer and more porous, so that the sounds are dispersed and do not pass continuously through them and are not equally recognized because of the softness and thinness of the passages. Nor again can they be of slow growth, nor have a strong, hard and immobile continuity ; for when the sound meets any obstruction, it receives a check there, and does not continue as far as the outside region. So that the sounds issuing from such horns are dull and uneven. But that the direction of

63

δὲ ἡ φορὰ γίγνεται κατὰ τὴν εὐθυπορίαν, φανερόν
ἐστιν ἐπὶ τῶν ἱστῶν καὶ ὅλως ἐπὶ τῶν ξύλων τῶν
μεγάλων, ὅταν αὐτὰ βασανίζωσιν. ὅταν γὰρ κρού-
σωσιν ἐκ τοῦ ἑτέρου ἄκρου, κατὰ τὸ ἕτερον ὁ ἦχος
φέρεται συνεχής, ἐὰν μή τι ἔχῃ σύντριμμα τὸ ξύλον·
35 εἰ δὲ μή, μέχρι τούτου προελθὼν αὐτοῦ κατα-
παύεται διασπασθείς. περικάμπτει δὲ καὶ τοὺς ὄζους,
καὶ οὐ δυνατὸς δι' αὐτῶν εὐθυπορεῖν. κατάδηλον
δὲ τοῦτό ἐστι καὶ ἐπὶ τῶν χαλκείων, ὅταν ῥινῶσι
τὰς ἀπηρτημένας στολίδας τῶν ἀνδριάντων ἢ τὰ
πτερύγια, τῷ συμμύειν· διὸ ῥοῖζον καὶ πολὺν ἦχον
40 ἀφιᾶσι καὶ ψόφον. ἂν δέ τις αὐτὰ ταινίᾳ διαδήσῃ,
παύεσθαι συμβαίνει τὸν ἦχον· ἕως γὰρ τούτου
προελθὼν ὁ τρόμος, ὅταν προσκόψῃ πρὸς τὸ μαλα-
802 b κόν, αὐτοῦ ποιεῖται τὴν κατάπαυσιν.

Πολὺ δὲ καὶ ἡ ὄπτησις ἡ τῶν κεράτων συμ-
βάλλεται καὶ πρὸς εὐφωνίαν. μᾶλλον μὲν γὰρ κατ-
οπτηθέντα παραπλήσιον τὸν ἦχον ἔχουσι τῷ κεράμῳ
διὰ τὴν σκληρότητα καὶ τὴν σύγκαυσιν· ἐὰν δέ τις
5 αὐτὰ καταδεέστερον ὀπτήσῃ, ἁπαλώτερον μὲν ἀφ-
ίησι διὰ τὴν μαλακότητα τὸν ἦχον, οὐ δύναται δὲ
γεγωνεῖν ὁμοίως. διὸ καὶ τὰς ἡλικίας ἐκλέγονται·
τὰ μὲν γὰρ τῶν γερόντων ἐστὶ ξηρὰ καὶ πεπωρω-
μένα καὶ χαῦνα, τὰ δὲ τῶν νέων ἁπαλὰ παντελῶς
10 καὶ πολλὴν ἔχοντα ἐν αὐτοῖς ὑγρασίαν. δεῖ δὲ
εἶναι, καθάπερ εἴρηται, τὸ κέρας ξηρὸν καὶ πυκνὸν
ὁμαλῶς καὶ εὐθύπορον καὶ λεῖον. οὕτω γὰρ ἂν
μάλιστα συμβαίνοι καὶ τοὺς ἤχους πυκνοὺς καὶ
λείους καὶ ὁμαλοὺς φέρεσθαι δι' αὐτῶν, καὶ τοῦ
ἔξωθεν ἀέρος τὰς πληγὰς γίγνεσθαι τοιαύτας, ἐπεὶ
15 καὶ τῶν χορδῶν εἰσιν αἱ λειόταται βέλτισται καὶ
τοῖς πᾶσιν ὁμαλώταται, καὶ τὴν κατεργασίαν ἔχουσι

travel is a straight line is obvious in the case of masts and generally with all large pieces of timber when they are put to the test. For when one strikes them at one end, the sound is carried continuously to the other, unless the timber has a fracture ; in which case it will travel up to this point, and then cease by dispersion. It also bends round by the branches and cannot travel directly through them. This is obvious in the case of brass vessels, when they plane down the hanging folds in statues or fringes of the armour, to close up the cracks ; for they give out a loud whistling sound. But if one binds them with a rope the sound immediately ceases ; for the vibration proceeding as far as this, when it reaches the soft part, it causes a check to it.

The baking of the horn also contributes materially The effect of baking horn. to its pleasant sound. For when once it has been baked it produces a sound more like a tile, because of its hardness and burning ; but if one bakes it insufficiently, it emits a softer sound because of its softness, and it cannot be equally well recognized. In this way they pick out the ages ; for the horns of old animals are dry and hardened and porous, but those of the young are quite soft and have considerable moisture in them. But, as has been said, the horn should be dry and evenly strong, and straight and smooth. For in this case it would be most possible for strong, smooth and even sounds to be carried through them, and for the blows of the outside air to be of the same character, since the smoothest of strings and those which are most even all through are the best, and do their work evenly on

802 b

πάντοθεν ὁμοίαν, καὶ τὰς συμβολὰς ἀδήλους τὰς
τῶν νεύρων· οὕτω γὰρ συμβαίνει καὶ ταύτας ποιεῖ-
σθαι τὰς τοῦ ἀέρος πληγὰς ὁμοιοτάτας.

20 Δεῖ δὲ καὶ τῶν αὐλῶν εἶναι τὰς γλώττας πυκνὰς
καὶ λείας καὶ ὁμαλάς, ὅπως ἂν καὶ τὸ πνεῦμα
διαπορεύηται δι' αὐτῶν λεῖον καὶ ὁμαλὸν καὶ μὴ
διεσπασμένον. διὸ καὶ τὰ βεβρεγμένα τῶν ζευγῶν
καὶ τὰ πεπωκότα τὸ σίαλον εὐφωνότερα γίγνεται,
τὰ δὲ ξηρὰ κακόφωνα. ὁ γὰρ ἀὴρ διὰ ὑγροῦ καὶ
λείου φέρεται μαλακὸς καὶ ὁμαλός. δῆλον δέ· καὶ
25 γὰρ αὐτὸ τὸ πνεῦμα, ὅταν ἔχῃ νοτίδα, πολὺ ἧττον
προσκόπτει πρὸς τὰ ζεύγη καὶ διασπᾶται· τὸ δὲ
ξηρὸν μᾶλλον ἀντιλαμβάνεται καὶ τὴν πληγὴν ποιεῖ-
ται σκληροτέραν διὰ τὴν βίαν. αἱ μὲν οὖν διαφοραὶ
τῶν ἤχων γίγνονται διὰ τὰς εἰρημένας αἰτίας.

30 Σκληραὶ δ' εἰσὶ τῶν φωνῶν ὅσαι βιαίως πρὸς τὴν
ἀκοὴν προσπίπτουσι· διὸ καὶ μάλιστα παρέχουσι
τὸν πόνον.[1] τοιαῦται δ' εἰσὶν αἱ δυσκινητότεραι καὶ
μετὰ πλείστης φερόμεναι βίας· τὸ γὰρ ὑπεῖκον
ταχέως οὐ δύναται τὴν πληγὴν ὑπομένειν, ἀλλ'
ἀποπηδᾷ πρότερον. δῆλον δέ· τὰ γὰρ ὑπέρογκα
35 τῶν βελῶν βιαιοτάτην φέρεται τὴν φοράν, καὶ τὰ
ῥεύματα φερόμενα διὰ τῶν εὐρίπων· καὶ γὰρ ταῦτα
γίγνεται σφοδρότατα περὶ αὐτὰς τὰς στενοχωρίας
οὐ δυνάμενα ταχέως ὑπείκειν, ἀλλὰ ὑπὸ πολλῆς
ὠθούμενα βίας. ὁμοίως δὲ τοῦτο συμβαίνει καὶ
περὶ τὰς φωνὰς καὶ τοὺς ψόφους. φανερὸν δ'
40 ἐστίν· πάντες γὰρ οἱ βίαιοι γίγνονται σκληροί,
καθάπερ καὶ τῶν κιβωτίων καὶ τῶν στροφέων, ὅταν
ἀνοίγωνται βιαίως, καὶ τοῦ χαλκοῦ καὶ τοῦ σιδήρου.
803 a καὶ γὰρ ἀπὸ τῶν ἀκμόνων γίγνεται σκληρὸς καὶ
μαλακός, ὅταν ἐλαύνωσι κατεψυγμένον καὶ σκληρὸν

66

all sides, and the joinings of the strings are less obvious ; and so it comes about that the blows of the air are most regular.

The reeds of flutes should also be strong, smooth Reeds. and even, so that the air that passes through them may also be smooth, even and not scattered. Consequently reeds which have been wetted and soaked in fat are clearer in tone, but when dry they make ugly sounds. For the air is carried softly and evenly through what is wet and smooth. This is clear ; for the breath itself when it has moisture strikes the reeds less sharply and is less dispersed ; but the dry breath is obstructed and causes a harder blow because of the violence. Differences of sounds, then, are due to the causes given.

Those voices are hard which fall violently on the The effect of hearing and produce an unpleasant effect. Such are obstruction on sound. both harder to move and travel with the greatest violence ; for that which gives way readily cannot resist the blow, but recoils first. This is evident ; for the largest weapons travel most violently, and streams which pass through narrow channels ; for these become most violent about the narrowest parts, as they cannot give way quickly, but are thrust aside with great violence. A similar thing occurs with voices and sounds. This is evident ; for all violent sounds are hard, as in small boxes and hinges when violently opened, and brass and iron. For from the anvil it becomes both hard and soft, according to when they strike the cooled and now hard iron.

---

¹ τόνον B.

ARISTOTLE

ἤδη τὸν σίδηρον. ἔτι δὲ ἀπὸ τῆς ῥίνης, ὅταν ῥινῶσι
καὶ χαράττωσι τὰ σιδήρια καὶ τοὺς πρίονας, ἐπεὶ
καὶ τῶν βροντῶν αἱ βιαιόταται γίγνονται σκληρό-
5 ταται καὶ τῶν ὑδάτων τὰ καλούμενα ῥαγδαῖα τὴν
βίαν.

Ἡ μὲν γὰρ ταχυτὴς τοῦ πνεύματος ποιεῖ τὴν
φωνὴν ὀξεῖαν, ἡ δὲ βία σκληράν. διόπερ οὐ μόνον
συμβαίνει τοὺς αὐτοὺς ὁτὲ μὲν ὀξυτέραν ὁτὲ δὲ
βαρυτέραν, ἀλλὰ καὶ σκληροτέραν καὶ μαλακω-
τέραν. καίτοι τινὲς ὑπολαμβάνουσι διὰ τὴν σκλη-
10 ρότητα τῶν ἀρτηριῶν τὰς φωνὰς γίγνεσθαι σκληράς,
διαμαρτάνοντες· τοῦτο μὲν γὰρ βραχύ τι συμ-
βάλλεται παντελῶς, ἀλλ' ἡ τοῦ πνεύματος γιγνο-
μένη πληγὴ βιαίως ὑπὸ τοῦ πνεύμονος. ὥσπερ γὰρ
καὶ τὰ σώματα τῶν μέν ἐστιν ὑγρὰ καὶ μαλακὰ
τῶν δὲ σκληρὰ καὶ σύντονα, τὸν αὐτὸν τρόπον καὶ
15 ὁ πνεύμων. διόπερ τῶν μὲν μαλακὸν ἐκπίπτει τὸ
πνεῦμα, τῶν δὲ σκληρὸν καὶ βίαιον, ἐπεὶ διότι γε
τὴν ἀρτηρίαν αὐτὴν μικράν τινα συμβαίνει παρ-
έχεσθαι δύναμιν, ῥάδιον συνιδεῖν. οὐδεμία γάρ ἐστιν
ἀρτηρία σκληρὰ τοῖς αὐλοῖς ὁμοίως· ἀλλ' οὐθὲν
20 ἧττον δι' αὐτοῦ καὶ διὰ τούτων φερομένου τοῦ
πνεύματος οἱ μὲν μαλακῶς αὐλοῦσιν οἱ δὲ σκληρῶς.
δῆλον δὲ τοῦτ' ἐστὶ καὶ ἐπ' αὐτῆς τῆς αἰσθήσεως·
καὶ γὰρ ἂν ἐπιτείνῃ τις τὸ πνεῦμα βιαιότερον,
εὐθέως ἡ φωνὴ γίγνεται σκληροτέρα διὰ τὴν βίαν,
κἂν ᾖ μαλακωτέρα. τὸν αὐτὸν δὲ τρόπον καὶ ἐπὶ
25 τῆς σάλπιγγος· διὸ καὶ πάντες, ὅταν κωμάζωσιν,
ἀνιᾶσιν ἐν τῇ σάλπιγγι τὴν τοῦ πνεύματος συν-
τονίαν, ὅπως ἂν ποιῶσι τὸν ἦχον ὡς μαλακώτατον.
φανερὸν δ' ἐστὶ καὶ ἐπὶ τῶν ὀργάνων. καὶ γὰρ
αἱ κατεστραμμέναι χορδαί, καθάπερ εἴρηται, τὰς
68

Again, with a file when they file and sharpen iron tools and saws, just as the most violent thunder-claps are the hardest, and those waters which are called shattering.

For the swiftness of the breath makes the voice sharp, and its violence makes it hard. Consequently it happens that the same people have not only sometimes a shriller and sometimes a deeper voice, but also one harder and softer. And yet some people suppose that voices become hard owing to the hardness of the windpipe, but they are in error. This no doubt makes some small contribution, but so does the breath violently expelled by the lung. For just as the bodies of some are wet and soft, and of others hard and tight-stretched, in the same way does the lung behave. Consequently the breath in some cases comes out softly, and in others hard and violent, since it is easy to see that the windpipe itself supplies only a small force. For no windpipe is as hard as pipes ; but nevertheless when the breath travels through it and through them, some pipe softly and some harshly. This is clear from sensation itself ; for if one strains the breath more violently, the voice immediately becomes harsher because of the violence, even if it is inclined to be soft. The same thing is true with a trumpet. Consequently all men, when they revel, slacken off the tension in the trumpet so that they may make a noise as soft as possible. It is also clear in the case of instruments. For tightly strung strings, as has been said, produce harsher

803 a

φωνὰς ποιοῦσι σκληροτέρας, καὶ τὰ κατωπτημένα
30 τῶν κεράτων. κἄν τις ἅπτηται τῶν χορδῶν ταῖς
χερσὶ βιαίως καὶ μὴ μαλακῶς, ἀνάγκη καὶ τὴν
ἀνταπόδοσιν αὐτὰς οὕτω πάλιν ποιεῖσθαι βιαιο-
τέραν. αἱ δὲ ἧττον κατεστραμμέναι καὶ τὰ ὠμό-
τερα τῶν κεράτων τὰς φωνὰς ποιεῖ μαλακωτέρας,
καὶ τὰ μακρότερα τῶν ὀργάνων. αἱ γὰρ τοῦ ἀέρος
35 πληγαὶ καὶ βραδύτεραι καὶ μαλακώτεραι γίγνονται
διὰ τὰ μήκη τῶν τόπων, αἱ δ' ἐπὶ τῶν βραχυ-
τέρων¹ σκληρόταται διὰ τὴν κατάτασιν τῶν χορδῶν.
δῆλον δ' ἐστίν· καὶ γὰρ αὐτοῦ τοῦ ὀργάνου σκλη-
ροτέρας συμβαίνει γίγνεσθαι τὰς φωνάς, ὅταν μὴ
40 κατὰ μέσον τις ἅπτηται τῶν χορδῶν, διὰ τὸ μᾶλλον
αὐτῶν τὰ πρὸς αὐτῷ τῷ ζυγῷ καὶ τῷ χορδοτόνῳ
κατατετάσθαι. συμβαίνει δὲ καὶ τὰ ναρθήκινα τῶν
ὀργάνων τὰς φωνὰς ἔχειν ἁπαλωτέρας· οἱ γὰρ ἦχοι
803 b πρὸς μαλακὸν προσπίπτοντες οὐχ ὁμοίως ἀπο-
πηδῶσι μετὰ βίας.

Τραχύνεσθαι δὲ συμβαίνει τὰς φωνάς, ὅταν ἡ
πληγὴ μὴ μία γένηται τοῦ ἀέρος παντός, ἀλλὰ
πολλαχῇ κατὰ μικρὰ διεσπασμένη. καθ' αὑτὸ γὰρ
5 ἕκαστον τῶν τοῦ ἀέρος μορίων προσπῖπτον πρὸς
τὴν ἀκοήν, ὡς ἂν ἀπὸ πληγῆς ἑτέρας ὄν, διεσπα-
σμένην ποιεῖ τὴν αἴσθησιν, ὥστε τὴν μὲν διαλείπειν
τὴν φωνήν, τὴν δὲ προσπίπτειν βιαιότερον, καὶ
γίγνεσθαι τὴν ἁφὴν τῆς ἀκοῆς ἀνομοίαν, ὥσπερ καὶ
ὅταν τι τῶν τραχέων ἡμῖν προσπίπτῃ πρὸς τὸν
10 χρῶτα. μάλιστα δὲ τοῦτο συμφανές ἐστιν ἐπὶ τῆς
ῥίνης· διὰ γὰρ τὸ τὴν τοῦ ἀέρος πληγὴν ἅμα γίγνε-
σθαι κατὰ μικρὰ καὶ πολλά, τραχεῖς οἱ ψόφοι
προσπίπτουσιν ἀπ' αὐτῶν πρὸς τὴν ἀκοήν, καὶ
μᾶλλον, ὅταν πρὸς σκληρόν τι παρατρίβωνται, καθ-

sounds, and so do horn instruments when baked. And if one touches the chords with the hands violently and not softly, they are obliged to make a more violent reply. But chords less tightly stretched and less baked horn instruments make softer sounds, and so do longer instruments. For the blows of the air are slower and softer owing to the length of the space, but in the shorter ones are harshest because of the tension of the chords. This is evident; for the sounds of the organ itself become harsher when one touches the chords, but not in the middle, because the parts near the bridge itself and the screw which tightens the strings are under greater tension. Now those instruments which are made of fennel have softer sounds; for the sounds impinging on softer material do not recoil with violence.

But the sounds must become rough when there is not one blow of the air all at once, but when it strikes often and a little at a time. For each several portion of air striking the hearing by itself, as though it arose from a separate blow, causes a broken sensation, so that one part of the sound fails, while another falls with greater violence, and the contact with the hearing is uneven, just as when some rough object falls upon our skin. This is most obvious in the case of the file; for owing to the fact that the blow of the air occurs at short and rapid intervals, the sounds which fall on the hearing from them are rough, and still more so when they are rubbed against something

Roughness of sound.

---

[1] βαρυτέρων B.

ἅπερ καὶ ἐπὶ τῆς ἁφῆς· τὰ γὰρ σκληρὰ καὶ τραχέα
15 βιαιότερον ποιεῖται τὴν αἴσθησιν. δῆλον δὲ τοῦτό
ἐστι καὶ ἐπὶ τῶν ῥευμάτων· τοῦ γὰρ ἐλαίου γίνεται
πολὺ πάντων τῶν ὑγρῶν ὁ ψόφος ἀδηλότερος διὰ
τὴν συνέχειαν τὴν τῶν μορίων.

Λεπταὶ δ' εἰσὶ τῶν φωνῶν, ὅταν ὀλίγον ᾖ τὸ
πνεῦμα τὸ ἐκπῖπτον. διὸ καὶ τῶν παιδίων γίγνονται
20 λεπταί, καὶ τῶν γυναικῶν καὶ τῶν εὐνούχων, ὁμοίως
δὲ καὶ τῶν διαλελυμένων διὰ νόσον ἢ πόνον ἢ ἀ-
τροφίαν· οὐ δύνανται γὰρ πολὺ τὸ πνεῦμα διὰ τὴν
ἀσθένειαν ἐκπέμπειν. δῆλον δ' ἐστὶ καὶ ἐπὶ τῶν
χορδῶν· ἀπὸ γὰρ τῶν λεπτῶν καὶ τὰ φωνία γίγνε-
25 ται λεπτὰ καὶ στενὰ καὶ τριχώδη, διὰ τὸ καὶ τοῦ
ἀέρος τὴν πληγὴν γίγνεσθαι κατὰ στενόν.

Οἵας γὰρ ἂν τὰς ἀρχὰς ἔχωσι τῆς κινήσεως αἱ
τοῦ ἀέρος πληγαί, τοιαύτας καὶ τὰς φωνὰς συμβαί-
νει γίγνεσθαι προσπιπτούσας πρὸς τὴν ἀκοήν, οἷον
ἀραιὰς ἢ πυκνάς, ἢ μαλακὰς ἢ σκληράς, ἢ λεπτὰς
30 ἢ παχείας. ἀεὶ γὰρ ὁ ἕτερος ἀὴρ τὸν ἕτερον κινῶν
ὡσαύτως ποιεῖ τὴν φωνὴν ἅπασαν ὁμοίαν, καθάπερ
ἔχει καὶ ἐπὶ τῆς ὀξύτητος καὶ τῆς βαρύτητος· καὶ
γὰρ τὰ τάχη τὰ τῆς πληγῆς τὰ ἕτερα τοῖς ἑτέροις
συνακολουθοῦντα διαφυλάττει τὰς φωνὰς ταῖς ἀρ-
χαῖς ὁμοίως. αἱ δὲ πληγαὶ γίνονται μὲν τοῦ ἀέρος
35 ὑπὸ τῶν χορδῶν πολλαὶ καὶ κεχωρισμέναι, διὰ δὲ
μικρότητα τοῦ μεταξὺ χρόνου τῆς ἀκοῆς οὐ δυνα-
μένης συναισθάνεσθαι τὰς διαλείψεις, μία καὶ
συνεχὴς ἡμῖν ἡ φωνὴ φαίνεται, καθάπερ καὶ ἐπὶ
τῶν χρωμάτων· καὶ γὰρ τούτων τὰ διεστηκότα
δοκεῖ πολλάκις ἡμῖν συνάπτειν ἀλλήλοις, ὅταν
40 φέρωνται ταχέως. τὸ δὲ αὐτὸ συμβαίνει τοῦτο καὶ
περὶ τὰς συμφωνίας. διὰ γὰρ τὸ περισυγκατα-

72

hard, as is also true in the case of touch ; for hard
and rough things affect the senses more violently.
This is also evident in the case of flowing liquids ; for
of all liquids the sound of oil is least noticeable
because of the continuity of its parts.

But voices are light when the issuing breath is **Weak voices.**
slight. So the voices of children are weak as also
those of women and eunuchs, and similarly the voices
of those who are enfeebled by disease, or toil, or lack
of nourishment ; for they cannot emit much breath
owing to their weakness. This is evident in the case
of strings ; for from thin ones light sounds proceed
and narrow and hair-like, because the striking of the
air occurs in a narrow space.

The sounds falling on the ear will correspond to the **The source of sound determines its character.**
sources of motion which the blows on the air have ;
according to them they will be thin or thick, soft or
hard, light or heavy. For as one portion of air suc-
cessively moves another, it makes the whole sound of
a character similar to itself, just as is true in the case
of high or low pitch ; for the rapidity with which one
blow succeeds another preserves the character of the
sound similar to its origin. Now by strings many
detached blows of the air are produced, but owing to
the shortness of the interval of time the ear is unable
to detect these intervals, and the sound seems to us
one and continuous, just as occurs in the case of
colours ; for often sounds which are really separate
seem to us to dovetail into each other, when they are
travelling rapidly. Exactly the same thing occurs in
harmonies. For owing to the fact that one set of

73

803 b

λαμβάνεσθαι τοὺς ἑτέρους ἤχους ὑπὸ τῶν ἑτέρων,
804 a καὶ γίγνεσθαι τὰς καταπαύσεις αὐτῶν ἅμα, λαν-
θάνουσιν ἡμᾶς αἱ μεταξὺ γιγνόμεναι φωναί. πλεο-
νάκις μὲν γὰρ ἐν πάσαις ταῖς συμφωνίαις ὑπὸ τῶν
ὀξυτέρων φθόγγων αἱ τοῦ ἀέρος γίγνονται πληγαὶ
διὰ τὸ τάχος τῆς κινήσεως· τὸν δὲ τελευταῖον τῶν
5 ἤχων ἅμα συμβαίνει προσπίπτειν ἡμῖν πρὸς τὴν
ἀκοὴν καὶ τὸν ἀπὸ τῆς βραδυτέρας γιγνόμενον.
ὥστε τῆς ἀκοῆς οὐ δυναμένης αἰσθάνεσθαι, καθάπερ
εἴρηται, τὰς μεταξὺ φωνάς, ἅμα δοκοῦμεν ἀμφο-
τέρων τῶν φθόγγων ἀκούειν συνεχῶς.

Παχεῖαι δ᾽ εἰσὶ τῶν φωνῶν τοὐναντίον, ὅταν ᾖ
10 τὸ πνεῦμα πολὺ καὶ ἀθρόον ἐκπῖπτον· διὸ καὶ τῶν
ἀνδρῶν εἰσι παχύτεραι καὶ τῶν τελείων αὐλῶν, καὶ
μᾶλλον ὅταν πληρώσῃ τις αὐτοὺς τοῦ πνεύματος.
φανερὸν δ᾽ ἐστίν· καὶ γὰρ ἂν πιέσῃ τις τὰ ζεύγη,
μᾶλλον ὀξυτέρα ἡ φωνὴ γίγνεται καὶ λεπτοτέρα.
15 κἂν κατασπάσῃ τις τὰς σύριγγας, κἂν δὲ ἐπιλάβῃ,
παμπλείων ὁ ὄγκος γίγνεται τῆς φωνῆς διὰ τὸ
πλῆθος τοῦ πνεύματος, καθάπερ καὶ ἀπὸ τῶν
παχυτέρων χορδῶν. παχεῖαι δὲ γίγνονται καὶ τῶν
τραγιζόντων καὶ τῶν βραγχιώντων, καὶ μετὰ τοὺς
ἐμέτους, διὰ τὴν τραχύτητα τῆς ἀρτηρίας καὶ διὰ
20 τὸ μὴ ὑπεξάγειν ἀλλ᾽ αὐτοῦ προσκόπτουσαν ἀνει-
λεῖσθαι τὴν φωνὴν καὶ λαμβάνειν ὄγκον, καὶ μάλιστα
διὰ τὴν ὑγρότητα τοῦ σώματος.

Λιγυραὶ δ᾽ εἰσὶ τῶν φωνῶν αἱ λεπταὶ καὶ πυκναί,
καθάπερ καὶ ἐπὶ τῶν τεττίγων καὶ τῶν ἀκρίδων
καὶ αἱ τῶν ἀηδόνων, καὶ ὅλως ὅσαις λεπταῖς οὔσαις
25 μηθεὶς ἀλλότριος ἦχος παρακολουθεῖ. ὅλως γὰρ
οὐκ ἔστιν οὔτ᾽ ἐν ὄγκῳ φωνῆς τὸ λιγυρόν, οὔτ᾽ ἐν
τόνοις ἀνιεμένοις καὶ βαρέσιν, οὔτ᾽ ἐν ταῖς τῶν

sounds is combined with another, and that their cessation occurs at the same time, the sounds that occur in between escape us. For in all harmonies the blows of the air caused by the higher tones occur more often owing to the rapidity of the movement; but the last of the sounds falls on our ears at the same time as that which arises from the slower blow. Consequently, as the ear is unable to detect the intermediate sounds, as has been said, we seem to hear both sounds continuously and at the same time.

Thick voices on the other hand are just the opposite, when much breath is emitted all at once; consequently the sounds that men make are deeper than those of perfect pipes, and more so when one fills them with wind. This is obvious; for if one presses on the mouthpieces, the sound becomes sharper and thinner. And if one draws down the pipes and stops them by pressure, the swelling of the sound becomes greater owing to the quantity of air, just as from thicker strings. Voices are also thick when the voice is breaking, when the throat is sore, and after vomiting, owing to the roughness of the windpipe, and the fact that the voice cannot slip out of it, but when it strikes against the windpipe it shrinks back and gains in volume; this is especially due to the moisture of the body.

Voices which are thin and compressed are shrill, as *Shrill* in the case of the grasshopper, the locust and the *voices.* nightingale, and speaking generally those which being light are followed by no other sound. As a general rule shrillness neither depends on the swelling of the voice nor on relaxed and heavy tones, nor on the

75

φθόγγων ἀφαῖς, ἀλλὰ μᾶλλον ὀξύτητι καὶ λεπ-
τότητι καὶ ἀκριβείᾳ. διὸ καὶ τῶν ὀργάνων τὰ
λεπτὰ καὶ σύντονα καὶ μὴ ἔχοντα κέρας τὰς φωνὰς
30 ἔχει λιγυρωτέρας· ὁ γὰρ ἀπὸ τῶν ὑδάτων ἦχος, καὶ
ὅλως ὅταν ἀπό τινος γιγνόμενος παρακολουθῇ,
συνέχει τὴν ἀκρίβειαν τὴν τῶν φθόγγων.

Σαθραὶ δ᾽ εἰσὶ καὶ παρερρυηκυῖαι τῶν φωνῶν
ὅσαι μέχρι τινὸς φερόμεναι συνεχεῖς διασπῶνται.
φανερώτατον δὲ τοῦτ᾽ ἐστὶν ἐπὶ τοῦ κεράμου· πᾶς
35 γὰρ ὁ ἐκ πληγῆς ῥαγεὶς ποιεῖ τὸν ἦχον σαθρόν,
διασπωμένης τῆς κινήσεως κατὰ τὴν πληγήν, ὥστε
μηκέτι γίγνεσθαι τοὺς ἐκπίπτοντας ἤχους συνεχεῖς.
ὁμοίως δὲ τοῦτο συμβαίνει καὶ ἐπὶ τῶν ἐρρωγότων
κεράτων καὶ ἐπὶ τῶν χορδῶν τῶν παρανενευρι-
σμένων. ἐπὶ πάντων γὰρ τῶν τοιούτων μέχρι μέν

τινος ὁ ἦχος φέρεται συνεχής, ἔπειτα διασπᾶται,
καθ᾽ ὅ τι ἂν ᾖ μὴ συνεχὲς τὸ ὑποκείμενον, ὥστε
μὴ μίαν γίγνεσθαι πληγὴν ἀλλὰ διεσπασμένην, καὶ
φαίνεσθαι τὸν ἦχον σαθρόν. σχεδὸν γὰρ παρα-
5 πλήσιαι τυγχάνουσιν οὖσαι ταῖς τραχείαις· πλὴν
ἐκεῖναι μέν εἰσιν ἀπ᾽ ἀλλήλων κατὰ μικρὰ μέρη
διεσπασμέναι, τῶν δὲ σαθρῶν αἱ πλεῖσται τὰς μὲν
ἀρχὰς ἔχουσι συνεχεῖς, ἔπειτ᾽ εἰς πλείω μέρη τὴν
διαίρεσιν λαμβάνουσιν.

Δασεῖαι δ᾽ εἰσὶ τῶν φωνῶν ὅσαις ἔσωθεν τὸ
πνεῦμα εὐθέως συνεκβάλλομεν μετὰ τῶν φθόγγων,
10 ψιλαὶ δ᾽ εἰσὶ τοὐναντίον ὅσαι γίγνονται χωρὶς τῆς
τοῦ πνεύματος ἐκβολῆς.

Ἀπορρήγνυσθαι δὲ συμβαίνει τὰς φωνάς, ὅταν
μηκέτι δύνωνται τὸν ἀέρα μετὰ πληγῆς ἐκπέμπειν,
ἀλλ᾽ ὁ περὶ τὸν πνεύμονα τόπος αὐτῶν ὑπὸ τῆς
διαστάσεως ἐκλυθῇ. ὥσπερ γὰρ καὶ τὰ σκέλη[1] καὶ

succession of sounds but rather upon sharpness, thinness and distinctness. Consequently light and high-pitched instruments and those without horn have the shriller tones ; for the sound that comes from water, and in general a sound when it follows after another, conserves the distinctness of the sounds.

Cracked and broken voices are those which travel continuously up to a point and then disperse. This is most obvious in the case of pottery ; for a piece of pottery which has been broken by a blow makes a cracked sound, because the movement is dispersed at the point at which the blow fell, so that the sounds issuing therefrom can no longer be continuous. The same thing occurs in horns which are broken, and in strings which are strung crookedly. In every such case the sound travels continuously up to a point, and is then dispersed, at the point at which the medium of its travel is not continuous, so that the blow is no longer continuous, but is dispersed and the sound appears cracked. Such sounds are very similar to rough ones, except that the latter are separated from each other in small sections, but most of the cracked sounds have continuous beginnings, and afterwards receive their division into a number of parts.

Aspiration is produced when we drive out the breath immediately at the same time as the sounds, and conversely unaspirated sounds are those which proceed without any release of the breath.

Voices become broken when men are no longer able to expel the air with a blow, but the region of their lungs fails under the attempt to distend it. For just

Cracked voices.

Aspiration.

Reason of cracked voices.

---

¹ σκεύη B.

804 b

15 τοὺς ὤμους ἐκλύεσθαι συμβαίνει τὸ τελευταῖον
συντόνως, οὕτως καὶ τὸν περὶ τὸν πνεύμονα τόπον.
κοῦφον γὰρ ἔξω φέρεσθαι τὸ πνεῦμα διὰ τὸ μὴ
γίνεσθαι βίαιον αὐτοῦ τὴν πληγήν· ἅμα δὲ καὶ διὰ
τὸ τετραχύνθαι τὴν ἀρτηρίαν αὐτῶν ἰσχυρῶς, οὐ
20 δύναται τὸ πνεῦμα ἔξω φέρεσθαι συνεχές, ἀλλὰ
διεσπασμένον, ὡς ἀπερρωγυίας γίγνεσθαι τὰς
φωνὰς αὐτῶν. καί τινες οἴονται διὰ τὴν τοῦ
πνεύμονος γλισχρότητα τὸ πνεῦμα οὐ δύνασθαι
περαιοῦσθαι περὶ τὸν ἔξω τόπον, διαμαρτάνοντες·
φθέγγονται μὲν γὰρ ἀλλ᾿ οὐ δύνανται γεγωνεῖν διὰ
25 τὸ μὴ γίνεσθαι μετὰ συντονίας τὴν τοῦ ἀέρος
πληγήν, ἀλλὰ μόνον φωνοῦσιν, ὡς ἂν ἀπ᾿ αὐτοῦ
τοῦ φάρυγγος τὸ πνεῦμα βιαζόμενον. τῶν δ᾿ ἰσχνο-
φώνων οὔτε περὶ τὰς φλέβας οὔτε περὶ τὰς
ἀρτηρίας ἐστὶ τὸ πάθος, ἀλλὰ περὶ τὴν κίνησιν τῆς
γλώττης. χαλεπῶς γὰρ αὐτὴν μεταφέρουσιν, ὅταν
30 ἕτερον δέῃ φθόγγον εἰπεῖν. διὸ καὶ πολὺν χρόνον
τὸ αὐτὸ ῥῆμα λέγουσιν, οὐ δυνάμενοι τὸ ἑξῆς εἰπεῖν,
ἀλλὰ συνεχῶς τῆς κινήσεως καὶ τοῦ πνεύμονος
αὐτῶν ἐπὶ τὴν αὐτὴν ὁρμὴν φερομένου διὰ τὸ
πλῆθος καὶ τὴν βίαν τοῦ πνεύματος. ὥσπερ γὰρ
καὶ τὸ σῶμα ὅλον τῶν τρεχόντων βιαίως χαλεπόν
ἐστιν ἐκ τῆς ὁρμῆς εἰς ἄλλην κίνησιν μεταστῆσαι,
35 τὸν αὐτὸν τρόπον καὶ κατὰ μέρος. διὸ καὶ πολ-
λάκις τὸ μὲν ἑξῆς εἰπεῖν οὐ δύνανται, τὸ δὲ μετὰ
τοῦτο λέγουσι ῥᾳδίως, ὅταν ἄλλην ποιήσωνται τῆς
κινήσεως ἀρχήν. δῆλον δ᾿ ἐστίν· καὶ γὰρ τοῖς
ὀργιζομένοις τοῦτο συμβαίνει πολλάκις διὰ τὸ
βίαιον αὐτῶν γίγνεσθαι τὴν τοῦ πνεύματος φοράν.

78

as the legs and shoulders collapse under strain, so does the region of the lung. The breath travels out lightly because the effort expelling it is not violent enough ; at the same time owing to the fact that the windpipe has become very rough, the breath cannot travel outwards continuously, but is dispersed, so that the voice becomes broken. Some suppose that it is due to the stickiness of the lung that the breath cannot pass out to the region outside, but they are wrong ; for they make sounds but these cannot be understood, because the blow on the air is not under tension, but men only make articulate sounds in so far as the breath is forced violently from the pharynx itself. With stammerers the trouble resides Stammer-neither in the veins nor in the windpipe, but in ing. the movement of the tongue. For they find it difficult to change its position, when it is necessary to make a different sound. Consequently they utter the same sound for a long time, not being able to make the next one, as the movement and the lung travel in the same direction owing to the quantity and force of the breath. For just as when men are running violently it is difficult to change the whole body from a movement in one direction to a movement in another, exactly the same thing happens in a single part of the body. For this reason they often cannot say the thing next in order, but they can pronounce what comes after it easily, when they have made a fresh start for the movement. This is clear ; for the same thing often happens with men who are angry, because the pace at which their breath travels is violent.

PHYSIOGNOMICS
(PHYSIOGNOMONICA)

INTRODUCTION

This is certainly a combination of two treatises, for the subject begins afresh at Chapter IV.

It is almost certainly not the work of Aristotle, but it contains a great deal of real interest. The author is impressed by the fact that there is some connexion between bodily and mental characteristics, and debates the possibility of evolving a science of the subject. His observations on the dangers attaching to such conclusions are very shrewd, and his account of those physical qualities which are significant and those which are not shows great penetration. It is noteworthy that throughout he makes use of bodily signs drawn from the animal kingdom.

The rest of the treatise consists of a catalogue of physical and corresponding mental peculiarities. These again show keen observation, but they are purely empirical, and no attempt is made to decide whether bodily signs are the cause or the effect of mental features.

The treatment in some ways reminds us of the *Characters* of Theophrastus.

ΦΥΣΙΟΓΝΩΜΟΝΙΚΑ

805 a   I. Ὅτι αἱ διάνοιαι ἕπονται τοῖς σώμασι, καὶ οὐκ
εἰσὶν αὐταὶ καθ᾽ ἑαυτὰς ἀπαθεῖς οὖσαι τῶν τοῦ
σώματος κινήσεων. τοῦτο δὲ δῆλον πάνυ γίνεται
ἔν τε ταῖς μέθαις καὶ ἐν ταῖς ἀρρωστίαις· πολὺ γὰρ
5 ἐξαλλάττουσαι φαίνονται αἱ διάνοιαι ὑπὸ τῶν τοῦ
σώματος παθημάτων. καὶ τοὐναντίον δὴ τοῖς τῆς
ψυχῆς παθήμασι τὸ σῶμα συμπάσχον φανερὸν γίνε-
ται περί τε τοὺς ἔρωτας καὶ τοὺς φόβους τε καὶ
τὰς λύπας καὶ τὰς ἡδονάς. ἔτι δὲ ἐν τοῖς φύσει
γινομένοις μᾶλλον ἄν τις συνίδοι ὅτι οὕτως ἔχει
10 πρὸς ἄλληλα σῶμά τε καὶ ψυχὴ συμφυῶς ὥστε
τῶν πλείστων ἀλλήλοις αἴτια γίνεσθαι παθημάτων.
οὐδὲν γὰρ πώποτε ζῷον γεγένηται τοιοῦτον ὃ τὸ
μὲν εἶδος ἔσχεν ἑτέρου ζῴου, τὴν δὲ διάνοιαν ἄλλου,
ἀλλ᾽ ἀεὶ τοῦ αὐτοῦ τό τε σῶμα καὶ τὴν ψυχήν,
ὥστε ἀναγκαῖον ἕπεσθαι τῷ τοιῷδε σώματι τοιάνδε
15 διάνοιαν. ἔτι δὲ καὶ τῶν ἄλλων ζῴων οἱ περὶ
ἕκαστον ἐπιστήμονες ἐκ τῆς ἰδέας δύνανται θεω-
ρεῖν, ἱππικοί τε ἵππους καὶ κυνηγέται κύνας. εἰ
δὲ ταῦτα ἀληθῆ εἴη (ἀεὶ δὲ ταῦτα ἀληθῆ ἐστίν), εἴη
ἂν φυσιογνωμονεῖν.

  Οἱ μὲν οὖν προγεγενημένοι φυσιογνώμονες κατὰ
20 τρεῖς τρόπους ἐπεχείρησαν φυσιογνωμονεῖν, ἕκα-
στος καθ᾽ ἕνα. οἱ μὲν γὰρ ἐκ τῶν γενῶν τῶν ζῴων
84

PHYSIOGNOMICS

I. Dispositions follow bodily characteristics and are not in themselves unaffected by bodily impulses. This is obvious in the case of drunkenness and illness ; for it is evident that dispositions are changed considerably by bodily affections. Conversely, that the body suffers sympathetically with affections of the soul is evident in love, fear, grief and pleasure. But it is especially in the creations of nature that one can see how body and soul interact with each other, so that each is mainly responsible for the other's affections. For no animal has ever existed such that it has the form of one animal and the disposition of another, but the body and soul of the same creature are always such that a given disposition must necessarily follow a given form. Again, in all animals, those who are skilled in each species can diagnose their dispositions from their forms, horsemen with horses, and huntsmen with dogs. Now if this is true (and it is invariably so), there should be a science of physiognomics.

Now previous physiognomists have attempted three methods in the science of physiognomics. For some base the science on the genera of animals, assuming

Justification for a science of physiognomics.

Methods adopted.

85

805 a

φυσιογνωμονοῦσι, τιθέμενοι καθ᾽ ἕκαστον γένος
εἶδός τι ζῴου καὶ διάνοιαν. οἱ δ᾽ ἐπὶ τούτοις σῶμά
τι, εἶτα τὸν ὅμοιον τῷ σώματι σῶμα ἔχοντα καὶ
τὴν ψυχὴν ὁμοίαν ὑπελάμβανον. ἄλλοι δέ τινες
25 τοῦτο μὲν ἐποίουν, οὐκ ἐξ ἁπάντων δὲ τῶν ζῴων
ἐδοκίμαζον, ἀλλ᾽ ἐξ αὐτοῦ τοῦ τῶν ἀνθρώπων γένους,
διελόμενοι κατὰ τὰ ἔθνη, ὅσα διέφερε τὰς ὄψεις
καὶ τὰ ἤθη, οἷον Αἰγύπτιοι καὶ Θρᾷκες καὶ Σκύθαι,
ὁμοίως τὴν ἐκλογὴν τῶν σημείων ἐποιοῦντο. οἱ δέ
τινες ἐκ τῶν ἠθῶν τῶν ἐπιφαινομένων, οἷα διαθέσει
30 ἕπεται ἕκαστον ἦθος, τῷ ὀργιζομένῳ, τῷ φοβου-
μένῳ, τῷ ἀφροδισιάζοντι, καὶ τῶν ἄλλων δὴ πα-
θημάτων ἑκάστῳ. ἔστι δὲ κατὰ πάντας τούτους
τοὺς τρόπους φυσιογνωμονεῖν, καὶ ἔτι κατ᾽ ἄλλους,
καὶ τὴν ἐκλογὴν τῶν σημείων ἀνομοίως ποιεῖσθαι.

805 b

Οἱ μὲν οὖν κατὰ τὰ ἤθη μόνον φυσιογνωμονοῦν-
τες ἁμαρτάνουσιν, πρῶτον μὲν ὅτι ἔνιοι οὐχ οἱ
αὐτοὶ ὄντες τὰ ἐπὶ τῶν προσώπων ἤθη τὰ αὐτὰ
ἔχουσιν, οἷον ὅ τε ἀνδρεῖος καὶ ὁ ἀναιδὴς τὰ αὐτὰ
ἔχουσι, τὰς διανοίας πολὺ κεχωρισμένοι, δεύτερον
5 δὲ ὅτι κατὰ χρόνους τινὰς τὰ ἤθη οὐ τὰ αὐτὰ ἀλλ᾽
ἑτέρων ἔχουσιν· δυσανίοις τε γὰρ οὖσιν ἐνίοτε συν-
έβη τὴν ἡμέραν ἡδέως διαγαγεῖν καὶ τὸ ἦθος
λαβεῖν τὸ τοῦ εὐθύμου, καὶ τοὐναντίον εὔθυμον
λυπηθῆναι, ὥστε τὸ ἦθος τὸ ἐπὶ τοῦ προσώπου
μεταβαλεῖν. ἔτι πρὸς τούτοις περὶ ὀλίγων ἄν τις
10 τοῖς ἐπιφαινομένοις τεκμαίροιτο. οἱ δ᾽ ἐκ τῶν
θηρίων φυσιογνωμονοῦντες οὐκ ὀρθῶς τὴν ἐκλογὴν
τῶν σημείων ποιοῦνται. οὐ γὰρ δὴ ἑκάστου τῶν

for each genus one form and disposition for the animal. On these grounds they have supposed one type of body for the animal and then have concluded that the man who has a body similar to this will have a similar soul. A second class have pursued the same method, but have not based their conclusions entirely on animals, but upon the genus man itself, dividing him into races, in so far as they differ in appearance and in character (for instance Egyptians, Thracians and Scythians), and have made a corresponding selection of characteristics. A third class have made a collection of superficial characteristics, and the dispositions which follow each—the passionate man, the fearful, the sexual and each of the other affections. It is possible to make a science of physiognomics according to each of these methods, and also by others and to make a selection of characteristics in different ways.

Those who proceed in their science entirely by characteristics are wrong; first of all, because some men, who are in no sense alike, have the same facial expressions (for instance the brave and the shameless man have the same expressions), but are widely different in disposition; secondly, because at certain times they do not have the same expressions but different ones; for the low-spirited sometimes spend a happy day and assume the facial expression of the high-spirited, and conversely the high-spirited may be suffering grief, so that the expression in the face changes. In addition to this one could only draw evidence from superficial characteristics in very few cases. But those who base this science of physiognomics on wild beasts do not make their selection of signs correctly. For it is impossible

Errors in method.

805 b

ζῴων τὴν ἰδέαν διεξελθόντα ἔστιν εἰπεῖν ὅτι, ὃς
ἂν ὅμοιος τούτῳ τὸ σῶμα ᾖ, καὶ τὴν ψυχὴν ὅμοιος
ἔσται. πρῶτον μὲν γὰρ ὡς ἁπλῶς εἰπεῖν οὕτως
15 ὅμοιον θηρίῳ ἄνθρωπον οὐδεὶς ἂν εὕροι, ἀλλὰ προσ-
εοικότα μέν τι. ἔτι πρὸς τούτοις τὰ ζῷα ὀλίγα
μὲν τὰ ἴδια ἔχει σημεῖα, πολλὰ δὲ τὰ κοινά· ὥστε
ἐπειδὰν ὅμοιός τις ᾖ μὴ κατὰ τὸ ἴδιον ἀλλὰ κατὰ
τὸ κοινόν, τί μᾶλλον οὗτος λέοντι ἢ ἐλάφῳ ὁμοιό-
τερος; εἰκὸς γὰρ τὰ μὲν ἴδια τῶν σημείων ἴδιόν
20 τι σημαίνειν, τὰ δὲ κοινὰ κοινόν. τὰ μὲν οὖν
κοινὰ τῶν σημείων οὐδὲν ἂν διασαφηθείη τῷ φυ-
σιογνωμονοῦντι. εἰ δέ τις τὰ ἴδια ἑκάστου τῶν
θηρίων ἐκλέξειεν, οὐκ ἂν ἔχοι ἀποδοῦναι οὗ ἐστὶ
ταῦτα σημεῖα. εἰκὸς γὰρ τοῦ ἰδίου, ἴδιον δὲ οὐ-
δενὸς οὐδὲν τῶν ζῴων τῶν φυσιογνωμονουμένων ἕν
25 γε τῇ διανοίᾳ ἔχοι ἄν τις λαβεῖν· οὔτε γὰρ ἀνδρεῖον
μόνον ὁ λέων ἐστίν, ἀλλὰ καὶ ἄλλα πολλά, οὔτε
δειλὸν ὁ λαγωός, ἀλλὰ καὶ ἄλλα μυρία.

Εἰ οὖν μήτε τὰ κοινὰ σημεῖα ἐκλέξαντι σαφές τι
γίνεται μήτε τὰ ἴδια, οὐκ ἂν εἴη καθ᾽ ἕκαστον τῶν
ζῴων σκέπτεσθαι, ἀλλ᾽ ἐξ ἀνθρώπων τὴν ἐκλογὴν
30 ποιητέον τῶν τὸ αὐτὸ πάθος πασχόντων, οἷον, ἂν
μὲν ἀνδρείου ἐπισκοπῇ τις τὰ σημεῖα, τὰ ἀνδρεῖα
τῶν ζῴων εἰς ἓν λαβόντα δεῖ ἐξετάσαι, ποῖα παθή-
ματα τούτοις μὲν ἅπασιν ὑπάρχει, τῶν δὲ ἄλλων
806 a ζῴων οὐδενὶ συμβέβηκεν. εἰ γὰρ οὕτω τις ἐκ-

to go through the forms of each of the beasts and say that, whosoever resembles this beast in body, will also be similar in soul. For first of all, no one would find it possible to say simply that a man was really like a beast, but only that he resembled it to a certain extent. Again, in addition to this only a few animals have peculiar characteristics, but most have common ones. So that, when a man resembles an animal not in a peculiar but in a common characteristic, why should he be more like a lion than a deer? For it is natural that peculiar characteristics should signify some peculiar quality, while common ones should signify a common quality. Common characteristics would then give no clear sign to the student of physiognomics. But if anyone were to pick out the individual characteristics of each animal, he would not be able to explain of what these are signs. It would seem natural to suppose that they were signs of an individual characteristic, but in the case of animals examined for physiognomy, one cannot suppose that there is anything individual in their position, for the lion is not the only animal which is courageous, but many others are also, nor is the hare the only coward, but thousands of other animals are too.

If, then, neither common nor individual characteristics offer anything clear to the selector, there would be no point in examining animals in detail, but one would have to make a selection of men who show the same peculiarity; for instance, if one is examining the typical signs of a brave man, one would have to examine the brave animals individually, as to what affections are common to them all, but belong to none of the other animals. For supposing one were to

806 a

λέξειεν, ὅτι ταῦτά ἐστι τὰ σημεῖα ἀνδρείας
τοῖς προκριθεῖσι ζῴοις, μὴ μόνον ἀνδρείας κοινὸν
ὑπάρχειν πάθημα τῶν ἐν τῇ διανοίᾳ, ἀλλὰ καὶ
ἄλλο τι· οὕτω δ' ἂν ἀπορήσειε πότερον ἀνδρείας ἢ
θατέρου τὰ σημεῖά ἐστιν.

5 Ἀλλὰ δεῖ ἐκ πλείστων τε ἐκλέγεσθαι ζῴων, καὶ
μηδὲν πάθος κοινὸν ἐχόντων ἐν τῇ διανοίᾳ ἄλλο τι,
οὗ ἂν τὰ σημεῖα σκοπῇ. ὅσα μὲν οὖν τῶν σημείων
μόνιμά ἐστι, μόνιμον ἄν τι καὶ σημαίνοι· ὅσα δὲ
ἐπιγινόμενά τε καὶ ἀπολείποντα, πῶς ἂν τὸ σημεῖον
10 ἀληθὲς εἴη τοῦ ἐν τῇ διανοίᾳ μὴ μένοντος; εἰ μὲν
γὰρ μόνιμον ἐπιγινόμενόν τε καὶ ἀπολεῖπον σημεῖόν
τις ὑπολάβοι, ἐνδέχοιτο μὲν ἂν αὐτὸ ἀληθὲς εἶναι,
οὐ μὴν ἐπιεικὲς ἂν εἴη, μὴ ἀεὶ τῷ πράγματι παρ-
επόμενον. ὅσα δὲ παθήματα ἐγγινόμενα τῇ ψυχῇ
μηδέν τι ἐνδιαλλάττει τὰ σημεῖα τὰ ἐν τῷ σώματι,
15 οἷς χρῆται ὁ φυσιογνώμων, οὐκ ἂν εἴη τὰ τοιαῦτα
γνωρίσματα τῇ τέχνῃ, οἷον τὰ περὶ τὰς δόξας καὶ
τὰς ἐπιστήμας ἰατρὸν ἢ κιθαριστὴν οὐκ ἐνδέχεται
γνωρίζειν· ὁ γὰρ μαθὼν ὅ τι μάθημα, οὐδὲν ἐξ-
ήλλαξε τῶν σημείων οἷς χρῆται ὁ φυσιογνώμων.

II. Δεῖ δὴ οὖν ὁρίσαι περὶ ποῖα ἄττα ἐστὶν ἡ
20 φυσιογνωμονία, ἐπειδὴ οὐ περὶ πάντα, καὶ ἐκ τίνων
ἕκαστα σημεῖα λαμβάνεται, ἔπειτ' ἐφεξῆς καθ' ἓν
ἕκαστον περὶ τῶν ἐπιφανεστέρων δηλῶσαι. ἡ μὲν
οὖν φυσιογνωμονία ἐστί, καθάπερ καὶ τοὔνομα
αὐτῆς λέγει, περὶ τὰ φυσικὰ παθήματα τῶν ἐν τῇ
25 διανοίᾳ, καὶ τῶν ἐπικτήτων ὅσα παραγινόμενα

90

select on this principle, that these are the signs of courage in animals previously considered, so that not merely might there exist this common affection in all these animals but some others as well ; in that case one might doubt whether our characteristics were the marks of courage or of some other character.

But we have to make our selection from a very large number of animals, and from those that have no common characteristic in their disposition other than that whose character we are considering. Any signs which are permanent must prove some permanent characteristic ; but those which come and go cannot be true signs, except of a quality which is not permanent. For if one could suppose that a permanent characteristic could come and go, it would be possible for this to be true, but it would have no value unless it always accompanied the same condition of soul. But those affections occurring in the soul which produce no change in those bodily signs which the physiognomist uses, would produce no means of identification for his science ; for instance, the facts of their opinions and their knowledge of their craft does not help one to recognize a doctor or a musician ; for the man who studies some branch of learning produces no change in the signs of which the physiognomist makes use.

II. We must, then, limit the signs with which the science of physiognomics deals, since it does not deal with them all, and also those individuals from whom it draws these signs ; then we must point out in order in each case the more recognizable signs. The science of physiognomics, as its name implies, deals with the natural affections of disposition, and with such acquired ones as produce any

The necessary data.

Selection of applicable data.

91

806 a

μεθίστησι τῶν σημείων τῶν φυσιογνωμονουμένων. ὁποῖα δὲ ταῦτά ἐστιν, ὕστερον δηλωθήσεται. ἐξ ὧν δὲ γενῶν τὰ σημεῖα λαμβάνεται, νῦν ἐρῶ, καὶ ἔστιν ἅπαντα· ἔκ τε γὰρ τῶν κινήσεων φυσιογνωμονοῦσι, καὶ ἐκ τῶν σχημάτων, καὶ ἐκ τῶν χρω-

30 μάτων, καὶ ἐκ τῶν ἠθῶν τῶν ἐπὶ τοῦ προσώπου ἐμφαινομένων, καὶ ἐκ τῶν τριχωμάτων, καὶ ἐκ τῆς λειότητος, καὶ ἐκ τῆς φωνῆς, καὶ ἐκ τῆς σαρκός, καὶ ἐκ τῶν μερῶν, καὶ ἐκ τοῦ τύπου ὅλου τοῦ σώματος. καθόλου μὲν οὖν τοιαῦτά ἐστιν ἃ λέγουσιν οἱ φυσιογνώμονες περὶ ὅλων τῶν γενῶν ἐν

35 οἷς ἐστι τὰ σημεῖα. εἰ μὲν οὖν ἀσαφὴς ἢ μὴ εὔσημος ἦν ἡ τοιαύτη διέξοδος, ἀπέχρησεν ἂν τὰ εἰρημένα. νυνὶ δ' ἴσως βέλτιόν ἐστι καθ' ἕκαστον περὶ πάντων, ὅσα ἐπιφανῆ παρὰ τῶν φυσιογνω-

806 b μονουμένων, ἀκριβέστερον φράσαι, τά τε σημεῖα λέγοντα, οἷά τ' ἐστὶν ἕκαστα καὶ ἐπὶ τί ἀναφέρεται, ὅσα μὴ ἐν τοῖς προειρημένοις δεδήλωται.

Αἱ μὲν οὖν χροιαὶ σημαίνουσιν αἱ μὲν ὀξεῖαι
5 θερμὸν καὶ ὕφαιμον, αἱ δὲ λευκέρυθροι εὐφυΐαν, ὅταν ἐπὶ λείου χρωτὸς συμβῇ τοῦτο τὸ χρῶμα.

Τὰ δὲ τριχώματα τὰ μὲν μαλακὰ δειλόν, τὰ δὲ σκληρὰ ἀνδρεῖον. τοῦτο δὲ τὸ σημεῖον εἴληπται ἐξ ἁπάντων τῶν ζῴων. δειλότατον μὲν γάρ ἐστιν ἔλαφος λαγωὸς πρόβατα, καὶ τὴν τρίχα μαλακω-

10 τάτην ἔχει· ἀνδρειότατον δὲ λέων, ὗς ἄγριος, καὶ τρίχα σκληροτάτην φέρει. ἔστι δὲ καὶ ἐν τοῖς ὄρνισι τὸ αὐτὸ τοῦτο ἰδεῖν· καθόλου τε γὰρ ὅσοι μὲν σκληρὸν τὸ πτερὸν ἔχουσιν, ἀνδρεῖοι, ὅσοι δὲ μαλακόν, δειλοί, καὶ κατὰ μέρη ἔστι ταὐτὸ τοῦτο ἰδεῖν ἔν τε τοῖς ὄρτυξι καὶ ἐν τοῖς ἀλεκτρυόσιν.

15 ὁμοίως δὲ καὶ ἐπὶ τῶν γενῶν τῶν ἀνθρώπων ταὐτὸ

change in the signs studied by the physiognomist. What these are will be explained later on. I will now state from what types the signs are drawn, and this is the complete number. The physiognomist draws his data from movements, shapes and colours, and from habits as appearing in the face, from the growth of hair, from the smoothness of the skin, from voice, from the condition of the flesh, from parts of the body, and from the general character of the body. Generally speaking, these are the kind of things which the physiognomists quote about all those types in which the signs exist. Had this catalogue been obscure or not plainly indicative, what has already been said would have been enough. But, as it is, it is perhaps better to go through them all individually with greater accuracy, in so far as they can be clearly derived from those who study physiognomics, stating the signs, what is the nature of each and to what they refer, in so far as they have not been explained in my former words.

A vivid complexion shows heat and warm blood, but a pink-and-white complexion proves a good disposition, when it occurs on a smooth skin.

Soft hair shows timidity and stiff hair courage. This is based on observation of all the animal kingdom. For the deer, the hare and sheep are the most timid of all animals and have the softest hair; the lion and wild boar are the bravest and have very stiff hair. One can see the same thing in birds; for generally speaking those that have stiff wings are brave, and those with soft ones are cowardly, and individually one can see the same thing among quails and cocks. Exactly the same thing occurs with races

806 b

τοῦτο συμπίπτει· οἱ μὲν γὰρ ὑπὸ ταῖς ἄρκτοις
οἰκοῦντες ἀνδρεῖοί τέ εἰσι καὶ σκληρότριχες, οἱ δὲ
πρὸς μεσημβρίαν δειλοί τε καὶ μαλακὸν τρίχωμα
φέρουσιν. ἡ δὲ δασύτης ἡ περὶ τὴν κοιλίαν λαλιὰν
σημαίνει. τοῦτο δὲ ἀναφέρεται εἰς τὸ γένος τῶν
20 ὀρνίθων· ἴδιον γὰρ ὄρνιθος τῶν περὶ τὸ σῶμα ἡ
δασύτης ἡ περὶ τὴν κοιλίαν, τῶν δὲ περὶ διάνοιαν
ἡ λαλιά. ἡ δὲ σὰρξ ἡ μὲν σκληρὰ καὶ εὐεκτικὴ
φύσει ἀναίσθητον σημαίνει, ἡ δὲ λεία καὶ εὐφυέα
καὶ ἀβέβαιον, ἐὰν μὴ ἐπ' ἰσχυροῦ σώματος καὶ τὰ
25 ἀκρωτήρια ἐγκρατῆ ἔχοντος τοῦτο συμβῇ.

Αἱ δὲ κινήσεις αἱ μὲν νωθραὶ μαλακὴν διάνοιαν,
αἱ δὲ ὀξεῖαι ἔνθερμον. ἐπὶ δὲ τῆς φωνῆς ἡ μὲν
βαρεῖα καὶ ἐπιτεινομένη ἀνδρεῖον, ἡ δὲ ὀξεῖα καὶ
ἀνειμένη δειλόν.

Τὰ δὲ σχήματα καὶ τὰ παθήματα τὰ ἐπιφαινό-
μενα ἐπὶ τῶν προσώπων κατὰ τὰς ὁμοιότητας
30 λαμβάνεται τῷ πάθει. ὅταν γὰρ πάσχῃ τι, γίνεται
οἷον εἰ τοιοῦτον ἔχει· ὅταν τις ὀργίζηται, ὀργίλον
τὸ σημεῖον τοῦ αὐτοῦ γένους.

Τὸ δὲ ἄρρεν τοῦ θήλεος μεῖζον καὶ ἰσχυρότερον,
καὶ τὰ ἀκρωτήρια τοῦ σώματος ἰσχυρότερα καὶ
λιπαρώτερα καὶ εὐεκτικώτερα καὶ βελτίω κατὰ
35 πάσας τὰς ἀρετάς. ἰσχυρότερα δὲ τῶν ἐπὶ τοῖς
μέρεσι σημείων ἐστὶ τὰ ἐν τοῖς ἤθεσι τοῖς ἐν τοῖς
ἐπιφαινομένοις λαμβανόμενα καὶ τὰ κατὰ τὰς κινή-
σεις καὶ τὰ σχήματα. ὅλως δὲ τὸ ἑνὶ μὲν πιστεύειν
807 a τῶν σημείων εὔηθες· ὅταν δὲ πλείω συμφωνοῦντα
καθ' ἑνὸς λάβῃ, μᾶλλον ἤδη κατὰ τὸ εἰκὸς ἄν τις
ὑπολαμβάνοι ἀληθῆ εἶναι τὰ σημεῖα.

Ἔστι δὲ ἄλλος τρόπος καθ' ὃν ἄν τις φυσιο-
γνωμονοίη· οὐδεὶς μέντοι ἐπικεχείρηκεν. οἷον εἰ

94

of men ; for those living in the north are brave and stiff-haired, and those in the south are cowardly and have soft hair. Thickness of hair about the belly shows talkativeness. This applies to the race of birds ; for thickness of hair on the belly and natural talkativeness are the peculiar characteristics of birds. Flesh which is hard and naturally firm shows lack of perception, but smooth flesh shows a pleasant but unstable character, unless it occurs in conjunction with a strong body having powerful extremities.

Sluggish movements denote a soft disposition, quick ones a fervent one. In the matter of voice the deep and full voice denotes courage, when high and slack it means cowardice.

Forms and affections appearing in the face are considered according to their likeness to the affection. For when one suffers anything, one becomes as if one has the kind of expression : when one is angry, the sign of the same class is angry.

The male is larger and stronger than the female, and the extremities of his body are stronger, sleeker, better conditioned and more fit for every function. But conclusions deduced from obvious characteristics are safer than those drawn from the parts of the body ; so also are conclusions drawn from movements and shapes. Generally speaking, it is foolish to put one's faith in any one of the signs ; but when one finds several of the signs in agreement in one individual, one would probably have more justification for believing the inference true.

But there is another method by which one can draw conclusions in physiognomics ; but no one so far

807 a

5 ἀνάγκη ἐστὶ τὸν ὀργίλον καὶ τὸν δυσάνιον καὶ μι-
κρὸν τὸ ἦθος φθονερὸν εἶναι, εἰ καὶ μή ἐστι φθονεροῦ
σημεῖα, ἐξ ἐκείνων δὲ τῶν προτέρων ἐνδέχοιτο ἂν
τῷ φυσιογνώμονι καὶ τὸν φθονερὸν εὑρίσκειν,
μάλιστα μὲν ἂν ὁ τοιοῦτος ἴδιος τρόπος εἴη τοῦ
10 πεφιλοσοφηκότος. τὸ γὰρ δύνασθαι τινῶν ὄντων
ἀναγκαῖον εἶναι, ἴδιον ὑπολαμβάνοιμεν φιλοσοφίας·
ὅπερ ἐστὶν ὅτε ἐναντιοῦται τῷ¹ κατὰ τὰ πάθη
φυσιογνωμονεῖν καὶ κατὰ τὰ ζῷα.²

Περὶ φωνῆς κατὰ μὲν τὸ πάθος ἐπισκοπῶν
ὀξεῖαν οἰηθείη ἄν τις δυεῖν ἕνεκεν τιθέναι τοῦ
15 θυμοειδοῦς. ὁ γὰρ ἀγανακτῶν καὶ ὀργιζόμενος ἐπι-
τείνειν εἴωθε τὸν φθόγγον καὶ ὀξὺ φθέγγεσθαι, ὁ
δὲ ῥαθύμως διακείμενος τόν τε τόνον ἀνίησι καὶ
βαρὺ φθέγγεται. τῶν δ' αὖ ζῴων τὰ μὲν ἀνδρεῖα
βαρύφωνά ἐστι, τὰ δὲ δειλὰ ὀξύφωνα, λέων μὲν καὶ
20 ταῦρος, καὶ κύων ὑλακτικός, καὶ τῶν ἀλεκτρυόνων
οἱ εὔψυχοι βαρύφωνα³ φθέγγονται· ἔλαφος δὲ καὶ
λαγὼς ὀξύφωνά ἐστιν. ἀλλ' ἴσως καὶ ἐν τούτοις
κρεῖσσόν ἐστι μὴ ἐν τῷ βαρεῖαν ἢ ὀξεῖαν εἶναι τὴν
φωνὴν αὐτῶν ἀνδρεῖον ἢ δειλὸν τιθέναι, ἀλλ' ἐν τῷ
τὴν μὲν ἐρρωμένην ἀνδρείου τὴν δὲ ἀνειμένην καὶ
25 ἀσθενῆ δειλοῦ ὑποληπτέον εἶναι. ἔστι δὲ κράτιστον,
ὅταν τὰ σημεῖα μὴ ὁμολογούμενα ἀλλ' ὑπεναντιού-
μενα, μηδὲν τιθέναι, εἰ μή ἐστι τῶν διῃρημένων
ποῖα ποίων πιστότερα, καὶ μάλιστα μὲν εἰς εἴδη
ἀλλὰ μὴ εἰς ὅλα τὰ γένη ἀναφέρειν. ὁμοιότερα γάρ
ἐστι τῷ ζητουμένῳ· οὐ γὰρ ὅλον τὸ γένος τῶν

---

¹ τούτῳ B.　　　　² τὰ κακά B.

³ βαρύφωνοι B.

has tried it. For example if the man who is quick to anger, hard to please, and small-minded is always jealous ; if there are no signs of a jealous man, it might still be possible for the physiognomist to recognize the jealous man from the other qualities ; particularly this method might be appropriate to the man who has had a philosophical training. For we imagine it is the distinguishing mark of philosophy to be able to realize the necessary result in the presence of certain data. But this method sometimes produces results contrary to those due to basing our science on the affections and on animals.

For instance, in the matter of voice, examining its affections one might think that a high-pitched voice was characteristic of the passionate for two reasons. For the man who is angry and annoyed is accustomed to strain his voice and speak sharply, but the man whose attitude is an easy one slackens off his tone and talks with a deep voice. But on the other hand the brave animals have deep voices, and the cowardly high-pitched voices, the lion and the bull, the barking dog, and the brave cocks are all deep-voiced ; whereas the deer and the hare are shrill-voiced. But possibly in these cases the question of bravery or cowardice does not so much depend on the high pitch of the voice, but the strong voice must be confined to the brave and the slack and weak to the cowardly. On occasions when the signs are evidently not in agreement with each other but are contradictory, it is better to make no assumption, unless they belong to differences of class, in which some are more reliable than others, and particularly it is best to refer them to species rather than to whole classes. For the former are nearer to the objects of our search ; for

30 ἀνθρώπων φυσιογνωμονοῦμεν, ἀλλά τινα τῶν ἐν
τῷ γένει.

III. Ἀνδρείου σημεῖα τρίχωμα σκληρόν, τὸ
σχῆμα τοῦ σώματος ὀρθόν, ὀστᾶ καὶ πλευραὶ καὶ
τὰ ἀκρωτήρια τοῦ σώματος ἰσχυρὰ καὶ μεγάλα,
καὶ κοιλία πλατεῖα καὶ προσεσταλμένη· ὠμοπλάται
35 πλατεῖαι καὶ διεστηκυῖαι, οὔτε λίαν συνδεδεμέναι
οὔτε παντάπασιν ἀπολελυμέναι· τράχηλος ἐρρω-
μένος, οὐ σφόδρα σαρκώδης· τὸ στῆθος σαρκῶδές
τε καὶ πλατύ, ἰσχίον προσεσταλμένον, γαστρο-
807 b κνημίαι κάτω προσεσπασμέναι· ὄμμα χαροπόν,
οὔτε λίαν ἀνεπτυγμένον οὔτε παντάπασι συμμύον·
αὐχμηρότερον τὸ χρῶμα τὸ ἐπὶ τοῦ σώματος·
ὀξὺ μέτωπον, εὐθύ, οὐ μέγα, ἰσχνόν, οὔτε λεῖον
οὔτε παντάπασι ῥυτιδῶδες·

5 Δειλοῦ σημεῖα τριχωμάτιον μαλακόν, τὸ σῶμα
συγκεκαθικός, οὐκ ἐπισπερχής· αἱ δὲ γαστροκνη-
μίαι ἄνω ἀνεσπασμέναι· περὶ τὸ πρόσωπον ὕπ-
ωχρος· ὄμματα ἀσθενῆ καὶ σκαρδαμύττοντα, καὶ τὰ
ἀκρωτήρια τοῦ σώματος ἀσθενῆ, καὶ μικρὰ σκέλη,
καὶ χεῖρες λεπταὶ καὶ μακραί· ὀσφὺς δὲ μικρὰ καὶ
10 ἀσθενής· τὸ σχῆμα σύντονον ἐκ ταῖς κινήσεσιν· οὐκ
ἰταμὸς ἀλλ᾽ ὕπτιος καὶ τεθαμβηκώς· τὸ ἦθος τὸ
ἐπὶ τοῦ προσώπου εὐμετάβολον, κατηφής.

Εὐφυοῦς σημεῖα σὰρξ ὑγροτέρα καὶ ἁπαλωτέρα,
οὐκ εὐεκτικὴ οὐδὲ πιμελώδης σφόδρα· τὰ περὶ τὰς
15 ὠμοπλάτας καὶ τράχηλον ἰσχνότερα, καὶ τὰ περὶ
τὸ πρόσωπον, καὶ σύνδετα τὰ περὶ τὰς ὠμοπλάτας,
καὶ τὰ κάτω ἀφειμένα· εὔλυτα τὰ περὶ τὰς πλευράς·
καὶ τὸν νῶτον ἀσαρκότερος· τὸ σῶμα λευκέρυθρον
καὶ καθαρόν· τὸ δερμάτιον λεπτόν, τριχωμάτιον μὴ
λίαν σκληρὸν μηδὲ λίαν μέλαν, ὄμμα χαροπόν, ὑγρόν.

we do not pursue our science with the whole race of mankind, but with individuals within the class.

III. The characteristics of the brave man are stiff hair, an erect carriage of body, bones, sides and extremities of the body strong and large, broad and flat belly ; shoulder-blades broad and far apart, neither very tightly knit nor altogether slack ; a strong neck but not very fleshy ; a chest fleshy and broad, thigh flat, calves of the legs broad below ; a bright eye, neither too wide opened nor half closed ; the skin on the body is inclined to be dry ; the forehead is sharp, straight, not large, and lean, neither very smooth nor very wrinkled.

The signs of the coward are soft hair, a body of sedentary habit, not energetic ; calves of the legs broad above ; pallor about the face ; eyes weak and blinking, the extremities of the body weak, small legs and long thin hands ; thigh small and weak ; the figure is constrained in movement ; he is not eager but supine and nervous ; the expression on his face is liable to rapid change and is cowed.

The flesh of the man of easy disposition is moister and softer, not of full habit nor very fat ; the parts about the shoulder-blades and neck are rather dry, and so are the parts about the face, while the region of the shoulder-blades is firmly set, while the lower parts are freer ; the loins are loose, and there is less flesh on the back ; the body is pink and white and has a clear complexion. The skin is light with not very stiff hair, nor very black, the eye is bright and moist.

20 Ἀναισθήτου σημεῖα τὰ περὶ τὸν αὐχένα καὶ
τὰ σκέλη σαρκώδη καὶ συμπεπλεγμένα καὶ συν-
δεδεμένα, κοτύλη στρογγύλη, ὠμοπλάται ἄνω ἀν-
εσπασμέναι, μέτωπον μέγα περιφερὲς σαρκῶδες,
ὄμμα χλωρὸν κωφόν, κνῆμαι περὶ σφυρὸν παχεῖαι
25 σαρκώδεις στρογγύλαι, σιαγόνες μεγάλαι σαρκώδεις,
ὀσφὺς σαρκώδης, σκέλη μακρά, τράχηλος παχύς,
πρόσωπον σαρκῶδες, ὑπόμακρον ἱκανῶς. τὰς δὲ
κινήσεις καὶ τὸ σχῆμα καὶ τὸ ἦθος τὸ ἐπὶ τοῦ
προσώπου ἐπιφαινόμενον κατὰ τὰς ὁμοιότητας
ἀναλαμβάνει.

Ἀναιδοῦς σημεῖα ὀμμάτιον ἀνεπτυγμένον καὶ
30 λαμπρόν, βλέφαρα ὕφαιμα καὶ παχέα· μικρὸν ἔγ-
κυρτος· ὠμοπλάται ἄνω ἐπηρμέναι· τῷ σχήματι
μὴ ὀρθὸς ἀλλὰ μικρῷ προπετέστερος, ἐν ταῖς κινή-
σεσιν ὀξύς, ἐπίπυρρος τὸ σῶμα· τὸ χρῶμα ὕφαιμον·
στρογγυλοπρόσωπος· τὸ στῆθος ἀνεσπασμένον.

Κοσμίου σημεῖα. ἐν ταῖς κινήσεσι βραδύς, καὶ
35 διάλεκτος βραδεῖα καὶ φωνὴ πνευματώδης καὶ
ἀσθενής,[1] ὀμμάτιον ἀλαμπὲς μέλαν καὶ μήτε λίαν
ἀνεπτυγμένον μήτε παντάπασι συμμεμυκός, σκαρ-
808 a δαμυκτικὸν βραδέως· τὰ μὲν γὰρ ταχέως σκαρδα-
μύττοντα τῶν ὀμμάτων τὰ μὲν δειλὸν τὰ δὲ θερμὸν
σημαίνει.

Εὐθύμου σημεῖα μέτωπον εὐμέγεθες καὶ σαρ-
κῶδες καὶ λεῖον, τὰ περὶ τὰ ὄμματα ταπεινότερα.
καὶ ὑπνωδέστερον τὸ πρόσωπον φαίνεται, μήτε
5 δεδορκὸς μήτε σύννουν. ἔν τε ταῖς κινήσεσι βραδὺς
ἔστω καὶ ἀνειμένος· τῷ σχήματι καὶ τῷ ἤθει τῷ
ἐπὶ τοῦ προσώπου μὴ ἐπισπερχὴς ἀλλὰ ἀγαθὸς
φαινέσθω.

Ἀθύμου σημεῖα. τὰ ῥυτιδώδη τῶν προσώπων

The distinguishing marks of the insensitive man are fleshiness about the neck and legs and these parts are stiff and close-knit ; the hip-joint is round, the shoulder-blades are thick above, the face is large, round and fleshy, the eye is pale and dull, the calves are thick about the ankle, fleshy and round, the jaw-bone is large and fleshy, the loin is fleshy ; the leg is long, the neck thick, and the face fleshy and rather long. He has movements, a figure and an expression on his face corresponding to these.

The marks of the shameless man are an eye wide-open and clear, eyelids bloodshot and thick ; he is somewhat bowed ; shoulders raised high ; his figure is not erect but inclines to stoop forward, he is quick in his movements and reddish in body ; his complexion is ruddy ; he is round-faced with a high chest.

These are the marks of the orderly man. He is deliberate in movement and in speech, his voice is husky and weak, he has a black lack-lustre eye, neither very wide open nor half closed, and it opens and closes slowly ; for eyes that blink rapidly are signs either of the coward or of the hot-tempered.

The signs of high spirits are a large, fleshy and smooth face, but the eyes are set rather low. The face has a rather sleepy expression, neither staring nor thoughtful. We may assume that he is slow and slack in movement ; and that in figure and facial expression he seems not alert though sound.

These are the marks of the low-spirited man. His

---

[1] ἀσμενής B.

808 a

καὶ ἰσχνὰ ὄμματα κατακεκλασμένα, ἅμα δὲ καὶ
10 τὰ κεκλασμένα τῶν ὀμμάτων δύο σημαίνει, τὸ
μὲν μαλακὸν καὶ θῆλυ, τὸ δὲ κατηφὲς καὶ ἄθυμον.
ἐν τῷ σχήματι ταπεινὸς καὶ ταῖς κινήσεσιν ἀπ-
ηγορευκώς.

Κιναίδου σημεῖα ὄμμα κατακεκλασμένον, γονύ-
κροτος· ἐγκλίσεις τῆς κεφαλῆς εἰς τὰ δεξιά· αἱ
φοραὶ τῶν χειρῶν ὕπτιαι καὶ ἔκλυτοι, καὶ βαδίσεις
15 διτταί, ἡ μὲν περινεύοντος, ἡ δὲ κρατοῦντος τὴν
ὀσφύν· καὶ τῶν ὀμμάτων περιβλέψεις, οἷος ἂν εἴη
Διονύσιος ὁ σοφιστής.

Πικροῦ σημεῖα τὸ πρόσωπον σεσηρός· μελανό-
χρως, ἰσχνός· τὰ περὶ τὸ πρόσωπον διεξυσμένα,
τὸ πρόσωπον ῥυτιδῶδες ἄσαρκον· εὐθύθριξ καὶ
μελάνθριξ.

20 Θυμώδους σημεῖα. ὀρθὸς τὸ σῶμα, τῷ σχήματι
εὔπλευρος, εὔθυμος, ἐπίπυρρος· ὠμοπλάται διεστη-
κυῖαι καὶ μεγάλαι καὶ πλατεῖαι· ἀκρωτήρια μεγάλα
καὶ ἐγκρατῆ· λεῖος καὶ περὶ τὰ στήθη καὶ περὶ
βουβῶνας, εὐπώγων· εὐαυξὴς ὁ περίδρομος τῶν
τριχῶν, κάτω κατεληλυθώς.

25 Πραέος σημεῖα. ἰσχυρὸς τὸ εἶδος, εὔσαρκος·
ὑγρὰ σὰρξ καὶ πολλή· εὐμεγέθης καὶ σύμμετρος·
ὕπτιος τῷ σχήματι· ὁ περίδρομος τῶν τριχῶν
ἀνεσπασμένος.

Εἴρωνος σημεῖα πίονα τὰ περὶ τὸ πρόσωπον, καὶ
τὰ περὶ τὰ ὄμματα ῥυτιδώδη· ὑπνῶδες τὸ πρόσω-
πον τῷ ἤθει φαίνεται.

30 Μικροψύχου σημεῖα. μικρομελής, μικρογλά-
φυρος, ἰσχνός, μικρόμματος καὶ μικροπρόσωπος,
οἷος ἂν εἴη Κορίνθιος ἢ Λευκάδιος.

Φιλόκυβοι γαλεαγκῶνες καὶ ὀρχησταί.

102

face is wrinkled, his eyes are dry and weak, but at the same time weakness of eye signifies two things, softness and effeminacy on the one hand, depression and lack of spirit on the other. He is stooping in figure and feeble in his movements.

The morbid character is shown by being weak-eyed and knock-kneed ; his head is inclined to the right ; he carries his hands palm upward and slack, and he has two gaits—he either waggles his hips or holds them stiffly ; he casts his eyes around him like Dionysius the sophist.

Drawn back lips are the mark of the acid temper ; dark complexion and dry ; about the face are wrinkles, and the face is furrowed and fleshless ; the hair is straight and black.

These are the marks of the passionate temperament. The body is erect, in appearance it is broad at the ribs, sanguine and ruddy, the shoulder-blades are wide apart, large and broad ; the extremities are large and powerful ; he is smooth about the chest and groin, and well-bearded ; the growth of hair is considerable and starts low down.

The marks of the gentle man. He is strong in appearance and fleshy ; his flesh is moist and considerable ; he is of large size and well knit ; his figure is upright ; the growth of hair is short.

The mock-modest man is fat about the face and puckered about the eyes ; the expression on the face appears sleepy.

These are the marks of the little-minded man. He is small limbed, small and round, dry, with small eyes and a small face, like a Corinthian or Leucadian.

Gamblers have short arms and so have dancers.

808 a

Φιλολοίδοροι οἶς τὸ ἄνω χεῖλος μετέωρον· καὶ τὰ εἴδη προπετεῖς, ἐπίπυρροι.

Ἐλεήμονες ὅσοι γλαφυροὶ καὶ λευκόχροοι καὶ 35 λιπαρόμματοι καὶ τὰ ῥινία ἄνωθεν διεξυσμένοι, καὶ ἀεὶ δακρύουσιν. οἱ αὐτοὶ οὗτοι καὶ φιλογύναιοι καὶ θηλυγόνοι καὶ περὶ τὰ ἤθη ἐρωτικοὶ καὶ ἀειμνήμονες καὶ εὐφυεῖς καὶ ἔνθερμοι.

808 b Τούτων δὲ σημεῖα εἴρηται. ἐλεήμων ὁ σοφὸς καὶ δειλὸς καὶ κόσμιος, ἀνελέητος ἀμαθὴς καὶ ἀναιδής.

Ἀγαθοὶ φαγεῖν οἶς τὸ ἀπὸ τοῦ ὀμφαλοῦ πρὸς στῆθος μεῖζόν ἐστιν ἢ τὸ ἐντεῦθεν πρὸς τὸν αὐχένα.

Λάγνου σημεῖα. λευκόχρως καὶ δασὺς εὐθείαις 5 θριξὶ καὶ παχείαις καὶ μελαίναις· καὶ οἱ κρόταφοι δασεῖς εὐθείαις θριξί· λιπαρὸν τὸ ὀμμάτιον καὶ μάργον.

Φίλυπνοι οἱ τὰ ἄνω μείζω ἔχοντες καὶ γυπώδεις καὶ θερμοί, εὐεκτικὴν σάρκα ἔχοντες, καὶ γλαφυροὶ τὰ εἴδη, καὶ δασεῖς τὰ περὶ τὴν κοιλίαν.

10 Μνήμονες οἱ τὰ ἄνω ἐλάττονα ἔχοντες καὶ γλαφυρὰ καὶ σαρκωδέστερα.

IV. Δοκεῖ δέ μοι ἡ ψυχὴ καὶ τὸ σῶμα συμπαθεῖν ἀλλήλοις· καὶ ἡ τῆς ψυχῆς ἕξις ἀλλοιουμένη συναλλοιοῖ τὴν τοῦ σώματος μορφήν, πάλιν τε ἡ τοῦ σώματος μορφὴ ἀλλοιουμένη συναλλοιοῖ τὴν τῆς 15 ψυχῆς ἕξιν. ἐπειδὴ γάρ ἐστι ψυχῆς τὸ ἀνιᾶσθαί τε καὶ εὐφραίνεσθαι, καταφανὲς ὅτι οἱ ἀνιώμενοι σκυθρωπότεροί εἰσι καὶ οἱ εὐφραινόμενοι ἱλαροί. εἰ μὲν οὖν ἦν τῆς ψυχῆς λελυμένης ἔτι τὴν ἐπὶ τοῦ σώματος μορφὴν μένειν, ἦν μὲν ἂν καὶ οὕτως

Abusive men have a pendulous upper lip; in appearance they lean forward and are ruddy.

The charitable are delicate-looking, pale-complexioned and bright-eyed; their nostrils are wrinkled and they are ever prone to tears. These characters are fond of women and inclined to have female children; they are amorous by nature, inclined to be reminiscent, of good dispositions and warm hearts.

We have, then, recorded the signs of these characters. The wise man, the coward and the orderly man are all charitable, while the uneducated and the shameless are uncharitable.

Those who are longer from the navel to the chest than from the chest to the neck have good appetites.

The marks of the sensual man. He has a pale skin and is covered with straight, thick, black hair; his temples are also covered with black, straight hair. He has a bright and appetitive eye.

Those who have large upper parts and are vulture-like and hot are somnolent; they have well-conditioned flesh, they are delicate in appearance and have thick hair in the parts about the belly.

Those who have small, delicate and somewhat fleshy upper parts have good memories.

IV. It seems to me that soul and body react on each other; when the character of the soul changes, it changes also the form of the body, and conversely, when the form of the body changes, it changes the character of the soul. For since grief and joy are both states of the soul, it is obvious that those who are grieved have gloomy faces, and those who are happy have cheerful ones. If it were possible for the form of the body to persist after the soul was released from these emotions, the soul and body might still

808 b

ἡ ψυχή τε καὶ τὸ σῶμα συμπαθῆ, οὐ μέντοι συνδια-
20 τελοῦντα ἀλλήλοις. νῦν δὲ καταφανὲς ὅτι ἑκάτερον
ἑκατέρῳ ἕπεται. μάλιστα μέντοι ἐκ τοῦδε δῆλον
γένοιτο. μανία γὰρ δοκεῖ εἶναι περὶ ψυχήν, καὶ οἱ
ἰατροὶ φαρμάκοις καθαίροντες τὸ σῶμα καὶ διαίταις
τισὶ πρὸς αὐτοῖς χρησάμενοι ἀπαλλάττουσι τὴν
ψυχὴν τῆς μανίας. ταῖς δὴ τοῦ σώματος θερα-
25 πείαις καὶ ἅμα ἥ τε τοῦ σώματος μορφὴ λέλυται
καὶ ἡ ψυχὴ μανίας ἀπήλλακται. ἐπειδὴ οὖν ἅμα
ἀμφότερα λύονται, δῆλον ὅτι συνδιατελοῦσιν ἀλλή-
λοις. συμφανὲς δὲ καὶ ὅτι ταῖς δυνάμεσι τῆς
ψυχῆς ὅμοιαι αἱ μορφαὶ τοῖς σώμασιν ἐπιγίνονται,
ὥστ᾽ ἐστὶν ἅπαντα ὅμοια[1] ἐν τοῖς ζῴοις τοῦ αὐτοῦ
30 τινὸς δηλωτικά.

Πολλὰ δὲ καὶ ὧν διαπράττεται τὰ ζῷα, τὰ μὲν
ἴδια ἑκάστου γένους πάθη τῶν ζῴων ἐστί, τὰ δὲ
κοινά. ἐπὶ μὲν οὖν τοῖς ἰδίοις ἔργοις τῆς ψυχῆς
ἴδια τὰ πάθη κατὰ τὸ σῶμα, ἐπὶ δὲ τοῖς κοινοῖς
τὰ κοινά. κοινὰ μὲν οὖν ἐστιν ὕβρις τε καὶ ἡ περὶ
35 τὰ ἀφροδίσια ἔκστασις. τῶν μὲν οὖν λοφούρων
κοινόν ἐστιν ὕβρις, τῶν δὲ ὄνων τε καὶ συῶν ἡ
περὶ τὰ ἀφροδίσια ἕξις. ἴδιον δ᾽ ἐστὶν ἐπὶ μὲν τῶν
κυνῶν τὸ λοίδορον, ἐπὶ δὲ τῶν ὄνων τὸ ἄλυπον.
809 a ὡς μὲν οὖν τὸ κοινόν τε καὶ τὸ ἴδιον χρὴ διελέσθαι,
εἴρηται.

Δεῖ μέντοι πρὸς ἅπαντα πολλῆς συνηθείας, εἰ
μέλλει τις αὐτὸς ἔσεσθαι ἱκανὸς περὶ τούτων ἕκαστα
λέγειν. ἐπειδὴ γὰρ τὰ ὁρώμενα ἐπὶ τῶν σωμάτων
5 λέγεται ἀναφέρεσθαι ἐπὶ τὰς ὁμοιότητας τάς τε ἀπὸ
τῶν ζῴων καὶ τὰς ἀπὸ τῶν πράξεων γινομένας,
καὶ ἰδέαι τινὲς ἄλλαι ἀπὸ θερμοτήτων καὶ ἀπὸ
ψυχροτήτων γίνονται, ἔστι τε τούτων ἔνια τῶν ἐπι-

interact, but their reactions would not be synchronous. But, as it is, it is obvious that the one follows the other. This becomes most clear from the following considerations. Madness appears to be an affection of the soul, and yet physicians by purging the body with drugs, and in addition to these by prescribing certain modes of life can free the soul from madness. By treatment of the body the form of the body is released, and the soul is freed from its madness. Since, then, they are both released simultaneously, their reactions evidently synchronize. It is also evident that the forms of the body are similar to the functions of the soul, so that all the similarities in animals are evidence of some identity.

Of the many activities of animals some are peculiar to each class of animal, while others are common to many. In the case of the special activities of the soul the bodily affections are also special, whereas in the case of the common ones they are common. For instance aggressiveness and sexual excitement are common characteristics. All animals with bushy tails are aggressive, while asses and pigs show sexual excitement. But abuse is peculiar to dogs, while insensitiveness to pain is peculiar to asses. We have stated then that one must discriminate between the common and the individual characteristics.

But one needs great familiarity with all the facts, if one hopes to be competent to discuss all these things in detail. It is said that the visible marks on the body can be referred to likenesses which occur in animals and in their actions, but there are also special forms arising from heat and cold, and some of these

---

[1] ὅμοια om. B.

809 a

φαινομένων ἐπί τε τοῖς σώμασι μικραῖς διαφοραῖς
κεχρημένα καὶ τῷ αὐτῷ ὀνόματι προσαγορευό-
10 μενα, οἷον αἵ τε ἀπὸ φόβων ὠχρότητες καὶ ἀπὸ
πόνων (αὗται γὰρ ὀνόματί τε τῷ αὐτῷ κέχρηνται,
καὶ διαφορὰν μικρὰν ἔχουσι πρὸς ἀλλήλας), μικρᾶς
δὲ οὔσης τῆς διαφορᾶς οὐ ῥάδιον γινώσκειν ἀλλὰ
ἢ ἐκ τῆς συνηθείας τῆς μορφῆς τὴν ἐπιπρέπειαν
εἰληφότα, ἔστι μὲν οὖν καὶ τάχιστος καὶ ἄριστος
15 ὁ ἀπὸ τῆς ἐπιπρεπείας, καὶ ἔστι γε οὕτως τούτῳ
χρώμενον πολλὰ διαγινώσκειν. καὶ οὐ μόνον καθ-
όλου χρήσιμόν ἐστιν, ἀλλὰ καὶ πρὸς τὴν τῶν
σημείων ἐκλογήν· ἕκαστον γὰρ τῶν ἐκλεγομένων
καὶ πρέπειν δεῖ τοιοῦτον οἷον τὸ ἐκλεγόμενον θέλει.
ἔτι τε κατὰ τὴν ἐκλογὴν τῶν σημείων, καὶ τῷ
20 συλλογισμῷ, ᾧ δεῖ χρῆσθαι ὅπου ἄν τι τύχῃ,
προστιθέντας τοῖς προσοῦσι τὰ προσήκοντα, οἷον εἰ
ἀναιδής τε εἴη καὶ μικρολόγος, καὶ κλέπτης ἂν εἴη
καὶ ἀνελεύθερος, καὶ κλέπτης μὲν ἑπομένως τῇ
ἀναιδείᾳ, τῇ δὲ μικρολογίᾳ ἀνελεύθερος. ἐπὶ μὲν
οὖν τῶν τοιούτων ἑκάστου δεῖ τοῦτον τὸν τρόπον
25 προσαρμόζοντα τὴν μέθοδον ποιεῖσθαι.

V. Νυνὶ δὲ πρῶτον πειράσομαι τῶν ζῴων
διελέσθαι, ὁποῖα αὐτῶν προσήκει διαλλάττειν
πρὸς τὸ εἶναι ἀνδρεῖα καὶ δειλὰ καὶ δίκαια καὶ
ἄδικα. διαιρετέον δὲ τὸ τῶν ζῴων γένος εἰς
δύο μορφάς, εἰς ἄρσεν καὶ θῆλυ, προσάπτοντα
30 τὸ πρέπον ἑκατέρᾳ μορφῇ. ὁποῖα ἂν ἐπιχει-
ρῶμεν[1] οὖν τρέφειν τῶν θηρίων προσηνέστερα καὶ
μαλακώτερα τὰς ψυχὰς τὰ θήλεα τῶν ἀρρένων,
ἧττόν τε ῥωμαλεούμενα, τάς τε τροφὰς καὶ τὰς
χειροηθείας μᾶλλον προσδεχόμενα. ὥστε τοιαῦτα
ὄντα εἴη που ἂν ἀθυμότερα τῶν ἀρρένων. κατα-

visible marks on the body are distinguished by minute differences, and are called by the same name. For instance, the pallor arising from fear and that arising from fatigue (they have both the same name, and have very little difference from each other), but because there is a small difference it is not easy to distinguish them except by taking great care from familiarity with the form; but the quickest and most capable is the man who takes great care, and it is possible for the man who employs this method to detect many distinctions. Not only is this useful in general, but also for the selection of signs; for each of the signs selected must conform to what it represents. Also in selecting the signs one must add what is proper to the syllogisms which one must use whenever necessary; for instance, if a man were shameless and penurious, he would also be a thief and mean, a thief because of his shamelessness and mean because of his penury. So in cases such as these we must make our investigation by the use of this method.

V. Now I will try to distinguish first among the animals, what kind of things differentiates them in respect of bravery and cowardice, justice and injustice. The first division which must be made in animals is into two sexes, male and female, attaching to them what is suited to each sex. Of all the animals which we attempt to breed the females are tamer and gentler in disposition than the males, but less powerful, and more susceptible to rearing and handling. This being their character, they have less spirit than

---

¹ ἔστι δὲ ὅμοια. ἐπιχειροῦμεν B.

35 φανὲς δὲ τοῦτο ἐξ ἡμῶν πού ἐστιν, ὅτι ἐπὰν
ὑπὸ θυμοῦ κρατηθῶμεν, δυσπαραπιστότεροί τε, καὶ
μάλιστα ἐρρώμεθα πρὸς τὸ μηδαμῇ μηδὲν εἶξαι,
ἐπὶ τὸ βιάζεσθαι δὲ καὶ πρᾶξαι φερόμεθα, πρὸς ὃ
ἂν ὁ θυμὸς ὁρμήσῃ. δοκεῖ δέ μοι καὶ κακουργό-
τερα γίνεσθαι τὰ θήλεα τῶν ἀρρένων, καὶ προ-
809 b πετέστερά τε καὶ ἀναλκέστερα. αἱ μὲν οὖν γυναῖκες
καὶ τὰ περὶ ἡμᾶς τρεφόμενα καὶ πάνυ που φανερὰ
ὄντα· τὰ δὲ περὶ τὴν ὕλην πάντες ὁμολογοῦσιν οἱ
νομεῖς τε καὶ θηρευταὶ ὅτι τοιαῦτά ἐστιν οἷα
προείρηται. ἀλλὰ μὴν καὶ τόδε δῆλον, ὅτι ἕκαστον
5 ἐν ἑκάστῳ γένει θῆλυ ἄρρενος μικροκεφαλώτερόν
ἐστι καὶ στενοπροσωπότερον καὶ λεπτοτραχηλό-
τερον, καὶ τὰ στήθη ἀσθενέστερα ἔχει, καὶ ἀ-
πλευρότερά ἐστι, τά τε ἰσχία καὶ τοὺς μηροὺς
περισαρκότερα τῶν ἀρρένων, γονύκροτα δὲ καὶ τὰς
κνήμας λεπτὰς ἔχοντα, τούς τε πόδας κομψοτέ-
10 ρους, τήν τε τοῦ σώματος ὅλην μορφὴν ἡδίω
μάλιστ᾽ ἂν ἢ γενναιοτέραν, ἀνευρότερα δὲ καὶ
μαλακώτερα, ὑγροτέραις σαρξὶ κεχρημένα. τὰ δὲ
ἄρρενα τούτοις ἅπασιν ἐναντία, τὴν φύσιν ἀνδρειο-
τέραν καὶ δικαιοτέραν εἶναι γένει, τὴν δὲ τοῦ
θήλεος δειλοτέραν καὶ ἀδικωτέραν.

Τούτων οὕτως ἐχόντων, φαίνεται τῶν ζῴων
15 ἁπάντων λέων τελεώτατα μετειληφέναι τῆς τοῦ
ἄρρενος ἰδέας. ἔστι γὰρ ἔχων στόμα εὐμέγεθες, τὸ
δὲ πρόσωπον τετραγωνότερον, οὐκ ἄγαν ὀστῶδες,
τὴν ἄνω τε γένυν οὐ προεξεστηκυῖαν ἀλλὰ ἰσορ-
ροποῦσαν τῇ κάτω, ῥῖνα δὲ παχυτέραν ἢ λεπτο-
τέραν, χαροποὺς ὀφθαλμοὺς ἐγκοίλους, οὐ σφόδρα
20 περιφερεῖς οὔτε ἄγαν προμήκεις, μέγεθος δὲ μέ-
τριον, ὀφρὺν εὐμεγέθη, μέτωπον τετράγωνον, ἐκ

the males. This is perhaps obvious from our own case, for when we are overcome by temper, we become less submissive and are more determined in no circumstances to yield to anyone, but we are inclined to violence and to act in any direction to which our temper impels us. But it seems to me that the female sex has a more evil disposition than the male, is more forward and less courageous. Women and the female animals bred by us are evidently so ; and all shepherds and hunters admit that they are such as we have already described in their natural state. Moreover, this is also obvious, that in each class each female has a smaller head, a narrower face and a more slender neck than the male, as well as a weaker chest and smaller ribs, and that the loins and thighs are more covered with flesh than in the males, that the female has knock-knees and spindly calves, neater feet, and the whole shape of the body built for charm rather than for nobility, with less strong sinews and with softer, moister flesh. The males are in every respect opposite to this ; their nature is as a class braver and more honest, that of the female being more cowardly and less honest.

This being so, the lion of all animals seems to have the most perfect share of the male type. Its mouth is very large, its face is square, not too bony, the upper jaw not overhanging but equally balanced with the lower jaw, a muzzle rather thick than fine, bright deep-set eyes, neither very round nor very narrow, of moderate size, a large eyebrow, square forehead,

ARISTOTLE

μέσου ὑποκοιλότερον, πρὸς δὲ τὰς ὀφρῦς καὶ τὴν
ῥῖνα ὑπὸ τοῦ μετώπου οἷον νέφος ἐπανεστηκός.
ἄνωθεν δὲ τοῦ μετώπου κατὰ τὴν ῥῖνα ἔχει τρίχας
ἐκκλινεῖς οἷον ἂν ἄσιλον, κεφαλὴν μετρίαν, τράχη-
25 λον εὐμήκη, πάχει σύμμετρον, θριξὶ ξανθαῖς κεχρη-
μένον, οὐ φριξαῖς οὔτε ἄγαν ἀπεστραμμέναις· τὰ
περὶ τὰς κλεῖδας εὐλυτώτερα μᾶλλον ἢ συμπεφραγ-
μένα· ὤμους ῥωμαλέους, καὶ στῆθος νεανικόν, καὶ
τὸ μετάφρενον πλατὺ καὶ εὔπλευρον καὶ εὔνωτον
ἐπιεικῶς· ζῷον ἀσαρκότερον τὰ ἰσχία καὶ τοὺς
30 μηρούς· σκέλη ἐρρωμένα καὶ νευρώδη, βάσιν τε
νεανικήν, καὶ ὅλον τὸ σῶμα ἀρθρῶδες καὶ νευρῶδες,
οὔτε λίαν σκληρὸν οὔτε λίαν ὑγρόν. βαδίζον δὲ
βραδέως, καὶ μεγάλα διαβαῖνον, καὶ διασαλεῦον ἐν
τοῖς ὤμοις, ὅταν πορεύηται. τὰ μὲν οὖν περὶ τὸ
σῶμα τοιοῦτον· τὰ δὲ περὶ τὴν ψυχὴν δοτικὸν καὶ
35 ἐλεύθερον, μεγαλόψυχον καὶ φιλόνικον, καὶ πρᾷῦ
καὶ δίκαιον καὶ φιλόστοργον πρὸς ἃ ἂν ὁμιλήσῃ.

Ἡ δὲ πάρδαλις τῶν ἀνδρείων εἶναι δοκούντων
θηλυμορφότερόν ἐστιν, ὅτι μὴ κατὰ τὰ σκέλη· τού-
τοις δὲ συνεργεῖ καί τι ἔργον ῥώμης ἀπεργάζεται.
ἔστι γὰρ ἔχον πρόσωπον μικρόν, στόμα μέγα,
810 a ὀφθαλμοὺς μικρούς, ἐκλεύκους, ἐγκοίλους, αὐτοὺς
δὲ περιπολαιοτέρους· μέτωπον προμηκέστερον, πρὸς
τὰ ὦτα περιφερέστερον ἢ ἐπιπεδώτερον· τράχηλον
μακρὸν ἄγαν καὶ λεπτόν, στῆθος ἄπλευρον, καὶ
μακρὸν νῶτον, ἰσχία σαρκώδη καὶ μηρούς, τὰ δὲ
5 περὶ τὰς λαγόνας καὶ γαστέρα ὁμαλὰ μᾶλλον· τὸ
δὲ χρῶμα ποικίλον, καὶ ὅλον ἄναρθρόν τε καὶ ἀσύμ-
μετρον. ἡ μὲν οὖν τοῦ σώματος ἰδέα τοιαύτη, τὰ
δὲ περὶ τὴν ψυχὴν μικρὸν καὶ ἐπίκλοπον καὶ ὅλως
εἰπεῖν δολερόν.

112

rather hollow from the centre, overhanging towards the brow and nostril below the forehead like a cloud. Above on the forehead towards the muzzle hair sloping outwards and like bristles, a head of moderate size, a long neck, with corresponding thickness, covered with tawny hairs, neither very bristling nor too much turned back ; about the collar-bone he is loose rather than close knit ; his shoulders are strong and his chest powerful. His frame is broad with sufficiently large ribs and back ; the animal has lean haunches and thighs ; his legs are strong and muscular, his walk is vigorous, and his whole body is well-jointed and muscular, neither very hard nor very moist. He moves slowly with a long stride, and swings his shoulders as he moves. These then are his bodily characteristics ; in character he is generous and liberal, magnanimous and with a will to win ; he is gentle, just, and affectionate towards his associates.

Among the animals reputed to be brave the panther is more female in appearance except in the legs ; with these he achieves and accomplishes mighty deeds. For he has a small face, a large mouth, small eyes rather pale, hollow and somewhat flat ; the forehead is rather long, rather rounded than flat about the ears ; the neck is over long and light, the chest is narrow, the back long, the haunches and thighs are fleshy, while the parts about the flanks and belly are flatter ; the skin is mottled and the body as a whole is badly jointed and imperfectly proportioned. This is the shape of the body, and its character is petty, thieving and, generally speaking, deceitful.

810 a

Τὰ μὲν οὖν ἐκπρεπέστερα μετειληφότα ζῷα τῶν
10 δοκούντων ἀνδρείων εἶναι τῆς τε τοῦ ἄρρενος ἰδέας
καὶ τῆς τοῦ θήλεος εἴρηται. τὰ δ' ἄλλα οἷα τυγ-
χάνει, ῥᾴδιον ἤδη μετιέναι. ὅσα δὲ πρὸς τὸ φυσιο-
γνωμονῆσαι συνιδεῖν ἁρμόττει ἀπὸ τῶν ζῴων, ἐν
τῇ τῶν σημείων ἐκλογῇ ῥηθήσεται.

VI. Ἡ δὲ ἐκλογὴ τῶν σημείων ἡ κατὰ τοὺς
15 ἀνθρώπους ὧδε λαμβάνεται. ὅσοις οἱ πόδες εὐ-
φυεῖς τε καὶ μεγάλοι διηρθρωμένοι τε καὶ νευρώδεις,
ἐρρωμένοι τὰ περὶ τὴν ψυχήν· ἀναφέρεται ἐπὶ τὸ
ἄρρεν γένος. ὅσοι δὲ τοὺς πόδας μικροὺς στενοὺς
ἀνάρθρους ἔχουσιν, ἡδίους τε ἰδεῖν ἢ ῥωμαλεω-
τέρους, μαλακοὶ τὰ περὶ τὴν ψυχήν· ἀναφέρεται ἐπὶ
20 τὸ θῆλυ γένος. οἷς τῶν ποδῶν οἱ δάκτυλοι καμπύ-
λοι, ἀναιδεῖς, καὶ ὅσοις ὄνυχες καμπύλαι· ἀνα-
φέρεται ἐπὶ τοὺς ὄρνεις τοὺς γαμψώνυχας. οἷς τῶν
ποδῶν τὰ δάκτυλα συμπεφραγμένα ἐστί, δειμαλέοι·
ἀναφέρεται ἐπὶ τοὺς ὄρτυγας τοὺς στενόποδας τῶν
λιμναίων.

25 Ὅσοις τὰ περὶ τὰ σφυρὰ νευρώδη τε καὶ διηρ-
θρωμένα ἐστίν· εὔρωστοι τὰς ψυχάς· ἀναφέρεται ἐπὶ
τὸ ἄρρεν γένος. ὅσοι τὰ σφυρὰ σαρκώδεις καὶ
ἄναρθροι, μαλακοὶ τὰς ψυχάς· ἀναφέρεται ἐπὶ τὸ
θῆλυ γένος.

30 Ὅσοι τὰς κνήμας ἔχουσιν ἠρθρωμένας τε καὶ
νευρώδεις καὶ ἐρρωμένας, εὔρωστοι τὴν ψυχήν· ἀνα-
φέρεται ἐπὶ τὸ ἄρρεν. ὅσοι δὲ τὰς κνήμας λεπτὰς
νευρώδεις ἔχουσι, λάγνοι· ἀναφέρεται ἐπὶ τοὺς
ὄρνιθας. ὅσοι τὰς κνήμας περιπλέους σφόδρα
ἔχουσιν, οἷον ὀλίγου διαρρηγνυμένας, βδελυροὶ καὶ
ἀναιδεῖς· ἀναφέρεται ἐπὶ τὴν ἐπιπρέπειαν.

114

We have now described the most outstanding features both of the male and the female type of animals reputed to be brave. It is quite easy to follow up the other qualities which belong to these. But those qualities which belong to the science of physiognomics derived from animals will be related in the selection of signs.

VI. Now the selection of signs as far as human beings are concerned is made as follows. Those who have well-made, large feet, well-jointed and sinewy, are strong in character; witness the male sex. Those who have small, narrow, poorly-jointed feet, are rather attractive to look at than strong, being weak in character; witness the female sex. Those whose toes are curved are shameless, just like creatures which have curved talons; witness birds with curved talons. Those which have blocked-up toes (*i.e.,* webbed feet) are nervous; witness the narrow-footed quails among marsh birds.

Those who have strong and well-jointed ankles are brave in character; witness the male sex. Those that have fleshy and ill-jointed ankles are weak in character; witness the female sex.

Those that have well-jointed, sinewy and strong legs, are strong in character; witness the male sex. Those that have light sinewy legs are salacious; witness the birds. Those that have full legs as if they were bursting are foul-minded and shameless; this is appropriate.

810 a

Οἱ γονύκροτοι κίναιδοι· ἀναφέρεται ἐπὶ τὴν ἐπιπρέπειαν.

35 Οἱ τοὺς μηροὺς ὀστώδεις καὶ νευρώδεις ἔχοντες εὔρωστοι· ἀναφέρεται ἐπὶ τὸ ἄρρεν.

Οἱ δὲ τοὺς μηροὺς ὀστώδεις καὶ περιπλέους ἔχον-
810 b τες μαλακοί· ἀναφέρεται ἐπὶ τὸ θῆλυ.

Ὅσοι δὲ πῦγα ὀξεῖαν ὀστώδη ἔχουσιν, εὔρωστοι, ὅσοι δὲ σαρκώδη πίονα ἔχουσι, μαλακοί. ὅσοι δὲ ἔχουσιν ὀλίγην σάρκα, οἷον ἀπωμοργμένα, κακο-ήθεις· ἀναφέρεται ἐπὶ τοὺς πιθήκους.

5 Οἱ ζωνοὶ φιλόθηροι· ἀναφέρεται ἐπὶ τοὺς λέοντας καὶ τοὺς κύνας. ἴδοι δ᾽ ἄν τις καὶ τῶν κυνῶν τοὺς φιλοθηροτάτους ζωνοὺς ὄντας.

Οἷς τὰ περὶ τὴν κοιλίαν λαπαρά, εὔρωστοι· ἀνα-φέρεται ἐπὶ τὸ ἄρρεν. ὅσοι δὲ μὴ λαπαροί, μαλα-κοί· ἀναφέρεται ἐπὶ τὴν ἐπιπρέπειαν.

Ὅσοις τὸ νῶτον εὐμέγεθές τε καὶ ἐρρωμένον,
10 εὔρωστοι τὰς ψυχάς· ἀναφέρεται ἐπὶ τὸ ἄρρεν. ὅσοι δὲ τὸ νῶτον στενὸν καὶ ἀσθενὲς ἔχουσι, μαλακοί· ἀναφέρεται ἐπὶ τὸ θῆλυ.

Οἱ εὔπλευροι εὔρωστοι τὰς ψυχάς· ἀναφέρεται ἐπὶ τὸ ἄρρεν. οἱ δὲ ἄπλευροι μαλακοὶ τὰς ψυχάς· ἀναφέρεται ἐπὶ τὸ θῆλυ. ὅσοι δὲ ἐκ τῶν πλευρῶν
15 περίογκοί εἰσιν, οἷον πεφυσημένοι, λάλοι καὶ μωρο-λόγοι· ἀναφέρεται ἐπὶ τοὺς βατράχους.[1] ὅσοι δὲ τὸ ἀπὸ τοῦ ὀμφαλοῦ πρὸς τὸ ἀκροστήθιον μεῖζον ἔχουσιν ἢ τὸ ἀπὸ τοῦ ἀκροστηθίου πρὸς τὸν τράχη-λον, βοροὶ καὶ ἀναίσθητοι, βοροὶ μὲν ὅτι τὸ τεῦχος
20 μέγα ἔχουσιν ᾧ δέχονται τὴν τροφήν, ἀναίσθητοι δὲ ὅτι στενώτερον τὸν τόπον ἔχουσιν αἱ αἰσθήσεις, συνενωμένον τε τῷ τὴν τροφὴν δεχομένῳ, ὥστε τὰς

---

[1] βοῦς ἢ ἐπὶ τοὺς βατράχους Β.

The knock-kneed are lustful; this is also appropriate.

Those that have bony and sinewy thighs are strong; witness the male.

Those that have bony but full thighs are soft; witness the female.

Those that have narrow and bony hindquarters are strong, those with fat fleshy ones are weak. Those that have little flesh, as if they had been pared off, have an evil disposition; witness the monkeys.

Those that are small in the waist are hunters; witness lions and dogs. One can observe that the dogs most fond of hunting are those which are narrow in the waist.

Those who have fat parts about the belly are strong; witness the male. Those which have no such slack are weak; this is appropriate.

Those whose back is very large and strong are of strong character; witness the male. Those which have a narrow, weak back are feeble; witness the female.

Those with strong flanks are strong in character; witness the male. Those with weak flanks are feeble in character; witness the female. Those who have a swollen appearance in the flanks, as though they were blown out, are talkative and babblers; witness the frogs. Those in whom the distance from the navel to the chest is greater than the distance from the chest to the neck are gluttonous and insensitive; gluttonous because the receptacle into which they admit their food is large, and insensitive because the senses have a more cramped space, corresponding to the size of the food receptacle, so that the senses are

αἰσθήσεις βεβαρύνθαι διὰ τὰς τῶν σιτίων πληρώ
σεις ἢ ἐνδείας. ὅσοι δὲ τὰ στηθία ἔχουσι μεγάλα
καὶ διηρθρωμένα, εὔρωστοι τὰς ψυχάς· ἀναφέρεται
ἐπὶ τὸ ἄρρεν.

25 Ὅσοι δὲ τὸ μετάφρενον ἔχουσι μέγα καὶ εὔ
σαρκον καὶ ἀρθρῶδες, εὔρωστοι τὰς ψυχάς· ἀναφέρε
ται ἐπὶ τὸ ἄρρεν. ὅσοι δ' ἀσθενὲς καὶ ἄσαρκον καὶ
ἄναρθρον, μαλακοὶ τὰς ψυχάς· ἀναφέρεται ἐπὶ τὸ
θῆλυ. ὅσοις δὲ τὸ μετάφρενον κυρτόν ἐστι σφόδρα
30 οἵ τε ὦμοι πρὸς τὸ στῆθος συνηγμένοι, κακοήθεις·
ἀναφέρεται ἐπὶ τὴν ἐπιπρέπειαν, ὅτι ἀφανίζεται τὰ
ἔμπροσθεν προσήκοντα φαίνεσθαι. ὅσοι δὲ τὸ μετά
φρενον ὕπτιον ἔχουσι, χαῦνοι καὶ ἀνόητοι· ἀνα
φέρεται ἐπὶ τοὺς ἵππους. ἐπεὶ δὲ οὔτε κυρτὸν
σφόδρα δεῖ εἶναι οὔτε κοῖλον, τὸ μέσον ζητητέον
τοῦ εὖ πεφυκότος.

35 Ὅσοις αἱ ἐπωμίδες ἐξηρθρωμέναι καὶ οἱ ὦμοι,
εὔρωστοι τὰς ψυχάς· ἀναφέρεται ἐπὶ τὸ ἄρρεν.
ὅσοις δὲ οἱ ὦμοι ἀσθενεῖς, ἄναρθροι, μαλακοὶ τὰς
811 a ψυχάς· ἀναφέρεται ἐπὶ τὸ θῆλυ. ταὐτὰ λέγω ἅπερ
περὶ ποδῶν καὶ μηρῶν. ὅσοις ὦμοι εὔλυτοί εἰσιν,
ἐλεύθεροι τὰς ψυχάς· ἀναφέρεται δὲ ἀπὸ τοῦ φαινο
μένου, ὅτι πρέπει τῇ φαινομένῃ μορφῇ ἐλευθεριό
της. ὅσοις δὲ οἱ ὦμοι δύσλυτοι συνεσπασμένοι,
5 ἀνελεύθεροι· ἀναφέρεται ἐπὶ τὴν ἐπιπρέπειαν.

Οἷς τὰ περὶ τὰς κλεῖδας εὔλυτα, αἰσθητικοί·
εὐλύτων γὰρ ὄντων τῶν περὶ τὰς κλεῖδας εὐ
κόλως τὴν κίνησιν τῶν αἰσθήσεων δέχονται. οἷς
δὲ τὰ περὶ τὰς κλεῖδας συμπεφραγμένα ἐστίν,
ἀναίσθητοι· δυσλύτων γὰρ ὄντων τῶν περὶ τὰς
10 κλεῖδας ἐξαδυνατοῦσι τὴν κίνησιν παραδέχεσθαι
τῶν αἰσθήσεων.

oppressed owing to the excess or defect of the food supply. Those who have large chests well jointed are strong in character ; witness the male.

Those who have a large, fleshy and well-jointed back are strong in character ; witness the male ; those in whom it is weak, fleshless and badly-jointed are weak in character ; witness the female. Those in whom the back is very bent with the shoulders driven into the chest are of evil disposition ; this is appropriate, because the parts in front which should be visible disappear. Those whose back curves backwards are vain and senseless ; witness horses. Since the back should be neither bent nor hollow, the mean must be looked for in the animal which is well grown.

Those whose shoulders and shoulder-blades are well articulated have strong characters ; witness the male. Those whose shoulders are weak and badly-jointed are weak in mind ; witness the female. I make the same point here as I did about the feet and thighs. Those whose shoulders are loose-knit are generous in character ; this fact is derived from what one has seen, that freedom of character follows freedom in the appearance of the body. Those whose shoulders have not free action and are light-set are illiberal ; this is appropriate.

Those who are loose about the collar-bone are sensitive ; for just as they have free movement about the collar-bone, so they readily admit free movement of the senses. Conversely, those who are stiff about the collar-bone are insensitive, for as the parts about the collar-bone are not easily moved, they cannot easily admit movement of the senses.

811 a

Ὅσοι τὸν τράχηλον παχὺν ἔχουσιν, εὔρωστοι τὰς
ψυχάς· ἀναφέρεται ἐπὶ τὸ ἄρρεν. ὅσοι δὲ λεπτόν,
ἀσθενεῖς· ἀναφέρεται ἐπὶ τὸ θῆλυ. οἷς τράχηλος
παχὺς καὶ πλέως, θυμοειδεῖς· ἀναφέρεται ἐπὶ τοὺς
15 θυμοειδεῖς ταύρους. οἷς δὲ εὐμεγέθης μὴ ἄγαν
παχύς, μεγαλόψυχοι· ἀναφέρεται ἐπὶ τοὺς λέοντας.
οἷς λεπτὸς μακρός, δειλοί· ἀναφέρεται ἐπὶ τοὺς
ἐλάφους. οἷς δὲ βραχὺς ἄγαν, ἐπίβουλοι· ἀναφέρεται
ἐπὶ τοὺς λύκους.

Οἷς τὰ χείλη λεπτὰ καὶ ἐπ' ἄκραις ταῖς συγχει-
λίαις χαλαρά, ὡς ἐπὶ τοῦ ἄνω χείλους πρὸς τὸ
20 κάτω ἐπιβεβλῆσθαι τὸ πρὸς τὰς συγχειλίας, μεγαλό-
ψυχοι· ἀναφέρεται ἐπὶ τοὺς λέοντας. ἴδοι δ'
ἄν τις τοῦτο καὶ ἐπὶ τῶν μεγάλων καὶ εὐρώστων
κυνῶν. οἷς τὰ χείλη λεπτὰ σκληρά, κατὰ τοὺς
κυνόδοντας τὸ ἐπανεστηκός, οἱ οὕτως ἔχοντες εὐ-
γενεῖς· ἀναφέρεται ἐπὶ τοὺς ὗς. οἱ δὲ τὰ χείλη
25 ἔχοντες παχέα καὶ τὸ ἄνω τοῦ κάτω προκρεμώ-
μενον μωροί· ἀναφέρεται ἐπὶ τοὺς ὄνους τε καὶ
πιθήκους. ὅσοι δὲ τὸ ἄνω χεῖλος καὶ τὰ οὖλα
προεστηκότα ἔχουσι, φιλολοίδοροι· ἀναφέρεται ἐπὶ
τοὺς κύνας.

Οἱ δὲ τὴν ῥῖνα ἄκραν παχεῖαν ἔχοντες ῥάθυμοι·
ἀναφέρεται ἐπὶ τοὺς βοῦς. οἱ δὲ τὴν ῥῖνα ἀκρόθεν
30 παχεῖαν ἔχοντες ἀναίσθητοι· ἀναφέρεται ἐπὶ τοὺς
ὗς. οἱ τὴν ῥῖνα ἄκραν ὀξεῖαν ἔχοντες δυσόργητοι·
ἀναφέρεται ἐπὶ τοὺς κύνας. οἱ δὲ τὴν ῥῖνα περι-
φερῆ ἔχοντες ἄκραν, ἀμβλεῖαν δέ, μεγαλόψυχοι·
ἀναφέρεται ἐπὶ τοὺς λέοντας. οἱ δὲ τὴν ῥῖνα ἄκραν
λεπτὴν ἔχοντες ὀρνιθώδεις. οἱ ἐπίγρυπον ἀπὸ τοῦ
35 μετώπου εὐθὺς ἀγομένην ἀναιδεῖς· ἀναφέρεται ἐπὶ
τοὺς κόρακας. οἱ δὲ γρυπὴν ἔχοντες καὶ τοῦ μετώ-
120

Those who have thick necks are strong in character; witness the male. Those whose necks are light are weak; witness the female. Those whose necks are full and thick are of savage temper; witness savage-tempered bulls. But those whose neck is of large size without being thick are magnanimous; witness the lions. Those whose neck is long and thin are cowardly; witness the deer. Those in whom it is too short are crafty; witness the wolves.

Those who have thin lips and slack parts at the joining of the lips, so that the upper lip overhangs the lower at the join, are magnanimous; witness the lions. One can see the same thing in large and powerful dogs. Those that have thin hard lips, prominent in the neighbourhood of the canine teeth, such are of noble nature; witness the boar. But those that have thick lips with the upper projecting over the lower are dull; witness asses and monkeys. Those that have a projecting upper lip and jaws are quarrelsome; witness the dog.

Those that have thick extremities to the nostrils are lazy; witness cattle. Those that have a thickening at the end of the nose are insensitive; witness the boar. Those that have a sharp nose-tip are prone to anger; witness the dog. Those that have a circular nose-tip, but a flat one, are magnanimous; witness the lions. Those that have a thin nose-tip are bird-like; but when it is somewhat hooked and rises straight from the forehead they are shameless; witness ravens; but those who have an aquiline nose

που διηρθρωμένην μεγαλόψυχοι· ἀναφέρεται ἐπὶ
τοὺς ἀετούς. οἱ δὲ τὴν ῥῖνα ἔγκοιλον ἔχοντες τὰ
πρὸ τοῦ μετώπου περιφερῆ, τὴν δὲ περιφέρειαν ἄνω
ἀνεστηκυῖαν, λάγνοι· ἀναφέρεται ἐπὶ τοὺς ἀλεκ-
τρυόνας. οἱ δὲ σιμὴν ἔχοντες λάγνοι· ἀναφέρεται
ἐπὶ τοὺς ἐλάφους. οἷς δὲ οἱ μυκτῆρες ἀναπεπτα-
μένοι, θυμώδεις· ἀναφέρεται ἐπὶ τὸ πάθος τὸ ἐν
τῷ θυμῷ γινόμενον.
⁵ Οἱ τὸ πρόσωπον σαρκῶδες ἔχοντες ῥάθυμοι·
ἀναφέρεται ἐπὶ τοὺς βοῦς. οἱ τὰ πρόσωπα ἰσχνὰ
ἔχοντες ἐπιμελεῖς, οἱ δὲ σαρκώδη δειλοί· ἀνα-
φέρεται ἐπὶ τοὺς ὄνους καὶ τὰς ἐλάφους. οἱ μικρὰ
τὰ πρόσωπα ἔχοντες μικρόψυχοι· ἀναφέρεται ἐπὶ
αἴλουρον καὶ πίθηκον. οἷς τὰ πρόσωπα μεγάλα,
¹⁰ νωθροί· ἀναφέρεται ἐπὶ τοὺς ὄνους καὶ βοῦς. ἐπεὶ
δὲ οὔτε μικρὸν οὔτε μέγα δεῖ εἶναι, ἡ μέση ἕξις
εἴη ἂν τούτων ἐπιεικής. οἷς δὲ τὸ πρόσωπον
φαίνεται μικροπρεπές, ἀνελεύθεροι· ἀναφέρεται ἐπὶ
τὴν ἐπιπρέπειαν.
Οἷς τὸ ἀπὸ τῶν ὀφθαλμῶν οἷον κύστιδες προ-
κρέμανται, οἰνόφλυγες. ἀναφέρεται ἐπὶ τὸ πάθος·
ἔστι γὰρ τοῖς σφόδρα ἐμπεπτωκόσι τὰ πρὸ τῶν
ὀφθαλμῶν οἷον κύστιδες. ἐφεστήκασι, φίλυπνοι·
ἀναφέρεται ἐπὶ τὸ πάθος, ὅτι τοῖς ἐξ ὕπνου ἀν-
εστηκόσιν ἐπικρέμαται τὰ ἐπὶ τοῖς ὀφθαλμοῖς. οἱ
τοὺς ὀφθαλμοὺς μικροὺς ἔχοντες μικρόψυχοι· ἀνα-
²⁰ φέρεται ἐπὶ τὴν ἐπιπρέπειαν καὶ ἐπὶ πίθηκον. οἱ
δὲ μεγαλόφθαλμοι νωθροί· ἀναφέρεται ἐπὶ τοὺς
βοῦς. τὸν ἄρα εὖ φύντα δεῖ μήτε μικροὺς μήτε
μεγάλους ἔχειν τοὺς ὀφθαλμούς. οἱ δὲ κοίλους
ἔχοντες κακοῦργοι· ἀναφέρεται ἐπὶ πίθηκον. ὅσοι
ἐξόφθαλμοι, ἀβέλτεροι· ἀναφέρεται ἐπὶ τὴν ἐπι-

with a marked separation from the forehead are magnanimous; witness the eagle. Those who have a hollow nose, rounded where it rises from the forehead, and the rounded part standing above, are salacious; witness cocks. But the snub-nosed are also salacious; witness deer. Those whose nostrils are spread are passionate; this refers to the affection which occurs in the temper.

Creatures with a fleshy face are lazy; witness cattle. Those with thin faces are careful, with fleshiness are cowardly; witness asses and deer. Those with small faces are little-minded; this applies to the cat and the monkey. Those with large faces are sluggish; witness asses and cattle. But since the face should be neither small nor large, the state between these two is the most satisfactory. Those whose face gives the impression of smallness are mean; this is appropriate.

Those who have a bulge hanging below the eye are given to wine. This is due to that affection, for this bagginess below the eye is a characteristic of those who drink to excess. Those who have projections like bulges over the eyes are somnolent; for this is due to that affection, because when men are aroused from sleep the upper lids do hang down. Those who have small eyes are small-minded; this is appropriate and also applies to monkeys. The large-eyed are sluggish; witness cattle. Therefore the best-natured must have neither large nor small eyes. Those with cavernous eyes are ill-tempered; witness the monkey. Bulging eyes mean stupidity; this is appropriate and

811 b

25 πρέπειάν τε καὶ τοὺς ὄνους. ἐπεὶ δὲ οὔτε ἐξόφθαλ-
μον οὔτε κοιλόφθαλμον δεῖ εἶναι, ἡ μέση ἕξις ἂν
κρατοίη. ὅσοις ὀφθαλμοὶ μικρὸν ἐγκοιλότεροι,
μεγαλόψυχοι· ἀναφέρεται ἐπὶ τοὺς λέοντας. οἷς
δ' ἐπὶ πλεῖον, πραεῖς· ἀναφέρεται ἐπὶ τοὺς βοῦς.

Οἱ τὸ μέτωπον μικρὸν ἔχοντες ἀμαθεῖς· ἀνα-
30 φέρεται ἐπὶ τοὺς ὗς. οἱ δὲ μέγα ἄγαν ἔχοντες
νωθροί· ἀναφέρεται ἐπὶ τοὺς βοῦς. οἱ δὲ περιφερὲς
ἔχοντες ἀναίσθητοι· ἀναφέρεται ἐπὶ τοὺς ὄνους.
οἱ μακρότερον ἐπίπεδον ἔχοντες ἀναίσθητοι· ἀνα-
φέρεται ἐπὶ τοὺς κύνας. οἱ δὲ τετράγωνον
σύμμετρον τῷ μετώπῳ ἔχοντες μεγαλόψυχοι· ἀνα-
35 φέρεται ἐπὶ τοὺς λέοντας. οἱ δὲ συννεφὲς ἔχοντες
αὐθάδεις· ἀναφέρεται ἐπὶ ταῦρον καὶ λέοντα. οἱ
δ' ἀτενὲς ἔχοντες κόλακες· ἀναφέρεται ἐπὶ τὸ
γιγνόμενον πάθος. ἴδοι δ' ἄν τις ἐπὶ τῶν κυνῶν,
ὅτι οἱ κύνες ἐπειδὰν θωπεύωσι, γαληνὲς τὸ μέτω-
812 a πον ἔχουσιν. ἐπειδὴ οὖν ἥ τε συννεφὴς ἕξις αὐθ-
άδειαν ἐμφαίνει ἥ τε γαληνὴ κολακείαν, ἡ μέση
ἂν τούτων ἕξις εὐαρμόστως ἔχοι. οἱ σκυθρωπὰ
μέτωπα ἔχοντες δυσάνιοι· ἀναφέρεται ἐπὶ τὸ πάθος,
ὅτι οἱ ἀνιώμενοι σκυθρωποί εἰσιν. οἱ δὲ κατηφεῖς
5 ὀδύρται· ἀναφέρεται ἐπὶ τὸ πάθος, ὅτι οἱ ὀδυρό-
μενοι κατηφεῖς.

Οἱ τὴν κεφαλὴν μεγάλην ἔχοντες αἰσθητικοί·
ἀναφέρεται ἐπὶ τοὺς κύνας. οἱ δὲ μικρὰν ἀναίσθη-
τοι· ἀναφέρεται ἐπὶ τοὺς ὄνους. οἱ τὰς κεφαλὰς
φοξοὶ ἀναιδεῖς· ἀναφέρεται ἐπὶ τοὺς γαμψώνυχας.

10 Οἱ τὰ ὦτα μικρὰ ἔχοντες πιθηκώδεις, οἱ δὲ
μεγάλα ὀνώδεις· ἴδοι δ' ἄν τις καὶ τῶν κυνῶν τοὺς
ἀρίστους μέτρια ἔχοντας ὦτα.

Οἱ ἄγαν μέλανες δειλοί· ἀναφέρεται ἐπὶ τοὺς

124

applies to the ass. But since the eye should be neither bulging nor cavernous, the intermediate condition must be best. Those whose eyes are slightly hollow are magnanimous; witness lions. Those whose eyes are a little more so are gentle; witness cattle.

Those whose forehead is small are ignorant; witness the pig. Those whose face is too large are sluggish; witness cattle. Those whose face is round are insensitive; witness asses : those whose forehead is rather long are insensitive[a]; witness dogs. Those who are square and symmetrical in face are magnanimous; witness the lions. Those with an overhanging brow are overbold; witness the bull and the lion. Those with a tense look are flatterers; this applies to the affection in them. One can observe it in the case of dogs, because dogs when they fawn have a smooth forehead. Since then the clouded brow shows impudence and the smooth brow flattery, the conditions midway between these extremes would be most fitting. So those with scowling faces are gloomy; this is due to the affection, for the miserable scowl. Those with lowering brows are of a complaining nature; this is due to the affection, for those who complain lower their brows.

Those who have a large head are sensitive; witness the dog. Those with small heads are insensitive; witness asses. Those with pointed heads are impudent; and this applies to those with curved claws.

Those with small ears are ape-like, and with large ones asinine; one can observe that all the best dogs have moderate-sized ears.

Those who are too swarthy are cowardly; this

---

[a] The Greek word here is probably wrong.

812 a

Αἰγυπτίους, Αἰθίοπας. οἱ δὲ λευκοὶ ἄγαν δειλοί·
ἀναφέρεται ἐπὶ τὰς γυναῖκας. τὸ δὲ πρὸς ἀνδρείαν
15 συντελοῦν χρῶμα μέσον δεῖ τούτων εἶναι. οἱ ξαν-
θοὶ εὔψυχοι· ἀναφέρεται ἐπὶ τοὺς λέοντας. οἱ
πυρροὶ ἄγαν πανοῦργοι· ἀναφέρεται ἐπὶ τὰς ἀλώ-
πεκας. οἱ δὲ ἔνωχροι καὶ τεταραγμένοι τὸ χρῶμα
δειλοί· ἀναφέρεται ἐπὶ τὸ πάθος τὸ ἐκ τοῦ φόβου
γιγνόμενον. οἱ δὲ μελίχλωροι ἀπεψυγμένοι εἰσίν·
20 τὰ δὲ ψυχρὰ δυσκίνητα· δυσκινήτων δὲ ὄντων τῶν
κατὰ τὸ σῶμα εἶεν ἂν βραδεῖς. οἷς τὸ χρῶμα
ἐρυθρόν, ὀξεῖς, ὅτι πάντα τὰ κατὰ τὸ σῶμα ὑπὸ
κινήσεως ἐκθερμαινόμενα ἐρυθραίνεται. οἷς δὲ τὸ
χρῶμα φλογοειδές, μανικοί, ὅτι τὰ κατὰ τὸ σῶμα
σφόδρα ἐκθερμανθέντα φλογοειδῆ χροιὰν ἴσχει· οἱ
25 δὲ ἄκρως θερμανθέντες μανικοὶ ἂν εἴησαν. οἷς δὲ
περὶ τὰ στήθη ἐπιφλεγές ἐστι τὸ χρῶμα, δυσόργη-
τοι· ἀναφέρεται ἐπὶ τὸ πάθος· τοῖς γὰρ ὀργιζο-
μένοις ἐπιφλέγεται τὰ περὶ τὰ στήθη. οἷς τὰ περὶ
τὸν τράχηλον καὶ τοὺς κροτάφους αἱ φλέβες κατα-
30 τεταμέναι εἰσί, δυσόργητοι· ἀναφέρεται ἐπὶ τὸ
πάθος, ὅτι τοῖς ὀργιζομένοις ταῦτα συμβαίνει. οἷς
τὸ πρόσωπον ἐπιφοινίσσον ἐστίν, αἰσχυντηλοί εἰσιν·
ἀναφέρεται ἐπὶ τὸ πάθος, ὅτι τοῖς αἰσχυνομένοις
ἐπιφοινίσσεται τὸ πρόσωπον. οἷς αἱ γνάθοι ἐπι-
φοινίσσουσιν, οἰνόφλυγες· ἀναφέρεται ἐπὶ τὸ πάθος,
35 ὅτι τοῖς μεθύουσιν ἐπιφοινίσσουσιν αἱ γνάθοι. οἷς
δὲ οἱ ὀφθαλμοὶ ἐπιφοινίσσουσιν, ἐκστατικοὶ ὑπὸ
ὀργῆς· ἀναφέρεται ἐπὶ τὸ πάθος, ὅτι οἱ ὑπ᾿ ὀργῆς
ἐξεστηκότες ἐκφοινίσσονται τοὺς ὀφθαλμούς. οἷς
812 b δὲ οἱ ὀφθαλμοὶ ἄγαν μέλανες, δειλοί· ἡ γὰρ ἄγαν
μελαίνη χρόα ἐφάνη δειλίαν σημαίνουσα. οἱ δὲ μὴ

applies to Egyptians and Ethiopians. But the excessively fair are also cowardly ; witness women. But the complexion that tends to courage is in between these two. Those with tawny-coloured hair are brave ; witness the lions. The reddish are of bad character ; witness the foxes. The pale and those of muddied complexion are cowardly ; this is due to the condition which arises from fear. The honey-coloured are chilly ; and things which are cold are hard to move ; as their bodily functions are difficult to move, they would naturally be slow. Those whose complexion is ruddy are keen, because all parts of the body grow red when they are heated by movement. Those who have a bright-red complexion are apt to be insane, for it is an excessive heating of the parts of the body which produces a bright-red skin ; those who are excessively heated would naturally be insane. Those who have a ruddy colour about the breast are prone to ill temper : this is appropriate to that affection, for when men are enraged the parts about the chest burn. Those whose veins swell about the neck and the temples are also ill-tempered ; this refers to the affection, for this happens when men are angry. Those whose face blushes easily are shy ; this also refers to the affection, for when men are feeling bashful their face grows red. Those who are red about the jaws are given to wine ; this refers to the affection, for the jaws grow red when men are drunk. Those whose eyes glow red are frenzied with rage ; this refers to the affection, for those who are mad with rage have red glowing eyes. Those whose eyes are excessively black are cowardly ; for it was shown above that an excessively black colour signifies cowardice. But those who are not excessively black

127

ἄγαν μέλανες ἀλλὰ κλίνοντες πρὸς τὸ ξανθὸν χρῶμα
εὔψυχοι. οἷς δὲ οἱ ὀφθαλμοὶ γλαυκοὶ ἢ λευκοί,
5 δειλοί· ἐφάνη γὰρ τὸ λευκὸν χρῶμα δειλίαν ση-
μαῖνον. οἱ δὲ μὴ γλαυκοὶ ἀλλὰ χαροποὶ εὔψυχοι·
ἀναφέρεται ἐπὶ λέοντα καὶ ἀετόν. οἷς δὲ οἰνωποί,
μάργοι· ἀναφέρεται ἐπὶ τὰς αἶγας. οἷς δὲ πυρώδεις,
ἀναιδεῖς· ἀναφέρεται ἐπὶ τοὺς κύνας. οἱ ὠχρόμ-
10 ματοι ἐντεταραγμένους ἔχοντες τοὺς ὀφθαλμοὺς
δειλοί· ἀναφέρεται ἐπὶ τὸ πάθος, ὅτι οἱ φοβηθέντες
ἔνωχροι γίνονται χρώματι οὐχ ὁμαλῷ. οἱ δὲ τοὺς
ὀφθαλμοὺς στιλπνοὺς ἔχοντες λάγνοι· ἀναφέρεται
ἐπὶ τοὺς ἀλεκτρυόνας καὶ κόρακας.

Οἱ δασείας ἔχοντες τὰς κνήμας λάγνοι· ἀνα-
φέρεται ἐπὶ τοὺς τράγους. οἱ δὲ περὶ τὰ στήθη
15 καὶ τὴν κοιλίαν ἄγαν δασέως ἔχοντες οὐδέποτε
πρὸς τοῖς αὐτοῖς διατελοῦσιν· ἀναφέρεται ἐπὶ τοὺς
ὄρνιθας, ὅτι ταῦτα τὰ στήθη καὶ τὴν κοιλίαν
δασυτάτην ἔχουσιν. οἱ τὰ στήθη ψιλὰ ἄγαν ἔχοντες
ἀναιδεῖς· ἀναφέρεται ἐπὶ τὰς γυναῖκας. ἐπειδὴ οὖν
οὔτε ἄγαν δασέα δεῖ εἶναι οὔτε ψιλά, ἡ μέση ἕξις
20 κρατίστη. οἱ τοὺς ὤμους δασεῖς ἔχοντες οὐδέποτε
πρὸς τοῖς αὐτοῖς διατελοῦσιν· ἀναφέρεται ἐπὶ τοὺς
ὄρνιθας. οἱ τὸν νῶτον δασὺν ἔχοντες ἄγαν ἀν-
αιδεῖς· ἀναφέρεται ἐπὶ τὰ θηρία. οἱ δὲ τὸν αὐχένα
ὄπισθεν δασὺν ἔχοντες ἐλευθέριοι· ἀναφέρεται ἐπὶ
τοὺς λέοντας. οἱ δὲ ἀκρογένειοι εὔψυχοι· ἀνα-
25 φέρεται ἐπὶ τοὺς κύνας. οἱ δὲ συνόφρυες δυσάνιοι·
ἀναφέρεται ἐπὶ τὴν τοῦ πάθους ὁμοιότητα. οἱ δὲ
τὰς ὀφρῦς κατεσπασμένοι πρὸς τῆς ῥινός, ἀνεσπα-
σμένοι δὲ πρὸς τὸν κρόταφον εὐήθεις· ἀναφέρεται
ἐπὶ τοὺς σῦς. οἱ φριξὰς τὰς τρίχας ἔχοντες ἐπὶ τῆς
κεφαλῆς δειλοί· ἀναφέρεται ἐπὶ τὸ πάθος, ὅτι καὶ

but who incline to a tawny colour are stout-hearted. Those whose eyes are grey or whitish are cowardly; for a whitish colour has been shown to be a sign of cowardice. But those whose eyes are not grey but bright are stout-hearted; witness the lion and the eagle. Those whose eyes are wine-dark are gluttonous; witness the goats. Those who have flaming eyes are shameless; witness the dogs. Those who have pale and blotchy eyes are cowardly; this refers to the affection, because men who are terrified turn pale with a complexion which changes. But those who have gleaming eyes are sensual; witness cocks and ravens.

Creatures with hairy legs are sensual; witness goats. But those who are excessively hairy about the breast and belly never persist long in one pursuit; witness the birds, because they have hairy breasts and bellies. Those who have breasts too bare are shameless; witness women. Since, then, they should be neither too hairy nor too bare, the midway condition is the best. Those that have hairy shoulders never persist long in one pursuit; witness the birds. Those with a hairy back are excessively shameless; witness the wild beasts. Those whose neck is hairy behind are generous; witness the lions. Those with hair on the point of the chin are stout-hearted; witness the dogs. Those with eyebrows that meet are gloomy; this applies to the likeness of the affection. Those whose eyebrows fall towards the nose and rise towards the temples are stupid; witness the pigs. Stiff hair on the head betokens cowardice; this refers to the affection, for when men are frightened

129

30 οἱ ἔκφοβοι γιγνόμενοι φρίσσουσιν. οἱ τὰς τρίχας σφόδρα οὔλας ἔχοντες δειλοί· ἀναφέρεται ἐπὶ τοὺς Αἰθίοπας. ἐπειδὴ οὖν αἵ τε φριξαὶ καὶ αἱ σφόδρα οὖλαι δειλίαν ἀναφέρουσιν, αἱ ἄκρουλοι ἂν εἶεν πρὸς εὐψυχίαν ἄγουσαι· ἀναφέρεται δὲ καὶ ἐπὶ τὸν 35 λέοντα. οἱ τοῦ μετώπου τὸ πρὸς τῇ κεφαλῇ ἀναστεῖλον ἔχοντες ἐλευθέριοι· ἀναφέρεται ἐπὶ τοὺς λέοντας. οἱ ἐπὶ τῆς κεφαλῆς προσπεφυκυίας ἔχοντες τὰς τρίχας ἐπὶ τοῦ μετώπου κατὰ τὴν 813 a ῥῖνα ἀνελεύθεροι· ἀναφέρεται ἐπὶ τὴν ἐπιπρέπειαν, ὅτι δουλοπρεπὲς τὸ φαινόμενον.

Μακροβάμων καὶ βραδυβάμων εἴη ἂν νωθρεπι θέτης τελεστικός, ὅτι τὸ μακρὰ βαίνειν ἀνυστικόν, 5 τὸ βραδέως δὲ μελλητικόν. βραχυβάμων βραδυ βάμων νωθρεπιθέτης οὐ τελεστικός, ὅτι τὸ βραχέα βαίνειν καὶ βραδέως οὐκ ἀνυστικόν. μακροβάμων ταχυβάμων οὐκ ἐπιθετικός, τελεστικός, ὅτι τὸ μὲν τάχος τελεστικόν, ἡ δὲ μακρότης οὐκ ἀνυστικόν. βραχυβάμων ταχυβάμων ἐπιθετικός, οὐ τελεστικός. 10 Περὶ δὲ χειρὸς καὶ πήχεος καὶ βραχίονος φορᾶς, αἱ αὐταὶ ἀναφέρονται. οἱ δὲ τοῖς ὤμοις ἐπι σαλεύοντες ὀρθοῖς ἐκτεταμένοις γαυροαλάζονες[1]· ἀναφέρεται ἐπὶ τοὺς ἵππους. οἱ τοῖς ὤμοις ἐπενσαλεύοντες ἐγκεκυφότες μεγαλόφρονες· ἀνα φέρεται ἐπὶ τοὺς λέοντας. οἱ δὲ τοῖς ποσὶν ἐξ- 15 εστραμμένοις πορευόμενοι καὶ ταῖς κνήμαις θηλεῖς[2]· ἀναφέρεται ἐπὶ τὰς γυναῖκας. οἱ δὲ τοῖς σώμασι περικλώμενοι καὶ ἐντριβόμενοι κόλακες· ἀναφέρεται ἐπὶ τὸ πάθος. οἱ ἐγκλινόμενοι εἰς τὰ δεξιὰ ἐν τῷ πορεύεσθαι κίναιδοι· ἀναφέρεται ἐπὶ τὴν ἐπιπρέπειαν.

Οἱ εὐκινήτους τοὺς ὀφθαλμοὺς ἔχοντες ὀξεῖς, 20 ἁρπαστικοί· ἀναφέρεται ἐπὶ τοὺς ἱέρακας. οἱ σκαρ-

the hair stands on end. Those with very woolly hair are cowardly ; this applies to the Ethiopians. Since, then, excessively woolly hair betokens cowardice, hair which curls at the ends tends towards stout-heartedness ; witness the lion among others. Those in whom the hair on the face near the head curls backwards are liberal ; witness the lions. Those whose hair inclines to grow down from the head towards the nose are mean ; this is appropriate, as this appearance gives a servile look.

The man with a long, slow step is a slow starter but carries on to the end, for a long step implies a good beginning, and a slow one procrastination. The man with a short, slow step is a slow starter, but does not carry on to the end, for a short and slow movement is poor at accomplishment. A man with a long quick step is a slow starter, but carries on to the end, because swiftness ensures finishing, but length is not good at starting. The man with a short quick step starts well but does not last.

As to the carriage of the hand, arm and forearm, the same principles apply. Those who swing from side to side with straight stiff shoulders are blustering ; witness horses. But those who stoop forward and swing their shoulders are high-minded ; witness the lions. Those who walk with feet and legs turned out are effeminate ; this applies to women. Those who swing and bend the body from side to side are flatterers ; this applies to the affection. Those who incline to the right in their movements are morbid ; this is appropriate.

Those who have sharp, quick moving eyes are rapacious ; witness the hawks. Blinkers are cowardly,

---

δαμύκται δειλοί, ὅτι ἐν τοῖς ὄμμασι πρῶτα τρέπον-
ται. οἱ κατιλλαίνοντες ὡραῖοι[1] τε, καὶ οἷς τὸ
ἕτερον βλέφαρον ἐπιβέβηκε τοῖς ὀφθαλμοῖς, κατὰ
μέσον τῆς ὄψεως ἑστηκυίας, καὶ οἱ ὑπὸ βλέφαρα τὰ
ἄνω τὰς ὀψίας ἀνάγοντες, μαλακόν τε βλέποντες,
25 καὶ οἱ τὰ βλέφαρα ἐπιβεβληκότες, ὅλως τε πάντες
οἱ μαλακόν τε καὶ διακεχυμένον βλέποντες, ἀνα-
φέρονται ἐπὶ τὴν ἐπιπρέπειαν καὶ τὰς γυναῖκας.
οἱ τοὺς ὀφθαλμοὺς διὰ συχνοῦ χρόνου κινοῦντες,
ἔχοντές τε βάμμα λευκώματος ἐπὶ τῷ ὀφθαλμῷ,
ὡς προσεστηκότας, ἐννοητικοί· ἂν γὰρ πρός τινι
30 ἐννοίᾳ σφόδρα γένηται ἡ ψυχή, ἵσταται καὶ ἡ ὄψις.
Οἱ μέγα φωνοῦντες βαρύτονον ὑβρισταί· ἀνα-
φέρεται ἐπὶ τοὺς ὄνους. ὅσοι δὲ φωνοῦσιν ἀπὸ
βαρέος ἀρξάμενοι, τελευτῶσι δὲ εἰς ὀξύ, δυσθυ-
μικοί, ὀδύρται· ἀναφέρεται ἐπὶ τοὺς βοῦς καὶ ἐπὶ
35 τὸ πρέπον τῇ φωνῇ. ὅσοι δὲ ταῖς φωναῖς ὀξείαις
μαλακαῖς κεκλασμέναις διαλέγονται, κίναιδοι· ἀνα-
813 b φέρεται ἐπὶ τὰς γυναῖκας καὶ ἐπὶ τὴν ἐπιπρέπειαν.
ὅσοι βαρύτονον φωνοῦσι μέγα, μὴ πεπλεγμένον,
ἀναφέρεται ἐπὶ τοὺς εὐρώστους κύνας καὶ ἐπὶ
τὴν ἐπιπρέπειαν. ὅσοι μαλακὸν ἄτονον φωνοῦσι,
5 πραεῖς· ἀναφέρεται ἐπὶ τὰς ὄϊς. ὅσοι δὲ φωνοῦσιν
ὀξὺ καὶ ἐγκεκραγός, μάργοι· ἀναφέρεται ἐπὶ τὰς
αἶγας.
Οἱ μικροὶ ἄγαν ὀξεῖς· τῆς γὰρ τοῦ αἵματος φορᾶς
μικρὸν τόπον κατεχούσης καὶ αἱ κινήσεις ταχὺ
ἄγαν ἀφικνοῦνται ἐπὶ τὸ φρονοῦν. οἱ δὲ ἄγαν
10 μεγάλοι βραδεῖς· τῆς γὰρ τοῦ αἵματος φορᾶς μέγαν
τόπον κατεχούσης αἱ κινήσεις βραδέως ἀφικνοῦνται
ἐπὶ τὸ φρονοῦν. ὅσοι τῶν μικρῶν ξηραῖς σαρκὶ
κεχρημένοι εἰσὶν ἢ καὶ χρώμασιν, ἃ διὰ θερμότητα

for the first movement of flight starts with the eyes.
Those who glance sideways are the youthful, and so
are those with whom one eyelid droops over the eyes,
when the centre of the eye is motionless, and those
who look upwards from underneath the eyes with a
soft glance, and those who roll the eyes upwards and
generally all those who have a tender and liquid
glance, witness both appropriateness and women.
Those who move the eyelids at long intervals and
have a tinge of white in the eye which thus seems
steady [a] are pensive ; for if the mind is intensely
concentrated on any thought the eye stays still.

Those who have a deep, braying voice are insolent ;
witness the asses. But those whose voice begins
deep and ends on a high-pitched note are despondent
and plaintive ; this applies to cattle and is similar to the
voice. But those who talk with high-pitched, gentle
and broken voices are morbid ; this applies to women
and is appropriate. Those who have a loud, deep
voice, with a clear note, may perhaps be compared to
brave dogs and are in conformity with their nature.
Those who have a soft, toneless voice are gentle ;
witness the sheep. Those who have a shrill, raucous
voice are gluttonous ; witness the goats.

Excessively small men are quick ; for as the
blood travels over a small area, impulses arrive very
quickly at the seat of the intelligence. But the ex-
cessively large are slow ; for as the blood travels over
a large area the impulses arrive slowly at the seat
of the intelligence. Small men with dry flesh and a
complexion which is due to the heat of the body,

---

[a] Both ms. reading and translation are unsatisfactory.

[1] κατιλλαντιωρίαν B.

τοῖς σώμασιν ἐπιγίνονται, οὐδὲν ἀποτελοῦσιν· οὔσης
γὰρ τῆς φορᾶς ἐν μικρῷ καὶ ταχείας διὰ τὸ πυρ-
15 ῶδες, οὐδέποτε κατὰ ταὐτόν ἐστι τὸ φρονεῖν, ἀλλὰ
ἄλλοτ᾽ ἐπ᾽ ἄλλων, πρὶν τὸ ὑπερέχον περᾶναι. ὅσοι
δὲ τῶν μεγάλων ὑγραῖς σαρκὶ κεχρημένοι, ἢ καὶ
χρώμασιν ἃ διὰ ψυχρότητα ἐγγίνονται, οὐδὲν ἐπι-
τελοῦσιν· οὔσης γὰρ τῆς φορᾶς ἐν μεγάλῳ τόπῳ
καὶ βραδείας διὰ τὴν ψυχρότητα, οὐ συνανύει ἀφ-
20 ικνουμένην ἐπὶ τὸ φρονοῦν. ὅσοι δὲ τῶν μικρῶν
ὑγραῖς σαρκὶ κεχρημένοι εἰσὶ καὶ χρώμασι διὰ
ψυχρότητα, γίνονται ἐπιτελεστικοί· οὔσης γὰρ τῆς
κινήσεως ἐν μικρῷ, τὸ δυσκίνητον τῆς κράσεως
συμμετρίαν παρέσχε τὸ πρῶτον ἐπιτελεῖν. ὅσοι δὲ
25 τῶν μεγάλων ξηραῖς σαρκὶ κεχρημένοι εἰσὶ καὶ
χρώμασι διὰ θερμότητα, γίνονται ἐπιτελεστικοὶ καὶ
αἰσθητικοί· τὴν γὰρ τοῦ μεγέθους ὑπερβολὴν σαρ-
κῶν τε καὶ χρώματος ἡ θερμότης ἠκέσατο, ὥστε
σύμμετρον εἶναι πρὸς τὸ ἐπιτελεῖν. τὰ μὲν οὖν
μεγέθεσιν ὑπερβάλλοντα τῶν σωμάτων ἢ σμικρό-
τησιν ἐλλείποντα, ὡς τυχόντα ἐπιτελεστικά ἐστι
30 καὶ ὡς ἀτελῆ, εἴρηται. ἡ δὲ τούτων μέση φύσις
πρὸς τὰς αἰσθήσεις κρατίστη καὶ τελεστικωτάτη,
οἷς ἂν ἐπιθῆται· αἱ γὰρ κινήσεις οὐ διὰ πολλοῦ
οὖσαι ῥᾳδίως ἀφικνοῦνται πρὸς τὸν νοῦν· οὖσαί τε
οὐ κατὰ μικρὸν ὑπερχωροῦσιν. ὥστε τὸν τελεώ-
τατον πρὸς τὸ ἐπιτελεῖν τε ἃ ἂν προθῆται καὶ
35 αἰσθάνεσθαι μέλλοντα μέτριον δεῖ εἶναι τὸ μέγεθος.

Οἱ ἀσύμμετροι πανοῦργοι· ἀναφέρεται ἐπὶ τὸ
πάθος καὶ τὸ θῆλυ. εἰ γὰρ οἱ ἀσύμμετροι πανοῦρ-

never accomplish anything; for as the blood travels in a small space, and yet travels fast because of its feverishness, the thinking can never be consistent, but travels first in one direction and then in another, before it has accomplished its outstanding purpose. But large men with moist flesh, or a complexion which is due to the coldness of the body, accomplish nothing either; for as the blood travels in a large space, and slowly because it is cold, it does not reach the seat of the intelligence whole. But small men with moist flesh and a complexion due to coldness do accomplish their purpose; for, as the movement takes place over a small area, that part of the mixture which moves with difficulty makes a balance so as to accomplish its initial object. Large men with dry flesh and a complexion due to heat accomplish their purposes and are sensitive; for heat of flesh and complexion has counterbalanced the excess of size, so that the whole has achieved the balance necessary to accomplishment. We have, then, explained both excess in size of body and deficiency due to smallness, how they chance to be good at accomplishment or in-effective. With regard to the senses the condition midway between these is best and most complete, for those to whom it belongs. For the impulses reach the seat of the intelligence easily, as they have not far to travel; and do not overshoot it, because they move in too small a space. So that the man most completely able to accomplish whatever task he sets before him and the man most likely to be sensitive is the man of moderate size.

Ill-proportioned men are scoundrels; this applies to the affection and to the female sex. If the ill-proportioned are scoundrels the well-proportioned would

γοι, οἱ σύμμετροι δίκαιοι ἂν εἴησαν καὶ ἀνδρεῖοι.
τὴν δὲ τῆς συμμετρίας ἀναφορὰν πρὸς τὴν τῶν
σωμάτων εὐαγωγίαν καὶ εὐφυΐαν ἀνοιστέον, ἀλλ' οὐ
πρὸς τὴν τοῦ ἄρρενος ἰδέαν, ὥσπερ ἐν ἀρχῇ δι-
ηρέθη. καλῶς δ' ἔχει καὶ πάντα τὰ σημεῖα, ὅσα
προείρηται, ἀναφέρειν ἐπὶ τὴν ἐπιπρέπειαν καὶ εἰς
ἄρρεν καὶ θῆλυ· ταῦτα γὰρ τελεωτάτην διαίρεσιν
διῄρηται, καὶ ἐδείχθη ἄρρεν θήλεος δικαιότερον καὶ
ἀνδρειότερον καὶ ὅλως εἰπεῖν ἄμεινον. ἐν ἁπάσῃ δὲ

τῇ τῶν σημείων ἐκλογῇ ἕτερα ἑτέρων σημεῖα μᾶλ-
λον δηλοῦσιν ἐναργῶς τὸ ὑποκείμενον. ἐναργέ-
στερα δὲ τὰ ἐν ἐπικαιροτάτοις τόποις ἐγγινόμενα.
ἐπικαιρότατος δὲ τόπος ὁ περὶ τὰ ὄμματά τε καὶ
τὸ μέτωπον καὶ κεφαλὴν καὶ πρόσωπον, δεύτερος
δὲ ὁ περὶ τὰ στήθη καὶ ὤμους, ἔπειτα περὶ τὰ
σκέλη τε καὶ πόδας· τὰ δὲ περὶ τὴν κοιλίαν ἥκιστα.
ὅλως δὲ εἰπεῖν οὗτοι οἱ τόποι ἐναργέστατα σημεῖα
παρέχονται, ἐφ' ὧν καὶ φρονήσεως πλείστης ἐπι-
πρέπεια γίνεται.

naturally be just and courageous. But one must refer the standard of good proportion to the good treatment and good habit of the body, and not merely looking to the male type, as was laid down to start with. But it is a good thing to refer all the signs which have been mentioned both to natural conformity and to the male and female sex ; for this makes the most complete classification, and the male sex has been shown to be juster, braver, and, speaking generally, superior to the female. In all selection of signs some give a much clearer demonstration of the subject than others. Clearest of all are those that appear in the most favourable position. The most favourable part for examination is the region round the eyes, forehead, head and face ; secondly, the region of the breast and shoulders, and lastly that of the legs and feet ; the parts about the belly are of least importance. Generally speaking, these regions supply the clearest signs, in which there is greatest evidence of intelligence.

ON PLANTS
(DE PLANTIS)

INTRODUCTION

THE two books included under this title present more than the usual difficulties. They were not written by Aristotle in their original form ; moreover the text of Bekker is very far removed from the original Greek. This was first translated into Arabic, and then into Latin. The present Greek text is a somewhat poor translation of the mediaeval Latin copy, which was itself an inferior translation of the Arabic. Still it has seemed best to translate the Greek text, as we have it, while admitting that it is often unsatisfactory, and sometimes unintelligible. In spite of these difficulties the books contain some things of great importance, especially the discussion on sex in plants.

ΠΕΡΙ ΦΥΤΩΝ

ΒΙΒΛΙΟΝ Α

10 I. Ἡ ζωὴ ἐν τοῖς ζῴοις καὶ ἐν τοῖς φυτοῖς εὑρέθη.
ἀλλ' ἐν μὲν τοῖς ζῴοις φανερὰ καὶ πρόδηλος, ἐν
τοῖς φυτοῖς δὲ κεκρυμμένη καὶ οὐκ ἐμφανής. εἰς
τὴν ταύτης γοῦν βεβαίωσιν πολλὴν ἀνάγκη ἐστὶ
ζήτησιν προηγήσασθαι. συνίσταται γὰρ πότερον
15 ἔχουσιν ἢ οὐχὶ τὰ φυτὰ ψυχὴν καὶ δύναμιν ἐπι-
θυμίας ὀδύνης τε καὶ ἡδονῆς καὶ διακρίσεως.
Ἀναξαγόρας μὲν οὖν καὶ Ἐμπεδοκλῆς ἐπιθυμίᾳ
ταῦτα κινεῖσθαι λέγουσιν, αἰσθάνεσθαί τε καὶ
λυπεῖσθαι καὶ ἥδεσθαι διαβεβαιοῦνται. ὧν ὁ μὲν
Ἀναξαγόρας καὶ ζῷα εἶναι καὶ ἥδεσθαι καὶ λυπεῖ-
20 σθαι εἶπε, τῇ τε ἀπορροῇ τῶν φύλλων καὶ τῇ
αὐξήσει τοῦτο ἐκλαμβάνων, ὁ δὲ Ἐμπεδοκλῆς γένος
ἐν τούτοις κεκραμένον εἶναι ἐδόξασεν. ὡσαύτως
καὶ ὁ Πλάτων ἐπιθυμεῖν μόνον αὐτὰ διὰ τὴν σφο-
δρὰν τῆς θρεπτικῆς δυνάμεως ἀνάγκην ἔφησεν. ὃ
ἐὰν συσταίη, ἥδεσθαι ὄντως αὐτὰ καὶ λυπεῖσθαι
25 αἰσθάνεσθαί τε σύμφωνον ἔσται. ἂν δὲ συσταίη
τοῦτο, τῷ ἐπιθυμεῖν, εἰ καὶ ἀεὶ τῷ ὕπνῳ ἀνα-
κτῶνται καὶ ἐγείρονται ταῖς ἐγρηγόρσεσι, σύμφωνον
ἔσται. ὡσαύτως καὶ ἐὰν ζητήσωμεν εἰ πνοὴν καὶ
γένος ἐκ συγκράσεως ἔχουσιν ἢ τὸ ἐναντίον, πολλὴν

142

ON PLANTS

BOOK I

I. LIFE is found in animals and plants. But in _{What is} animals it is patent and obvious, whereas in plants it _{life in plants.} is hidden and not clear. To establish its existence requires considerable research. The question at issue is whether plants have or have not a soul, and a capacity for desire, pain, pleasure, and discrimination. Anaxagoras and Empedocles maintain that plants are moved by desire, and they assert emphatically that they can feel and experience both pain and pleasure. Anaxagoras says that plants are animals, and feel both pleasure and pain, concluding this from the fall of their leaves and from their growth ; Empedocles supposed that the two classes [a] were mixed in plants. Similarly Plato averred that plants must know desire, because of the extreme demands of their nutritive capacity. If this were established, it would be in accord with it that they should really know pleasure and pain, and that they should feel. And once this is established, it will be in accord with it that plants should know desire, if they ever have sleep and are aroused by awakening. Similarly again, if we inquire whether they breathe, and whether they are born by a union of the sexes or otherwise we shall

---

[a] *i.e.* plants and animals.

815 a

ἂν τὴν περὶ τούτου ἀμφιβολίαν καὶ μακρὰν ποιήσω-
30 μεν τὴν ζήτησιν. τὸ δὲ τὰ τοιαῦτα παραλιμπάνειν
καὶ μὴ εὐαναλώτοις περὶ τὰ καθ’ ἕκαστον ἐρεύναις
ἐνδιατρίβειν πρέπον ἐστίν. τινὲς δὲ ἔχειν ψυχὰς τὰ
φυτὰ εἶπον, ὅτι γεννᾶσθαι τρέφεσθαι καὶ αὐξάνε-
σθαι, νεάζειν καὶ χλοάζειν γήρᾳ τε διαλύεσθαι
τεθεωρήκασιν, ἐπείπερ οὐδὲν ἄψυχον ταῦτα μετὰ
35 τῶν φυτῶν ἔχει κοινά. διότι δὲ ἔχουσι ταῦτα τὰ
φυτά, καὶ τὸ ἐπιθυμίᾳ ὡσαύτως κατέχεσθαι ἐπί-
στευον.

815 b 10 Ἀλλὰ πρῶτον τοῖς φανεροῖς, εἶτα καὶ τοῖς κεκρυμ-
μένοις ἀκολουθήσωμεν. λέγομεν τοίνυν ὡς ἐὰν εἴ
τι τρέφεται, ἤδη καὶ ἐπιθυμεῖ, καὶ ἡδύνεται μὲν τῷ
κόρῳ, λυπεῖται δὲ ὅτε πεινᾷ· καὶ οὐκ ἐμπίπτουσιν
αὗται αἱ διαθέσεις εἰ μὴ μετὰ αἰσθήσεως. τούτου
ἄρα θαυμάσιος μέν, οὐ μὴν φαῦλος πλανᾶται σκο-
15 πός, ὃς καὶ τὰ φυτὰ αἰσθάνεσθαι καὶ ἐπιθυμεῖν
ἐδόξασεν. ὁ δὲ Ἀναξαγόρας καὶ ὁ Δημόκριτος καὶ
ὁ Ἐμπεδοκλῆς καὶ νοῦν καὶ γνῶσιν εἶπον ἔχειν τὰ
φυτά. ἡμεῖς δὲ τὰ τοιαῦτα ὡς φαῦλα ἀποτρεπό-
μενοι τῷ ὑγιεῖ ἐνστῶμεν λόγῳ. λέγομεν οὖν ὅτι τὰ
20 φυτὰ οὔτε ἐπιθυμίαν οὔτε αἴσθησιν ἔχουσιν. ἡ γὰρ
ἐπιθυμία οὐκ ἔστιν εἰ μὴ ἐξ αἰσθήσεως, καὶ τὸ τοῦ
ἡμετέρου δὲ θελήματος τέλος πρὸς τὴν αἴσθησιν
ἀποστρέφεται. οὐχ εὑρίσκομεν γοῦν ἐν τοῖς τοιού-
τοις αἴσθησιν οὔτε μέλος αἰσθανόμενον, οὔτε ὁμοιό-
τητα αὐτοῦ, οὔτε εἶδος διωρισμένον, οὔτε τι
25 ἀκόλουθον τούτῳ, οὔτε τοπικὴν κίνησιν, οὔτε ὁδὸν
πρός τι αἰσθητόν, οὔτε σημεῖόν τι δι’ οὗ ἂν
κρίνωμεν ταῦτα αἴσθησιν ἔχειν, καθὼς σημεῖα δι’
ὧν ἐπιστάμεθα ταῦτα καὶ τρέφεσθαι καὶ αὐξάνεσθαι

have considerable doubt on the question, and shall have to prosecute a long search. But it will probably be wise to pass over such questions as these, and not to spend time on wasteful inquiries into these details. Some maintain that plants have souls, because they have watched them born, being fed and growing, be young and grow green, and perish through old age, on the ground that no soulless thing shares these experiences with plants. And because plants have these experiences, they believe that on similar grounds they must be influenced by desire.

But let us follow their obvious characteristics first and their hidden ones afterwards. We have quoted the belief (of Plato) that if anything receives food, it also desires and has pleasure in satiety, and suffers pain when it is hungry ; moreover these conditions do not occur except in combination with sensation. Plato's theory is marvellous, though its errors are not slight, I mean the theory in which he supposed that plants could feel and desire. But Anaxagoras, Democritus and Empedocles said that plants have intelligence and can acquire knowledge. Let us dismiss these theories as trivial and abide by sound reasoning. We maintain, then, that plants know neither desire nor sensation. For desire cannot exist apart from sensation, and the accomplishment of our will depends upon sensation. Now in plants we find no sensation, nor any organ which can feel, nor anything in the least like it, nor any differentiated form, nor anything issuing from it, nor any local movement, nor any method of approach to sense apprehension, nor any sign by which we could judge that plants have sensation, corresponding to the signs by which we know that they are nourished and grow. Even this is not

Previous theories.

815 b

εὑρίσκομεν. οὐδὲ συνίσταται παρ' ἡμῶν τοῦτο εἰ
μὴ διότι τὸ θρεπτικὸν καὶ αὐξητικὸν νοοῦμεν μέρη
20 εἶναι τῆς ψυχῆς. ὁπόταν γοῦν τὸ τοιοῦτον φυτὸν
εὑρίσκωμέν τι μέρος ψυχῆς τοιαύτης ἐν ἑαυτῷ ἔχον,
ἐξ ἀνάγκης νοοῦμεν καὶ ψυχὴν ἔχειν αὐτό· ὅτε δὲ
στερεῖται αἰσθήσεως, τότε αἰσθητικὸν αὐτὸ μὴ
εἶναι μὴ ἐγχωρεῖν οὐ δεῖ· ἡ γὰρ αἴσθησις αἰτία
ἐστὶν ἐλλάμψεως ζωῆς. τὸ δὲ θρεπτικὸν αἰτία
ἐστὶν αὐξήσεως πράγματός τινος ζῶντος.

85 Αὗται δὲ αἱ διαφοραὶ προβαίνουσιν ἐν τῷ τόπῳ
τούτῳ, ὅτι δυσχερὲς ἐν ταὐτῷ μεταξὺ ζωῆς καὶ τῆς
816 a στερήσεως αὐτῆς μέσον τι καταλαβεῖν. εἴποι δέ
τις ἂν ὡς ἐπεὶ τὸ φυτὸν ζῶν ἐστίν, ἤδη τοῦτο καὶ
ζῷον εἴποιμεν ἄν. οὐδαμῶς. καὶ γὰρ δυσνόητόν
ἐστι τὴν διοίκησιν τοῦ φυτοῦ ἀποδιδόναι τῇ δι-
οικήσει τῆς ψυχῆς τοῦ ζῴου. τὸ γὰρ τὰ φυτὰ
5 τοῦ ζῆν ἀποφάσκον οὕτως, τοῦτο ἐστὶν ὅτι οὐκ
αἰσθάνονται. καὶ γάρ εἰσι καί τινα ζῷα γνώσεως
ἐστερημένα. ἐπεὶ δὲ ἡ φύσις τὴν τοῦ ζῴου ζωὴν
ἐν τῷ θανάτῳ φθείρουσα, πάλιν ἐν τῷ ἰδίῳ γένει
ταύτην διὰ γενέσεως συντηρεῖ, πάντη ἀσύμφωνόν
ἐστιν ἵνα μέσον ἐμψύχου τε καὶ ἀψύχου ἄλλο τι
10 μέσον τιθῶμεν. ἐπιστάμεθα δὲ ὅτι καὶ τὰ κογχύ-
λιά εἰσι ζῷα, γνώσεως ἐστερημένα, διότι εἰσὶ φυτὰ
ἐν ταὐτῷ καὶ ζῷα. μόνη ἄρα ἡ αἴσθησίς ἐστιν
αἰτία δι' ἣν ταῦτα λέγονται ζῷα. τὰ γὰρ γένη
διδόασι τοῖς οἰκείοις εἴδεσιν ὀνόματα καὶ ὁρισμούς,
τὰ δὲ εἴδη τοῖς οἰκείοις ἀτόμοις ὀνόματα. δεῖ τε
15 τὸ γένος ἐκ μιᾶς καὶ κοινῆς αἰτίας εἶναι ἐν τοῖς πολ-
λοῖς, καὶ οὐκ ἐκ πολλῶν. ὁ λόγος δὲ τῆς αἰτίας,

ª Aristotle is of course wrong about shell-fish, but his

established among us except because we are aware that the nutritive and growing faculties are parts of the soul. Whenever, then, we find that a plant of this kind has within it some part of the soul, we necessarily know that it also has a soul ; but when it is lacking in sensation, then we have no right to maintain that it is a thing of sense ; for sensation is responsible for the illumination of life. But the nutritive part is the cause of the growth of every living thing.

These differences of opinion are produced at this point because it is difficult to find a condition intermediate between the presence of life and the absence of it. One might argue that since the plant is a living thing, we are at once entitled to call it a living creature. But this is not so. For it is difficult to assign the constitution of a plant to the constitution of the soul of an animal. Men's reason for denying life to plants is that they do not feel. For there are some animals that lack cognition. But since nature, which destroys the life of the animal in death, again watches over this life in its proper type by birth, it is quite inconsistent to assume any state intermediate between what has and what has not a soul. Now we know that shell-fish are living creatures, but lack cognition, because they are both plants and animals at the same time.[a] Sensation, then, is the only test by which the term living animals is assigned. For genera give names and definitions to their own proper species, while the species give names to the proper individuals. Now genus must depend on one common cause in many individuals, and not on many. The principle of the cause upon which the genus is

perception that there is an intermediate state between plant and animal life is sound : *e.g.* the Mycetozoa.

δι' ἣν βεβαιοῦται τὸ γένος, οὐ τῷ τυχόντι ἐστὶ
γνώριμος. πάλιν εἰσὶ ζῷα ἅπερ στεροῦνται γένους
θήλεος, ἕτερα ἅπερ οὐ γεννῶσιν, ἕτερα ἅπερ κίνησιν
οὐκ ἔχουσιν· καὶ εἰσὶν ἄλλα διαφόρων χρωμάτων,
20 καὶ εἰσί τινα ἃ ποιοῦσι τόκον ἑαυτοῖς ἀνόμοιον,
εἰσί τε ἄλλα ἃ αὐξάνουσιν ἐκ τῆς γῆς ἢ ἐκ δένδρων.
τίς οὖν ἐστιν ἡ ἀρχὴ ἡ ἐν τῇ ψυχῇ τοῦ ζῴου; τί
ἄλλο εἰ μὴ τὸ εὐγενὲς ζῷον, ὃ τὸν οὐρανὸν περι-
οδεύει, τὸν ἥλιον, τὰ ἄστρα καὶ τοὺς πλάνητας, τὰ
ἀπὸ τῆς ἐνειρμένης ἐξωτερικὰ ἀμφιβολίας, ἃ δὴ
25 καὶ ἀπαθῆ εἰσιν; ἡ γὰρ αἴσθησις τῶν αἰσθανο-
μένων πάθος. ἰστέον δὲ καὶ ὅτι οὐκ ἔχουσι τὰ
φυτὰ κίνησιν ἐξ ἑαυτῶν· τῇ γὰρ γῇ εἰσὶ πεπηγότα,
ἡ δὲ γῆ ἀκίνητός ἐστι. συλλογισώμεθα τοίνυν
πόθεν ἂν ταύτῃ ζωή, ἵνα ποιήσωμεν καὶ αὐτὰ
αἰσθητικά. οὐ γὰρ περιέχει ταῦτα ἓν πρᾶγμα κοι-
30 νόν. λέγομεν δὲ ὅτι τῆς ζωῆς τῶν ζῴων κοινή
ἐστιν αἰτία ἡ αἴσθησις. αὕτη δὲ ποιεῖ διάκρισιν
μέσον ζωῆς καὶ θανάτου. ὁ οὐρανὸς δὲ ἐπεὶ ἔχει
διοίκησιν εὐγενεστέραν καὶ ἀξιολογωτέραν τῆς
ἡμετέρας διοικήσεως, ἀπεμακρύνθη τούτων. δεῖ
τοίνυν ἵνα τὸ ζῷον τὸ τέλειον καὶ τὸ ἡλαττωμένον
35 ἔχῃ τι κοινόν· καὶ τοῦτό ἐστιν ὁ σκοπὸς τῆς ζωῆς.
τῇ ταύτης γοῦν στερήσει δεῖ ἵνα πᾶς τις ἀποχωρῇ
τῶν τοιούτων ὀνομάτων, ὅτι οὐκ ἔστι μέσον. ἡ δὲ
ζωή ἐστι μέσον· τὸ γὰρ ἄψυχον οὐκ ἔχει ψυχὴν
οὐδέ τι τῶν μερῶν αὐτῆς. τὸ δὲ φυτὸν οὐκ ἔστιν
ἐκ τῶν στερουμένων ψυχῆς, ὅτι ἐν αὐτῷ ἐστί τι
40 μέρος ψυχῆς· ἀλλ' οὐκ ἔστι ζῷον, ὅτι οὐδὲ αἴσθησις
816 b ἐν αὐτῷ. ἐξέρχεται δὲ ἐκ ζωῆς εἰς μὴ ζωὴν κατὰ
βραχύ, ὡς καὶ τὰ καθ' ἕκαστον. δυνάμεθα δὲ καὶ

based is not recognizable by a chance symptom. Again, there are animals which possess no female sex, others again which do not beget, and others which have no power of movement; others, again, which differ in colour, and others still which have an offspring unlike themselves, and others still are born from earth or trees. What then is the principle of the soul in the living creature? What else but what makes the noble animal, which goes through the heavens, the sun, the stars and the planets, which are raised above the perplexities involved and are not liable to be affected? For sensation is an affection of those that can feel. But one must recognize that plants have no movement of themselves; for they are fixed in the earth and the earth does not move. Let us, then, calculate whence this life is derived, in order that we may assume them sentient. For no one common characteristic embraces them all. We say, then, that feeling is the one common cause of life in living creatures. It is this which makes the distinction between life and death. The heavens, since they have a constitution nobler and more considerable than ours, are far removed from life and death. Now the animal must have some characteristic which is perfect in itself, but inferior to them. And this is the criterion of life. In the absence of this every individual must forfeit the title, for there is no intermediate state. But life itself is really an intermediate state; for the soulless has no soul, nor any of the parts of the soul. But the plant does not belong to the class which has no soul, because there is some part of the soul in it, but the plant is not a living creature, because there is no feeling in it. But the transition from life to not-life is a small one in individual cases.

ἄλλως λέγειν, ὅτι ἔστιν ἔμψυχον τὸ φυτόν, καὶ οὐ
λέγομεν ὅτι ἄψυχον. εἰ ἔχει δὲ ψυχήν, οὐ λέγομεν
ὅτι καί τινα ἤδη ἔχει αἴσθησιν. πρᾶγμα γὰρ τὸ
5 τρεφόμενον οὐκ ἔστιν ἄνευ ψυχῆς. πᾶν δὲ ζῷον
ἔχει ψυχήν. τὸ δὲ φυτόν ἐστιν ἀτελὲς πρᾶγμα.
πάλιν τὸ ζῷον ἔχει μέλη διωρισμένα, τὸ φυτὸν
ἀδιόριστα. ἔχει δὲ ὕλην οἰκείαν κινήσεως, ἣν ἔχει
ἐν ἑαυτῷ. πάλιν δυνάμεθα λέγειν τὰ φυτὰ ψυχὴν
10 ἔχειν, ὅτι ψυχή ἐστιν ἡ ποιοῦσα ἐν αὐτοῖς γεννᾶσθαι
τὰς κινήσεις. ἐπιθυμία δὲ καὶ κίνησις ἡ ἐν τόποις
οὐκ ἔστιν εἰ μὴ κατὰ αἰσθήσεως. πάλιν τὸ ἕλκειν
τροφήν ἐστιν ἐξ ἀρχῆς φυσικῆς, καὶ τοῦτ᾽ αὐτό ἐστι
τὸ κοινὸν ζώου καὶ φυτοῦ. οὐκ ἔσται δὲ φροντὶς ἐπὶ
τῇ ἑλκύσει τῆς τροφῆς αἰσθήσεως τὸ παράπαν, ὅτι
15 πᾶν τὸ τρεφόμενον χρῄζει ἐν τῇ οἰκείᾳ τροφῇ δύο
ποιοτήτων τινῶν, θερμότητός φημι καὶ ψυχρότητος·
καὶ διὰ τοῦτο δεῖται τροφῆς ὑγρᾶς ὁμοίως καὶ
ξηρᾶς· ἡ δὲ θερμότης καὶ ἡ ψυχρότης εὑρίσκεται ἐν
βρώμασι ξηροῖς καὶ ὑγροῖς. οὐδεμία δὲ τῶν τοιού-
των φύσεων χωρίζεται τῆς συμμετόχου αὐτῆς. διὰ
20 τοῦτο γὰρ καὶ πρώτως ἐγένετο ἡ τροφὴ τῷ τρέφοντι
συνεχὴς ἕως καὶ εἰς αὐτὴν τὴν ὥραν τῆς φθορᾶς·
καὶ ὀφείλουσι χρῆσθαι ταύτῃ τὸ ζῷον καὶ τὸ φυτὸν
τοιαύτη ὁποῖόν ἐστιν ἑκάτερον αὐτῶν.

II. Διερευνήσωμεν οὖν καὶ τοῦτο, ὃ προηγήσατο
ἐν τῷ ἡμετέρῳ λόγῳ, περὶ ἐπιθυμίας φυτοῦ καὶ
25 κινήσεως αὐτοῦ καὶ ψυχῆς ἰδίας, καὶ εἴ τι ἀνα-
λύεται ἀπ᾽ αὐτοῦ τοῦ φυτοῦ, ὅσον εἰς πνοήν. Ἀναξ-
αγόρας γὰρ εἶπε ταῦτα ἔχειν καὶ πνοήν. καὶ πῶς,
εἴπερ εὑρίσκομεν πολλὰ ζῷα μὴ ἔχοντα πνοήν, καὶ
πάλιν εὑρίσκομεν ἀκριβῶς ὅτι τὰ φυτὰ οὔτε ὑπ-
νώττουσιν οὔτε γρηγοροῦσιν. τὸ γὰρ γρηγορεῖν

But we can describe it otherwise, and say that the plant has a soul and not say that it is soulless. But, even if it has a soul, we do not admit that it has any feeling. Anything that is nourished cannot be without soul. Every living creature has a soul. But the plant is an incomplete thing. Again, the animal has differentiated parts, but the plant undifferentiated. The animal, again, has its own proper machinery of movement, which it contains in itself. Again, we can say that plants have a soul, because it is the soul in them which enables them to generate movements. But desire and movement in space cannot exist apart from sensation. Again, the absorption of food is part of the principle of the plant's nature, and this is a characteristic common to animal and plant. But there will be no implication of sensation in the absorption of food, because everything that feeds requires two qualities in its proper food—I mean heat and cold ; for this reason it requires both moist and dry food ; and heat and cold are found in dry and wet foods respectively. Now none of these natures is ever separated from its partner. Consequently food is being supplied continuously to the feeder, until it reaches its season of decay ; and both plants and animals must employ food of the same kind as the elements of which each of them is composed.

II. Let us now inquire into a question which has occurred before in our argument, about desire, movement and individual soul in plants, and whether anything is given off from plants, for instance in breathing. Anaxagoras maintained that plants do breathe. But how can this be, seeing that we find many animals that have no breath, and again (to be exact) we find that plants neither sleep nor wake ?

The attributes of plants.

151

816 b

80 οὐδέν ἐστιν εἰ μὴ ἀπὸ διαθέσεως τῆς αἰσθήσεως, τὸ
δὲ ὑπνώττειν οὐδὲν εἰ μὴ ἀσθένεια αὐτῆς· καὶ οὐχ
εὑρίσκεταί τι τούτων ἐν πράγματι τρεφομένῳ μὲν
πάσαις ὥραις κατὰ διοίκησιν μίαν, ἐν τῇ οἰκείᾳ δὲ
φύσει μὴ αἰσθανομένῳ. τὸ γὰρ ζῷον ὅτε τρέφεται,
τί συμβαίνει; τὸ ἀναβαίνειν ἀναθυμίασιν ἀπὸ τῆς
85 τροφῆς πρὸς τὴν κεφαλὴν αὐτοῦ, καὶ ὑπνώττειν
ἐντεῦθεν πάντως· καὶ ὅταν καταναλωθῇ ἡ ἀνα-
θυμίασις ἡ ἀναβαίνουσα πρὸς τὴν κεφαλήν, τότε
γρηγορεῖ. ἔν τισι δὲ τῶν ζῴων ἐστὶν αὕτη ἡ
ἀναθυμίασις πολλή, καὶ τέως ὀλίγον ὑπνώττουσιν.
ὁ δὲ νυσταγμός ἐστι συνοχὴ τῆς κινήσεως, ἡ δὲ
40 συνοχὴ πάλιν ἠρεμία πράγματος κινουμένου.

Ὁ δὲ μάλιστα καὶ κυρίως ἐστὶ ζητητέον ἐν
817 a ταύτῃ τῇ ἐπιστήμῃ, τοῦτό ἐστιν ὅπερ εἶπεν ὁ
Ἐμπεδοκλῆς, ἤγουν εἰ εὑρίσκεται ἐν τοῖς φυτοῖς
γένος θῆλυ καὶ γένος ἄρρεν, καὶ εἰ ἔστιν εἶδος
κεκραμένον ἐκ τούτων τῶν δύο γενῶν. λέγομεν
τοίνυν ὅτι τὸ ἄρρεν, ὅτε γεννᾷ, εἰς ἄλλο γεννᾷ, καὶ
5 εἰσὶν ἄμφω κεχωρισμένα ἀπ᾽ ἀλλήλων. ἐπεὶ γοῦν
εὑρίσκεται ἐν τοῖς φυτοῖς ὅτι ἔχει τὰ φυτὰ γένος
ἄρρεν καὶ θῆλυ, καὶ πάντως τὸ μὲν ἄρρεν ἐστὶ
τραχύτερον καὶ σκληρότερον καὶ μᾶλλον φρίσσον,
τὸ δὲ θῆλυ ἀσθενέστερον καὶ καρποφόρον πλέον,
πάλιν ὀφείλομεν ζητεῖν πότερον εὑρίσκονται ταῦτα
10 τὰ δύο γένη κεκραμένα ἅμα ἐν τοῖς φυτοῖς, ὡς
εἶπεν Ἐμπεδοκλῆς. ἀλλ᾽ ἐγὼ οὐχ ὑπολαμβάνω
τοῦτο τὸ πρᾶγμα οὕτως ἔχειν. τὰ γὰρ κεκραμένα
ὀφείλουσιν εἶναι πρῶτον ἁπλᾶ ἐν ἑαυτοῖς, καὶ εἶναι
καθ᾽ αὑτὸ μὲν τὸ ἄρρεν καθ᾽ αὑτὸ δὲ τὸ θῆλυ,
15 κἀντεῦθεν κιρνᾶσθαι. ἡ δὲ κρᾶσις οὐκ ἔσται εἰ μὴ
διὰ τὴν οἰκείαν γένεσιν. εὑρέθη γοῦν ἐν τοῖς φυτοῖς

For awakening means nothing apart from the condition of sensation, and sleeping means nothing but the weakening of this ; and neither of these conditions is found in a thing which receives its food at all times remaining in one condition, but which in its own proper nature has no sensation.   For when the living animal is being fed what happens ?   An evaporation from the food arises to its head, and then it goes completely to sleep ;   and when the evaporation which rises to the head is exhausted, then it awakes.   In some animals this evaporation is considerable, and then they sleep only for a while.   But drowsiness means a stoppage of motion, and this stoppage involves quiet on the part of the thing moved.

But what particularly and specially requires investigation in this branch of inquiry is Empedocles' question, I mean whether two sexes, male and female, are found in plants, or whether the plant shows some kind of mixture of the two types.   Now we lay it down that when the male begets, it begets in another, and that the two sexes are differentiated from each other.   So when it is found that plants have a male and female sex, and that invariably the male is rougher, harder and more stiff, while the female is weaker and more inclined to bear fruit, we must again investigate further whether these two sexes are found mixed together in plants, as Empedocles said.   Personally I do not believe that the facts are so.   For things mixed must first of all have a simple existence in themselves, and the male and female must first have an independent existence and then be mixed.   But such a mixture will not occur except by their own proper generation.   But on Empedocles' supposition a mixture would be found

Sex in plants. (margin note)

817 a

πρὸ τῆς κράσεως κρᾶσις, ἢ καὶ ὀφείλει εἶναι αἰτία
ποιητικὴ καὶ παθητικὴ ἐν μιᾷ ὥρᾳ· ἀλλ' οὐχ εὑ-
ρίσκεται ἀρρενότης καὶ θηλύτης ἡνωμέναι ἔν τινι
τῶν φυτῶν. εἰ δὲ τοῦτο οὕτως ἦν, τάχα ἂν τὸ
φυτὸν ἦν τελειότερον τοῦ ζῴου. καὶ πῶς, εἴπερ
20 τὸ ζῷον οὐ δεῖται ἐν τῇ οἰκείᾳ γενέσει πράγματός
τινος ἐξωτερικοῦ, τὸ δὲ φυτὸν τοῦτο δεῖται ἐν τοῖς
καιροῖς τοῦ ἔτους; δεῖται γὰρ ἡλίου καὶ εὐκρασίας
καὶ τοῦ ἀέρος πλέον· καὶ τούτων δεῖται μᾶλλον ἐν
τῇ ὥρᾳ τῆς ἐκφύσεως αὐτοῦ. ἔστι δὲ καί τις ἀρχὴ
25 τῆς μὲν τροφῆς τῶν φυτῶν ἀπὸ τῆς γῆς, καὶ πάλιν
ἀρχὴ ἑτέρα τῆς γενέσεως ἀπὸ τοῦ ἡλίου. εἶπε δὲ
καὶ Ἀναξαγόρας ὅτι ἡ ὑγρότης τούτων ἐστὶν ἀπὸ
τῆς γῆς, καὶ διὰ τοῦτο ἔφη πρὸς Λεχίνεον ὅτι ἡ
γῆ μήτηρ μέν ἐστι τῶν φυτῶν, ὁ δὲ ἥλιος πατήρ.
ἀλλὰ τὴν κρᾶσιν τοῦ ἄρρενος τῶν φυτῶν καὶ τοῦ
30 θήλεος ὀφείλομεν διατυπώσασθαι οὐχ οὕτως ἀλλ'
ἄλλῳ τινὶ τρόπῳ, οἷον ὅτι τὸ σπέρμα τοῦ φυτοῦ
ὅμοιόν ἐστιν ἐγκυμονήσει ζῴου, ἥτις ἐστὶ μίξις
ἄρρενός τε καὶ θήλεος. καὶ ὥσπερ ἐστὶν ἐν τοῖς
ᾠοῖς ὅτε γίνεται νεοσσός, ἔστιν ἐντεῦθεν καὶ ἡ
τροφὴ αὐτοῦ μέχρι καὶ αὐτῆς τῆς ὥρας τῆς συμ-
πληρώσεως καὶ τῆς οἰκείας ἐξόδου, καὶ τότε τὸ
35 θῆλυ ἐκτίθησι τὸν νεοσσὸν ἐν μιᾷ ὥρᾳ· οὕτω καὶ
τὸ σπέρμα τοῦ φυτοῦ. εἶπε δὲ πάλιν Ἐμπεδοκλῆς
ὅτι τὰ φυτά, εἰ καὶ νεοσσοὺς οὐ γεννῶσι, διότι τὸ
γεννώμενον οὐ γεννᾶται εἰ μὴ ἐκ τῆς φύσεως τοῦ
σπέρματος, καὶ ὅτι ὅπερ μένει ἐξ αὐτοῦ ἐν τῇ ἀρχῇ
τροφὴ γίνεται τῆς ῥίζης, καὶ τὸ γεννώμενον κινεῖ
40 αὐτὸ ἑαυτὸ παραυτίκα, ὅμως οὕτως ὀφείλομεν ὑπο

in plants before the mixing took place, which ought
to be both cause and effect at the same time in the
process of generation ; but male and female are not
found combined in any plant.   If this were the case
the plant would be a more perfect creature than the
animal.   How could this be, when the animal requires
no outside action in its own generation but the plant
does, and needs this at certain seasons of the year ?
For the plant needs the sun, a suitable temperature
and even more the air ; and it needs these especially
at the time of its growth.   The beginning of its
nutrition is from the earth and the second beginning
of its generation is from the sun.   Anaxagoras said
that the moisture arose from the earth, and this is
why he said to Lechineus [a] that the earth is the
mother of plants, and the sun the father.   But we
ought not to present the union of male and female in
plants to ourselves in this way, but rather in another ;
that is to say, that the seed of the plant corresponds
to the impregnation of the animal, which is due to a
mingling of male and female.   And just as in the egg,
when a young bird is born, there is food enough within
it to last until the season of its fulfilment, and its
natural exit from the egg, and then in a short space
of time the female produces the young bird, so also
with the seed of the plant.   Empedocles also said
that even though plants do not bear young birds,
because that which is begotten in their case is only
produced from the nature of the seed, and from it
arises a food which nourishes the root at its
beginning, and that which is born moves itself from
the moment of its birth, nevertheless we must con-

[a] This reference is entirely unknown.   Probably the ms.
is corrupt.

817 b λαμβάνειν καὶ ἐν τῇ μίξει τῶν ἀρρένων καὶ τῶν
θηλέων φυτῶν, ὡς ἐπὶ τῶν ζῴων, ὅτι καὶ ἡ μίξις
τῶν φυτῶν ἐστιν ἐν διοικήσει τινί· ἀλλ' ἐν τοῖς
ζῴοις, ὅτε μίγνυνται, τὰ γένη μίγνυνται καὶ αἱ
5 δυνάμεις τῶν γενῶν, αἳ ἦσαν πρότερον κεχωρι-
σμέναι, καὶ προῆλθεν ἐκ τούτων ἀμφοτέρων πρᾶγμά
τι ἕν· ὃ δὴ οὐκ ἔστιν ἐν τοῖς φυτοῖς. οὐ γὰρ ὅτε
μίγνυνται τὰ γένη, καὶ αἱ δυνάμεις αὐτῶν μετὰ
ταῦτα γίνονται κεχωρισμέναι. εἰ γοῦν ἡ φύσις
ἔμιξε τὸ ἄρρεν μετὰ τοῦ θήλεος, καλῶς προέβη, ὅτι
10 οὐχ εὑρίσκομεν ἐνέργειάν τινα ἐν τοῖς φυτοῖς παρὰ
τὴν γένεσιν τῶν καρπῶν. οὐδὲ γάρ ἐστι ζῷον
κεχωρισμένον τοῦ θήλεος εἰ μὴ ἐν ὥραις αἷς οὐ
συνάπτεται. τοῦτο δέ ἐστι διὰ τὰς πολλὰς ἐνερ-
γείας αὐτοῦ καὶ διὰ τὰς πολλὰς αὐτοῦ ἐπιστήμας.

Εἰσὶ δὲ οἵτινες τὰ φυτὰ πεπληρωμένα ὑπο-
15 λαμβάνουσι, καὶ τὴν χάριν τῆς ζωῆς αὐτῶν εἶναι
διὰ τὰς δύο δυνάμεις ἃς ἔχει, ἤγουν διὰ τὴν τροφὴν
τὴν ἐπιτηδείαν εἰς τὸ τρέφειν αὐτὰ καὶ διὰ τὴν
μακρότητα τῆς οἰκείας ὑπάρξεως καὶ τοῦ καιροῦ
ὁπόταν βλαστάνῃ καὶ καρποφορῇ ἡ ζωὴ αὐτῶν, καὶ
στρέφηται πρὸς αὐτὰ ἡ νεότης αὐτῶν, καὶ οὐ
20 γίνηται ἐν αὐτοῖς τι περιττόν. οὐ δεῖται δὲ τὸ
φυτὸν ὕπνου διὰ πολλὰς αἰτίας, ὅτι κεῖται τὸ φυτὸν
ἐν τῇ γῇ, καὶ δεσμεῖται ὑπ' αὐτῆς, καὶ οὐκ ἔχει
κίνησιν ἐν ἑαυτῷ, οὐδὲ ὅρον διωρισμένον ἐν τοῖς
οἰκείοις μέρεσιν οὔτε αἴσθησιν ἔχει, οὔτε κίνησιν
αὐτοπροαίρετον, οὔτε ψυχὴν τελείαν· τοῦτο δὲ ἔχει
25 μᾶλλον μέρος μέρους ψυχῆς. καὶ τὸ φυτὸν οὐκ
ἐδημιουργήθη εἰ μὴ διὰ τὸ ζῷον, τὸ δὲ ζῷον οὐκ
ἐδημιουργήθη διὰ τὸ φυτόν. καὶ πάλιν ἐὰν εἴπῃ
τις ὅτι τὸ φυτὸν δεῖται μὲν τροφῆς εὐτελοῦς καὶ

clude in the mixing of the male and female in plants, as in the case of animals, that the mixing of the plants is in accordance with their own constitution ; in the case of animals when they are united, the sexes and their potentialities are united, which previously to this were separated, and one single unit proceeds from two ; but this is not the case in plants. For it is not the case that there are two sexes when united, and that after this their potentialities become separated. But if nature has produced a union of male and female, she has produced on sound lines, because we do not find any activity exhibited in plants beyond the creation of fruits. For in animals the male is only separated from the female at the times when there is no intercourse. But this separation is due to the animal's many activities and many pursuits.

There are some who regard plants as perfect types because of their life, and owing to the two capacities which they possess ; because they contain the nutriment necessary to feed them ; and because of the length of their duration and of the time in which their life grows up and bears fruit ; their youth returns to them and there is no waste product in plants. The plant does not require sleep for many reasons ; because it lives in the earth, is bound by it, has no movement within itself, has no divisions between its parts, has neither sensation nor voluntary movement, nor a complete soul ; indeed it has only one part of a soul. In fact the plant was only created for the sake of the animal, but the animal was not created for the sake of the plant. Again, if anyone says that a plant needs food which is easily acquired and poor, even if it is

Plants are low in the order of nature.

157

817 b

μοχθηρᾶς, εἰ καὶ δεῖται δὲ τοιαύτης, ὅμως κατὰ
πολὺ σταθηρᾶς καὶ συνεχοῦς καὶ μὴ ῥαδίως δια-
30 φθειρομένης, κἀντεῦθεν συνίσταται ἵνα τὸ φυτὸν
ἔχῃ τι κρεῖττον παρὰ τὸ ζῷον, καὶ διὰ τοῦτο
ἀνάγκη καὶ πράγματα ἄψυχα εἶναι εὐγενέστερα
τῶν ἐμψύχων. ἀλλὰ ἔργον ἐν τοῦ ζῴου ἐστὶ κρεῖτ-
τον παρὰ πᾶν ἔργον τοῦ φυτοῦ. ἄλλως τε εὑρί-
σκομεν καὶ ἐν τῷ ζῴῳ πάσας τὰς δυνάμεις τὰς ἐν
35 τῷ φυτῷ, καὶ ἄλλας πολλάς, οὐ μὴν καὶ ἔμπαλιν.
εἶπε πάλιν ὁ Ἐμπεδοκλῆς ὅτι τὰ φυτὰ ἔχουσι
γένεσιν ἐν κόσμῳ ἠλαττωμένῳ καὶ οὐ τελείῳ κατὰ
τὴν συμπλήρωσιν αὐτοῦ, ταύτης δὲ συμπληρου-
μένης οὐ γεννᾶται ζῷον. ἀλλ' οὗτος ὁ λόγος ἀν-
άρμοστός ἐστι, διότι ὁ κόσμος ὁλοτελής ἐστι καὶ
διηνεκής, καὶ οὐκ ἔπαυσε πώποτε γεννᾶν ζῷα καὶ
φυτὰ καὶ πάντα ἀλλοῖα εἴδη. ἐν ἑκάστῳ δὲ εἴδει
818 a τῶν φυτῶν ἔστι θερμότης καὶ ὑγρότης φυσική, ἥτις
ὁπόταν ἀναλωθείη, ἀσθενοῦσι τὰ φυτὰ καὶ γηρά-
σκουσι καὶ φθίνουσι καὶ ξηραίνονται. καὶ τινὲς
μὲν λέγουσι τοῦτο φθορᾶν, ἄλλοι δ' οὐχί.

III. Τινὰ τῶν φυτῶν ἔχουσί τι ὑγρὸν ὡς ῥητίνην,
5 ὡς κόμι, ὡς σμύρναν, ὡς θυμίαμα καὶ ὡς κόμι
Ἀραβικόν. πάλιν τινὰ δένδρα ἔχουσι δεσμοὺς καὶ
φλέβας καὶ κοιλίαν καὶ φιτροὺς καὶ φλοιὸν καὶ
μυελὸν ἐντός. καὶ τινὰ ὡς ἐπὶ τὸ πλεῖστόν εἰσι
φλοιός. καὶ τινῶν μὲν ὁ καρπὸς ὑπὸ τὸν φλοιὸν
ἤγουν ἐντὸς τοῦ φλοιοῦ καὶ τοῦ φιτροῦ. καὶ τινὰ
10 μὲν μέρη τοῦ δένδρου εἰσὶν ἁπλᾶ, ὡς ὁ χυμὸς ὁ
εὑρισκόμενος ἐν αὐτοῖς καὶ οἱ δεσμοὶ καὶ αἱ φλέβες·
τινὰ δέ εἰσι σύνθετα ἐκ τούτων, ὡς κλάδοι καὶ
λύγοι καὶ φύλλα. ταῦτα δὲ πάντα οὐχ εὑρίσκομεν

true that this is the kind of food it requires, yet it needs generally a steady and continuous supply, and one which is not easily destroyed, whence it comes about that the plant has one element of superiority over the animal, and in this sense creatures without soul may be regarded as superior to those with a soul. But one function of the animal is superior to every function of the plant. Otherwise we find in the animal all the functions which exist in the plant, and many others besides, but the converse is not true. Empedocles, again, said that plants have birth in an inferior world and one which has not achieved its complete fulfilment, but that while this fulfilment is taking place the animal is not created. But this argument does not fit the facts, because the world is complete and continuous, and has never at any time ceased to create animals, plants and all other types ; but in each species of plants there is natural heat and moisture, and when this is expended, plants become feeble, grow old, die and wither. Some say that this is death but others deny it.

III. Some plants contain moisture such as resin, gum, myrrh, frankincense and gum Arabic. Some trees, again, have fibres, veins, flesh, wood, bark and marrow within. Some consist almost entirely of bark. In some the fruit is under the bark, that is to say, between the bark and the wood. Some parts of the tree are simple, like the sap that is found in them and the fibres and the veins ; some of them are composite, such as branches, twigs and leaves. But we shall not

Variations in plant life.

818 a

ἐν πᾶσι τοῖς φυτοῖς. τινὰ γὰρ τῶν φυτῶν ἔχουσι
15 καὶ ταῦτα καὶ ἄλλα μέρη, λύγους, φύλλα, κλάδους,
ἄνθη καὶ βλαστοὺς καὶ φλοιὸν τὸν περικυκλοῦντα
τὸν καρπόν. καὶ καθώς εἰσι καὶ ἐν τοῖς ζῴοις μέλη
ὁμοιομερῆ, οὕτω καὶ ἐν τοῖς φυτοῖς. καὶ ἕκαστα
τῶν μερῶν τοῦ φυτοῦ σύνθετα εἰσὶν ὅμοια μέλεσι
ζῴου· ὁ δὲ φλοιὸς τοῦ φυτοῦ ὅμοιός ἐστι φυσικῶς
20 δέρματι ζῴου, οἱ δὲ δεσμοὶ πάλιν ὅμοιοι νεύροις
ζῴου. ὁμοίως καὶ τὰ λοιπὰ τὰ ἐν αὐτῷ. καὶ τινὰ
μὲν τῶν μερῶν διαιροῦνταί πως διὰ μερῶν ἀν-
ομοίων, τινὰ δὲ δι᾽ ὁμοίων, οἷον ὡς ἐπὶ τοῦ πηλοῦ·
οὗτος γὰρ ἑνὶ τρόπῳ διαιρεῖται διὰ τῆς γῆς μόνον,
καὶ ἀλλοτρόπως διὰ τῶν στοιχείων. ὡσαύτως ὁ
25 πνεύμων καὶ ἡ σὰρξ διαιροῦνται μὲν πρώτως, καὶ
εἰσὶ μέρη τούτων σὰρξ καὶ πνεύμων· ἄλλως δὲ
διαιροῦνται καὶ διὰ τῶν στοιχείων. ὁμοίως καὶ αἱ
τῶν φυτῶν ῥίζαι. πλὴν οὐ διαιρεῖται καὶ ἡ χεὶρ
εἰς ἄλλην χεῖρα, οὐδὲ ἡ ῥίζα εἰς ἄλλην ῥίζαν, οὐδὲ
τὰ φύλλα εἰς ἄλλα φύλλα. ἐν ταύταις γοῦν ταῖς
30 ῥίζαις καὶ ἐν αὐτοῖς τοῖς φύλλοις ἐστὶν ἡ σύνθεσις.
πάλιν τινὲς μὲν τῶν καρπῶν εἰσιν ἐκ μερῶν ὀλίγων
συγκείμενοι, τινὲς δὲ ἐκ μερῶν πολλῶν, ὡς ἐπὶ τῶν
ἐλαιῶν. αὗται γὰρ ἔχουσι φλοιὸν σάρκα καί τι
ὀστρακῶδες καὶ σπέρμα καὶ καρπόν. τινὰ δὲ
35 ἔχουσι καὶ περικαλύμματα. πάντα δὲ τὰ σπέρ-
ματά εἰσιν ἐκ δύο φλοιῶν.

Καὶ μέρη μὲν τῶν φυτῶν εἰσιν ἅπερ εἴπομεν, ἡ
δ᾽ ἀκρότης τοῦ παρόντος λόγου ἐστὶ διορίσασθαι
ταῦτα τὰ μέρη τῶν φυτῶν, τὰ περικαλύμματα
αὐτῶν καὶ τὰς αὐτῶν διαφοράς· ὅπερ ἐστὶ πάνυ
δυσχερές, καὶ ἐξαιρέτως τὸ διορίσασθαι τὴν οὐσίαν
40 αὐτῶν καὶ τὸ χρῶμα καὶ τὸν καιρὸν τῆς διαμονῆς

find all of these in all plants. For some plants have both these and other parts, twigs, leaves, branches, flowers, shoots and bark enclosing fruit. Just as in animals there are homogeneous limbs, so also in plants. All the composite parts of the plant are like the limbs of the animal; the bark of the plant resembles the skin of the animal in nature, and the fibres correspond to the sinews of the animal. And so on with the rest of its parts. Some of the parts are divided into dissimilar parts, and others into similar ones like mud. For in one way mud can be divided into earth alone and in another way into its two elements. Similarly the lung and the flesh can be divided in the first way, and their parts are respectively flesh and lung; but they can be divided in another way into their elements. Similarly with the roots of plants. But a hand cannot be divided into another hand nor a root into another root, nor leaves into other leaves. For it is the synthesis which makes them roots and leaves. Some fruits again are composed of few parts, and some of many, as is the case with olives. For these consist of bark, flesh, a shell-like substance, seed and fruit. Some also have envelopes. All seeds, then, are made of two kinds of bark.

The parts of plants, then, are those we have mentioned, and the conclusion of our present inquiry is to define these parts of plants, their envelopes and the distinctions between them. This is a difficult problem, and particularly to define their essence, their colouring and the season of their permanence,

Parts of plants cannot easily be defined as parts of the soul.

161

818 a

αὐτῶν καὶ τὰς συνοχὰς τὰς περιπιπτούσας αὐτοῖς,
καὶ ὅτι οὐκ ἔχουσι τὰ φυτὰ ἤθη ψυχῆς, οὐδὲ
818 b διάθεσιν ἴσην διαθέσει ψυχῆς. ἐὰν γοῦν κατὰ ἀνα-
λογίαν θῶμεν τὰ μέρη τῆς ψυχῆς μετὰ τῶν μερῶν
τοῦ φυτοῦ, μηκυνθήσεται ὁ λόγος, καὶ τυχὸν οὐδὲ
δυνηθείημεν διεξελθεῖν ἂν ταῦτα, μεγάλαις δια-
5 φοραῖς ἀπαριθμοῦντες τὰ μέρη τῶν φυτῶν. καὶ γὰρ
μέρος ἑκάστου πράγματος ἐκ τοῦ ἰδίου γένους ἐστὶ
καὶ ἐκ τῆς ἰδίας οὐσίας. καὶ ὅταν γεννηθῇ τι εἶδος
φυτοῦ, μένει ἐν τῇ οἰκείᾳ διαθέσει, ἂν μή τινι
χρονικῇ ἀσθενείᾳ καὶ βαρείᾳ τῆς οἰκείας ἐκπέσῃ
τοιᾶσδε διαθέσεως. τῶν ἀνθέων τοίνυν καὶ τῶν
10 καρπῶν καὶ τῶν φύλλων τῶν ἐν τοῖς φυτοῖς τινὰ
μὲν ἐν παντὶ ἔτει εἰσί, τινὰ δὲ οὐχ οὕτως ἔχει οὐδὲ
διαμένουσιν, ὡς ὁ φλοιὸς καί τι σῶμα πῖπτον ἀπὸ
πράγματος τοῦ ἀπορρίπτοντος τοῦτο διά τινα
αἰτίαν. οὐ μένουσι δὲ ταῦτα ἐν τῷ φυτῷ, ὅτι
πολλάκις πίπτουσιν ἐξ αὐτοῦ μέρη τινὰ μὴ διωρι-
15 σμένα, ὡς τρίχες ἐξ ἀνθρώπων καὶ ὄνυχες. πλὴν
γεννῶνται τρίχες ἢ ἐν αὐτοῖς τοῖς μέρεσιν ὅθεν
ἐξέπεσον, ἢ ἐκτὸς ἐν ἄλλοις. καὶ ἤδη φανερὸν
γέγονεν ὅτι τὰ μέρη τοῦ φυτοῦ οὐκ εἰσὶ διωρισμένα,
εἴτε καὶ μή, ἀλλὰ μόνον ἀδιόριστα. ἡμῖν δὲ αἰ-
σχρόν ἐστι λέγειν πράγματά τινα μεθ' ὧν αὐξάνεται
20 τὸ ζῷον καὶ συμπληροῦται μετ' αὐτῶν, μὴ εἶναι
μέρη αὐτοῦ, ἀλλ' εἶναι κατὰ τὰ φύλλα καὶ πάντα
τὰ τοιαῦτα τὰ ἐν τῷ φυτῷ, κἂν καὶ οὐκ ὦσι
διωρισμένα τὰ τοιαῦτα μέρη τοῦ ζῴου, κἂν καὶ
κατὰ μικρὸν ἐκπίπτωσιν, ὡς τὰ κέρατα τῆς ἐλάφου
καὶ κόμαι τινῶν ζῴων καὶ τρίχες ἄλλων, ἃ δὴ
25 κρύπτουσιν ἑαυτὰ κατὰ τὸν χειμερινὸν καιρὸν ἐν

and the results produced in them. Plants have not
fixed habits of soul, nor a constitution like that of the
soul. If, then, we try to arrange a correspondence
between the parts of the soul and the parts of the
plant, our discussion will be prolonged, and perhaps
we could not even go through all the points, even if
we only reckon those parts of the plants which exhibit
considerable differences. For in each single indi-
vidual the part belongs to its own type and to its
individual existence. And when some form of plant
is created, it persists in its own constitution, unless
owing to some long and serious weakness it departs
from its proper constitution. In the case of some
plants, flowers and fruit and leaves are produced every
year, in some cases it is not so, and they do not last
like bark and the body of the plant, though even
these fall from the individual, which casts them aside
for some reason. They do not persist in plants,
because parts often fall off from them even without
being cut off, as hair and nails do from human beings.
But hair either grows again on the very parts from
which it falls, or elsewhere on the outside. Now it is
clear that the parts of the plant are not determined
(whether they are parts) [a] or not, but are only not
separated. It is quite a mistake for us to say that
those things in company with which the living creature
grows and reaches perfection are not parts of it ; but
the leaves and all the similar things in plants must be
parts of it, even if such parts of a living creature are
not determined, and if they gradually fall, like the
horns of a deer, the mane of certain animals and the
hair of others, which hibernate in winter in holes and

---

[a] The Greek text as it stands is untranslatable ; the above
appears from the Latin translation to be the meaning.

818 b

ὁπαῖς καὶ ὑπὸ γῆν πίπτουσι, κἂν καὶ τὸ τοιοῦτον
πάθος παρόμοιον ἔχωσι τῇ πτώσει τῶν φυτῶν.
ὀφείλομεν οὖν εἰπεῖν περὶ τῶν πραγμάτων ὧν
πρότερον ἱστορήσαμεν, καὶ ἄρξασθαι ἀπαριθμεῖν τὰ
ἴδια μέρη τῶν φυτῶν καὶ τὰ κοινὰ καὶ τὰς τούτων
80 διαφοράς.

Λέγομεν τοίνυν ὡς ἐπὶ τοῖς μέρεσι τῶν φυτῶν
ἐστι μεγάλη διαφορὰ ἐν τῷ πλήθει καὶ ἐν τῇ ὀλι-
γότητι, ἐν τῷ μεγέθει καὶ ἐν τῇ σμικρότητι, ἐν τῇ
δυνάμει καὶ ἐν τῇ ἀσθενείᾳ. τοῦτο δέ ἐστιν ὅτι ὁ
χυμὸς ὁ ἐν τοῖς μεγάλοις δένδροις ἐν τισὶ μέν ἐστιν
85 ὡς γάλα, οἷον ἐπὶ τῆς συκῆς, ἐν τισὶν ὅμοιος ὑγρᾷ
πίσσῃ, ὡς ὁ χυμὸς ὁ στάζων ἐκ τῆς ἀμπέλου, ἐν
τισὶ δὲ ἀρχέγονος, ὡς ἐν τῷ ὀριγάνῳ καὶ ἐν φυτῷ
τῷ λεγομένῳ ὀπιγαῖς καὶ ἐν ἄλλοις. πάλιν ἔστι
φυτὸν τὸ ἔχον μέρη ξηρά, ἕτερον ὑγρά, καὶ τὰ
τοιαῦτα. καὶ ἔστι τὸ ἔχον μέρη διακεκριμένα,
40 οὔτε ὅμοια οὔτε ἴσα. καὶ τινὰ ἔχει μέρη ὅμοια
μέν, οὐκ ἴσα δέ· τινὰ ἴσα μέν, οὐχ ὅμοια δέ. καὶ
819 a ὅτι οὐδέ ἐστι τόπος ἐν τούτοις ὡρισμένος. αἱ δια-
φοραὶ δὲ τῶν φυτῶν ἐν τοῖς οἰκείοις μέρεσι γινώ-
σκονται καλῶς· ὁμοίως δὲ καὶ τὰ σχήματα αὐτῶν
ἐκ τοῦ χρώματος, ἐκ τῆς ἀραιότητος, ἐκ τῆς
πυκνότητος, ἐκ τῆς τραχύτητος, καὶ ἐκ πάντων
5 ἄλλων τῶν συμβεβηκότων αὐτοῖς ἐν ἰσότητι, ἐν
αὐξήσει φυσικῇ, ἐν διακρίσει, ἐν μεγέθει, ἐν σμι-
κρότητι. καὶ εἰσὶ μὲν ταῦτα τοιούτου τρόπου,
ἔχουσι δὲ καὶ διαφορὰς πολλάς, καθὼς καὶ προ-
είπομεν.

IV. Καὶ πάλιν τῶν φυτῶν τινὰ προάγουσι καρπὸν
ἐπάνω τῶν ἰδίων φύλλων, τινὰ δὲ ὑποκάτω τῶν
10 φύλλων. καὶ τινῶν μὲν ὁ καρπὸς ἀπηώρηται τοῦ

disappear under the ground, even if such a process seems comparable to the fall of leaves in plants. We must, then, discuss the matters about which we inquired before, and start to number the special parts of plants, the general ones and the differences between them.

We say this that in the parts of plants there are great differences, many and few, great and small, powerful and weak. For instance, the sap which is in great trees is like milk in some of them, for instance the fig, like wet pitch in some, like the juice that drops from the vine, and in some it is primitive,[a] as in the herb called marjoram, and the opigas[a] and others. Again, there is a plant which has dry parts, another wet, and so on. There is one that has differentiated parts, neither similar nor equal. Some have similar but not equal parts. Some are equal but not similar. And in these the position is not fixed. The differences of plants in their particular parts are well known. Similarly also their forms are recognized by colour, thinness, thickness, roughness and from all their other accidental properties, by equality in size, by natural growth, by their separation, by largeness and smallness. There are some of such character, but they exhibit many differences, as we have said before.

The parts of plants vary greatly in different species.

IV. Some plants, again, produce their fruit above their own leaves, and others below them. In some plants the fruit is suspended from the stem of the

Differences of growth.

[a] Both these words are probably wrong; nothing is known of the latter.

819 a

ἰδίου φιτροῦ, τινῶν δὲ ἀπὸ τῆς ῥίζης, ὡς τὰ ἐν
Αἰγύπτῳ φυτὰ τὰ λεγόμενα μαργαρῖται. τινῶν δὲ
οἱ καρποὶ ἐν μέσῳ αὐτῶν. καὶ τινῶν οἱ καρποὶ
καὶ τὰ φύλλα καὶ οἱ δεσμοὶ ἀδιάκριτοί εἰσι. καὶ
τινῶν τὰ φύλλα πρὸς ἄλληλα ὅμοια, ἄλλων δ' οὔ.
15 καὶ τινὰ μὲν ἔχουσι κλάδους ἴσους, τινὰ δὲ οὐ
τοιούτους. εἰσὶ δὲ καὶ τὰ μέρη ἅπερ ὠνομάσαμεν
ἐν πᾶσι τοῖς δένδροις, αὔξησιν πάσχοντα καὶ πρόσ-
θεσιν, ὡς ἡ ῥίζα, οἱ λύγοι, οἱ φιτροὶ καὶ οἱ κλάδοι·
καὶ ταῦτα παρομοιοῦνται μέλεσιν ἀνθρώπων τοῖς
20 περιέχουσι πάντα τὰ ἄλλα μέλη. καὶ ἡ μὲν ῥίζα
μεσιτεύει ἔν τε τῷ φυτῷ καὶ ἐν τῇ τροφῇ, καὶ
καλοῦμεν αὐτὴν οὐ μόνον ῥίζαν ἀλλὰ καὶ αἰτίαν
ζωῆς· αὕτη γὰρ ζωὴν τοῖς φυτοῖς προσφέρει. καὶ
φιτρὸς μέν ἐστιν ὁ μόνος γινόμενος ἀπὸ τῆς γῆς,
καὶ ἐστὶν ὅμοιος ἡλικίᾳ ἀνθρώπου· παραφυάδες δέ
25 εἰσι τὰ ἀπὸ τῆς ῥίζης τοῦ δένδρου βλαστάνοντα,
κλάδοι δέ, οἵτινες αὐξάνουσιν ἐπάνω τῶν παρα-
φυάδων. οὐχ εὑρίσκονται δὲ ταῦτα ἐν πᾶσι τοῖς
φυτοῖς. καὶ πάλιν τῶν κλάδους ἐχόντων τινὰ μέν
εἰσι διηνεκῆ, τινὰ δὲ οὐχί, μᾶλλον δὲ ἀπὸ ἔτους
μετὰ ἔτος. καὶ πάλιν εἰσὶ φυτὰ μὴ ἔχοντα κλάδους
30 μηδὲ φύλλα, ὡς οἱ μύκητες καὶ τὰ ὅμοια. οἱ
κλάδοι δὲ οἱ γεννώμενοι ἐν τοῖς δένδροις καὶ οἱ
φλοιοὶ καὶ οἱ φιτροὶ καὶ οἱ μυελοὶ οὐ γεννῶνται εἰ
μὴ ἀπ' αὐτοῦ τοῦ χυμοῦ τῶν δένδρων. καί τινες
καλοῦσιν αὐτὸν τὸν μυελὸν τὸν ἐν τοῖς δένδροις
μήτραν, ἄλλοι σπλάγχνα, ἕτεροι δὲ καρδίαν. ταῦτα
35 δὲ καὶ αἱ φλέβες καὶ ἡ σὰρξ ὅλου τοῦ δένδρου ἐκ
τῶν τεσσάρων στοιχείων πεφύκασι. καὶ πολλάκις
εὑρίσκονται μέρη τινὰ ἐπιτήδεια εἰς τὸ γεννᾶν
φύλλα καὶ ἄνθη. καὶ λύγοι δέ τινες βραχεῖς εἰσίν,

tree, in others from the root, like the Egyptian plants
called " margarite." The fruits of some are between
the root and the stem. In some the fruit, leaves and
fibres are not separated. In some the leaves are like
each other, in other cases not. Some have equal
branches, and some are otherwise. There are also
some parts which we have named which occur in all
trees, allowing growth and addition, such as the root,
the twigs, the stem and the branches ; these are like
the limbs of men which embrace all the other limbs.
The root is the intermediary between the plant and
its food, and we may therefore call it not merely a
root, but the source of life ; for this supplies life to
the plants. The stem is the only part which arises
out of the ground and is comparable to the stature of
a man ; the suckers grow out from the root of the
tree, and the branches grow up above the suckers.
These are not found in all plants. Of those plants
which have branches some are perennial, but others
are not, and only last from year to year. Again, there
are plants which have neither branches nor leaves,
such as mushrooms and the like. The branches which
grow on trees, the bark, the stem and the pith are
entirely created from the juice of the tree. Some
call this pith the womb in trees, others the entrails,
others the heart. This and the veins and flesh of
the whole tree are composed of all four elements.
Frequently parts are found which are suitable for the
creation of leaves and flowers. Some twigs are short,

819 a

εἰς τὸ γεννᾶν ἐπιτήδειοι ἄνθη, ὡς ἐπὶ τῶν ἰτεῶν.
τινὲς δὲ καὶ ἄνθη καὶ καρποὺς ἐν τοῖς δένδροις, καὶ
40 τἄλλ' ὁπόσα γεννῶνται ἐκ σπέρματος, καὶ ὅσα
περικαλύπτουσιν αὐτά.

Καὶ πάλιν τῶν φυτῶν τινὰ μέν εἰσι δένδρα, τινὰ
δὲ μέσον δένδρων καὶ βοτανῶν· καὶ ταῦτα ὀνομά-
819 b ζονται θάμνοι. καὶ τινὰ μέν εἰσι βοτάναι, τινὰ δὲ
λάχανα. σχεδὸν μὲν οὖν πάντα τὰ φυτὰ τοῖς τοιού-
τοις ὑποπίπτουσιν ὀνόμασι. πάλιν εἰσὶ δένδρα
ἅπερ ἔχουσιν ἐκ τῆς οἰκείας ῥίζης φιτρόν, καὶ
5 γεννῶνται ἐν αὐτοῖς κλάδοι πολλοί, ὡς συκαῖ καὶ
ἐλαῖαι· τινά δ' οὔ. πάλιν εἰσὶν ἄλλα φυτὰ μέσον,
ὡς εἴπομεν, δένδρων καὶ βοτανῶν σμικρῶν, τὰ λε-
γόμενα θάμνοι, ἔχοντα ἐν ταῖς ῥίζαις αὐτῶν πολ-
λοὺς κλάδους, ὡς τὰ καλούμενα ἄγνοι καὶ βάτοι.
λάχανα δέ εἰσι τὰ ἔχοντα πολλοὺς φιτροὺς ἐκ μιᾶς
10 ῥίζης καὶ πολλοὺς κλάδους, ὡς τὸ πήγανον, αἱ
κράμβαι καὶ τὰ τοιαῦτα. εἰσὶ δὲ καὶ βοτάναι
αἵτινες οὐκ ἔχουσι φιτρὸν ἐκ τῆς οἰκείας ῥίζης,
ἀλλὰ παραυτίκα φέρουσι φύλλα. καὶ τινὰ μὲν κατὰ
πᾶν ἔτος γεννῶνται καὶ ξηραίνονται, ὡς σῖτος καὶ
τὰ παραπλήσια, τινὰ δ' οὔ. οὐ δυνάμεθα δὲ ταῦτα
15 πάντα ἐπίστασθαι εἰ μὴ διὰ συλλογισμῶν καὶ παρα-
δειγμάτων καὶ ὑπογραφῶν. πάλιν εἰσὶ βοτάναι εἰς
δύο ἄκρα κλίνουσαι, ὡς τὸ λεγόμενον λάχανον
βασιλικόν. εἰσὶ δὲ ἄλλαι αἱ λεγόμεναι ἐν ταυτῷ
βοτάναι καὶ λάχανα· καί τινες ἄλλαι αἳ ἐν τῷ
20 γεννᾶσθαι μὲν πρώτως φαίνονται ἐν σχήματι στά-
χυος, μετὰ ταῦτα δὲ γίνονται δένδρα, ὡς οἱ Ἀραβικοὶ
βέντελοι καὶ τὸ φυτὸν τὸ λεγόμενον ἡλιοσκόπιον.
μυρσίνη δὲ καὶ μηλέα καὶ ὄχνη καὶ τὰ λοιπὰ ὅμοια
δένδρα εἰς τοῦτο τὸ γένος περιέχονται, ὧν πολλοὶ

and suitable for bearing flowers, as in the willows.
Some also produce both flowers and fruit in the trees
and all other things, which are born from seed, and
the envelopes which surround them.

Some plants, again, are trees, while others are inter- Different
mediate between trees and herbs ; these are called plants.
shrubs.   Some, again, are wild and some are garden
herbs.   Nearly all plants may be classified under one
of these terms.   Trees are those which have their
stems growing from their own root, and many
branches grow from them, like fig and olive trees ;
but some do not.   Again there are other plants, as
we have said, intermediate between trees and small
herbs, such as are called bushes, containing in their
roots many branches, such as sallow and bramble
Garden herbs are those which have many stems aris-
ing from one root, and many branches, such as rue,
cabbage and the like.   Plants are those which have
no stem growing out of the root, but produce leaves
directly.   Some grow and wither every year, such as
corn and the like, and others do not.   We can only
understand these by inference, by examples and a
general description of types.   Some wild herbs, again,
incline to two different types, such as basil.   There
are others which are called both wild and garden
herbs at the same time ; there are some, again, which
at their birth seem to take the form of corn ears, and
afterwards become trees, such as the Arabian *bentelos*
and the plant called sun-spurge.   Myrtle, apple and
pear and similar trees are to be included in this class,

819 b

καὶ μάταιοί εἰσι κλάδοι, ἐκ τῶν ῥιζῶν αὐτῶν
25 φυόμενοι. καὶ διὰ τοῦτο πρέπον προσδιορίζειν
ταῦτα, ἵνα ὦσιν εἰς παράδειγμα καὶ συλλογισμόν·
οὐ γὰρ ὀφείλομεν διερευνᾶν ὁρισμοὺς ἐν πᾶσι.

Πάλιν τῶν φυτῶν τὰ μέν εἰσι κατοικίδια, τὰ δὲ
κηπαῖα, καὶ ἕτερα ἄγρια. τοιουτοτρόπως δὲ λέγο-
μεν ὄχνας καὶ ἄλλα τοιαῦτα εἴδη φυτῶν ἄγρια,
30 ὅτι οὐκ εἰσὶν ἐξ ἐπιμελείας γεωργικῆς. πάλιν τῶν
φυτῶν τινὰ μὲν ποιοῦσι καρπόν, τινὰ δ' οὔ, ὡς
ἰτέαι καί τινα εἴδη δρυῶν. καὶ τινὰ μὲν ποιοῦσιν
ἔλαιον, τινὰ δ' οὐχί. καὶ τινὰ μὲν ποιοῦσι φύλλα,
τινὰ δ' οὔ. καὶ τινῶν πίπτουσι τὰ φύλλα, τινῶν δ'
οὔ. καὶ τισὶ μὲν γίνονται κλάδοι, τισὶ δ' οὔ. περὶ
35 διαφορᾶς γοῦν τῶν φυτῶν ἐν μεγέθει καὶ σμι-
κρότητι, ἐν ὡραιότητι καὶ ἀμορφίᾳ, ἐν χρηστότητι
καρπῶν καὶ κακίᾳ πολλὰ ἔστιν εἰπεῖν. πάλιν τὰ
ἄγρια δένδρα μᾶλλον καρποφοροῦσι παρὰ τὰ κη-
παῖα, καὶ οἱ καρποὶ τῶν κηπαίων κρείττονές εἰσι
40 τῶν ἀγρίων. καὶ τινὰ μὲν τῶν φυτῶν γεννῶνται ἐν
τόποις ξηροῖς, τινὰ δὲ ἐν θαλάσσῃ· καὶ τινὰ μὲν ἐν
ποταμοῖς, ἄλλα δὲ ἐν τῇ ἐρυθρᾷ θαλάσσῃ· καὶ τινὰ
ἐν τόποις μὲν ἄλλοις μεγάλα, ἐν ἑτέροις δὲ μικρά.
820 a καὶ τινὰ μὲν γεννῶνται ἐν ὄχθαις ποταμῶν, τινὰ δὲ
ἐν λίμναις. καὶ τῶν γεννωμένων ἐν τόποις ξηροῖς
τινὰ μὲν γεννῶνται ἐν ὄρεσι, τινὰ δὲ ἐν πεδιάσι.
καὶ τινὰ ζῶσιν ἐν τόποις ξηροτάτοις, ὡς τὰ ἐν τῇ
5 γῇ τῶν Αἰθιόπων, καὶ ἐκεῖσε κρειττόνως αὐξάνουσι
παρὸ ἀλλαχοῦ. καὶ τινὰ μὲν ζῶσιν ἐν τόποις
ὑψηλοῖς, τινὰ δὲ ἐν χθαμαλοῖς. καὶ τινὰ μὲν ζῶσιν
ἐν τόποις ὑγροῖς, τινὰ δὲ ἐν ξηροῖς, τινὰ δὲ ἐν
ἑκατέροις, ὡς ἡ ἰτέα. τὰ γοῦν φυτὰ κατὰ πολὺ

which have many extra branches, all growing from the
root itself.   It is, therefore, proper to add definitions
of these, for the purpose of example and demonstra-
tion ; for we cannot inquire into definitions in all
cases.

Again, some of these are house plants, some are Differences of habitat.
garden plants, and others grow wild.   Similarly we
say that pears and other similar plants are wild,
because they are not the product of husbandry.   Some
plants, again, produce fruit, and some do not, such as
willows and some types of oak.   Some produce oil
and others do not.   Some produce leaves and others
not.   In some cases the leaves fall, in others they
do not.   Some have branches, some have none.   We
must also discuss the differences in plants in greatness
and smallness, in beauty and ugliness, and in the
value or harm done by their fruits.   Many wild trees
bear fruit more freely than garden trees, and the
fruit of garden trees is better than that of the wild
ones.   Some plants grow in wild places, and some in
the sea ; some grow in rivers and some in the Red
Sea.   Some grow large in certain places and small in
others.   Some grow in the tributaries of rivers and
some in marshes.   Of those which grow in dry places
some grow on mountains, and others in the plains.
Some flourish in very dry spots, like those in Ethiopia,
and grow there better than anywhere else.   Some
thrive at high altitudes, and others at low ones.   Some
live in wet places and others in dry, others again in
either, like the willow.   Plants vary very consider-

820 a

ἐναλλάττονται τῇ διαφορᾷ τῶν τόπων, καὶ ἐντεῦθεν
10 χρὴ κατανοεῖν καὶ τὰς διαφορὰς αὐτῶν.

V. Πάλιν τῶν φυτῶν τινὰ μὲν τῇ γῇ πεπήγασι
καὶ οὐ φιλοῦσι χωρίζεσθαι ἀπ᾽ αὐτῆς· τινὰ δὲ ἐν
τόποις κρείττοσι μετατίθενται. ὁμοίως τινὲς τῶν
καρπῶν κρείττονές εἰσιν ἐν τῷδε τῷ τόπῳ παρὸ ἐν
15 ἑτέρῳ. καὶ τινῶν μὲν φυτῶν τὰ φύλλα σκληρά
εἰσι, τινῶν δὲ λεῖα· καὶ τινῶν μὲν ἐσχισμένα, ὡς
τὰ τῶν ἀμπέλων καὶ τῶν συκῶν, τινῶν δ᾽ οὔ·
ἑτέρων δὲ κατὰ πολὺ ἐσχισμένα, ὡς τὰ τῆς πεύκης.
τινὰ δὲ φυτά εἰσιν ὅλως φλοιὸς μεσιτεύων. καὶ
τινὰ ἔχουσι δεσμούς, ὡς οἱ κάλαμοι, τινὰ δ᾽ οὔ.
20 καὶ τινὰ ἔχουσιν ἀκάνθας, ὡς αἱ ῥάμνοι, τινὰ δὲ
ἐστέρηνται ἀκανθῶν. καὶ τινὰ ἔχουσι πολλοὺς
κλάδους, ὡς ἡ ἀγρία μορέα, τινὰ δ᾽ οὔ. καὶ τινὰ
μὲν ἔχουσι διαφορὰς ἄλλας ἐξ ὧν προβαίνουσι
παραφυάδες καὶ ἐξ ὧν οὐχί· τοῦτο δὲ οὐκ ἄλλοθέν
25 ἐστιν εἰ μὴ ἐκ τῆς διαφορᾶς τῶν ῥιζῶν. τινὰ δὲ
ἔχουσι μίαν ῥίζαν, ὡς ἡ σκίλλα· αὕτη δὲ γεννᾶται
ἐκ τοῦ ἐδάφους, καὶ ἀραιῶς πρόεισιν, ὅτι ὑποκάτω
πλατύνεται, καὶ ἀκολουθοῦσα μᾶλλον διακρίνεται
τῷ ἡλίῳ· ὅταν γὰρ προσβάλλῃ αὐτῇ, αὐξάνει.
οὗτος δὲ ταύτης καὶ τὰς παραφυάδας κάτωθεν
ἐκμυζᾷ.

Πάλιν τῶν χυλῶν τῶν ἐν τοῖς καρποῖς οἱ μέν
30 εἰσι ποτοί, οἱ δὲ οὐ ποτοί· καὶ ποτοὶ μὲν οἱ τῶν
σταφυλῶν καὶ τῶν ῥοιῶν καὶ λοιπῶν ἄλλων πολ-
λῶν, ἄποτοι δὲ ἄλλων φυτῶν. καὶ τινῶν μέν εἰσι
λιπαροί, ὡς οἱ τῆς ἐλαίας, τῆς πεύκης καὶ τῆς
καρύας, τινῶν δ᾽ οὔ. καὶ τινῶν μὲν γλυκεῖς καὶ
35 μελιηδεῖς, ὡς τῶν φοινίκων καὶ τῶν συκῶν· καὶ
τινῶν μὲν θερμοὶ καὶ δριμεῖς, ὡς τοῦ ὀριγάνου

ably with a difference of district, and one must consider their differences from this point of view.

V. Some plants, again, are naturally fixed to the Further differences. soil, and do not enjoy being separated from it; but some are changed to a more favourable spot. Again, some fruits do better in one place than in another. In some plants the leaves are hard, in others soft; in some they are divided, as in vines and figs, in others they are not; some are divided many times, like pine leaves. Some plants are entirely bark in the middle, and some have fibres, like the reeds, and others have not. Some have thorns like brambles, and some are without thorns. Some have many branches, like the wild mulberry, and others have not. Some show other differences, as those from which suckers grow, and those from which they do not; this is entirely due to a difference in their roots. For some have but one root, like the squill; for it grows from its base and shoots up thinly, because it grows thick underneath the ground, and as it follows the sun it divides; for when the sun falls on it it grows. The sun also squeezes out the suckers below the ground.

Of the juice of fruits some are good to drink and Fruits and their juices. some are not; the juice of the grape, pomegranate and many others is good to drink, but of others it is not good. The juices of some such as the olive, pine and bean are oily, of some they are not. Of some the juices are sweet like honey, as of the date-palm and the fig; others again are hot and acrid, as in

820 a

καὶ τοῦ σινήπιος, τινῶν δὲ πικροί, ὡς τοῦ ἀψινθίου
καὶ τῆς κενταυρέας. πάλιν τῶν καρπῶν οἱ μέν εἰσι
σύνθετοι ἐκ σαρκῶν καὶ κόκκων καὶ λεμμάτων, ὡς
οἱ σικυοί, τινὲς δὲ ἐκ χυμοῦ καὶ κόκκων, ὡς αἱ
40 ῥοιαί. καὶ τινὰ μὲν τοὺς φλοιοὺς ἔχουσιν ἐκτός,
τὴν δὲ σάρκα ἐντός, τινὰ δὲ τὸ ὀστοῦν ἐντὸς καὶ
τὴν σάρκα ἐκτός. τινὰ δέ εἰσιν ἐν οἷς παραυτίκα
820 b γίνεται τὸ σπέρμα καὶ τὸ περικάλυμμα ᾧ περι-
καλύπτονται, ὡς οἱ καρποὶ τῶν φοινίκων καὶ τῶν
ἀμυγδαλῶν· τινῶν δ' οὐχί. καὶ τινὲς καρποί εἰσι
βρώσιμοι καὶ κατὰ συμβεβηκὸς ἄβρωτοι· καὶ τινὲς
5 καρποὶ ἡμῖν μὲν ἄβρωτοι, ἄλλοις δὲ βρώσιμοι, ὡς
ὁ ὑοσκύαμος καὶ ὁ ἑλλέβορος ἀνθρώποις μὲν δηλη-
τήριον, τροφὴ δὲ τοῖς ὄρτυξι. πάλιν τινὲς τῶν
καρπῶν εἰσιν ἐν θήκαις, ὡς οἱ κόκκοι τοῦ κυάμου·
τινὲς ἐν περικαλύμματι καὶ ἐν λέμματι οἷον ὑφά-
σματί τινι, ὡς ἐν σίτῳ εὑρίσκεται καὶ τοῖς λοιποῖς.
10 καὶ τινὲς μὲν ἐν σαρκί εἰσιν, ὡς οἱ τῶν φοινίκων
καρποί, τινὲς δὲ οἷον ἐν οἰκίσκοις, ὡς αἱ βάλανοι,
ἄλλοι δ' ἐν οἰκίσκοις πολλοῖς καὶ λέμμασι καὶ
ὀστράκοις, ὡς τὰ κάρυα. καὶ τινὲς μὲν ὀξέως
πεπαίνονται, ὡς οἱ καρποὶ τῆς μορέας καὶ τῆς
κεράσου, τινὲς δὲ βραδέως, ὡς πάντες οἱ καρποὶ οἱ
15 ἄγριοι ἢ οἱ πλείονες αὐτῶν. καὶ τινὰ μὲν φυτὰ
ὀξέως προάγουσι φύλλα καὶ καρπούς, τινὰ δὲ
βραδέως· καὶ τούτων τινὰ τῷ χειμῶνι ἀκολουθοῦσι,
πρὶν ἂν πεπανθῶσι. καὶ πάλιν τὰ χρώματα τῶν
φύλλων καὶ τῶν καρπῶν καὶ τῶν οἷον ἐπ' αὐτοῖς
ὑφασμάτων λίαν εἰσὶ διάφορα· τινὰ γὰρ τῶν φυτῶν
20 ἐν τῇ οἰκείᾳ ὁλότητι εἰσὶ χλοάζοντα, καὶ τινὰ μὲν
ἐκκλίνουσιν εἰς μελανίαν, τινὰ δὲ εἰς λευκότητα,
καὶ τινὰ εἰς ἐρυθρότητα διὰ τὴν θερμότητα τὴν

marjoram and mustard, others again are bitter, as of
wormwood and centaury. Some fruits, again, are
composed of flesh, seed and husk, like cucumber,
others of moisture and seeds, like the pomegranate.
Some have skin outside and flesh inside : others again
have bone inside and flesh without. In some the seed
and the envelope covering them appear immediately,
as in the fruits of the date-palm and the almond-tree,
but in others it is not so. Some fruits are edible and
on occasions inedible ; so some fruits are unfit for us
to eat, but fit for others, like the henbane and helle-
bore,[a] which are poisonous to men, but good food for
quails. Some fruits again are enclosed in pods, like
the seeds of the bean ; others are in a covering or
husk like a woven web, as is found in corn and the
rest. Some are in flesh like the fruit of the date-
palm, and some are in little compartments and skins
and shells like walnuts. Some ripen quickly, like the
fruit of the mulberry and cherry, others slowly, like
all or at any rate most of the wild fruits. Some plants
put forth their leaves and fruits quickly, and some
slowly ; some of them even wait for the winter before
they ripen. Again, the colour of the leaves and fruits
and the sheath woven on them, so to speak, show great
differences ; some plants are green throughout, some
incline to blackness, others to whiteness, and some to
redness owing to the heat which burns up the air

---

[a] But it was a cure for madness.

ἐκκαίουσαν τὸν ἀέρα τὸν κεκραμένον μετὰ τοῦ
προσγείου. πάλιν τὰ σχήματα τῶν καρπῶν, εἰ
εἰσὶν ἄγρια, καὶ διαφόρων εἰσὶ θέσεων· οὐδὲ γὰρ
25 πάντες οἱ καρποί εἰσι γωνιώδεις, οὐδὲ πάντες διὰ
γραμμῆς εὐθείας.

VI. Πάλιν τῶν ἀρωματοφόρων δένδρων τινῶν
μὲν ἡ ῥίζα ἀρωματική ἐστιν, τινῶν ὁ φλοιός, τινῶν
τὸ ξύλον· ἄλλων τὰ μέρη ὅλα εἰσὶν ἀρωματικά, ὡς
τὸ βάλσαμον. πάλιν τῶν δένδρων τὰ μὲν γεννῶνται
30 ἐκ σπέρματος, τὰ δὲ δι' ἑαυτῶν. καὶ πάλιν τὰ μὲν
ἀπὸ ῥιζῶν ἐκσπῶνται καὶ μεταφυτεύονται, τὰ δὲ
ἐκ τοῦ φιτροῦ, τὰ δὲ ἐκ τῶν κλάδων ἢ ἀπὸ τοῦ
σπέρματος. καὶ τινὰ μὲν δι' ἑαυτῶν κατὰ μικρὸν
ἐκτείνονται, τινὰ δὲ ἐν τῇ γῇ. καὶ τινὰ μὲν ἐν τοῖς
δένδροις φυτεύονται, ὡς τὰ ἐγκεντριζόμενα. ἔστι
35 δὲ βελτίων ὁ ἐγκεντρισμὸς ὁμοίων εἰς ὅμοια. ἔστι
δὲ καὶ ἀναλογία ἄλλη τις, δι' ἧς ἀρίστως συμ-
βαίνουσι τὰ ἀνόμοια, ὡς αἱ μηλέαι μετὰ τῶν
ὄχνων. ἐν δὲ τοῖς ὁμοίοις, ὡς συκῆ ἐν συκῇ καὶ ἄμ-
πελος ἐν ἀμπέλῳ καὶ ἀμυγδαλῆ ἐν ἀμυγδαλῇ. ἔστι
40 δὲ καὶ ἄλλος ἐμφυλλισμὸς ἐν ἄλλοις διαφόροις γένε-
σιν, ὡς ἀρτεμισία εἰς ἀγρίαν ἀρτεμισίαν καὶ καλλι-
έλαιος εἰς ἀγριέλαιον καὶ ἡ μορέα εἰς πολλὰ δένδρα.

τῶν δένδρων πάλιν τὰ ἄγρια καὶ τὰ κηπαῖα, καὶ
πᾶν φυτὸν οὐ προάγει σπέρμα ὅμοιον τῷ σπέρματι
ἐξ οὗ ἀνεφύη ἕκαστον. τινὰ γὰρ κρεῖττον σπέρμα
ποιοῦσι, τινὰ χεῖρον. καὶ ἐκ τινων κακῶν σπερ-
5 μάτων καλὰ δένδρα προβαίνουσιν, ὡς τὰ ἐξ ἀμυγ-
δαλῆς μικρᾶς καὶ ῥοιᾶς ὀξώδους. τινῶν δένδρων
πάλιν σπέρμα ἂν ἀσθενὲς γένηται, ἐκλείπει τὸ
γενέσθαι καλὰ αὐτά, ὡς αἱ πεῦκαι καὶ οἱ φοίνικες.
οὐ προέρχονται δὲ ῥᾳδίως ἐκ σπέρματος κακοῦ

which is mixed with the part of the plant near the ground. Again, in shape the fruits, if they are wild, exhibit considerable differences, for they are not all angular, nor do they follow a straight line.

VI. In aromatic plants in some cases the root is aromatic, in some the bark and in some the wood ; in others, again, all parts are aromatic, such as the balsam. Some trees grow from seed, others from themselves. Others again are dug up by the roots and transplanted, others grow from the stem, and others, again, from the branches or from seed. Some grow little by little by themselves, some are planted in the earth, and others are planted in trees, like those which are grafted. It is better to graft like on like. There is a certain similarity which will pro duce the best results in dissimilar plants, as for instance apples with pear. Among those that are alike (successful are) for instance fig on fig, vine on vine, and almond on almond. But sometimes grafting is employed with different types, as for instance bay on wild bay, and cultivated olive on wild olive, and mulberry on many trees. Again, many wild and garden trees are grafted, and every such plant does not produce a seed like either of those from which it sprang. Some have a better and some an inferior seed. From some inferior seed fine trees grow, for instance from a small almond and a bitter pomegranate. In some trees, again, if the seed is weak, the production of good plants fails, as in pines and datepalms. But it is unlikely that a good tree will grow

Different methods of growth.

Grafting.

καλὰ δένδρα, οὐδὲ ἐκ σπέρματος ἀγαθοῦ κακὰ
10 δένδρα. τὸ δὲ ἐκ πονηροῦ γενέσθαι ἀγαθόν, καὶ τὸ
ἐναντίον, ἐν τοῖς ζῴοις πολλάκις εὑρίσκεται.

Πάλιν δένδρον τὸ ἔχον σκληρὸν λίαν τὸν φλοιὸν
στεῖρον ἀποκαθίσταται· ἐὰν δὲ σχισθῇ ἡ ῥίζα αὐτοῦ
καὶ τῇ σχισμῇ λίθος ἐμβληθῇ, εὔφορον γίνεται. ἐν
δὲ τοῖς φοίνιξιν ἂν φύλλα ἢ ψῆνες ἢ φλοιὸς τοῦ
15 ἄρρενος φοίνικος τοῖς φύλλοις τοῦ θήλεος συντεθείη,
ἵνα πως συναφθῶσι, ταχέως πεπαίνονται οἱ καρποί,
κωλύεται δὲ καὶ ἡ πτῶσις αὐτῶν. διακρίνεται δὲ
ὁ ἄρρην ἀπὸ τοῦ θήλεος, ὅτι πρώτως βλαστάνουσι
τὰ τούτου φύλλα, ἅ εἰσι παρὰ τὰ τοῦ θήλεος
μικρότερα· ἀλλὰ καὶ διὰ τῆς εὐωδίας. ἀλλαχοῦ δὲ
20 ἔκ τινος τούτων ἢ ἐκ πάντων συμβαίνει. τυχὸν δὲ
καὶ εἰ ἐκ τῆς εὐωδίας τοῦ ἄρρενος ἐπαγάγῃ τι
ἄνεμος πρὸς τὸν θῆλυν, πεπαίνονται καὶ οὕτως οἱ
καρποί, ὥσπερ ὁπόταν τὰ φύλλα τοῦ ἄρρενος τῷ
θήλει ἀπαιωρῶνται. συκαῖ ὡσαύτως ἄγριαι εἰς
τὴν γῆν ἐξαπλωθεῖσαι συμβάλλονται τὰ πολλὰ ταῖς
25 κηπαίαις συκαῖς. τὰ βαλαύστια ταῖς ἐλαίαις συμ-
βάλλουσιν, ὅταν ὁμοῦ φυτεύωνται.

VII. Πάλιν τῶν φυτῶν τινὰ μεταλλάττονται, ὡς
φασίν, εἰς ἄλλο εἶδος, ὡς ἡ καρύα, ὅταν γηράσῃ.
λέγουσι πάλιν ὡς ἡ καλαμίνθη μεταβάλλεται εἰς
30 ἡδύοσμον· καὶ τὸ τράγιον δὲ τμηθὲν καὶ φυτευθὲν
παρὰ τὴν θάλασσαν τυχὸν ἔσται σισύμβριον. φασὶ
πάλιν ὡς ὁ σῖτος καὶ τὸ λίνον μεταβάλλονται εἰς
ἕτερον εἶδος. βελένιον δὲ τὸ δηλητηριῶδες, τὸ
γινόμενον ἐν τῇ Περσίδι, μεταφυτευόμενον ἐν
Αἰγύπτῳ ἢ ἐν Παλαιστίνῃ γίνεται βρώσιμον.
35 ὡσαύτως ἀμυγδαλῆ καὶ ῥοιὰ μεταβάλλονται ἀπὸ
τῆς ἰδίας κακίας διὰ γεηπονίαν εἰς τὸ χρηστότερον.

from a bad seed, or a bad tree from a good seed. But the growth of good from bad and the converse is frequently met with in animals.

A tree, again, that has excessively hard bark be- Other comes barren ; but if the root is split and a stone improving inserted in the cleft, it bears again. But in date- trees. palms if the leaves or fruit or the bark of the male palm is bound to the leaves of the female palm so as to effect a close union, the fruit ripens quickly, and their falling is prevented. The male is distinguished from the female because the leaves of the former grow first, and they are smaller than those of the female ; they are also distinguished by their sweet scent. Sometimes all these characteristics are present, sometimes only some of them. It may happen that the wind may carry some of the sweet scent of the male to the female, and then the fruit ripens, just as when the leaves of the male plant are suspended from the female. Similarly wild figs when spread on the ground often associate with the garden fig ; and the wild pomegranate attaches itself to olives, when they are planted in the same place.

VII. Some plants, we are told, are transformed into Changes a different type when they grow old, like nuts. They in plants— say too that the catmint changes into the sweet- artificial. smelling variety, and the hypericum if cut and planted by the sea will become thyme. They also say that corn and flax change into another species. The deadly nightshade which grows in Persia becomes fit to eat if transplanted to Egypt or Palestine. Similarly almonds and pomegranates change from their natural poorness to a better condition under

821 a

ἀλλ' αἱ ῥοιαὶ μὲν χοιρείας κόπρου ἐμβεβλημένης
ταῖς ῥίζαις, καὶ δι' ὕδατος γλυκέος καὶ ψυχροῦ
ποτιζόμεναι βελτιοῦνται· ἀμυγδαλαῖ δὲ ἥλων ἐμ-
πηγνυμένων αὐταῖς, καὶ κόμεος διὰ πολλοῦ καιροῦ
40 ἐντεῦθεν ἐκβαλλομένου. πολλὰ δὲ φυτὰ ἄγρια διὰ
821 b ταύτης τῆς ἐπιτεχνήσεως γίνονται κηπαῖα. τόπος
δὲ καὶ γεηπονία σφόδρα τούτοις συμβάλλονται, καὶ
μᾶλλον ὁ τοῦ ἔτους καιρός, οὗ χρήζουσι μᾶλλον οἱ
φυτευταί. πάλιν τῶν φυτῶν τὰ πλείονα φυτεύονται
ἐν ἔαρι, ὀλίγα ἐν χειμῶνι καὶ φθινοπώρῳ, καὶ
5 ὀλίγιστα ἐν θέρει μετὰ τὴν ἐπιτολὴν τοῦ κυνάστρου.
ἐν ὀλίγοις δὲ τόποις γίνεται ἡ τοιαύτη φυτεία, καὶ
οὐδέποτε γίνεται εἰ μὴ ἀραιός, ὡς ἐν τῇ Ῥώμῃ,
κατὰ τήνδε τὴν ὥραν. ἐν Αἰγύπτῳ δὲ οὐ γίνεται
ἡ φυτεία εἰ μὴ ἅπαξ τοῦ ἐνιαυτοῦ.

Πάλιν τινὰ τῶν φυτῶν ἐκ τῶν οἰκείων ῥιζῶν
10 φύλλα προβάλλονται, τινὰ ἐκ τῶν οἰκείων κόμεων
ἢ ἐκ τῶν οἰκείων ξύλων. καὶ τινὰ μὲν πλησίον τῆς
γῆς, τινὰ δὲ πόρρω, τινὰ ἐν μέσῳ. καὶ τινὰ μὲν
ἅπαξ τοῦ ἐνιαυτοῦ καρποφοροῦσι, τινὰ δὲ πλει-
στάκις, ἀλλ' οὐ πεπαίνονται οἱ καρποὶ αὐτῶν, ἀπο-
μένουσι δὲ ὠμοί, καὶ τινὰ δένδρα εἰσὶν εὔφορα διὰ
15 πολλῶν χρόνων, ὡς αἱ συκαῖ· τινὰ ἐν ἑνὶ καρπο-
φοροῦσιν ἔτει, ἐν δὲ τῷ ἑτέρῳ ἀνακτῶνται ἑαυτά,
ὡς αἱ ἐλαῖαι πολλοὺς κλάδους προβαλλόμεναι, οἷς
καὶ περικαλύπτονται. καὶ τινὰ μὲν τῶν φυτῶν
εὐφορώτερά εἰσιν ἐν γήρᾳ, τινὰ δὲ ἐκ τοῦ ἐναντίου
μᾶλλον καρποφοροῦσιν ἐν νεότητι, ὡς ἀμυγδαλαῖ
20 καὶ ὄχναι καὶ αἴγειροι. ἡ διαφορὰ δὲ τῶν φυτῶν
τῶν ἀγρίων καὶ τῶν κηπαίων διακρίνεται δι' ἀρ-
ρένων καὶ θηλέων, ὁπόταν ἕκαστον αὐτῶν γνωρι-
σθείη διὰ τῶν ἰδιωμάτων τῶν εὑρισκομένων ἐν

cultivation. Pomegranates improve when pig manure is put on their roots, and by drinking sweet cold water ; almonds when nails are fastened into them, and when gum exudes from the holes for a long space of time. By such treatment many wild plants become cultivated. Situation and cultivation contribute a great deal to these, and particularly the season of the year which the planters most often choose. Most of the planting is done in the spring, a little in winter and autumn, and least of all in the summer after the rising of the dog-star. Such planting is employed in few places and is only done very rarely, as in Rome,[a] at this season. In Egypt planting is only done once a year.

Some plants, again, put forth leaves from their own Fruit-bearing. roots, some from their own resin or their own wood. Some are near the ground, some are far from it and some are in between. Some bear fruit once a year, some more often, but their fruit does not ripen, but remains unripe. Some trees bear fruit many years in succession like figs ; others only bear fruit in one year, and then spend the next in recovering, like the olives, which put out many branches with which they are covered. Some plants are more fruitful in old age, while others on the contrary bear fruit better in youth, such as almonds, pears and poplars. The difference between wild and garden plants can be seen in male and female, when each of them is recognized by the

* The Greek is quite certainly wrong.

821 b

αὐτοῖς, ὅτι τὸ μὲν ἄρρεν ἐστὶ πυκνότερον σκλη-
ρότερον καὶ πολυκλονώτερον, ἧττον ὑγρόν, καὶ
25 ταχύτερον εἰς πέπανσιν, καὶ φύλλα ἔχον διάφορα
καὶ παραφυάδας. τὸ δὲ θῆλυ ἐπ' ἔλαττον ἔχει
ταῦτα. δεῖ τοίνυν, ὅταν κατανοήσωμεν ταῦτα,
πάλιν στοχάσασθαι πῶς ἂν γνοίημεν τὰ δένδρα καθ'
αὑτὰ καὶ τὰ γένη καθ' αὑτά. καὶ περὶ τῶν βοτανῶν
30 ὡσαύτως, πῶς ἂν κατανοήσωμεν ἃ εἶπον οἱ
παλαιοί. πῶς; ἐὰν ἐπιμελῶς σκοπήσωμεν τὰς
βίβλους αὐτῶν, ἃς ἔγραψαν, καὶ δυνηθείημεν
διερευνῆσαι τούτων τὸν μυελὸν ἐρεύνῃ συνοπτικῇ,
καὶ γνωρίσαι βοτάνας τὰς ἐλαιώδεις καὶ βοτάνας
τὰς σπέρμα μόνον ἐχούσας, καὶ τὰς βοήθειαν
35 χορηγούσας, καὶ τὰς ἰατρικὰς καὶ τὰς φθοροποιούς.
ὡσαύτως καὶ τὰ δένδρα μετὰ τῶν βοτανῶν. πρὸς
δὲ τὸ μαθεῖν καὶ τὰς αἰτίας αὐτῶν ὀφείλομεν
ζητῆσαι τὴν γένεσιν τούτων, πῶς τινὰ μὲν γεννῶν-
ται ἐν τισι τόποις, ἐν ἄλλοις δ' οὔ· ἔτι δὲ καὶ τὰς
φυτείας αὐτῶν καὶ τὰς ῥίζας, καὶ τὰς διαφορὰς
40 τῶν χυλῶν καὶ τῶν ὀδμῶν καὶ τοῦ γάλακτος καὶ
822 a τοῦ κόμεος, καὶ τὴν χρηστότητα καὶ τὴν κακίαν
ἑκάστων, καὶ τὰς διαμονάς, πῶς τινῶν μὲν δια-
μένουσιν οἱ καρποὶ τινῶν δ' οὔ, καὶ δι' ἣν αἰτίαν
τινῶν μὲν σήπονται συντόμως τινῶν δὲ βραδέως,
ἐρευνῆσαί τε καὶ τὰς ἰδιότητας τῶν φυτῶν, καὶ
5 μᾶλλον τῶν ῥιζῶν· καὶ πῶς τινῶν μὲν καρποὶ
μαλθάσσονται, τινῶν δ' οὔ· καὶ πῶς τινὲς ἀφροδίτην
προκαλοῦνται, τινὲς δὲ ὕπνον, τινὲς δὲ καὶ δια-
φθείρουσι, καὶ πολλὰς ἄλλας διαφοράς· καὶ πῶς
τινῶν μὲν οἱ καρποὶ ποιοῦσι γάλα, τινῶν δ' οὔ.

peculiarities found in it, because the male is thicker, harder and has more suckers and less moisture, ripens more quickly and has different leaves and suckers. The female has these to a less extent; we must, then, when we have considered these things, again make a conjecture as to how we are to know the individual trees and the individual genera. Similarly about the wild herbs, how can we recognize what the ancients have said? How? If we read carefully the books they have written, we could with a comprehensive inquiry investigate the gist of them, and recognize those herbs which are oily, those which have only seed, those which supply something of value, those of use in medicine, and those which are poisonous. We shall deal with trees in the same way as with herbs. But to understand the reasons for them we must inquire into their origin, how certain ones grow in certain places and not in others; also their planting and their roots and their differences in sap and scent, in milk and resin, and the value and danger of each kind, their permanence, and how the fruits of some last, while others do not, and for what reason some decay quickly and some slowly, and we must inquire into the distinctive properties of plants and still more of their roots; why some fruits are soft and some not; and why some produce love, some sleep and some cause death, and many other differences; including the reason why the fruits of some produce milk and others do not.

Possible classification of plants.

ΒΙΒΛΙΟΝ Β

I. Τὸ δένδρον τρεῖς ἔχει δυνάμεις, πρώτην ἐκ τοῦ γένους τῆς γῆς, δευτέραν ἐκ τοῦ γένους τοῦ ὕδατος, τρίτην ἐκ τοῦ γένους τοῦ πυρός. ἀπὸ τῆς γῆς γάρ 15 ἐστιν ἡ ἔκφυσις τῆς βοτάνης, ἀπὸ τοῦ ὕδατος ἡ σύμπηξις, ἀπὸ τοῦ πυρὸς ἡ ἕνωσις τῆς συμπήξεως τοῦ φυτοῦ. βλέπομεν δὲ πολλὰ τούτων καὶ ἐν τοῖς ὀστρακώδεσιν. εἰσὶ γὰρ ἐν τούτοις τρία, πηλός, ἐξ οὗ γίνεται πλίνθος ὀστρακώδης, δεύτερον ὕδωρ, ὅπερ ἐστὶ τὸ στερεοῦν τὰ ὀστρακώδη, τρίτον τὸ 20 πῦρ τὸ συνάγον τὰ μέρη αὐτοῦ, ἔστ' ἂν δι' αὐτοῦ πληρωθείη ἡ τούτου γένεσις. ἡ φανέρωσις γοῦν ὅλης τῆς ἑνώσεως τούτων ἀπὸ τοῦ πυρός ἐστιν, ὅτι ἀραιότης ἔνεστι τοῖς ὀστρακώδεσι κατὰ τὰ ἴδια μέρη. καὶ ὁπόταν μίξῃ ταῦτα τὸ πῦρ, τελειοῦται ἡ ὕλη τοῦ ὑγροῦ, καὶ συγκολλῶνται τὰ μέρη τοῦ 25 πηλοῦ, προέρχεταί τε ξηρότης ἐν τῷ τόπῳ τοῦ ὑγροῦ. καὶ διὰ τὴν ἐπικράτειαν ἕπεται πέψις ἐν παντὶ ζῴῳ καὶ φυτῷ καὶ μετάλλοις. πέψις γάρ ἐστιν, ὅπου ὑγρότης καὶ θερμότης ἰδίῳ πέρατι ἀκολουθεῖ. ἔστι δὲ τοῦτο ἐν τῇ πέψει τοῦ λίθου καὶ τῶν μετάλλων ἐκφανές· ἐν τῷ ζῴῳ δὲ καὶ τῷ φυτῷ οὐχ οὕτως, ὅτι τούτων τὰ μέρη οὐκ εἰσὶ 30 συμπεπηγότα εἰς ἓν ὡς τοῖς λίθοις, καὶ ὅτι ἐκ τούτων καταρροή τις προβαίνει, ἐκ δὲ τῶν λίθων

BOOK II

I. The tree has three properties, first from the The constitution of plants. nature of the earth, secondly from water, and thirdly from fire. For the growth of the plant is due to the earth, its solidity from water, and the union of its solidity from fire. We can see a good deal of this from earthenware. For there are three elements in it, the clay from which the potsherd is made, secondly the water which combines the clay, and thirdly the fire which causes the parts to set, until by its means the creation is completed. The demonstration of this unification by fire is found in the fact that the pottery consists of finely divided particles. When the fire has mixed these together, the wet matter is perfected, and the parts of the clay cohere, and the result is dryness instead of moisture. Owing to the mastery of fire a ripening takes place in every animal and plant and in metals. For ripening occurs wherever moisture and heat each reach their own proper limit. This is obvious in the ripening of stone and metals ; but it is not so plain in the animal and the plant, because their parts are not compacted into one as they are in stones, and because some escape of moisture takes place in them, but in stones and

185

καὶ τῶν μετάλλων οὐκ ἔξεισι καταρροὴ ἤ τις ἱδρώς.
τὰ γὰρ μέρη αὐτῶν οὐκ εἰσὶν ἀραιά, κἀντεῦθεν
οὐδέ τινα ἀπ' αὐτῶν ἐξέρχονται, ὡς ἀπὸ τοῦ ζῴου
καὶ τοῦ φυτοῦ περιττώματα, οὐδὲ γίνεται ἔξοδός
35 τις ἄλλη ἀπὸ τῆς ἀραιότητος. ἐν ᾧ γὰρ ἀραιότης
οὐκ ἔστιν, ἀπ' αὐτοῦ παντελῶς οὐδέν τι ἐξέρχεται.
διὰ τοῦτο στερεόν ἐστιν, εἰς ὃ αὐξάνεσθαί τι οὐ
πέφυκε. καὶ γὰρ τὸ αὐξάνεσθαι πεφυκὸς δεῖται
τόπου, ἐν ᾧ ἂν πλατυνθείη καὶ περατωθείη. λίθοι
δὲ καὶ ὄστρακα καὶ τὰ τοιαῦτα ἀεί εἰσιν ἐν ταὐτῷ,
822 b οὔτε αὐξάνουσιν οὔτε ἐκτείνονται. πάλιν τοῖς
φυτοῖς δευτέρῳ τρόπῳ ἔνεστι κίνησις, ἔστι καὶ
ἐφέλκυσις, ἥτις ἐστὶ δύναμις ἐκ τῆς γῆς ἐφελκομένη
τὸ ὑγρόν. ἔστι δὲ τῇ ἐφελκύσει κίνησις ἥτις ἔρ-
χεται εἰς τόπον, καὶ τελειοῦταί πως ἡ πέψις· καὶ
5 διὰ τοῦτο ὡς ἐπὶ τὸ πλεῖστον αἱ μικραὶ βοτάναι
μιᾷ ὥρᾳ μιᾶς ἡμέρας γεννῶνται.

Οὐκ ἔστι δὲ τοῦτο καὶ ἐν τοῖς ζῴοις· ἡ γὰρ ὕλη
ἐν τοῖς ζῴοις ἐστὶ καθ' ἑαυτὴν καὶ διῃρημένη. οὐκ
ἔστι δὲ οὐδὲ ἡ πέψις εἰ μὴ ἐν χρήσει μάλιστα καὶ
αὕτη. ἡ ὕλη δὲ τοῦ φυτοῦ τούτῳ ἐστὶ πλησίον,
10 καὶ διὰ τοῦτο ὀξυτέρα ἐστὶν ἡ τούτου γένεσις.
γεννᾶται δὲ καὶ αὐξάνει καὶ ὅπερ μᾶλλόν ἐστι
λεπτὸν ἐν αὐτῷ, παρὰ τὸ πυκνόν. τὸ γὰρ πυκνὸν
πολυτρόπως δεῖται δυνάμεως διά τε τὴν διαφορὰν
τοῦ οἰκείου σχήματος καὶ διὰ τὸ μῆκος τῶν μερῶν
αὐτοῦ πρὸς ἄλληλα. κἀντεῦθεν ὀξυτέρα καὶ φυτοῦ
15 γένεσις, διὰ τὴν λεπτότητα ἑτέρου πρὸς ἕτερον, καὶ
ταχυτέρα ἡ τελείωσις. τὰ μέρη τῶν φυτῶν ὡς ἐπὶ
τὸ πλεῖστόν εἰσιν ἀραιά, ὅτι ἡ θερμότης αὐτῶν τὴν
ὑγρότητα πρὸς τὰ ἄκρα τῶν φυτῶν ἐφέλκεται. δια-
σπείρεταί τε ἡ ὕλη ἡ θρεπτικὴ εἰς ὅλα τὰ μέρη

metals there is no such escape of moisture or sweating. For their parts are not fine and nothing comes away from them like the waste product from an animal and a plant, nor is there any exit from their fineness. For where there is no fineness nothing whatever can come off. That, therefore, for which any growth is impossible is solid. For growth naturally requires room, in which broadening and extension is possible. But stones, sherds and the like always occupy the same space, and neither grow nor extend. Again, there is in plants a secondary form of movement, as they also have a power of attraction which draws the moisture from the earth. In this attraction is a movement which takes place in space, and somehow the ripening is completed : for this reason small herbs are produced in one period of one day.

This is not the case with animals ; for the matter in animals is individual and peculiar. For there is no ripening possible, except that which depends on material in its own possession. But the matter of which the plant is composed is near to it, and consequently its creation is quicker. What is lighter in it is created and grows fast compared to heavy material. For heavy material requires capacities of many kinds, because of the differences of its own form, and the comparative size of its parts. Consequently the birth of the plant is quicker, because of the comparative lightness of its parts, and its coming to perfection is more rapid. Generally speaking, the parts of plants are fine, because their heat attracts the moisture to their extremities. Also the matter which can absorb nourishment is attracted to all of

Comparison with animals.

187

822 b

αὐτῶν· ὃ δὲ περιττεύει, ἐκχεῖται. ὥσπερ δὲ ἐν
20 τοῖς βαλανείοις ἡ θερμότης τὴν ὑγρότητα ἐφέλκεται
καὶ ταύτην εἰς ἀτμίδα μεταστρέφει, αὕτη δὲ κου-
φιζομένη, ὁπόταν περιττεύσῃ, μεταβάλλεται εἰς
σταγόνας, οὕτως καὶ ἐν τοῖς ζῴοις καὶ ἐν τοῖς
φυτοῖς τὰ περιττώματα ἀναβαίνουσιν ἀπὸ τῶν
κατωτέρων εἰς τὰ ἀνώτερα, καὶ καταβαίνουσιν ἀπὸ
25 τῶν ἀνωτέρων εἰς τὰ κατώτερα.

Τοιουτοτρόπως δὲ καὶ οἱ ποταμοὶ οἱ ὑπὸ τὴν γῆν
γεννῶνται ἀπὸ τῶν ὀρέων. ὕλη γὰρ αὐτῶν εἰσιν
οἱ ὑετοί· καὶ ὅταν πληθυνθῶσι τὰ ὕδατα καὶ στενο-
χωρῶνται ἐντός, γίνεται ἐκ τούτων ἀτμὶς περιττή,
ἥτις διὰ τὸν ἐντὸς συμπιεσμὸν σχίζει τὴν γῆν· καὶ
30 οὕτω φαίνονται πηγαὶ καὶ ποταμοὶ οἱ πρότερον μὴ
φαινόμενοι ἀλλ' ἐγκεκρυμμένοι τυγχάνοντες.

II. Ἐκτεθείκαμεν δὲ αἰτίας περὶ τῆς γενέσεως
τῶν πηγῶν καὶ τῶν ποταμῶν ἐν τῷ ἡμετέρῳ βι-
βλίῳ τῷ περὶ μετεώρων, ἐν ᾧ εἴπομεν καὶ περὶ
35 σεισμῶν ὅτι πολλάκις δεικνύουσιν οὗτοι πηγὰς καὶ
ποταμούς, οἳ πρότερον οὐκ ἐφαίνοντο, οἷον ὅτε
σχίζεται ἡ γῆ ἐκ τῆς ἀναθυμιάσεως. πολλάκις δὲ
εὑρίσκομεν ὅτι καὶ πηγαὶ καὶ ποταμοὶ συζεύγνυν-
ται, ὅτε γίνεται σεισμός. τοῦτο δὲ τῷ φυτῷ οὐ
συμβαίνει, ὅτι ἀὴρ ἐν τῇ ἀραιότητι τῶν μερῶν
823 a αὐτοῦ ἐστί, καὶ τοῦδε πάλιν σημεῖον, ὅτι σεισμὸς
οὐδὲ ἐν τοῖς τόποις τοῖς ψαμμώδεσι πέφυκε γίνε-
σθαι, ἀλλ' ἐν τόποις πυκνοῖς καὶ σκληροῖς, ὁποῖοί
εἰσιν οἱ τῶν ὑδάτων καὶ τῶν ὀρέων. καὶ γὰρ
συμβαίνει σεισμὸς ἐν τοῖς τόποις τούτοις, ὅτι τὸ
5 ὕδωρ ἐστὶ στερρὸν καὶ οἱ λίθοι στερροί· τῇ φύσει
δὲ τοῦ ἀέρος τοῦ θερμοῦ καὶ ξηροῦ ἔνεστι τὸ ἀνα-
βαίνειν ἐκ τῆς κουφότητος. ὅτε γοῦν συνέλθωσι

the plants ; what is superfluous flows out. Just as in the bathroom the heat attracts the moisture, and transforms it into steam, and this, being light, when it is in excess condenses into drops of water, so also in animals and plants the waste product rises from the lower to the upper parts, and descends again from the upper to the lower.

Rivers which arise under the ground from mountains behave in the same way. For the matter of which they are composed is rain ; and when the water grows large in quantity and is forced into a narrow channel within, the excess of steam rises from them, which cuts through the earth by pressure from within ; and in this way springs and rivers make their appearance, which hitherto have not been visible, but have been concealed. *Parallel with rivers.*

II. We have explained the origin of streams and rivers in our book on Meteorology.[a] Therein we stated about earthquakes that they often disclose springs and rivers, which have not been visible hitherto, for instance when the earth is cleft by the vapour. We often find that springs and rivers join when an earthquake occurs. But this does not happen to a plant, because there is air in the fineness of its parts, and there is further evidence in that earthquakes do not occur in sandy places, but only in solid and dry soil, such as the soil in which rivers and mountains are. Earthquakes occur in such places because water and stones are solid[b] ; but to rise because of its lightness is part of the nature of hot and dry air. So when the parts of the air coalesce *The cause of earthquakes.*

---

[a] *Meteor.* 349 a 12, 365 b 1.
[b] *i.e.*, do not consist of finely divided particles like sand.

189

823 a

τὰ μέρη αὐτοῦ καὶ κατακυριεύσωσι, συνωθοῦσι τὸν
τόπον, καὶ ἐντεῦθεν ἐξέρχεται ἀπ' αὐτοῦ βιαία
ἀναθυμίασις. ἐὰν δὲ ὁ τόπος ἦν ἀραιός, οὐκ ἂν
10 ἐξήρχετο οὕτως, ἀλλ' ὡς ἐπὶ τῆς ψάμμου συμβαίνει.
ἐξέρχεται γὰρ καὶ ἐντεῦθεν ἀναθυμίασις, ἀλλὰ κατὰ
βραχύ· καὶ διὰ τοῦτο οὐ γίνεται σεισμός. ἁπλῶς
οὖν ἐν τοῖς στερεοῖς πᾶσι τοῦτο οὐ συμβαίνει, λέγω
τὸ κατὰ βραχὺ τὸν ἀέρα ἐξέρχεσθαι. συναγόμενα
γὰρ τὰ μέρη τούτου δύνανται τὴν γῆν σχίζειν, καὶ
15 τοῦτο ἐστιν αἰτία τοῦ σεισμοῦ ἐν σώμασι στερεοῖς.

Ἐν τοῖς μέρεσι δὲ τῶν φυτῶν καὶ τῶν ζώων
σεισμὸς οὐ γίνεται, ἀλλ' ἐν ἄλλοις πᾶσι, καὶ πλει-
στάκις ἔν τε τοῖς ὀστρακώδεσι καὶ ἐν ὑέλῳ καὶ
λοιποῖς μετάλλοις, ἐν ᾧ γὰρ σῶμά ἐστι πολλὴ
ἀραιότης, ἔθος καὶ τὴν ἀναθυμίασιν ἀναβαίνειν·
20 ὑποκουφίζει γὰρ αὐτὴν ὁ ἀήρ. καὶ συχνάκις τοῦτο
βλέπομεν, ὅταν βάλλωμεν χρυσὸν εἰς τὸ ὕδωρ ἢ
ἄλλο τι βαρύ, καὶ παραυτίκα βυθίζεται· καὶ πάλιν
ὅταν βάλλωμεν ξύλον ἀραιὸν ἢ βραχύ, καὶ ἐπιπλέει
καὶ οὐ βυθίζεται. ὅθεν οὐ διὰ τὰ φύλλα οὐ κατα-
25 δύεται τὸ καταδυόμενον πολλάκις ξύλον, οὐδὲ διὰ
τὸ ὑποκείμενον τὸ βαρύ, ἀλλ' ὅτι τὸ μέν ἐστι
στερρὸν καὶ πυκνόν, τὸ δὲ ἀραιόν· τὸ δὲ ἀραιὸν
παντάπαν οὐ βυθίζεται. ἔβενος δὲ καὶ τὰ αὐτῷ
παραπλήσια βυθίζονται, ὅτι μικρά ἐστιν ἐν τούτοις
ἡ ἀραιότης· καὶ οὐδὲ ἔστιν ἐν αὐτοῖς ἀὴρ ὁ δυνά-
30 μενος ταῦτα κουφίσαι. καταδύονται δέ, ὅτι τὰ
μέρη αὐτῶν λίαν εἰσὶ πυκνὰ καὶ στερρά.

Πᾶν δὲ ἔλαιον καὶ πάντα τὰ φύλλα τοῦ ὕδατος
ὑπερνήχονται. καὶ τοῦτο ἤδη ἀποδεικνύομεν. ἔ-
γνωμεν γὰρ ὅτι ἐν τούτοις ἐστὶν ὑγρότης καὶ θερ-
μότης, καὶ ἔθος τοῦ ὑγροῦ ἐστι τοῖς τοῦ ὕδατος

and gain the mastery, they exert pressure on the spot, and a violent evaporation issues from them. But if the place were thin, it would not come out in this way, but in the way in which it occurs in sand. For vapour does rise therefrom, but little by little ; and consequently no earthquake occurs. But this does not happen in all solid ground—I mean this gradual issue of air. For its parts when collected together can cleave the earth, and this is the cause of earthquakes in solid bodies.

No such cataclysm takes place in the parts of plants and animals, but it does in all other things, and particularly in earthenware vessels, in glass and the metals. For in a body that contains finely divided particles, it is usual for the evaporation to rise ; for the air makes it light. We quite often see this when we throw gold or some other heavy substance into water, and it immediately sinks to the bottom ; on the other hand; when we throw in thin or small wood, it floats and does not sink. The failure of the wood to sink is not due to its leaves, for in many cases it does sink, nor because its material is heavy, but it is because the latter is solid and compact, while the former is finely divided ; what is finely divided can never sink entirely. Ebony and substances like ebony sink, because there is little fineness in them ; nor do they contain air which can lighten them. But they sink because their parts are extremely compact and solid.

All oil and all leaves float on the surface, and this we explain as follows. We know that there is in them both moisture and heat, and it is the custom of moisture to combine with particles of water ; while

Why no such thing occurs in plants or animals.

Why oil floats.

ARISTOTLE

μέρεσι συνάπτεσθαι· ἡ δὲ θερμότης ποιεῖ ἀνάγεσθαι
35 τὸ ὑγρόν, καθὼς παρέπεται ἐν τῷ καιρῷ τοῦ ἔαρος.
ἔθος δὲ καὶ τοῦ ὕδατος τὸ κουφίζειν πάντα πρὸς
τὴν ἰδίαν ἐπιφάνειαν ἕως τῆς τοῦ ἀέρος ἐπιφανείας,
ὥστε ποιεῖν αὐτὸν ἀνέρχεσθαι. τὴν δὲ ἐπιφάνειαν
αὐτοῦ οὐχ ὑπερβαίνει τὸ ὕδωρ· ἡ γὰρ ὅλη ἐπιφάνεια
40 αὐτοῦ μία ἐστὶ μετὰ τῆς τοῦ ἀέρος. καὶ διὰ ταῦτο
ἄνεισι καὶ τὸ ἔλαιον ὑπεράνω τοῦ ὕδατος.

Εἰσὶ δὲ καί τινες λίθοι οἳ τοῦ ὕδατος ὑπερ-
νήχονται, διὰ τὸ κενὸν μόνον τὸ ἐν τούτοις μεῖζον
823 b ὂν τῶν ἐν αὐτοῖς μερῶν, καὶ διὰ τὸ τὸν τόπον
τοῦ ἀέρος μείζονα εἶναι τοῦ τόπου τοῦ σώματος τῆς
γῆς. φύσις γάρ ἐστι τοῦ ὕδατος ὑπεράνω βαίνειν
τῆς γῆς, τοῦ δὲ ἀέρος τὸ ὑπεράνω βαίνειν τοῦ
ὕδατος, ἡ τοῦ ἀέρος τοίνυν φύσις τοῦ ἐγκλειομένου
5 τῷ λίθῳ ἀναβαίνει ἐπάνω τοῦ ὕδατος, καὶ τῷ ὅλῳ
ἀέρι συνάπτεται· καὶ γὰρ ἕκαστον τὸ οἰκεῖον
ὅμοιον ἐφέλκεται, καὶ συνακολουθεῖ ἡ φύσις τοῦ
μέρους τῷ ὅλῳ ᾧ συζεύγνυται. εἰ τοίνυν ἔσται
τις ῥαχία κούφη, τὸ μὲν ἥμισυ αὐτῆς καταδύσεται
ἐν ὕδατι, τὸ δὲ λοιπὸν ὑπερνήξεται, ὅτι μείζων ἐν
10 αὐτῷ ὁ ἀὴρ τοῦ λοιποῦ σώματος τοῦ λίθου. διὰ
τοῦτο πάντα τὰ δένδρα βαρύτερά εἰσι τῶν τοιούτων
λίθων. οἱ ἐν τοῖς ὕδασι δὲ λίθοι γίνονται ἐκ τῆς
συγκρούσεως τῶν ὑδάτων τῆς ἰσχυρᾶς. γίνεται
γὰρ πρῶτον ἀφρός, εἶτα συμπήγνυται οὕτως οἷόν
τι γάλα λιπαρόν· καὶ ὅτε τὸ ὕδωρ τῇ ψάμμῳ προσ-
15 τρίβεται, συναθροίζει ἡ ψάμμος τὴν λιπότητά πως
τοῦ ἀφροῦ, ξηραίνει τε αὐτὴν ἡ ξηρότης τῆς θαλάσ-
σης μετὰ περιττῆς τῆς ἁλυκότητος· καὶ οὕτω συν-
άγονται τὰ μέρη τῆς ψάμμου, καὶ τῷ ἐπιμήκει τοῦ
χρόνου γίνονται λίθοι.

heat causes the moisture to rise, as occurs in the season of spring. But it is the tendency of water to raise everything to its own surface, that is to the surface which meets the air, so as to make it rise. But the water does not rise above its surface ; for the whole surface is one with the surface of the air. For this reason, too, oil rises to the surface of water.

But there are also some stones which float on the surface of the water, because the empty spaces in them are more than their own parts, and because the air space is greater than the space occupied by the earthy body. For it is the nature of water to rise above the earth, and of air to rise above water. But the character of the air enclosed in the stone rises to the surface of the water and combines with the whole air, for like always attracts like, and the nature of the part follows the whole to which it is attached. If, then, the stone is light, half of it will sink in water, while the other half will float on top, because the air in it is more than the rest of the body of the stone. This is why all trees are heavier than stones of the same size. Stones like these are produced by the violent collision of wave with wave. First of all foam is produced, and then this congeals with the consistency of oily milk, and when the water is dashed against the sand, the sand collects the fat part of the foam, and the dryness of the sea dries it with its excess of salt ; and so the particles of sand cohere, and in length of time become stones.

Why some stones float

823 b

'Η δήλωσις δὲ ὅτι ἡ θάλασσα ποιεῖ καθ' ἑαυτὴν
20 ψάμμον, οὕτως ἐστίν, ὅτι πᾶσα γῆ οὐκ ἔστι γλυκεῖα·
ὅτε οὖν στῇ ἐν αὐτῇ τι ὕδωρ, κωλύεται ὁ ἀὴρ
ἀλλοιῶσαι αὐτό. ἔτι δὲ χρονίζοντος τῷ τόπῳ τοῦ
ἐμπεριειλημμένου ὕδατος, ἐπεὶ οὐ δύναται τοῦτο
παρομοιῶσαι ἑαυτῷ ὁ ἀὴρ (κυριεύουσι γὰρ ἐν αὐτῷ
τῷ ὕδατι τὰ μέρη τὰ γεώδη, ἅ εἰσιν ἁλυκά), ἀνάγκη
25 ἐπὶ πλέον θερμανθέντα κατὰ βραχὺ καὶ ἄμφω
ποιῆσαι πηλὸν ἔμφυτον. τοῦτο δὲ οὐ δύναται
γενέσθαι ἐν ὕδασι γλυκεροῖς διὰ τὴν γλυκύτητα
καὶ τὴν λεπτότητα αὐτῶν, ἀλλ' ἐν τοῖς ἁλμυροῖς,
ὅτι κυριεύει ἐν τούτοις ἡ ξηρότης τῆς γῆς, καὶ ἡ
μεταβάλλει τὸ ὕδωρ εἰς τὸ εἶδος αὐτῆς, ἢ πλησίον
30 αὐτῆς τοῦτο ποιεῖ, καὶ ἑκάτερον ἀλλοιοῦται.
σκληρύνουσα δὲ ἡ σκληρότης τῆς γῆς κατὰ τὴν
δύναμιν τῆς συμπήξεως αὐτῆς τὴν ὑπόστασιν τοῦ
ὕδατος, διαιρεῖ τὸν πηλὸν εἰς ἴδια μέρη σμικρά·
καὶ διὰ τοῦτο γίνεται ἡ γῆ ἡ τῇ θαλάσσῃ πλησιά-
ζουσα ψαμμώδης.
35 Οὕτως καὶ αἱ πεδιάδες, αἵτινες οὐκ ἔχουσιν
ὅπερ ἂν περικαλύψῃ αὐτὰς ἀπὸ τοῦ ἡλίου, εἰσί τε
καὶ μεμακρυσμέναι ἀπὸ ὕδατος γλυκεροῦ. ξηραίνει
γὰρ ὁ ἥλιος τὰ μέρη τῆς ὑγρότητος τῆς γλυκείας,
ἀπομένει δὲ ὅ ἐστιν ἐκ τοῦ γένους τῆς γῆς. καὶ
διότι ἐνδιατρίβει ὁ ἥλιος ἐν τούτῳ τῷ τόπῳ τῷ
40 ἀπερικαλύπτῳ, διαχωρίζονται τὰ μέρη τοῦ πηλοῦ,
καὶ γίνεται ἐντεῦθεν ψάμμος. τούτου δὲ σημεῖόν
ἐστιν, ὅτι ἐν τοιούτῳ τόπῳ βαθὺ κοιλαίνομεν καὶ
εὑρίσκομεν πηλὸν ἔμφυτον, καὶ ἔστιν οὗτος ῥίζα
824 a ψάμμου. οὐ γίνεται δὲ ψάμμος εἰ μὴ κατὰ συμ-
βεβηκός. συμβαίνει δὲ τοῦτο, ὅτι ἔστι διατριβὴ
τῆς κινήσεως τοῦ ἡλίου, ὡς ἔφημεν, καὶ μακρυσμὸς

The proof that the sea makes sand by itself is that not all earth is fresh; when, then, some water remains in it, the air is prevented from making any change of state. But when the water continues a long time in its enclosed space, since the air cannot reduce it to likeness with itself (for the earthy parts in the water which are salt still have the mastery), as they gradually grow hot they make both into a sort of natural clay. This cannot happen in fresh water owing to its freshness and lightness, but only in salt water, because the dryness of the earth in it gains the mastery, and either changes the water into its own form, or into something akin to it, and each is changed. But the hardness of the earth, hardening the consistency of the water as far as it can, divides up the clay into small parts of its own; this is why earth which is close to the sea is sandy.

A similar thing happens on plains which have nothing to shield them from the sun, and are also far away from fresh water. For the sun dries the parts of the fresh moisture, and what is of the nature of earth abides, and because the sun persists in this unprotected spot the parts of the clay are divided up, and hence sand is formed. The proof of this is that in a place of this kind, if we dig a deep hollow, we find natural clay and this is the basis of sand. But sand is only formed incidentally. This happens because the sun, as we have said, is long in moving from it,

824 a

ἀπὸ ὕδατος γλυκεροῦ. τοιουτοτρόπως νοητέον καὶ
περὶ τῆς ἁλμυρότητος τῶν ὑδάτων τῆς θαλάσσης.
5 ἡ ῥίζα μὲν γὰρ πάντων τῶν ὑδάτων ἐστὶ γλυκερά,
καὶ οὐκ ἄλλως συμβαίνει αὐτῇ ἁλμυρότης εἰ μὴ
κατὰ τὸν τρόπον τὸν λεχθέντα. καὶ τοῦτο σημεῖόν
ἐστιν αἰσθητὸν ὅτι ἡ γῆ μέν ἐστιν ὑποκάτω τοῦ
ὕδατος, τὸ δὲ ὕδωρ ὑπεράνω ἐξ ἀνάγκης καὶ
φυσικῶς.
10 Κἀντεῦθεν καὶ κυριώτερον συμβέβηκε τῷ ὕδατι
τὸ εἶναι στοιχείῳ παρὸ τῇ γῇ. ἐφρόνησαν δέ τινες
στοιχεῖον εἶναι τὸ πάντων τῶν ὑδάτων πλεῖστον·
πλεῖστον δέ ἐστι τὸ ὕδωρ τῆς θαλάσσης, καὶ διὰ
τοῦτο καὶ στοιχεῖον πάντων ἐκρίθη τῶν ὑδάτων.
ἔστι δὲ τὸ ὕδωρ φυσικῶς ὑπερέχον τῆς γῆς καὶ
15 λεπτότερον αὐτῆς. καὶ διὰ τοῦτο ἀπεδείξαμεν ὅτι
καὶ τὸ ὕδωρ πάντως κουφότερόν ἐστι τὸ γλυκὺ τοῦ
ἁλμυροῦ. πλὴν λάβωμεν καὶ ὡς ἐν παραδείγματι
δύο σκεύη ἴσα, καὶ θῶμεν ἐν αὐτοῖς ὕδωρ γλυκὺ
καὶ ὕδωρ ἁλμυρόν. μετὰ ταῦτα προσλάβωμεν
ᾠόν, θῶμεν δὲ τοῦτο ἐν τῷ ὕδατι τῷ γλυκεῖ, καὶ
20 αὐτίκα καταδύσεται. μετὰ ταῦτα θῶμεν αὐτὸ καὶ
ἐν τῷ ὕδατι τῷ ἁλμυρῷ, καὶ ὑπερνήξεται, καὶ
ἀναβήσεται ἐπάνω τῶν μερῶν τοῦ τοιούτου ὕδατος,
διότι τὰ μέρη τούτου οὐ διαζεύγνυνται ὡς τὰ μέρη
τοῦ ὕδατος τοῦ γλυκεροῦ. ἐκείνου μὲν γὰρ τὰ
μέρη οὐ δύνανται ὑπομένειν διὰ τὴν λεπτότητα
25 βάρος, τούτου δὲ διὰ τὴν παχύτητα δύνανται· καὶ
διὰ τοῦτο οὐ καταδύεται τὸ ἐπιτεθὲν αὐτῷ. οὕτω
φυσικῶς ἐν τῇ νεκρᾷ θαλάσσῃ οὔτε καταδύεται
ζῶον οὔτε γεννᾶται· κυριεύει γὰρ ἡ ξηρότης ἐν αὐτῷ
καὶ ἐν παντὶ ὅπερ ἐστὶ πλησίον τοῦ σχήματος τῆς
γῆς. φαίνεται τοίνυν ἐντεῦθεν ὅτι τὸ ὕδωρ τὸ

and because of its distance from fresh water. We must in like manner reflect on the saltness of sea water. For the basis of all water is fresh, and saltness only comes to it in the manner we have described. And this is perceptible proof that the earth is beneath the water, but necessarily and naturally the water is above.

Consequently water has a better right to be regarded as an element than earth. Some have regarded water as the most important of all elements; the water in the sea is the greatest quantity of water, and on these grounds this has been chosen as an element from all other waters. But it is only natural that the water should be above the earth, seeing that it is lighter than the earth. Hence we have shown that fresh water is on the whole lighter than sea water. To demonstrate this let us take two equal vessels, and put fresh water into the one and salt water into the other. Then take an egg and put it into the fresh water; it will sink immediately. After that put it into the salt water, and it will float, and will rise above the parts of water of this kind, because its parts have not so intimate a connexion as the parts of fresh water. The parts of fresh water cannot sustain the weight owing to their lightness, but those of the sea water can because of their density; and for this reason that which is placed on top of it does not sink. So it is natural that nothing can sink or be born in the Dead Sea; for the dryness in it has the mastery, as in everything which approaches to the form of earth. So it is obvious from this that the water

Fresh and sea water.

197

824 a

30 παχύ ἐστιν ὑποκάτω τοῦ μὴ παχέος. τὸ γὰρ παχύ
ἐστιν ἐκ τοῦ γένους τῆς γῆς, τὸ δὲ λεπτὸν καὶ
ἀραιὸν ἐκ τοῦ γένους τοῦ ἀέρος. καὶ διὰ τοῦτο
ὑπερέχει τὸ ὕδωρ τὸ γλυκὺ πάντων τῶν ὑδάτων·
ἐκεῖνο γάρ ἐστιν ὑπάρχον τῆς γῆς πορρωτέρω.
ἤδη τοιγαροῦν ἔγνωμεν ὅτι τὸ ὕδωρ τὸ πορρωτάτω
35 τῆς γῆς φυσικόν ἐστι. καὶ τὸ γλυκὺ τοῦ θαλαττίου
ὑπερκεῖσθαι ἀπεδείξαμεν. καὶ φυσικὸν τοῦτο εἶναι
τῷ ῥηθέντι σημείῳ φανερὸν καὶ ἀναγκαῖον ἐγένετο.
γεννᾶται δὲ τὸ ἅλας ἐν ἱσταμένοις ὕδασιν, οἷς τὸ
γλυκὺ γίνεται ἁλμυρόν. ὑπερβαίνει δὲ ἡ ἁλμυρότης
τῆς γῆς ἐκείνην τὴν ἁλμυρότητα. ἀπομένει γὰρ
40 ἐκείνη μὲν ἀὴρ ἐγκεκλεισμένος, ταύτῃ δ' οὔ. καὶ
διὰ τοῦτο οὐκ ἔστιν ἐκεῖνο τῆς γῆς τὸ σῶμα,

824 b γλυκύτητός τινος μετέχον κατὰ πάντα τρόπον, εἰ
καὶ τὸ γένος τοῦτο ἐξ ὕδατός ἐστιν, ὃ ἐξέρχεται
ἐξ αὐτῆς τῆς γῆς ὡς ἱδρώς.

III. Πρὸς τούτοις ὀφείλομεν εἰδέναι ὅτι καὶ αἱ
βοτάναι καὶ τὰ εἴδη οὐκ εἰσὶν εἰ μὴ ἐκ συνθέσεως,
5 καὶ οὐκ ἐξ ὕλης ἁπλῆς, ἀλλ' ὥσπερ ἐστὶν ἡ ἁλυ-
κότης ἀπὸ τοῦ ὕδατος τῆς θαλάσσης καὶ τῆς οὐσίας
τῶν ψάμμων. αἱ ἀναθυμιάσεις γὰρ αἱ ἀναβαίνουσαι,
ὅταν συμπαγῶσι, δύνανται συμπεριλαβεῖν τὴν
αἰτίαν τῆς τῶν βοτανῶν ὑπάρξεως· καταπίπτει
γὰρ ἀὴρ ἐντεῦθεν, καὶ δροσίζει τὸν τόπον, καὶ
10 προέρχονται ἐξ αὐτοῦ διὰ τῆς δυνάμεως τῶν
ἀστέρων τὰ εἴδη τῶν σπερμάτων. ὕλη δὲ ἀναγκαία
ἐστὶ τὸ ὕδωρ, εἰ καὶ διαφορά ἐστιν ἐν τῷ γένει τοῦ
ὕδατος. τὸ γὰρ ἀνερχόμενον οὐκ ἔστιν εἰ μὴ ὕδωρ
γλυκύ· τὸ δὲ ἁλμυρὸν βαρύ ἐστι, καὶ οὐ συνανα-
15 βαίνει τῷ γλυκεῖ. τὸ δὲ ὑπερβαῖνον τοῦτο τὸ
λεπτότερόν ἐστι τοῦ ὕδατος. ὃ δὴ ἐὰν ἐφελκυσθείη

which is thick lies below that which is not. For the
thick is of the nature of earth, but the light and fine
is of the nature of air. Consequently fresh water
stands above all other water ; for it is by nature
further from the earth. So now we know that water
furthest from the earth is natural. And we have
shown that fresh water floats on the top of sea water.
This became naturally obvious and necessary from the
evidence we have adduced. But salt is generated in
stagnant water, by which fresh water becomes briny.
But the saltness of the earth is greater than that
saltness. For the air enclosed in the latter remains,
but in the former does not. Consequently the body
of the earth is not so, having in every way some
share of sweetness, even if this type proceeds from
water which comes from the earth itself in the form
of sweat.

III. In addition to this we must recognize that wild How this
herbs and their types are formed from a composite question
and not a simple substance, but in the same way as plants.
saltness comes from the sea water and from the
substance of sand. For vapours rising when they
coalesce can produce the cause of the birth of herbs ;
for the air sinks down and bedews the spot, and from
it will arise the forms of seeds through the power of
the stars. But the essential matter is water, even
though there are differences in the form of water.
For it is only fresh water which rises ; salt water is
heavy and does not rise together with the fresh.
That which comes to the surface is what is lighter
than water. If this is attracted by the air, it grows

824 b

ὑπὸ τοῦ ἀέρος, λεπτύνεται καὶ ἐπὶ πλέον ἀναβαίνει,
κἀντεῦθεν γίνονται πηγαὶ καὶ ποταμοὶ ἐν τοῖς
ὄρεσι, καὶ εἰς πολὺ διατρέχουσι. καὶ σημεῖον
τούτου ἐστὶ τὸ αἷμα τὸ ἀνερχόμενον εἰς τὸν ἐγ-
20 κέφαλον. ὥσπερ γάρ τι ἐκ τῶν τροφῶν μετὰ τῆς
ἀναθυμιάσεως ἀνέρχεται, οὕτω καὶ εἰς πάντα τὰ
ὕδατα. καὶ γὰρ καί τι τοῦ ὕδατος τοῦ ἁλυκοῦ
ἄνεισι μετ' ἐκείνου ὃ ἐξήρανεν ἡ θερμότης, εἰς τὸ
εἶδος τοῦ ἀέρος, ὅς ἐστιν ἀκριβῶς ὑπεράνω παντὸς
γλυκέος ὕδατος καὶ ἁλμυροῦ. παράδειγμα δὲ τοῦ
25 λόγου τούτου εὑρήκαμεν ἐν τοῖς βαλανείοις πολ-
λάκις. ὅταν γὰρ τὸ ὕδωρ τὸ ἁλμυρὸν καταλάβῃ
θερμότης, λεπτύνει τὰ μέρη αὐτοῦ, ἀναβαίνει τε
ἀναθυμίασις, ἥτις ἦν ἐν τῷ ἐδάφει τοῦ βαλανείου,
καὶ ἀναχωροῦσι τὰ πυκνὰ μέρη τῆς ἁλυκότητος
μετὰ τοῦ ὑγροῦ τοῦ φυσικοῦ (οὐδὲ γάρ εἰσιν ἐκ
30 τοῦ γένους τοῦ ἀέρος), ἵνα ἀκολουθήσωσι τῇ
ἀναθυμιάσει, ἥτις μία μετὰ τὴν ἄλλην προχωρεῖ
ἄνω. ὅταν γοῦν προχωρήσωσι πολλαί, κατα-
πιέζεται ὁ ὄροφος, κἀντεῦθεν συνάγεται καὶ συμ-
πήγνυται καὶ ἐπιστρέφει καὶ κάτω στάζει τὸ ὕδωρ
τὸ γλυκύ. καὶ οὕτως ἐν πᾶσι τοῖς βαλανείοις τοῖς
ἁλμυροῖς ἐστιν ὕδωρ γλυκύ.
35 Αἱ τοίνυν βοτάναι αἱ φυόμεναι ἐν τοῖς ὕδασι τοῖς
ἁλυκοῖς οὐκ ὀφείλουσιν ἔχειν πληθυσμὸν διὰ τὴν
ξηρότητα. καὶ γὰρ τὸ φυτὸν δύο δεῖται, ὕλης
λέγω καὶ τόπου, τῇ ἰδίᾳ φύσει ἁρμοζόντων. ὅταν
γοῦν τὰ τοιαῦτα δύο παρῶσιν ὁμοῦ, προκόπτει τὸ
φυτόν. ὅταν δὲ εὕρωμεν ὕλην πορρωτάτω τῆς
40 εὐκρασίας, ἐπικενῆς ἐστίν· ἐμποδὼν γάρ ἐστι τῷ
εἶναι τὸ ἐν τόπῳ εἶναι μὴ εὐκραεῖ. ἔτι κοινῶς οὐχ
825 a εὑρίσκομεν φυτὸν ἐν χιόνι, πλὴν βλέπομέν ποτε
200

light and rises still more, and thence arise springs and
rivers in the mountains, and follow on a long way.
A proof of this is the blood which rises to the brain.
For as some of it owing to food rises with the evapora-
tion, so it is with all waters. For a portion of the
salt water rises with it, which the heat dries, into the
form of air, which is completely above all water both
fresh and salt. We have found an example of this
principle in many baths. For when the heat affects
the salt water, it lightens its parts and a vapour arises,
which was formed at the bottom of the bath, and the
solid particles of salt rise at the same time as the
natural moisture (for this is not of the form of air), so
that they follow the evaporation, which arises in the
form of one cloud after another. When many have
sped upwards, the ceiling is crowded with them, and
then they collect and condense and fresh water falls
down ; and so in all salt baths there is fresh water.

Herbs which appear in salt water cannot grow be-
cause of the dryness. For the plant needs two things,
material and room, both of a kind suitable to its
nature. When both these conditions are present, the
plant makes an advance. When we find the neces-
sary material a long way from a suitable temperature,
the plant comes to nothing ; for its being in a place
where the temperature is unsuitable is a hindrance to
its existence. So normally we do not find a plant in
snow, though we sometimes see a plant appearing in

Plants in
snow.

201

825 a

φυτὸν φαινόμενον ἐν αὐτῇ, καί τινα ζῷα, καὶ ἐξαι-
ρέτως ἕλμινθας. οὗτοι γὰρ γεννῶνται ἐν τῇ χιόνι,
καὶ φλόμος, καὶ πᾶσαι βοτάναι πικραί. ἀλλ' ἡ
χιὼν οὐ ζητεῖ προχωρεῖν ἐπὶ τούτῳ, ἂν μὴ καὶ
5 συζευχθείη τις αἰτία ἐν αὐτῇ. καὶ αὕτη ἐστὶν ὅτι
ἡ χιὼν κατέρχεταί ποτε ὁμοία καπνῷ, συμπήγνυσί
τε ταύτην ἄνεμος καὶ συσφίγγει ἀήρ. πλὴν
γίνεται καὶ ἀραιότης τις ἐν τοῖς μέρεσιν αὐτῆς·
κατέχεται γὰρ ἐν τούτοις θερμόν τι μέρος ἀέρος,
μένει τε ἐξ αὐτοῦ καὶ ὕδωρ σεσημμένον. ὅταν
10 γοῦν ὁ ἀὴρ ὁ ἐγκεκλεισμένος πλείονος γένηται
πλατύνσεως καὶ ὁ ἥλιος παρουσιάσηται, ἀπορ-
ρήγνυται ὁ ἀὴρ ὁ συμπιληθεὶς ἐν τῇ χιόνι, καὶ
φαίνεται ἡ ὑγρότης ἡ σεσημμένη, ἥτις καὶ συμ-
πήγνυται μετὰ τῆς θερμότητος τοῦ ἡλίου· καὶ οὕτω
φύονταί τινες βοτάναι. ἐὰν δὲ ᾖ ὁ τόπος περι-
15 κεκαλυμμένος, οὐ γίνονται ἐν αὐτῷ βοτάναι
ἀλλ' ἢ ἄνευ φύλλων· ἀπεχώρησε γὰρ ἀπ' αὐτοῦ
ἡ εὐκρασία τῆς γῆς, ἡ ὁμογενὴς αὐτῇ. ὅθεν ἄνθη
καὶ φύλλα ἐν βοτάναις μικραῖς μεμιγμένα εὑρί-
σκονται ἐν τόποις κεκραμένοις καθαρῶς δι' ἀέρος
καὶ ὕδατος· ἐν ἑτέροις δὲ μὴ τοιούτοις σπάνιά εἰσι
20 τὰ ἄνθη καὶ τὰ φύλλα τῶν φυτῶν τῶν συμβαινόντων
ἐν τῇ χιόνι. ὁμοίως καὶ ἐν τόποις πολλοῖς ἁλ-
μυροῖς καὶ ξηροῖς ὡς ἐπὶ τὸ πλεῖστον οὐ φαίνεται
φυτόν. οὗτοι γὰρ οἱ τόποι πόρρω εἰσὶν εὐκρασίας·
ἐλαττονεῖται γὰρ ἡ γῆ, ἐξ ἧς μακράν εἰσιν ὑγρότης
καὶ θερμότης, ἅπερ εἰσὶ διὰ γλυκέος ὕδατος.
25 γίνεται δέ ποτε ἡ γλυκερὰ γῆ νεκρά, καὶ τότε οὐ
γεννῶνται ὀξέως ἐν αὐτῇ βοτάναι.

Ἐν τόποις δὲ θερμοῖς, ὅπου ἔστιν ὕδωρ γλυκὺ
καὶ θερμότης πολλή, προφθάνει πέψις ἐκ τῶν δύο

it, and some animals, particularly worms. For these
are bred in snow and so is mullein, and all sorts of
bitter herbs. But the snow does not help them to
advance, unless some other cause is combined with it.
The cause in question is, that the snow descends like
smoke, the wind makes it coalesce, and the air binds
it together. But there is a certain fineness in its
parts ; for there is confined in it a certain warm
element of air, and there also remains impure water
from it. So when the air enclosed in it suffers greater
expansion, and the sun is present, the air imprisoned
in the snow breaks out, and the impure moisture
appears, which is forced to coalesce by the heat of the
sun ; and thus some plants grow. But if the whole
spot is covered with snow no plants grow in it, or else
they have no leaves ; for a suitable temperature is
missing, which is an essential part of the plant's
growth. So flowers and leaves are found mixed in
small plants and places which have a fair mixture of
air and water ; but in other places which are not of
this nature flowers and leaves of any plants which
occur in the snow are scanty. Similarly in many
places which are both salt and dry generally speaking
no plants appear. For these places are far away from
a suitable temperature ; for the soil is poor when
moisture and heat, both associated with fresh water,
are missing. But at times sweet soil becomes dead,
and then plants do not grow in it quickly.

In warm places where there is fresh water and Mountain
plenty of heat, ripening occurs from two causes, that plants.

825 a

μερῶν, ἐκ τῆς διαθέσεως τοῦ τόπου μετὰ καὶ τοῦ
ἀέρος τοῦ ἐν αὐτῷ ὑπάρχοντος. ἡ δὲ πέψις τοῦ
30 ἀέρος ἐκ τῆς θερμότητός ἐστι τοῦ ἡλίου τῆς ἐν
ἐκείνῳ τῷ τόπῳ. ἐντεῦθεν καὶ τὰ ὄρη ἐφέλκονται
ὑγρότητα, βοηθεῖ τε αὐτοῖς καὶ ἡ θερμότης τοῦ
ἀέρος. ἐπισπεύδει δὲ καὶ ἡ πέψις· καὶ διὰ τοῦτο
τὰ φυτὰ ὡς ἐπὶ τὸ πολὺ ἐν τοῖς ὄρεσι φύονται. ἐν
35 δὲ τοῖς ψάμμοις νικᾷ, ὡς προέφημεν, ἡ ἁλμυρότης,
καὶ ἀπομένουσιν ἐν τοῖς μέρεσι τῆς ψάμμου ἀραιό-
τητες ὅμοιαι πρὸς ἀλλήλας. ὁ τοίνυν ἥλιος οὐκ
ἔχει δύναμιν ἵνα ἐν αὐταῖς ἀπαρτίσῃ καὶ βεβαιώσῃ
συνέχειαν οὐσίας. τῷ τοι καὶ φυτὰ ἐν αὐταῖς ὡς
τὰ πολλὰ οὐ γίνονται· εἰ δὲ καὶ γίνονται, οὐ κατὰ
εἴδη ἴδια καὶ διάφορα, ἀλλὰ κατὰ εἴδη ὅμοια πρὸς
ἄλληλα.

40 IV. Τὰ δὲ φυτὰ ἃ ἐν τῇ ἐπιφανείᾳ τοῦ ὕδατος
γεννῶνται, οὐκ ἄλλως γεννῶνται εἰ μὴ διὰ τὸ
825 b πάχος τοῦ ὕδατος. ὅταν γὰρ θερμότης ἅψηται τοῦ
ὕδατος, ἥτις ἄνω που οὐκ ἔχει πῶς ἂν κινηθείη,
τότε προέρχεται ἐπ' αὐτὴν παρόμοιόν τι νεφέλῃ,
ὀλίγον τε τοῦ ἀέρος κατέχει, καὶ σήπεται τὸ τοιοῦ-
τον ὑγρόν, ἐφέλκεταί τε αὐτὸ ἡ θερμότης, ἥτις
5 ἐκτείνεται εἰς τὴν ὄψιν τοῦ ὕδατος, καὶ γίνεται
ἐντεῦθεν φυτόν. οὐκ ἔχει δὲ ῥίζαν, ὅτι ἡ ῥίζα ἐν
τοῖς μέρεσιν ἑδράζεται τῆς γῆς, ἔχουσα μέρη διηρη-
μένα. οὐκ ἔχει δὲ πάλιν οὐδὲ φύλλα, ὅτι μακράν
ἐστιν ἀπὸ τῆς εὐκρασίας, καὶ οὐδὲ τὰ μέρη αὐτοῦ
εἰσὶ συμπεπηγότα. τοῦτο δὲ τὸ φυτὸν οἷον εἰς
10 ὁμοιότητα φύλλων γεννᾶται, καὶ καλεῖται ἐπί-
πτερον. τῶν δὲ λοιπῶν φυτῶν τῶν ἐν τῇ γῇ, ἐπεὶ
τὰ τῆς γῆς μέρη εἰσὶ συμπεπηγότα, καὶ τὰ μέρη
ἐξ ἀνάγκης τούτων εἰσὶ τοιαῦτα. τὰ γοῦν φυτὰ

is from the nature of the situation and of the air which is in it. The ripening of the air is due to the heat of the sun in the place. Thence the mountains draw their moisture, and the heat of the air helps them. There the ripening takes place quickly ; and this is the reason why plants usually grow in the mountains. But in sandy places, as we have said before, the saltness gets the upper hand, and fine particles exactly alike remain in the particles of sand. So the sun has no power to produce and establish any continuity of existence. Consequently in such places plants usually do not grow ; but if they grow at all they do not show distinct and different forms, but forms which are very similar to each other.

IV. Plants which grow on the surface of the water only do so because of the density of the water. For when heat touches the water, which on the surface is incapable of movement, something like a cloud comes over it, and it retains a little air, the moisture grows impure, and the heat draws it up ; this spreads over the face of the water and so the plant grows. But it has no root because a root is fixed in the parts of the earth, and has its parts distinct. A plant of this kind has no leaves, because it is far from a suitable temperature, and its parts do not cohere. This kind of plant only grows like leaves, and is called a rock plant. Of other plants which grow in the soil, since the parts of the earth cohere, the parts necessarily show the same characteristics. Plants which are compacted

Plants in unusual places.

825 b

τὰ ἐκ τῆς γῆς συμπεπηγότα γίνονται ἐκ σήψεων
ἐν τόπῳ ὑγρῷ καὶ καπνώδει. αἱ γὰρ σήψεις κατ-
15 έχουσιν ἀέρα· καὶ ὅταν πληθύνωνται οἱ ὑετοὶ καὶ
οἱ ἄνεμοι, ὁ ἥλιος φαίνεσθαι ποιεῖ αὐτάς, κατ-
επείγει τε ξηραίνεσθαι καὶ συμπήγνυσθαι, καὶ ἡ
ξηρότης τῆς γῆς τὰς ῥίζας αὐτῶν ποιεῖ· καὶ γίνονται
ἐντεῦθεν φυτὰ καὶ μύκητες καὶ ὕδνα καὶ τὰ ὅμοια.

Πάντα δὲ ταῦτα γίνονται ἐν τόποις θερμοῖς κατὰ
20 λόγον, διὸ ἡ θερμότης πέττει τὸ ὕδωρ ἐν τοῖς
ἐνδοτέροις τῆς γῆς, κατέχει τε ταύτην ὁ ἥλιος, καὶ
γίνεται ἀναθυμίασις, καὶ ἐντεῦθεν συμβαίνει ἡ
ἀλλοίωσις εἰς φυτόν. ὁμοίως καὶ ἐν πᾶσι τόποις
ὡς ἐπὶ τὸ πλεῖστον θερμοῖς πληροῦται ἡ τοῦ φυτοῦ
ἀπάρτισις. οἱ δὲ τόποι οἱ ψυχροί, εἰ καὶ οὗτοι τὸ
25 ὅμοιον ποιοῦσί ποτε, πλὴν ἐκ τοῦ ἐναντίου. ὁ γὰρ
ψυχρὸς ἀὴρ τὸν θερμὸν συμπιέζει κάτω, συμπήγ-
νυσί τε τὰ μέρη αὐτοῦ, καὶ ὁ τόπος ἕψησιν πάσχει
μετὰ τῆς προσούσης ὑγρότητος αὐτῷ· τοῦ γοῦν
περισσοῦ ὑγροῦ ξηρανθέντος σχίζεται ὁ τόπος, καὶ
ἐξέρχονται ἐξ αὐτοῦ φυτά. ἐν τόποις δὲ γλυκεροῖς,
30 ἐν οἷς τὸ ὕδωρ μὴ ἐπὶ πολὺ συμβαίνει χωρίζεσθαι,
ὁπόταν ὁ ἀὴρ τῇ γῇ ἐγκλειόμενος ξηρανθῇ, ἡ
ὑγρότης τε τοῦ ὕδατος συμπαγῇ, καὶ ὁ αὐτὸς ἀὴρ
μείνῃ ἐν τοῖς ἐνδοτέρω τοῦ ὕδατος, ἐξέρχονται
φυτά, ὡς τὸ νοῦφαρ τὸ ἰατρικόν, καὶ εἴδη βοτανῶν
ἄλλα πολλῶν καὶ σμικρῶν, ἃ δὴ τοιουτοτρόπως
35 γεννῶνται. πλὴν οὐκ εἰσὶν ἐκτεταμένα, διότι αἱ
ῥίζαι αὐτῶν εἰσὶν ἐπιπολαίως ἐν τῇ γῇ. ἐν τόποις
ὡσαύτως ἐν οἷς ὕδωρ θερμὸν τρέχει, πολλάκις φυτὰ
γεννῶνται, διότι ἡ θερμότης τοῦ ὕδατος ἐφέλκεται
ἀναθυμιάσεις προσφάτους ἐπὶ τῆς γῆς, ἡ δὲ ψυχρὰ
φύσις τῆς ὑγρότητος τοῦ ὕδατος ὑποκάτω ἀπο-

from the earth grow from putrescence in a moist and smoky soil. For the putrescence retains the air ; and when the rain and the wind grow strong, the sun makes them come out and forces them to grow dry and compact, and the dryness of the soil makes their roots ; thence grow plants, fungi, truffles and the like.

All these naturally grow in warm places, because the heat warms up the moisture in the recesses of the earth, and the sun holds the heat there ; hence occurs evaporation, and hence the change into a plant. Similarly in all places that are usually hot, the production of the plant reaches fulfilment. But cold places produce the same result, but for an opposite reason. For the cold air compresses the heat below, and forces its parts to cohere, and the place gets heated together with the moisture which is in it. When the excessive moisture dries up, the ground splits, and plants issue from it. In fresh ground in which water is generally not far absent, when the air enclosed in the earth is dried, and the moisture of the water has grown solid, and the same air remains in the recesses of the water, plants emerge like the medicinal water-lily, and many other forms of small plants which grow under such conditions. But they do not grow to any length, because their roots in the earth are only superficial. Similarly in places where hot water runs, plants often grow because the heat of the water attracts the vapours adhering to the ground, and the cold nature of the earth's moisture remains below, and the air in

Temperature and growth.

207

40 μένει, καὶ συμπήγνυται ὁ ἀὴρ ὁ ἐν τούτῳ τῷ ὑγρῷ.
καὶ ὅταν πεφθῇ ἡ θερμότης τοῦ ἀέρος, πάλιν ἐν
826 a τούτῳ γεννᾶται τὸ φυτόν, οὐκ ἄλλως εἰ μὴ ἐν
καιρῷ πολλῷ. αἱ βοτάναι δὲ αἱ μικραί, αἱ φαινό-
μεναι ἐν τόποις θεαφώδεσι, γίνονται ὅταν ἄνεμοι
ὀξέως πνέωσιν ἀντίπνοιάν τε ποιῶσι καὶ ἀντιπλήτ-
τωσιν ἀλλήλους, καὶ ἐξεγερθῇ ἀὴρ ὁ ἐν αὐτοῖς καὶ
5 θερμανθῇ ὁ τόπος καὶ γένηται ἐντεῦθεν πῦρ, καὶ
μετὰ ταῦτα γεννηθῇ ὅπερ ἐστὶν ἐν τῷ βάθει ἀρ-
σενίκιον, ὃ καταβαίνει ἐκ τῆς ἰλύος τοῦ ἀέρος, καὶ
ἐφέλκεται πῦρ μετὰ σήψεως (τοῦτο γὰρ τὸ ἀρσε-
νίκιον)· τότε γὰρ γίνεται ἐκ τούτου φυτά. οὐ
πολλὰ δὲ ταῦτα προβάλλεται φύλλα, καθὼς προαπ-
10 εδείξαμεν, ὅτι ἡ εὐκρασία ἐκ τούτων πόρρω ἐστίν.

Ὅπερ δὲ φέρει τρόφιμον τι φυτόν, ἐκεῖνο φύεται
ἐν τόποις θερμοῖς καὶ κούφοις καὶ ὑψηλοῖς, καὶ
μᾶλλον ἐν τῷ κλίματι τῷ τρίτῳ καὶ τῷ τετάρτῳ·
καὶ πάλιν ὃ δενδρον ποιεῖ τι ἐγγὺς τροφίμου,
ἐκεῖνο γεννᾶται ἐν τόποις ὑψηλοῖς καὶ ψυχροῖς. καὶ
15 διὰ τοῦτο πληθύνονται τὰ εἴδη ἐν τόποις τοιούτοις,
διὰ τὴν ἐφέλκυσιν τοῦ ὑγροῦ καὶ τὴν εὐκρασίαν τὴν
ἐκ τῆς θερμότητος τοῦ ἡλίου ἐν ἡμέραις χειμεριναῖς.
ὁμοίως καὶ ὁ πηλὸς ὁ ἔμφυτος ὀξέως προάγει φυτὰ
πίονα· ἡ συμπίλησις γὰρ τῆς ὑγρότητος τούτου ἐν
20 τόποις γλυκεροῖς γίνεται, ὡς προειρήκαμεν.

V. Πάλιν τὸ φυτὸν τὸ ἐν τοῖς λίθοις τοῖς στερ-
ροῖς γεννώμενον μακρῷ χρόνῳ συμβαίνει. ὁ γὰρ
ἀὴρ ὁ ἐμπεριειλημμένος τούτοις βιάζεται ἀναβῆναι,
ἔξοδον δὲ μὴ εὑρίσκων διὰ τὴν ἰσχυρότητα τῶν
λίθων ἐπαναστρέφει καὶ θερμαίνει ἑαυτόν, ἐφέλ-
κεταί τε τὸ ὑγρὸν τὸ ἐναπολειφθὲν τοῖς λίθοις ἄνω,
25 ἐξέρχεταί τε ἀναθυμίασις σὺν ὑγρότητι, μετὰ

the moisture coheres. When the warmth of the air increases, the plant again grows in it, but only after a considerable time. But small plants which appear in sulphurous places grow when the winds blow sharply, and produce a counterblast and meet each other ; then the air in them is roused to activity, the ground gets hot and fire comes from it, and after this the yellow orpiment in it comes to light, which descends from the impurity of the air, and fire coupled with putrescence is attracted (for this is yellow orpiment) ; then plants grow from it. As we have explained before, these do not put forth many leaves, because a suitable temperature is absent from them.

All that plants produce which is good for food, Edible grows in hot, light and high places, and especially in plants the third and fourth zones ; again, the tree which produces anything like food grows in high cold places. For this reason there are many types in such places, because of the attraction of the moisture and the suitable temperature arising from the heat of the sun on wintry days. Similarly natural soil easily produces oily plants ; for an enclosure of the moisture takes place in fresh soil, as we have already said.

V. The plant, again, which grows among hard Rock plants stones only appears after a long time. For the air en- take long to grow. closed in such places is forced to rise, but finding no exit owing to the strength of the stones, it returns and grows hot, and attracts the moisture which is left behind in the stones upwards, and from it issues an evaporation combined with moisture, with a freeing

ἀναλύσεως σμικροτάτων μερῶν τῶν ἐν τοῖς λίθοις.
καὶ γὰρ πολλάκις ἔθος ἐστὶ τοῖς λίθοις ἵνα βοηθῇ
αὐτοῖς ὁ ἥλιος διὰ τῆς ἰδίας πέψεως. καὶ οὕτω
γεννᾶται ἐξ αὐτῶν φυτόν. ὃ δὲ οὐκ ἀναβαίνει, ἐὰν
μὴ πλησίον ᾖ γῆς ἢ ὑγροῦ. ἡ γὰρ ὑπόστασις τοῦ
30 φυτοῦ δεῖται γῆς ὕδατος καὶ ἀέρος. κατανοείσθω
τοιγαροῦν τὸ φυτόν· καὶ εἰ ἔστι πλησίον τοῦ ἡλίου,
ταχέως γεννᾶται, εἰ δέ ἐστιν ὁ ἥλιος εἰς δυσμάς,
βραδύνει. πάλιν τὸ φυτὸν ἐν ᾧ κυριεύει τὸ ὕδωρ,
οὐ παραχωρεῖ τῷ ἀέρι ἀναβαίνειν, καὶ διὰ τοῦτο
οὐ τρέφεται. ὁμοίως καὶ ἡ ξηρότης ὅταν κρατήσῃ,
35 ἀναστρέφει ἡ φυσικὴ θερμότης εἰς τὰ ἄκρα, καὶ
βύει τοῦ φυτοῦ τὰς ὁδοὺς δι’ ὧν οἱ πόροι· καὶ διὰ
τοῦτο οὐ τρέφεται τὸ φυτόν.

VI. Καθολικῷ δὲ λόγῳ πᾶν φυτὸν τεττάρων
τινῶν δεῖται, σπέρματος διωρισμένου, τόπου ἁρ-
40 μοδίου, ὕδατος συμμέτρου καὶ ἀέρος ὁμοίου. ὅταν
οὖν ταῦτα πάντα συντελεσθῶσι, γεννᾶται φυτὸν καὶ
αὐξάνει· ὅτε δὲ ταῦτα ἀποχωρήσουσιν, ἀσθενεῖ τῇ
ἀποχωρήσει καὶ τὸ φυτόν. πάλιν τὸ φυτὸν τὸ
προϊὸν ἐν ὄρεσιν ὑψηλοῖς, εἰ ἔσται εἶδος, ἔσται
προχειρότερον καὶ προσφυέστερον εἰς ἰατρείαν·
5 ὁ καρπὸς δὲ ὁ σκληρότερος εἰς πέψιν οὐχ ὡς ἐπὶ
τὸ πολὺ τρέφει. τόποι δὲ ἀπομεμακρυσμένοι τοῦ
ἡλίου οὐκ εἰσὶ πολλῶν βοτανῶν γεννητικοί. ὁμοίως
ἐὰν ὁ ἥλιος μακρότητα τῇ ἡμέρᾳ προσάγῃ ἐν τῇ
κινήσει αὐτοῦ καὶ κατακυριεύῃ τῆς ὑγρότητος, οὐκ
ἔχει τὸ φυτὸν δυνάμεις φύλλα καὶ καρποὺς προ-
10 άγειν. τί δὲ καὶ περὶ τῶν φυτῶν χρὴ νοεῖν, ἃ
γεννῶνται ἐν ὑδαρώδεσι τόποις; ἐν τούτοις ὅτε
τὸ ὕδωρ ἠρεμεῖ, γίνεταί τι καθάπερ ἰλύς, καὶ οὐκ
ἔστι δύναμις ἐν τῷ ἀέρι ἵνα ὑποστήσῃ τὰ μέρη τοῦ

of the smallest parts among the stones; for it is a characteristic of stones that the sun should assist them by its own heating. And so plants do grow from such soil. But they do not grow to a height unless they are near to soil or moisture; for the growth of a plant needs earth, water and air. The plant must be considered in this way; if it is facing the sun it grows fast, but if it faces towards the setting sun the process is slow. Again, the plant in which the moisture preponderates does not allow the air to rise, and therefore is not nourished. In the same way, when the dryness preponderates, the natural heat rises to the extremities, and blocks the ducts of the plant through which there was a passage; and so the plant is not nourished.

VI. Generally speaking every plant requires four conditions, a differentiated seed, a suitable soil, a proper allowance of water, and similarly of air. When all these conditions are present, the plant is born and grows; when they are absent, the plant is weakened by their absence. The plant which comes up in high places, if it is a true form, will be more useful, and better adapted for medicine; but the harder fruit does not generally ripen. Places far removed from the sun are not productive of many herbs. Similarly, if the sun's rays grow long in the day time, as it moves and masters the wetness, the plant has no power to put forth leaves and fruit. What, then, must we conclude about plants which grow in wet places? In these, when the water is stagnant, a kind of foulness is produced, and there is no power in the air to refine

Conditions of plant life.

211

ὕδατος. κατέχεται γὰρ αὐτὸς ὁ ἀὴρ ἐν τοῖς ἐν-
δοτέροις τῆς γῆς, καὶ κωλύει τὴν παχύτητα τοῦ
15 ὕδατος ἀναβαίνειν. εἰ γοῦν πλημμυρήσῃ ἄνεμος ἐν
ἐκείνῳ τῷ τόπῳ καὶ συσφιγχθῇ ἡ γῆ, συμπιέσῃ τε
ἑαυτὸν ὁ ἐμπεριειλημμένος ἀήρ, καὶ συμπήξῃ ὁ
ἄνεμος τὴν ὑγρότητα, προελεύσεται ἐκ ταύτης τῆς
ὑγρότητος φυτὰ οὐ πολὺ διαφέροντα ἀλλήλων ἐν
εἴδει καὶ σχήματι, διὰ τὴν διαμονὴν καὶ τὴν παχύ-
20 τητα τοῦ ὕδατος καὶ τὴν θερμότητα τοῦ ἡλίου
ἄνωθεν. πάλιν περὶ τῶν φυτῶν ἅ εἰσιν ἐν τόποις
ὑγροῖς, καὶ ἡ ἐπιφάνεια αὐτῶν φαίνεται ἐν τῇ ὄψει
τῆς γῆς χλοάζουσα, λέγω ὅτι ἐν ἐκείνῳ τῷ τόπῳ
μικρά ἐστιν ἀραιότης. ὅταν οὖν ἐμπεσὼν ὁ ἥλιος
κινήσῃ τὴν ἐν ἐκείνῳ ὑγρότητα, καὶ θερμάνῃ τὸν
25 τόπον τῇ συμβαινούσῃ κινήσει καὶ τῇ θερμότητι τῇ
ἐμπεριειλημμένῃ τοῖς ἐνδοτέροις τῆς γῆς, ὅπερ δὴ
οὐ συμβαίνει ἐν οἷς οὐκ ἔχει τὸ φυτὸν ὅθεν ἂν
αὐξηθῇ, καὶ ἡ ὑγρότης τῇ ἰδίᾳ ἐκτάσει διαχυθῇ,
γίνεται καπνὸς ὑπεράνω τῆς γῆς ὡς ὕφασμα χλοά-
ζον, κἀντεῦθεν γεννᾶται φυτὸν μὴ ἔχον φύλλα,
30 ὑπάρχον ἐκ τοῦ γένους τοῦ φυτοῦ τοῦ φαινομένου
εἰς τὴν ἐπιφάνειαν τοῦ ὕδατος. ἔστι δὲ μεῖζον
ἐκείνου, διότι πλησίον ἐστὶ τῆς γῆς, εἰ καὶ οὐκ
ἀναβαίνειν καὶ ἐπεκτείνεσθαι δύναται. πολλάκις δὲ
καὶ ἐν φυτοῖς ἄλλο φυτὸν γεννᾶται οὐ τοῦ αὐτοῦ
εἴδους καὶ τῆς αὐτῆς ὁμοιώσεως, ἄνευ ῥίζης.
35 κινεῖται δὲ τοῦτο οὕτως· ὁπόταν φυτὸν πολλῶν
ἀκανθῶν ἐν πίονι ὕδατι κινήσῃ ἑαυτό, ἀνοίγονται τὰ
μέρη αὐτοῦ, καὶ ἀνιμᾶται ὁ ἥλιος τὰς ἐν αὐτῷ
σήψεις, πέψιν τε ποιεῖ τούτῳ, καὶ τῇ ἰδίᾳ φύσει εἰς
τὸν τόπον τὸν σεσημμένον βοήθειαν χορηγεῖ μετὰ
θερμότητος εὐκράτου, κἀντεῦθεν αὐξάνει τὸ φυτόν,

the particles of water. For the air itself is enclosed
in the recesses of the earth, and prevents the density
of the water from rising. If, then, the wind is exces-
sive in the district, and the earth becomes thickened,
and the air enclosed there becomes compressed and
the wind compresses the moisture, plants will grow
from that moisture, not differing much from each
other in form and shape, because of the persistence
and density of the water and the heat of the sun from
above. Again, with regard to plants which grow in
moist places, their surface grows green on the face of
the earth, I say that in such a place there is little
fineness. When the sun strikes it and causes the
moisture therein to move, it heats up the spot by the
movement which arises, and by the heat which is
enclosed in the recesses of the earth. This does not
occur in places in which the plant has no means of
growth. Then when the moisture disperses by its
own natural spreading, smoke arises above the earth
like a green veil and a plant appears which has no
leaves, arising from the same type of plant as that
which appears on the surface of the water. It is
bigger than the former kind, because it is near the
soil, and cannot rise and spread. Frequently among
plants another grows which is not of the same type
and unlike it without a root. Its movement occurs as
follows ; when a plant of many thorns grows in oily
water, its parts open and the sun draws up its
putrescence, and causes it to ripen, and by its own
nature combined with the moderate temperature it
gives assistance to the putrescent spot, and from this

213

40 ὡς δοκεῖν νήματα ἐκτείνεσθαι εἰς ὅλον αὐτό. καὶ
827 a τοῦτο ἴδιόν ἐστι τοῖς φυτοῖς τοῖς ἔχουσι πολλὰς
ἀκάνθας. τότε γοῦν γεννᾶται βοτάνη ἡ λεγομένη
λινόζωστις καὶ τὰ ταύτῃ ὅμοια. πᾶσαι δὲ αἱ
βοτάναι, καὶ εἴ τι αὐξάνει ἐπάνω τῆς γῆς καὶ ἐν τῇ
γῇ, πρόεισιν ἔκ τινος τούτων τῶν πέντε, ἅ εἰσι
5 σπέρμα, ὑγρότης ἐξ ὕδατος, τόπος ἐπιτήδειος, ἀὴρ
καὶ φυτεία. καὶ ταῦτα τὰ πέντε εἰσίν, ὡς ἂν εἴποι
τις, ῥίζαι φυτῶν.

VII. Τριπλῶς δὲ ἡ τῶν δένδρων εὐπορία ἀκο-
λουθεῖ· ἢ γὰρ προάγουσι τοὺς καρποὺς πρὸ τῶν
φύλλων, ἢ σύναμα τοῖς φύλλοις, ἢ μετὰ τὰ φύλλα.
10 ἔστι τοίνυν φυτὸν ὅπερ οὐκ ἔχει ῥίζαν ἢ φύλλα·
ἔστι καὶ ὅπερ φέρει φιτρὸν ἄνευ καρποῦ καὶ φύλ-
λων, ὡς ἡ λεγομένη χρυσοκόμη ἢ χρυσῖτις. ἀλλὰ
τὰ φυτὰ ἃ καρπὸν πρὸ τῶν φύλλων προάγουσι,
πολλὴν ἔχουσι τὴν πιότητα. ὅταν γοῦν ἐκταθείη
ἡ θερμότης ἡ οὖσα φυσικῶς τῷ φυτῷ, ταχύνει καὶ
15 ἡ τούτου πέψις, ῥώννυταί τε καὶ ζέει ἐν τοῖς
κλάδοις τοῦ φυτοῦ, κωλύει τε τὸν χυμὸν ἵνα μὴ
ἀναβαίνῃ ἀπ' αὐτοῦ· κἀντεῦθεν προχωροῦσι καρποὶ
καὶ φύλλα. ἐν δὲ τοῖς φυτοῖς ἃ ταχύτερον τὰ
φύλλα προάγουσι, τί νοητέον; αἱ διαθέσεις τῶν
ὑγρῶν εἰσι πολλαί. ὁπόταν γοῦν ἡ θερμότης τοῦ
20 ἡλίου ἄρξηται διασπείρειν τὰ μέρη τοῦ ὕδατος, ἄνω
ἐφέλκεται ὁ ἥλιος τὰ μέρη τῆς ὑγρότητος, καὶ
βραδύνει ἡ πεπειρότης, διότι ἡ πέψις τοῦ καρποῦ
οὐκ ἔστιν εἰ μὴ ἐν συμπήξει, καὶ προηγοῦνται τὰ
φύλλα τῶν καρπῶν τῇ προσαγωγῇ τῆς πολλῆς
ὑγρότητος. πολλάκις δὲ συμβαίνει αὐτοῖς καὶ πιό-
25 της, ὁπόταν ἡ ὑγρότης ἡ ἐν τῷ φυτῷ πέψιν λάβῃ
καὶ ἀναβῇ ἐξ αὐτῆς ἀτμὶς πυκνή, καὶ ἑλκύσῃ αὐτὴν

putrescence the plant grows, so that threads spread
all over it. This is peculiar to plants that have many
thorns. Thence arises the herb known as mercury
and similar plants. But all herbs whether they grow
above the earth or in it, depend on one of these five
conditions; seed, moisture from water, a suitable
soil, air and planting. These five one might say are
the roots of plants.

VII. The growth of trees follows three methods; Growth
either they produce their fruit before their leaves, or of trees.
at the same time as their leaves, or after them. A
plant exists which has neither root nor leaves; another
has a stem without either fruit or leaves, called
chrysocome or chrysitis. Plants which produce the
fruit before the leaves have considerable oiliness.
When the heat which naturally exists in the plant
has spread through it, its ripening accelerates, and
strengthens and boils in the branches of the plant,
and prevents the sap from rising; then fruit and
leaves grow. But in plants which put forth leaves
more quickly, what are we to think? The nature of
the wet plants is various. For instance, when the
heat of the sun begins to scatter the particles of water,
the sun draws the particles of moisture upwards,
and the ripening is a slow process, because the
ripening of the fruit only takes place by congealing,
and the leaves come out before the fruit by the
addition of much moisture. In these cases there is
often considerable oiliness, when the moisture which
is in the plant gets cooked, and a thick steam rises
from it, and the air together with the sun attracts it;

827 a

ὁ ἀὴρ μετὰ τοῦ ἡλίου· τότε γὰρ ἐξέρχεται ἐκ τῆς
ὑγρότητος ἐκείνης καὶ πιότης καὶ καρπὸς καὶ
φύλλα μιᾷ ἐκθέσει.

Οἱ παλαιοὶ δὲ σοφοὶ τὰ φύλλα πάντα καρποὺς
30 εἶναι διεβεβαιοῦντο. ἰστέον οὖν ὡς ὁπόταν ἡ
ὑγρότης ἐστὶ τόση ὥστε μὴ πεπαίνεσθαι μηδὲ
συμπήγνυσθαι διὰ τὴν ἐκ τοῦ ἀέρος ἀνάπτυξιν καὶ
τὴν ἄνωθεν σπουδὴν τῆς ἐφελκύσεως τοῦ ἡλίου,
τότε ἡ ὑγρότης αὕτη, εἰς ἣν οὐκ ἐνηργήθη πέψις,
ἀλλοιοῦται εἰς φύλλα· ἃ δὴ οὐκ ἔχουσιν ἄλλον
35 σκοπὸν εἰ μὴ τὴν ἐφέλκυσιν τῆς ὑγρότητος, καὶ
ἵνα ὦσι καὶ περικαλύμματα τῶν καρπῶν ἀπὸ τῆς
σφοδρότητος τοῦ ἡλίου. οὐ τοίνυν ὁμοίως δεῖ ἵνα
τὰ φύλλα ὦσιν ὡς οἱ καρποί· ὁ γὰρ χυμὸς ὁ
ἀναβαίνων ἀλλοιωθείς, οὗτός ἐστι τὰ φύλλα, ὡς
εἴπομεν. τοιουτοτρόπως ἐστὶν ἡ κρίσις καὶ ἐν ταῖς
40 ἐλαίαις, αἳ πολλάκις στερίσκονται τῶν ἰδίων καρ-
827 b πῶν. ὁπόταν γὰρ ἡ φύσις πέψιν ποιήσῃ, ἀναβαίνει
πρώτως ἐκ τῆς λεπτότητος, ὅπερ οὐκ ἐπεπάνθη ἐκ
τῆς θερμότητος. ἔστιν οὖν αὕτη ἡ ὑγρότης φύλλα.
ἡ δὲ πέψις ἐστὶν ἄνθος. ὅταν δὲ τελειωθῇ τῷ
δευτέρῳ ἔτει ἡ πέψις, γεννῶνται καρποί, καὶ ἐκ-
5 βαίνει εἰς τέλος ἡ ὕλη κατὰ τὸν τόπον τὸν ἐν
αὐτοῖς.

Αἱ ἄκανθαι ὡσαύτως εἰσὶν ἐκ τοῦ γένους τῶν
φυτῶν, οὐ μὴν τῆς αὐτῆς φύσεως. λέγω γοῦν ὅτι
ἐν τῷ φυτῷ ἐστὶν ἀραιότης, καὶ ἐν τῇ ἀρχῇ τῆς
φύσεως αὐτοῦ ἐστι πέψις, καὶ ἀναβαίνει ὑγρότης
ψυχρὰ καὶ μετ᾽ αὐτῆς βραχεῖα διάκρισις, διερχο-
10 μένη ἐν ἐκείνῃ τῇ ἀραιότητι. ποιεῖ γοῦν ταύτην
συμπήγνυσθαι ὁ ἥλιος, κἀντεῦθέν εἰσιν αἱ ἄκανθαι.
διὰ τοῦτο καὶ τὸ εἶδος αὐτῶν ἐστι πυραμοειδές·

for then from that moisture oiliness and fruit and leaves all emerge in one output.

The ancient philosophers all maintained that all leaves are fruit. So one must recognize that when the moisture is so great that no ripening takes place, and there is no congealing owing to the expansion of the air and the upward attraction of the sun, then this moisture, upon which the ripening has not operated is changed into leaves ; which have no other purpose except the attraction of moisture and to serve as a protective covering for the fruit from the excessive heat of the sun. At the same time leaves are not so essential as fruit ; for the sap which rises when it changes becomes the leaves, as we have said. The same process can be detected in olives, which often fail to produce any fruit of their own. For when nature causes ripening, some of the thin moisture, which has not been ripened by the heat, rises first. This moisture then produces the leaves. But its ripening is the flower. But when the ripening is completed in the second year, the fruit is produced, and the material achieves its proper end according to the available space.

Thorns similarly are of the class of plants, but have not the same constitution. For instance, in the plant there is fineness, and at the beginning of its existence a ripening takes place, and the cold moisture rises, and after this a short determination takes place, which goes all through that fineness. The sun then causes this to cohere, and from this thorns are produced. Consequently their form is pyramidal ; for

Leaves and fruit.

Thorny plants.

217

ἔστι γὰρ ἡ βάσις αὐτῶν ἀρχομένη ἀπὸ παχέος καὶ
προχωροῦσα εἰς ἰσχνόν. τοῦτο δὲ γίνεται, διότι
κατὰ βραχὺ ὁ ἀὴρ ἐπεκτεινόμενος τῷ φυτῷ αὐξάνει
15 τὰ μέρη αὐτοῦ μετ' ἐπιτάσεως τῆς ὑλικῆς. τοιου-
τοτρόπως καὶ πᾶν δένδρον ἢ φυτὸν γίνεται, οὗ ἡ
κεφαλή ἐστι πυραμοειδής.

VIII. Ἡ χλοάζουσα δὲ χροιὰ ὀφείλει εἶναι
πρᾶγμα κοινότατον ἐν τοῖς δένδροις. βλέπομεν
γὰρ ὅτι, ὥσπερ κοινή ἐστιν ἡ λευκότης ἐντός,
20 οὕτως καὶ ἡ χλοερότης ἐκτός. καὶ τοῦτό ἐστιν,
ὅτι ὕλη χρῶνται πλησιωτέρα ἤγουν μᾶλλον πεπεμ-
μένῃ. δεῖ τοίνυν ἵνα ᾖ χλοερότης ἐν πᾶσι τοῖς
φυτοῖς, ὅτι αἱ ὗλαι ἕλκουσι καὶ ἀραιοῦσι τὸ ξύλον
τοῦ δένδρου, βραχεῖάν τε ἡ θερμότης πέψιν ἐργά-
ζεται, καὶ ἀπομένει τι ἐκεῖ ὑγρόν, ὃ φαίνεται
ἔξωθεν· καὶ τοῦτό ἐστιν ἡ χλοερότης ἡ ἐν τοῖς
25 φυτοῖς, ἐὰν μὴ μείζων γένηται ἡ πέψις. ὀφείλει
δὲ εἶναι μέση ἐν τοῖς φύλλοις καὶ ἐν τοῖς ξύλοις τῇ
δυνάμει. ἡ δὲ χλοερότης οὐ φθείρεται, ἐὰν ᾖ
ὑγρότης ἐν αὐτῇ, ἥτις ἐστὶν ἐκ τοῦ γένους τῆς γῆς.
ἐξ ἀμφοτέρων γοῦν τούτων ἡ χροιὰ γίνεται ἡ
χλοερά. τούτου σημεῖον ὅτι οἱ φλοιοὶ τοῦ δένδρου,
30 ὅταν ξηραίνηται αὐτό, μελαίνονται, ἐντὸς δέ εἰσι
λευκοί. ἐν τοῖς δένδροις γοῦν μεταξὺ τῶν δύο
χρωμάτων χρῶμα χλοερὸν γίνεται ἐν τῇ ἐπιφανείᾳ
αὐτῶν.

Τοῦ δὲ σχήματος τῶν φυτῶν τρεῖς εἰσὶ τρόποι·
τινὰ γὰρ ἄνω προχωροῦσι, τινὰ κάτω, τινὰ μέσον.
τὰ μὲν οὖν ἄνω ἐκτεινόμενα ἔχουσιν αἰτίαν, ὅτι ἡ
35 φύσις αὐτῶν φαίνεται ἐν τῇ ἐντεριώνῃ, καὶ ἕλκει
τὴν θερμότητα, καὶ συμπιέζει ἐν ἑαυτῇ τὸν ἀέρα
τὸν ὄντα ἐν ταῖς ἀραιότησιν αὐτῆς. πυραμιδοῦνται

their growth begins thick at the end and rises to a fine point. This happens because the air, spreading gradually through the plant, increases its parts with a stretching of the material. In this way every tree or plant grows whose head is pyramidal.

VIII. The green colour must be the most common characteristic in trees. For we see that, as whiteness is their most common characteristic within, so is greenness without. This is because they use material which is nearer and more ripe. Greenness must be present in all plants, because their material draws and thins the wood of the tree, and the heat causes a rapid ripening, and some moisture survives there, which appears on the outside ; this is the greenness which appears in plants, unless the ripening becomes greater.[a] But it is midway in power between the leaves and the wood. Greenness is not destroyed, if there is moisture in it, which arises from the nature of the earth. From both these causes the green develops. A proof of this is that the bark of the tree, when it gets dry, turns black, but within it is white. In trees between these two colours is a green colour on the surface.

There are three types of form in plants ; some grow upwards, some downwards, and some in between the two. Those that stretch upwards do so because their nature appears in the pith, and attracts the heat, and encloses in itself the air, which exists in its fine-ness. But they adopt a pyramidal shape, just as fire

Colour in trees.

Types of plants.

---

[a] This appears to mean nothing.

δέ, ὥσπερ πυραμιδοῦται τὸ πῦρ ἐν ταῖς ἰδίαις
ὕλαις καὶ κουφίζεται. ὅσα δὲ κάτω ἐκτείνεται,
40 τούτων οἱ πόροι συμπήγνυνται. ὅταν γὰρ πέψις
γένηται, τότε ἡ ὕλη πυκνοῦται τοῦ ὑγροῦ, ἐν ᾧ
828 a ἐστὶν ἡ ἐντεριώνη. κἀντεῦθεν ἐκπορεύεται μὲν τὸ
λεπτὸν ἄνω, ἐπαναστρέφει δὲ τὸ ὑγρὸν πρὸς τὰ
μέρη ἐκεῖνα κάτω· κινεῖ γὰρ ταύτην ἡ οἰκεία
βαρύτης. ἃ δὲ φυτὰ μέσον τῶν δύο εἰσίν, ἔχουσιν
οὕτως. λεπτύνεται τὸ ὑγρόν, ὅτι ἡ φύσις τῆς
5 εὐκρασίας γειτνιάζει τῇ πέψει, εἰσί τε καὶ οἱ πόροι
μέσοι, καὶ ἡ ὕλη ἐπεκτείνεται καὶ ἄνω καὶ κάτω.
ἔστι δὲ ἡ μὲν πρώτη πέψις ὑπὸ τὸ φυτόν, ἡ δὲ
δευτέρα ἐν τῇ ἐντεριώνῃ, ἥτις ἐξέρχεται μὲν ἀπὸ
τῆς γῆς, ἔστι δὲ καὶ ἐν τῷ μέσῳ τοῦ φυτοῦ· καὶ
10 μετὰ ταῦτα γίνεται ἡ διαίρεσις, ἥτις συμβαίνει
ἀπὸ τῆς δευτέρας, οὐκ ἀπὸ τῆς πρώτης πέψεως.
ἡ δὲ τρίτη πέψις ἐστὶν ἐν τῷ ζῴῳ· οὐ γὰρ γίνεται
αὕτη ἡ πέψις εἰ μὴ διὰ τὴν διαίρεσιν τῆς φύσεως
τῶν μελῶν καὶ τὴν διάστασιν τῶν φυσικῶν πρὸς
ἄλληλα. τὰ δὲ φυτὰ γείτονά εἰσι πρὸς ἑαυτά,
15 καὶ διὰ τοῦτο πληθύνονται ἐν πολλοῖς τόποις.
ὡς ἐπὶ τὸ πλεῖστον δὲ ἡ ὕλη τῶν φυτῶν κάτω
ἐκτείνεται.

Τὰ σχήματα τοίνυν τῶν φυτῶν εἰσὶν ἐν τῇ φύσει
καὶ τῇ ποσότητι τῶν σπερμάτων, τὰ ἄνθη δὲ τῶν
φυτῶν καὶ οἱ καρποί εἰσιν ἐν ταῖς ὑγρότησι καὶ ἐν
ταῖς ὕλαις. κεῖται τοίνυν ἡ πρώτη κίνησις καθο-
20 λικῶς καὶ ἡ πέψις ἐν πᾶσι τοῖς ζῴοις, καὶ οὐκ
ἀποχωροῦσιν ἀπ᾽ αὐτῆς πάντα τὰ ζῷα. ἐν τοῖς
φυτοῖς δέ ἐστιν ἡ πρώτη πέψις, εἶτα ἡ πέπανσις
κατὰ τὴν τροφὴν αὐτῶν. ἕκαστον οὖν δένδρον ἀνα-
βαίνει ἀεί, ἔστ᾽ ἂν πληρωθείη. αἰτία δὲ αὕτη

is pyramidal in its own material and grows light. In the case of those which extend downwards, the passages become obstructed. For when ripening takes place, then the material of the moisture grows thick, in which the pith lies. Then the light portion rises upwards, while the moisture returns to the parts below; for its own weight causes its movement. But plants whose movement is between up and down, are of the following nature. The moisture grows thin because a suitable temperature is near at the time of ripening, and its passages are in an intermediate condition, and its matter spreads both up and down. The first ripening takes place under the plant, the second in the pith, which comes up out of the ground, and is in the middle of the plant; after this a division takes place, which is due to the second, not to the first ripening. A third form of ripening takes place in the animal; for this form of ripening only occurs through the division of the limbs and the natural differences of one part from another. But plants grow quite close to one another, and for this reason multiply in many places. Generally speaking, the material of plants spreads downwards.

The forms of plants depend on the nature and quantity of the seeds, flowers of plants and their fruit depend on moisture and material. In all animals the first movement and ripening takes place within them, but from this movement not all animals arise. But in plants themselves the first ripening begins, and then their development depends on their nourishment. Every tree then grows upwards until its development is complete. The reason is that in the

ἐστίν, ὅτι ἐπὶ μὲν τῶν ζῴων ἑκάστου τὸ μῆκος
25 πλησίον ἐστὶ τοῦ ἰδίου πλάτους, ἐν τῷ φυτῷ δὲ
πόρρω, ὅτι ἡ ῥίζα αὐτοῦ, ἤγουν τὸ πῦρ καὶ τὸ
ὕδωρ, σπεύδουσιν εἰς ἀνάβασιν, ἵνα δημιουργηθῇ
τὸ φυτόν. ἡ διαφορὰ δὲ τῶν φυτῶν ἐν τοῖς κλάδοις
ἐστὶν ἐκ τῆς περιττῆς ἀραιότητος. ὅταν γὰρ συμ-
πιεσθῶσιν οἱ χυμοί, θερμαίνεται ἡ φύσις καὶ σπεύδει
30 εἰς τὴν πέψιν, κἀντεῦθεν τυποῦνται οἱ κλάδοι καὶ
φύεται τὰ φύλλα, ὡς προείπομεν.

IX. Τὸ δὲ τὰ τῶν δένδρων φύλλα πίπτειν ἐστὶ
διὰ τὴν ἐπιφορὰν τῆς ὀξείας ἀραιότητος. ὅταν γὰρ
πεφθῇ ἡ ὑγρότης μετὰ τῆς ὕλης, πυραμιδοῦται, καὶ
35 μετὰ ταῦτα κατισχναίνουσι. καὶ ὅταν φανῇ ἡ ὕλη
τῇ πέψει πεπληρωμένη, τότε τελείως βύονται τὰ
ἄκρα τῶν πόρων ἄνω. καὶ διὰ ταῦτα ἐπεὶ τὰ
φύλλα οὐκ ἔχουσιν ὕλην, ξηραίνονται καὶ πίπτουσιν.
ἐὰν δὲ συμβῇ τὸ ἐναντίον ὧν εἴπομεν, οὐ πίπτει τὸ
φυτὸν εἰς στέρησιν τῶν ἰδίων φύλλων. ὅταν δὲ
40 πάλιν νικήσῃ[1] τὸ φυτὸν ψυχρότης, θερμαίνει αὐτὸ
ἡ ἐγκλειομένη τούτῳ θερμότης, καὶ ἡ φανέρωσις
828 b τῆς ψυχρότητος γίνεται ἐκτὸς ἐν τοῖς ἄκροις αὐτοῦ,
καὶ ἀποτελοῦνται ἐντεῦθεν τὰ φύλλα γλαυκά, καὶ
οὐδὲ πίπτουσιν, ὡς οὐδὲ ἐπὶ τῶν ἐλαιῶν καὶ τῶν
μυρσινῶν καὶ τῶν λοιπῶν.

Ὁπόταν δὲ ἔχωσι τὰ δένδρα καὶ τὰ φυτὰ δύναμιν
5 τοῦ ἕλκειν σφοδρῶς, γίνεται καρποφορία ὁμοῦ·
ᾗτις συμβαίνει, ὅτι χρῆται ἡ φύσις πέψει κατὰ
διαδοχὴν συχνῇ, καὶ ἐν ἑκάστῃ πέψει καρπὸν
προάγει πολύν. καὶ διὰ τοῦτο τινὰ φυτὰ καὶ πολ-
λάκις ἐν τῷ χρόνῳ καρποφοροῦσι. τὸ δὲ φυτὸν
ὅπερ ἐστὶν ὡς ἡ φύσις τοῦ ὕδατος, μόλις καρπο-

[1] κινήσῃ B.

case of every animal its height approximates to its breadth, but in the plant they are widely different, because their root, consisting of water and fire, makes its way upwards, that the plant may fulfil its nature. The differences in the branches of plants are due to their excessive fineness. For when the juices are compressed, their nature grows hot and hurries on to the ripening stage, and so branches will take shape and leaves grow, as we have said before.

IX. The falling of the leaves of trees is due to the increase of their quickly-made fineness. For when the moisture is ripened with the material, they become pyramidal in shape, and after this they grow thin. And when the material appears with complete ripening, then the extremities of the passages are completely blocked up above. For this reason, when the leaves have no matter, they dry up and fall. But when the opposite of what we have described occurs the plant does not suffer loss of leaves : but when coldness masters the plant, the heat enclosed within it warms it up, and the appearance of coldness is seen outside in its extremities, and in that case the leaves turn grey, and do not fall, as they do not in the case of olives, myrtle and the rest. *The falling of leaves.*

But when trees and plants have the power of violent attraction, fruit-bearing occurs at the same time ; which happens because their nature causes considerable ripening successively, and at each ripening produces a quantity of fruit. And so some plants bear fruit many times in the year. But the plant which is of the nature of water bears fruit sparsely *Fruit bearing.*

10 φορεῖ διὰ τὴν ἐπικράτειαν τῆς ὑγρότητος αὐτοῦ
καὶ τὸν πλατυσμὸν τῶν ἰδίων πόρων καὶ τὴν ἀπορ-
ροὴν τῶν ἰδίων ῥιζῶν. ὅτε δὲ ἰσχυροποιηθῇ τὸ
θερμόν, ταχύνει τε ἡ τούτου πέψις, καὶ λεπτύνεται
ἡ ὑγρότης καὶ οὐ συμπήγνυται· οὐδ' οὕτως πάλιν
γίνεσθαι καρποφορίαν συμβαίνει. καὶ τοῦτο εὑρί-
15 σκεται ἐν πάσαις ταῖς βοτάναις ταῖς λεπταῖς, ἀλλὰ
δὴ καὶ ἔν τισι λαχάνοις.

Φαίοτης δὲ γίνεται ἐν τόποις σφόδρα θερμοῖς,
καὶ ἔστιν ἐν τούτοις ὀλίγος καρπὸς ἐκ τῆς ὑγρό-
τητος, διότι εἰσὶ στενοὶ οἱ πόροι. ὅταν γοῦν
θελήσῃ ἡ φύσις πέψιν ποιῆσαι, μὴ ἔχουσα ὑγρό-
τητα ἀρκοῦσαν τῇ ὕλῃ, τότε γίνονται οἱ πόροι
20 στενώτεροι. ἐπαναστρέφει γοῦν ἡ πέψις, καὶ
συνεχῆ ταύτην ποιεῖ ἡ θερμότης, καὶ φαίνεται τότε
τὸ μέσον λευκοῦ καὶ μέλανος ἐν χρώματι. καὶ ὅτε
τοῦτο τοιουτοτρόπως γένηται, τότε τὸ ξύλον φθάνει
γίνεσθαι μέλαν, καὶ πᾶν τὸ πλησιάζον τῷ φαιῷ· καὶ
τοῦτο ἔστιν ἰδεῖν ἀπὸ τοῦ ἐβένου καὶ τῆς πτελέας.
25 ὁ δὲ ἔβενος καταδύεται ἐν τῷ ὕδατι, ὅτι τὰ μέρη
αὐτοῦ εἰσὶ συμπεπηγότα καὶ οἱ πόροι στενοί, καὶ
ἀὴρ οὐκ εἰσέρχεται ἐν αὐτοῖς. ὃ δὲ ἐκ τῶν ξύλων
τῶν λευκῶν βυθίζεται, ἔστι διὰ τὴν στενότητα τῶν
πόρων καὶ τὴν περιττότητα τῆς ὑγρότητος τῆς
30 βυούσης τοὺς πόρους, ὥστε μὴ ἐξέρχεσθαι ἀπ' αὐ-
τῶν ἀέρα. τὸ δὲ ἄνθος ἐκ λεπτῆς μόνον ὕλης
ἐστίν, ὅταν ἄρξηται ἡ πέψις· καὶ διὰ τοῦτο προ-
ηγεῖται τοῦ φυτοῦ, ὡς ἐδείξαμεν. ἐντεῦθεν γοῦν
δεικνύομεν καὶ τὴν αἰτίαν δι' ἣν τὰ φυτὰ ἐκφέρουσι
φύλλα πρότερον, εἶτα καρπούς.

Ὁ δὲ ἐν τῷ φυτῷ τῷ ἔχοντι στενοὺς πόρους
35 γίνεται χρῶμα, ἔσται ἐν χρώματι σαπφειρίνῳ, καὶ

because of the predominance of water in it, and the thickening of its own passages, and the dropping off of its roots. But when the heat becomes strong, and its ripening accelerates, the moisture becomes light and does not congeal; in this case it will not bear fruit again. This is found in all small wild herbs, and even in some garden herbs.

Greyness is found in very hot places, and in these there is very little fruit because of the moisture, because the passages are narrow. When nature wishes to produce ripening, but has not sufficient moisture in the material, then the passages become narrower. Then the ripening reverses and the heat makes it continuous; then it appears between white and black in colour. When it takes place in this way, then the wood goes black first, and so does all the part near it become grey; this can be seen in the ebony and the elm. Ebony sinks in water, because its parts cohere, and its passages are narrow, and no air enters them. When white woods sink, it is due to the narrowness of their passages, and the excess of moisture which obstructs them, so that no air can enter into them. The flower is made entirely of a light material, when ripening begins; this is why it comes first in plants, as we have shown. In this way we explain the reason why plants bear leaves first and fruit afterwards.

The colour which occurs in plants having narrow passages will be blue and will incline to whiteness

Grey colour in plants.

Other colour.

225

828 b

διότι συμπιέζονται αὐτοῦ τὰ μέρη, εἰς λευκότητα
κλίνει. ὅταν δὲ εἰς εὐκρασίαν φθάσῃ, ἐστὶ γλαυκόν.
διότι δέ τινα φυτὰ ἄνθη οὐκ ἔχουσιν, ἔστιν ἡ αἰτία
ὅτι ὡς ἐπὶ τὸ πλεῖστον γίνεται τοῦτο διὰ τὴν
διαφορὰν τῶν ἐν αὐτοῖς μερῶν καὶ τὴν ἐν αὐτοῖς
40 λεπτότητα καὶ τραχύτητα καὶ παχύτητα. οὐκ
ἔχουσι δὲ ἄνθη φοίνικες, συκαῖ καὶ τὰ τούτοις
ὅμοια.

829 a

Τὸ δὲ φυτὸν τὸ παχεῖς ἔχον φλοιοὺς ἐκτείνεται
κατὰ τὴν ἔκτασιν τῆς ὑγρότητος καὶ τὴν συνώθησιν
τῆς θερμότητος. καὶ τοῦτό ἐστιν ἐν τῇ πεύκῃ καὶ
τῷ φοίνικι. τὸ δὲ φυτὸν τὸ γάλα ἐκβάλλον ἔχει
τοῦτο ἐν τῷ μέσῳ. ἔστι δὲ ἡ θερμότης ὑποκάτω
5 ἰσχυροτέρα, καὶ μένει ἐκεῖ πιότης. ὁπόταν οὖν
ἄρξηται ἡ θερμότης πέττειν, στρέφεται ἡ πιότης
εἰς τὴν οἰκείαν ὑγρότητα, καὶ συμπήγνυσι ταύτῃ
συμπήξει βραχείᾳ. καὶ θερμαινομένου τοῦ τόπου
γίνεται ἡ ὑγρότης λιπαρά, ὁμοία γάλακτι, ἐγείρεταί
τε ἀναθυμίασις ἀπὸ τῆς ὑγρότητος τῆς ἑλκούσης
10 τὸ γάλα ἐκεῖνο εἰς τὰς ἀκρότητας, καὶ κατέχει ἡ
ὑγρότης τὴν θερμότητα τὴν φαινομένην, καὶ οὕτω
συμπήγνυται τὸ γάλα· φύσις γάρ ἐστι τῆς θερμό-
τητος τὸ συμπηγνύειν. ὁποῖον δή τι δὲ γάλα
πολλῆς ἐστι συμπήξεως, τότε γίνεται, ὅταν ἐν τῷ
δένδρῳ φανῇ ψῦχος· συμπηγνύμενον γὰρ μετὰ
15 ταῦτα ἐξέρχεται ἀπὸ τοῦ οἰκείου τόπου. καὶ
ἐντεῦθέν ἐστι τὸ κόμι. τὸ κόμι δὲ τὸ θερμὸν
προέρχεται ἐν τῷ στάζεσθαι· ὁπόταν γοῦν τοῦ
ἀέρος ἅψηται, συμπήγνυται· καὶ καταρρεῖ ἐν τόπῳ
εὐκράτῳ, καὶ ἔστιν ὅμοιον ὕδατι. ἕτερον δὲ χέεται
καὶ συμπήγνυται ὅμοιον λίθοις ἢ κογχυλίοις. ὅτε
20 δὲ κατὰ στράγγα ῥεῖ, μένον ἐν τῷ οἰκείῳ εἴδει

because their parts are compressed. When there is a mixture of conditions, the colour is grey. The reason why some plants have no flowers is generally owing to the difference of their parts and their lightness, roughness or thickness. Date-palms have no flowers, nor do figs and plants similar to these.

Trees with thick bark grow by the expansion of moisture and the pressure due to heat. This is true of the pine and the date-palm. The plant that exudes milk has this in the middle of it. The heat below is stronger and the oiliness resides there. When the heat begins to ripen, the oiliness turns to its natural moisture and congeals with a quick coalescence. As the place grows hot the thick moisture, like milk, is formed, and an evaporation rises from the moisture which draws the milk to the extremities, and the moisture controls the heat which appears, and so the milk is congealed ; for it is the nature of heat to congeal. But in cases in which the milk congeals very hard it is due to cold in the tree ; and when thus congealed it afterwards issues from its proper place. Then it becomes gum. Gum when it is hot comes out in the form of drops ; but when it comes into contact with the air, it grows solid ; it also flows in temperate regions and is then like water. In other cases it flows out and congeals as hard as stone or shell. But when it exudes drop by drop, it remains in its own form and becomes like what is

227

829 a

γίνεται ὡς τὸ λεγόμενον σμηρίον. τὸ δὲ ἀλλοιού-
μενον ὡς λίθος ἐστὶ κατὰ τὸ φαινόμενον λίαν ψυχρόν.
ποιεῖ δὲ τοῦτο ἡ θερμότης τοιοῦτον εἶναι· ὅταν δὲ
ᾖ ψῦχος καὶ καταρρῇ, ἀπολιθοῦται. πάλιν τῶν
δένδρων τινὰ ἀλλοιοῦνται ἐν τῷ χειμῶνι, καὶ ποτὲ
25 μὲν γίνονται χλοερὰ ποτὲ δὲ γλαυκά, καὶ οὐ
φθείρονται οὔτε τὰ φύλλα αὐτῶν οὔτε οἱ καρποί,
ὅτι τὰ φυτὰ ἐν οἷς τοῦτο συμβαίνει ἔχουσιν ἐπάνω
θερμότητα παχεῖαν καὶ ἐν ταῖς ῥίζαις ὑγρότητα
λεπτήν· ὅθεν ἐν τῇ προόδῳ τοῦ ἔτους κατέχει ἡ
30 ὑγρότης ἐκεῖνο τὸ χρῶμα διὰ τὴν ψυχρότητα τοῦ
ἀέρος. καὶ ὅτε παραβάλλει ἡ θερμότης πρὸς τὴν
ψυχρότητα, ὠθεῖ ἡ θερμότης τὴν ὑγρότητα ἔξω-
θεν, μετὰ τοῦ οὗπερ ἔβαψε χρώματος τοῦ ἐν τῇ
ἐπιφανείᾳ τοῦ δένδρου ἀκολουθοῦντος. ὅτε δὲ
35 στρέφεται πάλιν ἡ ψυχρότης καὶ ἡ ξηρότης εἰς
ἐνέργειαν, καὶ ἡ ὑγρότης κατέχει τὴν θερμότητα,
τότε τὸ χρῶμα φαίνεται τὸ γλαυκόν.

X. Πικρὸς δὲ γίνεται καρπός, ὅτε ἡ θερμότης
καὶ ἡ ὑγρότης οὐκ εἰσὶ πλήρεις ἐν τῇ πέψει. ἡ
ψυχρότης γὰρ καὶ ἡ ξηρότης ἐμποδίζουσι τὴν
τελείωσιν, καὶ οὕτω στρέφεται εἰς πικρίαν ὁ
καρπός. τούτου σημεῖον ὅτι τὸ πικρὸν εἰς πῦρ
40 ἐμβληθὲν γλυκὺ γίνεται. δένδρα δὲ ὅσα γεννῶνται
ἐν ὕδατι ὀξώδει, ποιοῦσι καρπὸν γλυκύν, διότι τὸ
829 b ὀξῶδες ἕλκει μετὰ θερμότητος τοῦ ἡλίου, ὅπερ
ἐστὶ τῆς ἰδίας ποιότητος. καὶ τοῦτο ψυχρότης ἐστὶ
καὶ ξηρότης· κἀντεῦθεν ἀπομένουσιν ὑγρότητές
τινες ὀλίγαι ἔνδον γλυκεῖαι. θερμαίνεταί τε καὶ
ἡ κοιλία τοῦ δένδρου, ὅταν προσμείνῃ ἐς αὐτὴν ὁ
5 ἥλιος, καὶ οὕτως γίνεται ὁ χυμὸς τοῦ καρποῦ
στύφος ὀλίγον. καὶ ὅσον πλέον πεπεμμένος γένη-
228

called beeswax. That which changes into a form like stone is on its appearance very cold. But heat is the cause of its seeming so ; and when it is cold and then becomes fluid, it hardens like stone. Some trees again change in the winter, some become green and some grey, and neither their leaves nor fruit die, because the plants in which this happens have a thick heat above and a light moisture in their roots ; so as the year advances, the moisture controls the colour because of the coldness of the air. And, when the heat meets the cold, the heat drives the moisture outside, together with the colour on the surface with which it is tinted, and the tree follows this colour. But when the coldness returns and the dryness is made active, and the moisture controls the heat, then the colour becomes grey.

X. Fruit becomes bitter when the heat and moisture are not complete in the ripening. For the cold and dryness prevent the full development, and so the fruit turns to bitterness. The proof of this lies in the fact that the bitter when cast into the fire becomes sweet. But the trees which grow in acrid water produce sweet fruit, because the tartness combined with the heat of the sun attracts what is of its own quality; that is to say cold and dryness; and so a little sweet moisture remains within. The interior of the tree grows hot when the sun remains on it, and so the juice of the fruit remains somewhat tart. As it gets

829 b

ται, διαλύεται κατὰ μικρὸν τὸ ὀξῶδες, ἔστ' ἂν
καταναλωθείη καὶ φανῇ ἡ γλυκύτης. ἔσται τοίνυν
ὁ καρπὸς γλυκύς, τὰ δὲ φύλλα αὐτοῦ καὶ οἱ ἀκρέ-
μονες ξηροί. ὅταν δὲ τελειωθῇ ἡ πεπειρότης, ἐπὶ
10 πλέον γίνεται ὁ καρπὸς πικρός. τοῦτο δέ ἐστι διὰ
τὴν περισσὴν θερμότητα μετὰ βραχείας ὑγρότητος.
καταναλίσκεται γὰρ ἡ ὑγρότης, ποιεῖ τε ὁ καρπὸς
τὴν θερμότητα ἀναβαίνειν, καὶ ἐστὶ τότε ὁ καρπὸς
πικρός. γίνονται δὲ καὶ οἱ πυρῆνες πυραμοειδεῖς
15 διὰ τὴν ἐφέλκυσιν τοῦ θερμοῦ καὶ τὴν περιττὴν
ψυχρότητα καὶ ὑγρότητα τὴν ἐντὸς κειμένην, ἅ
εἰσιν ἐκ γένους τοῦ ὀξώδους ὕδατος. μένει γὰρ
τὸ ὑγρὸν ἐν μέσῳ καὶ καταπυκνοῦται καὶ ἰσχναίνει
τὰ ἄκρα. τὰ δένδρα δὲ τὰ ὄντα ἐν γῇ εὐκράτῳ
ἐπισπεύδουσι τὴν πεπειρότητα πρὸ τῶν χειμερινῶν
20 ἡμερῶν, ὅτι ἡ θερμότης ὅταν ᾖ πλησίον τῆς εὐ-
κρασίας, γένηται δὲ καὶ ἡ ὑγρότης φανερὰ καὶ ὁ
ἀὴρ καθαρός, καὶ οὐ δεῖται ὁ καρπὸς πολλῆς θερ-
μότητός[1] τε καὶ πέψεως, σπεύδει τότε ἡ τοῦδε
πεπειρότης, καὶ πρόεισι πρὸ ἡμερῶν χειμερινῶν.
25 ἐν πᾶσι γοῦν τοῖς δένδροις, ὅτε πρῶτον φυτευθῶσιν,
ἐπικρατεῖ τὸ πικρὸν ἢ τὸ στρυφνόν, ἐπεὶ ἡ ὑγρότης
ὅταν ἐν τοῖς ἄκροις γένηται αὐτῶν, πέττει τοὺς
τόπους τοὺς ὄντας ἐν τῷ μέσῳ τῶν δένδρων, ἐξ
ὧν ἐστι καὶ ἡ ὕλη τῶν καρπῶν, προέρχεταί τε
ξηρότης καὶ ἐπακολουθεῖ τῇ ὑγρότητι, καὶ οὕτω
γίνεται ἡ πρώτη πέψις δριμεῖα ἢ πικρὰ ἢ στρυφνή.
30 αἰτία δέ ἐστιν ὅτι μετὰ θερμότητος καὶ ὑγρότητός
ἐστι πέψις. ὅταν δὲ ἐπικρατήσῃ ὑγρότης καὶ
ξηρότης τοῦ θερμοῦ, ἔστιν ἐξ αὐτοῦ καρπὸς ἐν τῇ
ἀρχῇ οὐκ εὔπεπτος, διότι ἡ γέννησις τοῦ καρποῦ
ἐν τῇ ἀρχῇ ἐστὶ χωρὶς γλυκύτητος. τῶν μυρο-

riper, the tartness is little by little resolved, until it
is all spent and the sweetness appears. Then the
fruit will be sweet, and the leaves and twigs dry. But
when the ripening is complete, the fruit grows more
bitter. This is due to excessive heat combined with
little moisture. For the moisture is exhausted, and
the fruit causes the heat to rise and then the fruit is
bitter. And the stones of the fruit are pyramidal in
shape, because of the attraction of the heat and the
excessive cold and moisture that lies within it, which
are of the nature of acrid water. For the moisture
remains in the middle and thickens and refines the
extremities. But trees which are in a place of suit-
able temperature hasten on their ripening before the
winter days, because when the heat approaches a
suitable temperature, and the moisture becomes
evident and the air clear, and the fruit does not need
much heat or ripening, then its ripening accelerates
and gets forward before the days of winter. So in
all trees when they are first planted the acrid or
astringent taste predominates, since the moisture,
when it is in their extremities, ripens those parts
which are in the middle of the trees, from which the
material of the fruit arises ; dryness continues and
succeeds the moisture, and so the first ripening is
necessarily rough or bitter or tart. The reason is
that the ripening occurs combined with heat and
moisture. But when the moisture and dryness are
greater than the heat, the fruit that comes from it is
not properly ripe at first, because the growth of the
fruit is at the beginning lacking in sweetness. But

---

¹ ὑγρότητός B.

ARISTOTLE

βαλάνων δὲ δένδρων ἐν τῇ ἀρχῇ, ὅταν φανῶσιν, οἱ
35 καρποί εἰσι γλυκεῖς· κοινῶς δέ εἰσι στρυφνοὶ καὶ
ἐν τῇ κράσει αὐτῶν πικροί. αἰτία δέ ἐστιν ὅτι τὸ
δένδρον αὐτῶν ἐστιν ἀραιὸν τοῖς κλάδοις. ἐν ὥρᾳ
δὲ πέψεως, ὅταν ὦσιν οἱ πόροι πλατεῖς, ἕπεται
θερμότης τῇ ὑγρότητι, καὶ πεπειροῦνται οἱ καρποί,
καὶ εἰσὶν ἐν τῇ ἀρχῇ γλυκεῖς. πάλιν ἀκολούθως
40 ἕλκει διὰ τὴν ἀραιότητα τοῦτο τὸ δένδρον πόρους,
ἐπικρατεῖ τε ψυχρότης καὶ ξηρότης τοῦ θερμοῦ καὶ
ὑγροῦ, κἀντεῦθεν ἀλλοιοῦνται οἱ καρποὶ εἰς στρυφ-
830 a νότητα. ἐπικρατεῖ πάλιν ὁ ἥλιος μετὰ τῆς θερμό-
τητος διὰ τῆς ἐφελκύσεως τῆς περιττῆς ξηρότητος
ἐν τῷ σπέρματι ἐκείνῳ, ὅπερ ἐστὶν ἐν τῇ ἐπιφανείᾳ
τῶν δένδρων, νικᾷ τε ἡ ψυχρότης τὴν ξηρότητα,
830 b καὶ εἰσὶν οἱ καρποὶ ἰσχυρᾶς στρυφνότητος. ἐντεῦθεν
δὲ πάλιν ἀναβαίνει θερμότης φυσικὴ ἄνω, καὶ
βοηθεῖ αὐτῇ ἡ θερμότης τοῦ ἡλίου ἔξωθεν, νικᾷ τε
ἡ θερμότης καὶ ἡ ξηρότης, καὶ γίνονται οἱ καρποὶ
πικροί.

the fruit of the ben-nut tree is sweet at the beginning, when it first appears ; but generally speaking they are astringent and when mixed bitter. The reason is that the tree is thin in branches. But at the season of ripening, when the passages are broad, heat follows the moisture, and the fruit ripens, and is sweet to start with. But in course of time because of its fineness the tree contracts the passages, and the coldness and dryness master the heat and moisture, and then the fruit changes to astringency. The sun again gets the mastery with its heat, because of the attraction of the excessive dryness in that seed which is on the surface of the trees, and the coldness masters the dryness, and the fruit is of considerable astringency. Then the natural heat rises up again, and the heat of the sun assists it from without, the heat and dryness prevail and the fruit becomes bitter.

ON MARVELLOUS THINGS HEARD
(DE MIRABILIBUS AUSCULTA-TIONIBUS)

INTRODUCTION

THIS curious collection of " marvels " reads like the jottings from a diary. All authorities are agreed that it is not the work of Aristotle, but it is included in this volume as it forms part of the " Corpus " which has come down to us ; most Aristotelian scholars believe that it emanated from the Peripatetic School. Some of the notes are puerile, but some on the other hand are evidently the fruit of direct and accurate observation.

ΠΕΡΙ ΘΑΥΜΑΣΙΩΝ ΑΚΟΥΣΜΑΤΩΝ

830 a 5 1. Ἐν τῇ Παιονίᾳ φασὶν ἐν τῷ ὄρει τῷ Ἡσαίνῳ καλουμένῳ, ὃ τὴν Παιονικὴν καὶ τὴν Μαιδικὴν ὁρίζει, εἶναί τι θηρίον τὸ καλούμενον βόλινθον, ὑπὸ δὲ τῶν Παιόνων μόναιπον. τοῦτον λέγουσι τὴν μὲν ὅλην φύσιν παραπλήσιον εἶναι βοΐ, διαφέρειν δὲ τῷ μεγέθει καὶ τῇ εὐρωστίᾳ, προσέτι δὲ καὶ τῇ χαίτῃ· ἔχει γὰρ ἀπὸ τοῦ αὐχένος, ὥσπερ ὁ ἵππος, κατατείνουσαν βαθεῖαν σφόδρα, καὶ ἀπὸ τῆς κορυφῆς ἕως τῶν ὀφθαλμῶν. τὰ δὲ κέρατα οὐχ ὥσπερ οἱ βόες, ἀλλὰ κατεστραμμένα, καὶ τὸ ὀξὺ κάτω παρὰ τὰ ὦτα· χωρεῖν δὲ αὐτὰ ἡμιχόου πλεῖον ἑκάτερον αὐτῶν· καὶ μέλανα σφόδρα εἶναι, διαστίλβειν δὲ ὡσανεὶ λελεπισμένα. ὅταν δὲ ἐκδαρῇ τὸ δέρμα, κατέχειν τόπον ὀκτακλίνου. ἡνίκα δὲ πληγῇ, φεύγει, κἂν ἐξαδυνατοῦν μένει. ἔστι δὲ ἡδύκρεων. ἀμύνεται δὲ λακτίζον καὶ προσαφοδεῦον ὡς ἐπὶ τέτταρας ὀργυιάς· ῥᾳδίως δὲ χρῆται τούτῳ καὶ πολλάκις τῷ εἴδει, καὶ ἐπικαίει δ᾽ ὥστ᾽ ἀποψήχεσθαι τὰς τρίχας τῶν κυνῶν. τεταραγμένου μὲν οὖν τοῦτο ποιεῖν φασι τὸν ἄφοδον, ἀταράχου δὲ μὴ ἐπικαίειν. ὅταν δὲ τίκτωσι, πλείους γενόμενοι καὶ συναχθέντες ἅμα πάντες οἱ μέγιστοι τίκτουσι καὶ κύκλῳ προσαφοδεύουσι· πολὺ γάρ τι τούτου τοῦ περιττώματος τὸ θηρίον προΐεται.

238

ON MARVELLOUS THINGS HEARD

1. In Paeonia they say that in the mountain called Hesaenus, which divides Paeonia from Maedice, there is a wild beast called "bolinthus," which the Paeonians call "monaepus." They say that the beast is in general character like an ox, but that it is larger and stronger, and also more hairy; for it has a mane on its neck like a horse, stretching down very thickly, and spreading from its brow to its eyes. Its horns are not like those of oxen, but are turned downwards, and come to a sharp point by the ears; each of these holds more than three pints and is pitch black, but they shine as though they were peeled. But when the hide is skinned it covers the space of eight couches. But when the beast is hit it flees, and even if incapacitated continues to do so; its flesh is sweet. It protects itself by kicking and voiding excrement over a distance of forty feet; it easily and often employs this form of defence, which scorches so fiercely that it will scrape off a dog's hair. They say that it has this effect when the animal is disturbed, but that it does not scorch when it is undisturbed. When they bring forth their young they meet in large numbers, and collecting in a herd all the biggest bring forth young and void excrement in a circle. For the beast voids a great deal of such excrement.

ARISTOTLE

2. Τοὺς ἐν Ἀραβίᾳ φασὶ καμήλους μὴ ἀναβαίνειν ἐπὶ τὰς μητέρας, ἀλλὰ κἂν βιάσηταί τις, οὐ θέλουσι. καὶ γάρ ποτε λέγεται, ἐπεὶ οὐκ ἦν ὀχεῖον, τὸν ἐπιμελητὴν καλύψαντα ἐφεῖναι τὸν πῶλον. ὁ δὲ τὸ ὀχεύειν[1] τότε μέν, ὡς ἔοικε, συνετέλεσε, μικρῷ δ' 10 ὕστερον δάκνων τὸν καμηλίτην ἀπέκτεινεν.

3. Τοὺς κόκκυγάς φασι τοὺς ἐν Ἑλίκῃ, ὅταν μέλλωσι τίκτειν, μὴ ποιεῖν νεοττιάν, ἀλλ' ἐν ταῖς τῶν φαττῶν ἢ ταῖς τῶν τρυγόνων ἐντίκτειν, καὶ μήτ' ἐπῳάζειν μήτ' ἐκκολάπτειν μήτε τρέφειν 15 αὐτούς· ἀλλ' ὅταν γεννηθῇ ὁ νεοττὸς καὶ ἐκτραφῇ, μεθ' ὧν ἂν οὗτος συνῇ, τούτους ἐκ τῆς νεοττιᾶς ἐκβάλλειν. γίνεται δ', ὡς ἔοικε, μέγας καὶ καλός, ὥστε ῥᾳδίως κατακρατεῖν τῶν λοιπῶν. τούτῳ δὲ χαίρειν φασὶ καὶ τὰς φάττας οὕτως ὥστε καὶ αὐτὰς συνεκβάλλειν ἐκείνῳ τοὺς ἰδίους νεοττούς.

20 4. Αἱ ἐν Κρήτῃ αἶγες ὅταν τοξευθῶσι, ζητοῦσιν, ὡς ἔοικε, τὸ δίκταμον τὸ ἐκεῖ φυόμενον. ὅταν γὰρ φάγωσιν, εὐθὺς ἐκβάλλουσι τὰ τοξεύματα.

5. Φασί τινας ἐν Ἀχαΐᾳ τῶν ἐλάφων, ὅταν ἀποβάλωσι τὰ κέρατα, εἰς τοιούτους τόπους ἔρχεσθαι 25 ὥστε μὴ ῥᾳδίως εὑρεθῆναι. τοῦτο δὲ ποιεῖν διὰ
τὸ μὴ ἔχειν ᾧ ἀμυνοῦνται, καὶ διὰ τὸ πονεῖν τοὺς τόπους ὅθεν τὰ κέρατα ἀπέβαλον. πολλαῖς δὲ καὶ κισσὸν ἐπιπεφυκότα ἐν τῷ τῶν κεράτων τόπῳ ὁρᾶσθαι.

6. Ἐν Ἀρμενίᾳ φάρμακόν τί φασι φύεσθαι ὃ 5 καλεῖται παρδάλειον. τούτῳ οὖν, ὅταν ὀφθῇ πάρδαλις, χρίσαντες τὸ ἱερεῖον ἀφιᾶσιν. ἡ δὲ ὅταν ἅψηται αὐτοῦ, ζητεῖ, ὡς ἔοικε, τὴν τοῦ ἀνθρώπου κόπρον. διὸ καὶ οἱ κυνηγοὶ εἰς ἀγγεῖον αὐτὴν

---

[1] ὡς δ' ὀχεύοντος ἐπέβη, B.

240

2. They say that camels in Arabia do not mate with their dams, and will not do so even if force is used. A story is told that once, when no stallion was available, the man in charge secretly introduced a colt. Apparently the colt completed the mating, but soon after bit the camel-driver to death.

3. They say that the cuckoos in Helice, when they are going to lay eggs, do not make a nest, but lay them in the nests of doves or pigeons, and do not sit, nor hatch, nor bring up their young ; but when the young bird is born and has grown big, it casts out of the nest those with whom it has so far lived. It becomes apparently a fine strong bird, so it can easily master the others. They say that the ring-doves so delight in this, that they join in turning out their own young.

4. Goats in Crete when they are wounded with an arrow appear to hunt for dittany, which grows there. When they have eaten it, they immediately pull out the arrows.

5. They say that some deer in Achaea, when they shed their horns, go in to such places that they cannot easily be found. They do this because they have nothing to defend themselves with, and because the points from which they have cast off their horns are painful. In the place of the horns ivy may often be seen to have grown on them.

6. In Armenia they say that a plant grows which is called leopard's bane. When a leopard has been seen, they anoint a victim with this, and set him free. When the leopard has touched this, he apparently seeks human excrement. So the hunters, putting

ἐμβαλόντες ἔκ τινος δένδρου κρεμῶσιν, ἵνα προσ-
αλλομένη καὶ ὑπέρκοπος γενομένη ὑπ᾽ αὐτοῦ παρα-
10 λυθῇ καὶ ὑποχείριος γένηται.

7. Ἐν Αἰγύπτῳ δὲ τοὺς τροχίλους φασὶν εἰσ-
πετομένους εἰς τὰ στόματα τῶν κροκοδείλων
καθαίρειν αὐτῶν τοὺς ὀδόντας, τὰ σαρκία τὰ
ἐνεχόμενα τοῖς ῥύγχεσιν ἐξέλκοντας· τοὺς δ᾽
ἥδεσθαι καὶ μηδὲν βλάπτειν αὐτούς.

15 8. Τοὺς ἐν Βυζαντίῳ φασὶν ἐχίνους αἰσθάνεσθαι
ὅτε βόρεια καὶ νότια πνεῖ πνεύματα, καὶ μετα-
βάλλειν εὐθὺς τὰς ὀπάς, καὶ ὅταν μὲν ᾖ νότια, ἐκ
τοῦ ἐδάφους τὰς ὀπὰς ποιεῖσθαι, ὅταν δὲ βόρεια,
ἐκ τῶν τοιχῶν.

9. Αἱ ἐν Κεφαλληνίᾳ αἶγες οὐ πίνουσιν, ὡς
20 ἔοικεν, ὥσπερ καὶ τἆλλα τετράποδα, καθ᾽ ἡμέραν
δὲ πρὸς τὸ πέλαγος ἀντία τὰ πρόσωπα ποιήσασαι
χάσκουσιν εἰσδεχόμεναι τὰ πνεύματα.

10. Φασὶν ἐν Συρίᾳ τῶν ἀγρίων ὄνων ἕνα ἀφηγεῖ-
σθαι τῆς ἀγέλης, ἐπειδὰν δέ τις νεώτερος ὢν τῶν
πώλων ἐπί τινα θήλειαν ἀναβῇ, τὸν ἀφηγούμενον
25 θυμοῦσθαι, καὶ διώκειν ἕως τούτου ἕως ἂν κατα-
λάβῃ τὸν πῶλον, καὶ ὑποκύψας ἐπὶ τὰ ὀπίσθια
σκέλη τῷ στόματι ἀποσπάσῃ τὰ αἰδοῖα.

11. Τὰς χελώνας λέγουσιν, ὅταν ἔχεως φάγωσιν,
ἐπεσθίειν τὴν ὀρίγανον, ἐὰν δὲ μὴ θᾶττον εὕρῃ,
ἀποθνήσκειν. πολλοὺς δ᾽ ἀποπειράζοντας τῶν
30 ἀγραυλούντων εἰ τοῦτ᾽ ἀληθές ἐστιν, ὅταν ἴδωσιν
αὐτὴν τοῦτο πράττουσαν, ἐκτίλλειν τὴν ὀρίγανον·
τοῦτο δὲ ὅταν ποιήσωσι, μετὰ μικρὸν αὐτὴν ὁρᾶ-
σθαι ἀποθνήσκουσαν.

12. Τὸ τῆς ἰκτίδος λέγεται αἰδοῖον εἶναι οὐχ
ὅμοιον τῇ φύσει τῶν λοιπῶν ζῴων, ἀλλὰ στερεὸν

this in a vessel, hang it from a tree, in order that he may get tired of jumping for it, and so may be captured.

7. In Egypt they say that sandpipers fly into the mouths of crocodiles, and pick their teeth, picking out the small pieces of flesh that adhere to them with their beaks ; the crocodiles like this, and do them no harm.

8. They say that in Byzantium the hedgehogs can distinguish when the wind blows from the north and from the south, and promptly change their holes ; when the south wind blows, they make the openings from the bottom, and when the north wind from the sides.

9. The goats in Cephallenia apparently do not drink like other quadrupeds, but every day turn their faces to the sea, open their mouths, and inhale the air.

10. They say that in Syria there is always one leader of a herd of wild asses. When one of the younger animals wishes to mate with a female, the leader is enraged and pursues the young one until he catches him, and then stooping between his hind legs tears out his organs.

11. They say that tortoises when they have eaten a snake eat marjoram on top, and that if they do not find any they die quickly. Many shepherds have experimented to see if this is true, and when they see a tortoise eating a snake pull up the marjoram ; whenever they do this they see the tortoise die in a short space of time.

12. The organ of the marten is said to be unlike that of other animals, being as hard as a bone, in

ARISTOTLE

διὰ παντὸς οἷον ὀστοῦν, ὅπως ἄν ποτε διακειμένη τύχῃ. φασὶ δὲ στραγγουρίας αὐτὸ φάρμακον εἶναι ἐν τοῖς ἀρίστοις, καὶ δίδοσθαι ἐπιξυόμενον.

5 13. Τὸν δρυοκολάπτην φασὶ τὸ ὄρνεον ἐπὶ τῶν δένδρων βαδίζειν ὥσπερ τοὺς ἀσκαλαβώτας, καὶ ὕπτιον καὶ ἐπὶ τὴν γαστέρα. νέμεσθαι δὲ λέγεται καὶ τοὺς ἐκ τῶν δένδρων σκώληκας, καὶ οὕτω σφόδρα κατὰ βάθους ὀρύττειν τὰ δένδρα ζητοῦντα τοὺς σκώληκας ὥστε καὶ καταβάλλειν αὐτά.

10 14. Φασὶ τοὺς πελεκᾶνας τὰς ἐν τοῖς ποταμοῖς γινομένας κόγχας ὀρύττοντας καταπίνειν, ἔπειτα ὅταν πλῆθος εἰσφρήσωσιν αὐτῶν, ἐξεμεῖν, εἶθ' οὕτως τὰ μὲν κρέα ἐσθίειν τῶν κογχῶν, τῶν δ' ὀστράκων μὴ ἅπτεσθαι.

15. Ἐν Κυλλήνῃ φασὶ τῆς Ἀρκαδίας τοὺς κοσ-
15 σύφους λευκοὺς γίνεσθαι, ἄλλοθι δ' οὐδαμῇ, καὶ φωνὰς ποικίλας προΐεσθαι, ἐκπορεύεσθαί τε πρὸς τὴν σελήνην. τὴν δ' ἡμέραν εἴ τις ἐπιχειροίη, σφόδρα δυσθηράτους εἶναι.

16. Λέγεται δ' ὑπό τινων μέλι τὸ καλούμενον ἄνθινον περὶ Μῆλον καὶ Κνίδον γίνεσθαι εὐῶδες μὲν
20 τῇ ὀσμῇ, ὀλιγοχρόνιον δέ, ἐν τούτῳ δὲ καὶ τὴν ἐριθάκην γίνεσθαι.

17. Περὶ Καππαδοκίαν ἔν τισι τόποις ἄνευ κηρίου φασὶν ἐργάζεσθαι τὸ μέλι, γίνεσθαι δὲ τὸ πάχος ὅμοιον ἐλαίῳ.

18. Ἐν Τραπεζοῦντι τῇ ἐν τῷ Πόντῳ γίνεται τὸ ἀπὸ τῆς πύξου μέλι βαρύοσμον· καί φασι τοῦτο
25 τοὺς μὲν ὑγιαίνοντας ἐξιστάναι, τοὺς δ' ἐπιλήπτους καὶ τελέως ἀπαλλάττειν.

19. Φασὶ δὲ καὶ ἐν Λυδίᾳ ἀπὸ τῶν δένδρων τὸ μέλι συλλέγεσθαι πολύ, καὶ ποιεῖν ἐξ αὐτοῦ τοὺς

whatever condition it is. They say that it is an excellent cure for strangury and is administered in powdered form.

13. They say that the woodpecker climbs up trees like a lizard, upside down and on its belly. It is said to feed on insects from the trees, and to dig so deep into the trees in its search for worms, that it actually brings them down.

14. They say that pelicans dig up the mussels which live in rivers and swallow them; then when they have taken in a quantity they vomit, and so eat the flesh of the mussels without dealing with their shells.

15. They say that in Cyllene in Arcadia the black-birds are white, but not in any other place, and that they have harmonious voices and come out into the moonshine; and that if one were to try by day, they are very hard to catch.

16. It is said that the honey called flower honey at Melos and Cnidos is sweet-scented, but only lasts for a short time, but that there is bee-bread in it.

17. In certain parts of Cappadocia they say that honey is made without wax, and that it is of the consistency of oil.

18. At Trapezus in Pontus honey from boxwood has a heavy scent; and they say that healthy men go mad, but that epileptics are cured by it immediately.

19. They say that in Lydia much honey is collected from trees, and that the inhabitants make small balls

ARISTOTLE

ἐνοικοῦντας ἄνευ κηροῦ τροχίσκους, καὶ ἀπο-
τέμνοντας χρῆσθαι διὰ τρίψεως σφοδροτέρας. γί-
νεται μὲν οὖν καὶ ἐν Θρᾴκῃ, οὐχ οὕτω δὲ στερεόν,
30 ἀλλ᾽ ὡσανεὶ ἀμμῶδες. ἅπαν δὲ μέλι πηγνύμενον
τὸν ἴσον ἔχειν ὄγκον φασίν, οὐχ ὥσπερ τὸ ὕδωρ καὶ
τἆλλα ὑγρά.

832 a 20. Ἡ Χαλκιδικὴ πόα καὶ τὰ ἀμύγδαλα χρησι-
μώτατα πρὸς τὸ μέλι ποιεῖν· πλεῖστον γὰρ γόνον
φασὶν ἐξ αὐτῶν γίνεσθαι.

21. Τὰς μελίττας λέγουσιν ὑπὸ μύρου καροῦσθαι
καὶ οὐκ ἀνέχεσθαι τὴν ὀσμήν· ἔνιοι δὲ λέγουσι
5 μάλιστα τοὺς μεμυρισμένους τύπτειν.

22. Ἐν Ἰλλυριοῖς φασι τοὺς Ταυλαντίους κα-
λουμένους ἐκ τοῦ μέλιτος ποιεῖν οἶνον. ὅταν δὲ
τὰ κηρία ἐκθλίψωσιν, ὕδωρ ἐπιχέοντες ἕψουσιν ἐν
λέβητι ἕως ἂν ἐκλίπῃ τὸ ἥμισυ, ἔπειτα εἰς κεράμια
ἐκχέαντες [καὶ ἡμίσεα ποιήσαντες] τιθέασιν εἰς
10 σανίδας· ἐν ταύταις δέ φασι ζεῖν πολὺν χρόνον,
καὶ γίνεσθαι οἰνῶδες καὶ ἄλλως ἡδὺ καὶ εὔτονον.
ἤδη δέ τισι καὶ τῶν ἐν Ἑλλάδι συμβεβηκέναι
λέγουσι τοῦτο, ὥστε μηδὲν διαφέρειν οἴνου παλαιοῦ·
καὶ ζητοῦντας ὕστερον τὴν κρᾶσιν μὴ δύνασθαι
εὑρεῖν.

23. Περὶ Θετταλίαν μνημονεύουσιν ὄφεις ζωο-
15 γονηθῆναι τοσούτους ὥστε, εἰ μὴ ὑπὸ τῶν πελαρ-
γῶν ἀνῃροῦντο, ἐκχωρῆσαι ἂν αὐτούς. διὸ δὴ καὶ
τιμῶσι τοὺς πελαργούς, καὶ κτείνειν οὐ νόμος· καὶ
ἐάν τις κτείνῃ, ἔνοχος τοῖς αὐτοῖς γίνεται οἷσπερ
καὶ ὁ ἀνδροφόνος.

24. Ὡσαύτως καὶ ἐν Λακεδαίμονι κατά τινας
χρόνους μνημονεύεται γενέσθαι τοσοῦτον πλῆθος
20 ὄφεων ὥστε διὰ σπανοσιτίαν καὶ τροφῇ τοὺς

out of it without wax, that they cut pieces off by violent friction, and use them. The same thing is done in Thrace, but it is not so hard though rather gritty. They say that all the honey that sets retains the same bulk, not like water and other liquids.

20. Chalcidian grass and almond are most useful for making honey. For they say that the greatest quantity is produced from them.

21. They say that bees are stupefied by myrrh, and cannot bear its smell ; some say that bees sting violently those smeared with myrrh.

22. Among the Illyrians they say that the people called Taulantii make wine out of honey. When they have squeezed out the wax, they pour in water and boil in a cauldron, until only half the liquid is left ; then they pour it into earthenware vessels ; they say that it ferments in these for a long time, and that it becomes vinous, sweet and strong. They say that this has occurred even among some people in Greece, so that it shows no difference from old wine ; but that when they sought for the mixture later on they could not find it.

23. In Thessaly they record that snakes are born alive in such quantities that if they were not eaten by storks the people would leave. Consequently they honour storks, and it is unlawful to kill them ; if anyone does so, he is liable to the same penalties as a murderer.

24. In the same way at certain times in Sparta, it is said that there is such a crowd of snakes, that in times of famine the Spartans use them as food ;

832 a

Λάκωνας χρῆσθαι αὐτοῖς· ὅθεν καὶ τὴν Πυθίαν φασὶ προσαγορεῦσαι αὐτοὺς ὀφιοδείρους.

25. Ἐν Κύπρῳ τῇ νήσῳ λέγεται τοὺς μῦς τὸν σίδηρον ἐσθίειν.

26. Φασὶ δὲ καὶ τοὺς Χάλυβας ἔν τινι ὑπερκειμένῳ αὐτοῖς νησιδίῳ τὸ χρυσίον συμφορεῖσθαι
25 παρὰ πλειόνων. διὸ δὴ καὶ τοὺς ἐν τοῖς μετάλλοις ἀνασχίζουσιν, ὡς ἔοικεν.

27. Λέγεται δὲ ἐκ Σούσων εἰς Μηδίαν ἰοῦσιν ἐν τῷ δευτέρῳ σταθμῷ σκορπίων ἄπλετόν τι πλῆθος γίνεσθαι. διὸ καὶ ὁ βασιλεὺς ὁ Περσῶν, ὅτε διοδεύοι, τρεῖς ἡμέρας ἔμενε, πᾶσι τοῖς αὑτοῦ συντάσσων ἐκθηρεύειν· τῷ δὲ πλείστους θηρεύσαντι
30 ἆθλον ἐδίδου.

28. Ἐν Κυρήνῃ δέ φασιν οὐχ ἓν εἶναι μυῶν
832 b γένος, ἀλλὰ πλείω καὶ διάφορα καὶ ταῖς μορφαῖς καὶ ταῖς χρόαις· ἐνίους γὰρ πλατυπροσώπους, ὥσπερ αἱ γαλαῖ, γίνεσθαι, τινὰς δὲ ἐχινώδεις, οὓς καλοῦσιν ἐχίνας.

29. Περὶ Κιλικίαν δέ φασιν εἶναι ὕδατος συ-
5 στρεμμάτιον, εἰς ὃ τὰ πεπνιγμένα τῶν ὀρνέων καὶ τῶν λοιπῶν ζῴων ὅταν ἀποβαφῇ, πάλιν ἀναβιοῖ.

30. Ἐν δὲ Σκύθαις τοῖς καλουμένοις Γελωνοῖς φασι θηρίον τι γίνεσθαι, σπάνιον μὲν ὑπερβολῇ, ὃ ὀνομάζεται τάρανδος· λέγεται δὲ τοῦτο μεταβάλ-
10 λειν τὰς χρόας τῆς τριχὸς καθ' ὃν ἂν καὶ τόπον ᾖ. διὰ δὲ τοῦτο εἶναι δυσθήρατον [καὶ διὰ τὴν μεταβολήν] καὶ γὰρ δένδρεσι καὶ τόποις, καὶ ὅλως ἐν οἷς ἂν ᾖ, τοιοῦτον τῇ χροίᾳ γίνεσθαι. θαυμασιώτατον δὲ τὸ τὴν τρίχα μεταβάλλειν· τὰ γὰρ λοιπὰ
15 τὸν χρῶτα, οἷον ὅ τε χαμαιλέων καὶ ὁ πολύπους.

248

hence they say that the Pythian oracle called them "serpent-necked."

25. In Cyprus they say that mice eat iron.

26. And they say that the Chalybes, in one of the islands lying above them, collect gold from many of these creatures. For this reason apparently they cut up the mice which they catch in mines.

27. It is said that when one goes from Susa to Media in the second stage there is a large quantity of scorpions. Consequently the king of the Persians, whenever he went through the district, stayed there three days, ordering all his men to hunt ; and he gave a prize to the man who caught most.

28. In Cyrene they say that there is not one kind of mouse but many, differing in shape and colour ; for some have flat heads like polecats, and others are shaped like hedgehogs, which they call " echines."

29. In Cilicia they say that there is a whirlpool ; when birds and other creatures which have been drowned are put into it, they come to life again.

30. Among the Scythians called Geloni they say that there is a beast, excessively rare, which is called "tarandos" [a] ; they say that it changes the colour of its hair according to the place it is in. For this reason it is difficult to catch ; for it becomes the same colour as the trees and the ground, and generally of the place in which it is. But the changing of the colour of the hair is most remarkable ; other creatures change their skin like the chameleon and polypus.

[a] Probably reindeer or moose.

832 b

τὸ δὲ μέγεθος ὡσανεὶ βοῦς. τοῦ δὲ προσώπου τὸν τύπον ὅμοιον ἔχει ἐλάφῳ.

31. Λέγεται δέ τινα ἐν Ἀβύδῳ παρακόψαντα τῇ διανοίᾳ καὶ εἰς τὸ θέατρον ἐρχόμενον ἐπὶ πολλὰς ἡμέρας θεωρεῖν, ὡς ὑποκρινομένων τινῶν, καὶ

20 ἐπισημαίνεσθαι· καὶ ὡς κατέστη τῆς παρακοπῆς, ἔφησεν ἐκεῖνον αὑτῷ τὸν χρόνον ἥδιστα βεβιῶσθαι.

32. Καὶ ἐν Τάραντι δέ φασιν οἰνοπώλην τινὰ τὴν μὲν νύκτα μαίνεσθαι, τὴν δ᾽ ἡμέραν οἰνοπωλεῖν. καὶ γὰρ τὸ κλειδίον τοῦ οἰκήματος πρὸς τῷ ζωνίῳ διεφύλαττε, πολλῶν δ᾽ ἐπιχειρούντων παρελέσθαι

25 καὶ λαβεῖν οὐδέποτε ἀπώλεσεν.

33. Ἐν Τήνῳ τῇ νήσῳ φασὶν εἶναι φιάλιον σύγκραμα ἔχον, ἐξ οὗ πῦρ ἀνάπτουσι πάνυ ῥᾳδίως. καὶ ἐν Βιθυνίᾳ δὲ τῆς Θρᾴκης ἐν τοῖς μετάλλοις γίνεται ὁ καλούμενος σπίνος, ἐξ οὗ φασὶ πῦρ ἀνάπτεσθαι.

30 34. Ἐν δὲ Λιπάρᾳ τῇ νήσῳ λέγουσιν εἶναί τινα εἰσπνοήν, εἰς ἣν ἐὰν κρύψωσι χύτραν, ἐμβαλόντες ὃ ἂν ἐθέλωσιν ἕψουσιν.

833 a

35. Ἔστι δὲ καὶ ἐν Μηδίᾳ καὶ ἐν Ψιττακηνῇ τῆς Περσίδος πυρὰ καιόμενα, τὸ μὲν ἐν Μηδίᾳ ὀλίγον, τὸ δ᾽ ἐν Ψιττακηνῇ πολὺ καὶ καθαρὸν τῇ φλογί· διὸ καὶ μαγειρεῖα πρὸς αὐτῷ κατεσκεύασεν

5 ὁ Περσῶν βασιλεύς. ἄμφω δ᾽ ἐν ὁμαλοῖς τόποις καὶ οὐκ ἐν ὑψηλοῖς. ταῦτα δὲ καὶ νύκτωρ καὶ μεθ᾽ ἡμέραν φανερά, τὰ δὲ περὶ Παμφυλίαν νύκτωρ μόνον.

36. Φασὶ δὲ καὶ περὶ Ἀτιτανίαν, πρὸς τοῖς ὁρίοις τῆς Ἀπολλωνιάτιδος, εἶναί τινα πέτραν ἐξ ἧς τὸ μὲν ἀνιὸν πῦρ οὐ φανερόν ἐστιν, ἐπειδὰν δὲ ἔλαιον ἐπιχυθῇ ἐπ᾽ αὐτήν, ἐκφλογοῦται.

250

But this animal is of the size of an ox. But its head is of the same kind as a deer.

31. It is said that at Abydus a man who was mad went into the theatre and watched for many days, as if there were people acting, and showed his approval; and when he recovered from his madness, he said that he had enjoyed the best time of his life.

32. In Tarentum they say that a seller of wine went mad at night, but sold wine by day. For he kept the key of his room at his girdle, and, though many tried to get it from him and take it, he never lost it.

33. In the island of Tenos they say there is a cup containing a mixture, from which they very easily kindle a fire. And among the Bithynians in Thrace there is in the mines a stone called " spinos," from which they say that fire is kindled.

34. In the island of Lipara they say that there is a place with a down draught, in which if they hide a pipkin, anything they put into it boils.

35. In Media and in the district of Psittacus in Persia there are fires burning, a small one in Media, but a large one in Psittacus with a clear flame. For this reason the Persian king built his kitchen near it. Both are on level ground and not in high places. These can be seen both by night and by day, but those in Pamphylia only by night.

36. Also they say that in Atitania, near the boundaries of Apolloniatis, there is a rock, from which the fire which rises cannot be seen, but when oil is poured over it, it blazes.

10 37. Λέγεται δὲ καὶ τὰ ἔξω στηλῶν Ἡρακλείων
καίεσθαι, τὰ μὲν διὰ παντός, τὰ δὲ νύκτωρ μόνον,
ὡς ὁ Ἄννωνος περίπλους ἱστορεῖ. καὶ τὸ ἐν
Λιπάρᾳ δὲ φανερὸν καὶ φλογῶδες, οὐ μὴν ἡμέρας,
ἀλλὰ νύκτωρ μόνον. εἶναι δὲ καὶ ἐν Πιθηκούσαις
φασὶ πυρῶδες μὲν καὶ θερμὸν ἐκτόπως, οὐ μὴν
καιόμενον.

38. Τὸ δ᾽ ἐν τῇ Λιπάρᾳ ποτὲ καὶ ἐκλιπεῖν φησὶ
15 Ξενοφάνης ἐπ᾽ ἔτη ἑκκαίδεκα, τῷ δὲ ἑβδόμῳ
ἐπανελθεῖν. τὸν δ᾽ ἐν τῇ Αἴτνῃ ῥύακα οὔτε φλο-
γώδη φασὶν οὔτε συνεχῆ, ἀλλὰ διὰ πολλῶν ἐνῶν
γίνεσθαι.

39. Λέγεται δὲ καὶ περὶ Λυδίαν ἀναζέσαι πῦρ
20 πάμπληθες, καὶ καίεσθαι ἐφ᾽ ἡμέρας ἑπτά.

40. Θαυμαστὸν δὲ τὸ ἐν Σικελίᾳ περὶ τὸν ῥύακα
γινόμενον· τὸ γὰρ πλάτος ἐστὶ τὸ τῆς τοῦ πυρὸς
ἀναζέσεως τεσσαράκοντα σταδίων, τὸ δὲ ὕψος δι᾽
οὗ φέρεται, τριῶν.

41. Φασὶ δὲ τὸν ἐν τῇ Θράκῃ λίθον τὸν καλού-
25 μενον σπίνον διακοπέντα καίεσθαι, καὶ συντεθέντα
πρὸς ἑαυτόν, ὥσπερ τὴν σμαρίλην, οὕτως κἀκεῖνον
εἰς ἑαυτὸν τεθέντα καὶ ἐπιρραινόμενον ὕδατι καίε-
σθαι. τὸ δ᾽ αὐτὸ ποιεῖν καὶ τὸν μαριέα.

42. Περὶ Φιλίππους τῆς Μακεδονίας εἶναι λέ-
γουσι μέταλλα, ἐξ ὧν τὰ ἐκβαλλόμενα ἀποσύρματα
30 αὐξάνεσθαί φασι καὶ φύειν χρυσίον, καὶ τοῦτ᾽ εἶναι
φανερόν.

43. Φασὶ δὲ καὶ ἐν Κύπρῳ περὶ τὸν καλούμενον
Τυρρίαν χαλκὸν ὅμοιον γίγνεσθαι. κατακόψαντες
γάρ, ὡς ἔοικεν, εἰς μικρὰ σπείρουσιν αὐτόν· εἶθ᾽
ὑδάτων ἐπιγενομένων αὐξάνεται καὶ ἐξανίησι· καὶ
οὕτως συνάγεται.

37. It is said also that the district outside the Pillars of Heracles burns, part of it all the time, and part only at night, as is narrated in Hanno's *Voyages*. The fire in Lipara can be seen flaming, not by day, but only by night. In Pithecusae they say it is fiery and hot, but not burning.

38. Xenophanes says that the one in Lipara faded for sixteen years, but reappeared in the seventeenth. They say that the flow of lava in Etna is neither flaming nor continuous, but that it appears after an interval of many years.

39. In Lydia it is said that the fire is very strong, and burns for seven days on end.

40. A remarkable story is told about the lava flow in Sicily ; for the width of the boiling flame is forty stades, and the height to which it travels is three.

41. They say the stone in Thrace called " spinos " burns when split in half, and joins together again, like charcoal embers, and that this, when joined together and sprinkled with water, burns ; and that the " marieus " does the same thing.

42. Near Philippi in Macedonia they say that there are mines, the dross from which when cast out grows and produces gold, and that this can be seen.

43. They also say that in Cyprus in the district called Tyrrias bronze behaves in a similar way. For apparently they cut it into small pieces and sow it ; then when the rain comes it grows, and puts out shoots and so is collected.

44. Φασὶ δὲ καὶ ἐν Μήλῳ τῇ νήσῳ ἐν τοῖς
ἐξορυσσομένοις τόποις τῆς γῆς πάλιν ἀναπληρώ-
5 ματα γίγνεσθαι.

45. Περὶ Παιονίαν λέγουσιν, ὅταν συνεχεῖς ὄμ-
βροι γένωνται, εὑρίσκεσθαι περιτηκομένης τῆς γῆς
χρυσὸν τὸν καλούμενον ἄπυρον. λέγουσι δ᾽ ἐν τῇ
Παιονίᾳ οὕτω χρυσίζειν τὴν γῆν ὥστε πολλοὺς
10 εὑρηκέναι καὶ ὑπὲρ μνᾶν χρυσίου ὁλκήν. τῷ δὲ
βασιλεῖ τινά φασιν εὑρόντα ἀνενεγκεῖν δύο βώλους,
τὸν μὲν τρεῖς μνᾶς ἄγοντα, τὸν δὲ πέντε· οὓς φασιν
ἐπὶ τῆς τραπέζης αὐτῷ παρακεῖσθαι, καὶ ἐπ᾽ ἐκεί-
νων πρῶτον, εἴ τι ἐσθίει, ἀπάρχεσθαι.

46. Φασὶ δὲ καὶ ἐν Βάκτροις τὸν Ὦξον ποταμὸν
15 καταφέρειν βωλία χρυσίου πλήθει πολλά, καὶ ἐν
Ἰβηρίᾳ δὲ τὸν καλούμενον Θεόδωρον ποταμὸν
ἐκβράσσειν τε πολὺ περὶ τὰ χείλη χρυσίον, ὁμοίως
δὲ καὶ καταφέρειν.

47. Λέγουσι δὲ καὶ ἐν Πιερίᾳ τῆς Μακεδο-
νίας ἄσημόν τι χρυσίον κατορωρυγμένον ὑπὸ τῶν
20 ἀρχαίων βασιλέων, χασμάτων τεττάρων ὄντων, ἐξ
ἑνὸς αὐτῶν ἀναφῦναι χρυσίον τὸ μέγεθος σπιθα-
μιαῖον.

48. Λέγεται δὲ ἰδιαιτάτην εἶναι γένεσιν σιδήρου
τοῦ Χαλυβικοῦ καὶ τοῦ Ἀμισηνοῦ. συμφύεται γάρ,
ὥς γε λέγουσιν, ἐκ τῆς ἄμμου τῆς καταφερομένης
25 ἐκ τῶν ποταμῶν. ταύτην δ᾽ οἱ μὲν ἁπλῶς φασι
πλύναντας καμινεύειν, οἱ δὲ τὴν ὑπόστασιν τὴν
γενομένην ἐκ τῆς πλύσεως πολλάκις πλυθεῖσαν
συγκαίειν, παρεμβάλλειν δὲ τὸν πυρίμαχον καλού-
μενον λίθον· εἶναι δ᾽ ἐν τῇ χώρᾳ πολύν. οὗτος δ᾽
ὁ σίδηρος πολὺ τῶν ἄλλων γίνεται καλλίων. εἰ δὲ
30 μὴ ἐν μιᾷ καμίνῳ ἐκαίετο, οὐδὲν ἄν, ὡς ἔοικε,

44. They say also that in the island of Melos places that are excavated automatically fill up again.

45. In Paeonia they say that when showers of rain fall continuously, as the soil melts away, gold is found called unfired gold. They say that in Paeonia the ground is so full of gold that many have found more than a mina's weight. They say that one man found two lumps and took them to the king, one weighing three minae and one five ; these were laid by him on the table, and, if he ate anything, he first poured a libation on these.

46. They also say that among the Bactrians the river Oxus brings down lumps of gold in huge quantities, and that in Iberia the river called Theodorus silts up quantities of gold at its mouth, and similarly washes it down.

47. They say that in Pieria in Macedonia uncoined gold was dug into the earth by the ancient kings in four holes, and that from one of them gold a span high grew up.

48. It is said that the origin of Chalybian and Amisenian iron is most extraordinary. For it grows, so they say, from the sand which is borne down by the rivers. Some say that they simply wash this and heat it in a furnace ; others say that they repeatedly wash the residue which is left after the first washing and heat it, and that they put into it a stone which is called fire-proof ; and there is much of this in the district. This iron is much superior to all other kinds. If it were not burned in a furnace, it would not apparently be very different from silver. They say that it

255

833 b

διέφερε τἀργυρίου. μόνον δέ φασιν αὐτὸν ἀνίωτον
εἶναι, οὐ πολὺν δὲ γίνεσθαι.

834 a 49. Φασὶ δὲ καὶ ἐν Ἰνδοῖς τὸν χαλκὸν οὕτως
εἶναι λαμπρὸν καὶ καθαρὸν καὶ ἀνίωτον, ὥστε μὴ
διαγινώσκεσθαι τῇ χρόᾳ πρὸς τὸν χρυσόν, ἀλλ' ἐν
τοῖς Δαρείου ποτηρίοις βατιακὰς εἶναί τινας καὶ
5 πλείους, ἃς εἰ μὴ τῇ ὀσμῇ, ἄλλως οὐκ ἦν διαγνῶναι
πότερόν εἰσι χαλκαῖ ἢ χρυσαῖ.

50. Τὸν κασσίτερον τὸν Κελτικὸν τήκεσθαί φασι
πολὺ τάχιον μολύβδου. σημεῖον δὲ τῆς εὐτηξίας,
ὅτι τήκεσθαι δοκεῖ καὶ ἐν τῷ ὕδατι· χρώζει γοῦν,
ὡς ἔοικε, ταχύ. τήκεται δὲ καὶ ἐν τοῖς ψύχεσιν,
10 ὅταν γένηται πάγη, ἐγκατακλειομένου ἐντός, ὡς
φασί, καὶ συνωθουμένου τοῦ θερμοῦ τοῦ ἐνυπ-
άρχοντος αὐτῷ διὰ τὴν ἀσθένειαν.

51. Ἐν τῷ Πανθείῳ ἐστὶν ἐλαία, καλεῖται δὲ
καλλιστέφανος· ταύτης πάντα τὰ φύλλα ταῖς
15 λοιπαῖς ἐλαίαις ἐναντία πέφυκεν· ἔξω γὰρ ἀλλ' οὐκ
ἐντὸς ἔχει τὰ χλωρά. ἀφίησί τε τοὺς πτόρθους
ὥσπερ ἡ μύρτος εἰς τοὺς στεφάνους συμμέτρως.
ἀπὸ ταύτης φυτὸν λαβὼν ὁ Ἡρακλῆς ἐφύτευσεν
Ὀλυμπίασιν, ἀφ' ἧς οἱ στέφανοι τοῖς ἀθληταῖς
δίδονται. ἔστι δὲ αὕτη παρὰ τὸν Ἰλισσὸν ποταμόν,
σταδίους ἑξήκοντα τοῦ ποταμοῦ ἀπέχουσα· περι-
20 ῳκοδόμηται δέ, καὶ ζημία μεγάλη τῷ θιγόντι
αὐτῆς ἐστιν. ἀπὸ ταύτης δὲ τὸ φυτὸν λαβόντες ἐφύ-
τευσαν Ἠλεῖοι ἐν Ὀλυμπίᾳ, καὶ τοὺς στεφάνους ἀπ'
αὐτῆς ἔδωκαν.

52. Ἐν τοῖς περὶ Λυδίαν μετάλλοις τοῖς περὶ
Πέργαμον, ἃ δὴ καὶ Κροῖσος εἰργάσατο, πολέμου
25 τινὸς γενομένου κατέφυγον οἱ ἐργαζόμενοι ἐπ' αὐτά,
τοῦ δὲ στομίου ἐποικοδομηθέντος ἀπεπνίγησαν·

alone is not liable to rust, but that there is not much of it.

49. They say that among the Indians copper is so bright, clean, and rustless that it is indistinguishable in appearance from gold, but that among the cups of Darius there are a considerable number which could not be determined as copper or gold except by the smell.

50. They say that Celtic tin melts much more easily than lead. A proof of its solubility may be seen from the fact that it seems to melt even in water; for instance, apparently it stains very quickly. It melts even in the cold, when there is frost, owing, so they say, to the heat stored up and compressed with it because of its weakness.

51. There is a wild olive at Pantheion called the " beautiful crown " olive. All its leaves have characteristics contrary to those of other olives; for they have the grey colour on the upper and not the under side. They put out branches like the myrtle suitable for crowns. Taking a cutting from this Heracles planted it at Olympia, and from it crowns are given to the victorious athletes. This is by the river Ilissus, about 60 stades away from the river; it has a wall round it and there is a heavy penalty for anyone who touches it. Taking a cutting from this the Eleians planted it at Olympia, and gave crowns from it.

52. In the mines in Lydia about Pergamum, which Croesus worked, when war broke out, the workers fled to them, and when the mouth was closed up

834 a

καὶ ὕστερον χρόνῳ πολλῷ τῶν μετάλλων ἀνακαθαρ-
θέντων εὑρέθη οἷς ἐχρῶντο ἀγγείοις πρὸς τὰς ὑπὸ
χεῖρα χρείας ἀπολελιθωμένα, οἷον ἀμφορεῖς καὶ τὰ
τοιουτότροπα. ταῦτα δὴ πεπληρωμένα οὗ τινὸς
30 ἔτυχον ὑγροῦ ἐλελίθωτο, καὶ προσέτι τὰ ὀστᾶ τῶν
ἀνθρώπων.

53. Ἐν τῇ Ἀσκανίᾳ λίμνῃ οὕτω νιτρῶδές ἐστι
τὸ ὕδωρ ὥστε τὰ ἱμάτια οὐδενὸς ἑτέρου ῥύμματος
προσδεῖσθαι· κἂν πλείω χρόνον ἐν τῷ ὕδατι ἐάσῃ
τις, διαπίπτει.

54. Περὶ τὴν Ἀσκανίαν λίμνην Πυθόπολίς ἐστι
35 κώμη ἀπέχουσα Κίου ὡς σταδίους ἑκατὸν εἴκοσι,
ἐν ᾗ τοῦ χειμῶνος ἀναξηραίνεται πάντα τὰ φρέατα
834 b ὥστε μὴ ἐνδέχεσθαι βάψαι τὸ ἀγγεῖον, τοῦ δὲ
θέρους πληροῦται ἕως τοῦ στόματος.

55. Ὁ πορθμὸς ὁ μεταξὺ Σικελίας καὶ Ἰταλίας
αὔξεται καὶ φθίνει ἅμα τῷ σεληνίῳ.

5 56. Καὶ διότι ἐπὶ τῆς ὁδοῦ τῆς εἰς Συρακούσας
κρήνη ἐστὶν ἐν λειμῶνι οὔτε μεγάλη οὔτε ὕδωρ
ἔχουσα πολύ· συναπαντήσαντος δὲ εἰς τὸν τόπον
ὄχλου πολλοῦ παρέσχεν ὕδωρ ἄφθονον.

57. Ἔστι δὲ καὶ κρήνη τις ἐν Παλικοῖς τῆς
Σικελίας, ὡς δεκάκλινος· αὕτη δ' ἀναρρίπτει ὕδωρ
10 εἰς ὕψος ἓξ πήχεις, ὥστε ὑπὸ τῶν ἰδόντων νομίζε-
σθαι κατακλυσθήσεσθαι τὸ πεδίον· καὶ πάλιν εἰς
ταὐτὸ καθίσταται. ἔστι δὲ καὶ ὅρκος, ὃς ἅγιος
αὐτόθι δοκεῖ εἶναι· ὅσα γὰρ ὄμνυσί τις, γράψας εἰς
πινακίδιον ἐμβάλλει εἰς τὸ ὕδωρ. ἐὰν μὲν οὖν
εὐορκῇ, ἐπιπολάζει τὸ πινακίδιον· ἐὰν δὲ μὴ εὐορκῇ,
15 τὸ μὲν πινακίδιον βαρὺ γενόμενον ἀφανίζεσθαί φασι,
τὸν δ' ἄνθρωπον πίμπρασθαι. διὸ δὴ λαμβάνειν

were suffocated ; much later on when the mines were cleared out the vessels which they used for their handiwork were found petrified, such as amphorae and similar vessels. These being filled with some liquid were petrified, and so were the bones of the men.

53. In the lake Ascania the water is so full of soda that clothes need no further cleansing, and if one lets them stay long in the water they crumble to pieces.

54. Near the lake Ascania there is a village called Pythopolis, about a hundred and twenty stades from Cios, in which all the wells go dry in the winter, so that it is impossible to dip a vessel into them, but in the summer they are full to the brim.

55. The strait between Sicily and Italy grows bigger and smaller according to the moon.

56. Also on the road to Syracuse there is a spring in a meadow neither large nor with much water ; but when a large crowd met at the place it supplied ample water.

57. There is a spring among the Palici in Sicily, covering the space of ten couches ; this throws up water to the height of six cubits, so that the whole place is thought by observers to be inundated ; and it falls back again to the same spot. There is an oath which is regarded as very sacred there ; for a man writes down the oath he takes on a small tablet and casts it into the water. If he swears truly, the tablet floats. If he swears falsely, the tablet is said to grow heavy and disappear, and the man is

834 b

τὸν ἱερέα παρ' αὐτοῦ ἐγγύας ὑπὲρ τοῦ καθαίρειν
τινὰ τὸ ἱερόν.

58. Δημόνησος ἡ Χαλκηδονίων[1] νῆσος ἀπὸ
Δημονήσου τοῦ πρώτου ἐργασαμένου τὴν ἐπωνυ-
20 μίαν εἴληφεν· ἔχει δ' ὁ τόπος κυανοῦ τὸ μέταλλον
καὶ χρυσοκόλλης. ταύτης δ' ἡ καλλίστη πρὸς χρυ-
σίον εὑρίσκει τιμήν· καὶ γὰρ φάρμακον ὀφθαλμῶν
ἐστίν. ἔστι δὲ αὐτόθι χαλκὸς κολυμβητὴς ἐν δυοῖν
ὀργυιαῖς τῆς θαλάσσης· ὅθεν ὁ ἐν Σικυῶνί ἐστιν
ἀνδριὰς ἐν τῷ ἀρχαίῳ νεῷ τοῦ Ἀπόλλωνος καὶ ἐν
25 Φενεῷ οἱ ὀρείχαλκοι καλούμενοι. ἐπιγέγραπται δ'
αὐτοῖς " Ἡρακλῆς Ἀμφιτρύωνος Ἦλιν ἑλὼν ἀν-
έθηκεν." αἱρεῖ δὲ τὴν Ἦλιν ἡγουμένης κατὰ χρη-
σμὸν γυναικός, ἧς τὸν πατέρα Αὐγείαν ἀπέκτεινεν.
οἱ δὲ τὸν χαλκὸν ὀρύττοντες ὀξυδερκέστατοι γίνον-
ται, καὶ οἱ βλεφαρίδας μὴ ἔχοντες φύουσι· παρὸ καὶ
30 οἱ ἰατροὶ τῷ ἄνθει τοῦ χαλκοῦ καὶ τῇ τέφρᾳ τῇ
Φρυγίᾳ χρῶνται πρὸς τοὺς ὀφθαλμούς.

59. Ἔστι δὲ αὐτόθι σπήλαιον ὃ καλεῖται γλαφυ-
ρόν· ἐν δὲ τούτῳ κίονες πεπήγασιν ἀπό τινων
σταλαγμῶν. ἀποδηλοῖ δὲ τοῦτο ἐν τῇ συναγωγῇ
τῇ πρὸς τὸ ἔδαφος· ἔστι γὰρ ταύτῃ στενώτατον.

35 60. Ἐκ τοῦ ζεύγους δὲ τῶν ἀετῶν θάτερον τῶν
835 a ἐγγόνων ἁλιαίετος γίνεται παραλλάξ, ἕως ἂν σύζυγα
γένηται. ἐκ δὲ ἁλιαιέτων φήνη γίνεται, ἐκ δὲ τού-
των περκνοὶ καὶ γῦπες· οὗτοι δ' οὐκέτι διορίζουσι
περὶ τοὺς γῦπας, ἀλλὰ γεννῶσι τοὺς μεγάλους
5 γῦπας· οὗτοι δ' εἰσὶν ἄγονοι. σημεῖον δὲ τοῦτο,
διότι νεοττιὰν οὐδεὶς ἑώρακε γυπὸς μεγάλου.

61. Θαυμαστὸν δέ τί φασιν ἐν Ἰνδοῖς περὶ τὸν
ἐκεῖ μόλυβδον συμβαίνειν· ὅταν γὰρ τακεὶς εἰς ὕδωρ
καταχυθῇ ψυχρόν, ἐκπηδᾶν ἐκ τοῦ ὕδατος.

burned. So the priest takes security from him that someone shall purify the temple.

58. Demonesus, the Chalcedonian island, took its name from Demonesus who first worked there ; the place has a mine of cyanus and malachite. The best of this fetches a price comparable with gold ; for it is a drug used for the eyes. There is also copper to be dived for in two fathoms of sea ; from this is made the statue in Sicyon in the ancient temple of Apollo, and also those in Pheneus called yellow-copper. On them is inscribed " Heracles, son of Amphitryon, dedicated these on capturing Elis." He captured Elis under the guidance of a woman, in accordance with the oracle, whose father Augeas he had killed. Those who dig for copper become very keen-sighted, and those who have no eyelashes grow them ; hence doctors also use the flower of copper and Phrygian ash for the eyes.

59. There is a cave called the " hollow cave " ; in it are pillars made of stalagmites ; these can be seen joined to the floor, for it is very narrow there.

60. From a pair of eagles one of the young is alternately a sea-eagle, as long as they are mated. From sea-eagles are born the osprey and from these hawks and vultures ; these do not stop as vultures, but produce large vultures ; these have no young. This is proved by the fact that no one has ever seen a nest of large vultures.

61. Among the Indians an extraordinary occurrence is told of the lead there ; for when it is melted and poured into cold water it leaps out of the water.

---

¹ Καρχηδονίων B.

62. Φασὶ τὸν Μοσσύνοικον χαλκὸν λαμπρότατον
10 καὶ λευκότατον εἶναι, οὐ παραμιγνυμένου αὐτῷ
κασσιτέρου, ἀλλὰ γῆς τινὸς αὐτοῦ γινομένης καὶ
συνεψομένης αὐτῷ. λέγουσι δὲ τὸν εὑρόντα τὴν
κρᾶσιν μηδένα διδάξαι· διὸ τὰ προγεγονότα ἐν τοῖς
τόποις χαλκώματα διάφορα, τὰ δ' ἐπιγιγνόμενα
οὐκέτι.

15 63. Ἐν τῷ Πόντῳ λέγουσι τοῦ χειμῶνος τῶν
ὀρνέων τινὰ εὑρίσκεσθαι φωλεύοντα, οὔτε ἀφο-
δεύοντα, οὔτε δὲ ὅταν τὰ πτερὰ αὐτῶν τίλλωσιν,
αἰσθάνεσθαι, οὔτε ὅταν ἐπὶ τὸν ὀβελίσκον ἀναπαρῇ.
ἀλλ' ὅταν ὑπὸ τοῦ πυρὸς διακαυθῇ. πολλοὺς δὲ
20 καὶ τῶν ἰχθύων λέγουσι περικοπέντας καὶ περι-
τμηθέντας μὴ αἰσθάνεσθαι, ἀλλ' ὅταν ὑπὸ τοῦ
πυρὸς διαθερμανθῶσιν.

64. Ἡ μέλιττα δοκεῖ τὰς τροπὰς σημαίνειν τῷ
ἐπὶ τὰ ἔργα βαδίζειν, ᾧ καὶ οἱ μελιττοπόλοι σημείῳ
χρῶνται· ἠρεμία γὰρ αὐτῶν γίνεται. δοκοῦσι δὲ
25 καὶ οἱ τέττιγες ᾄδειν μετὰ τροπάς.

65. Φασὶ δὲ καὶ τὸν ἐχῖνον ἄσιτον διαμένειν ἄχρι
ἐνιαυτοῦ.

66. Τὸν δὲ γαλεώτην, ὅταν ἐκδύσηται τὸ δέρμα,
καθάπερ οἱ ὄφεις, ἐπιστραφέντα καταπίνειν· τηρεῖ-
σθαι γὰρ ὑπὸ τῶν ἰατρῶν διὰ τὸ χρήσιμον εἶναι τοῖς
ἐπιληπτικοῖς.

30 67. Λέγουσι δὲ καὶ τὸ τῆς ἄρκτου στέαρ, ὅταν
διαπεπηγὸς ᾖ διὰ τὸν χειμῶνα, καθ' ὃν ἂν χρόνον
ἐκείνη φωλεύῃ, αὐξάνεσθαι καὶ ὑπεραίρειν τὰ
ἀγγεῖα ἐν οἷς ἂν ᾖ.

68. Ἐν Κυρήνῃ φασὶ τοὺς ὄντας βατράχους
ἀφώνους τὸ παράπαν εἶναι. καὶ ἐν Μακεδονίᾳ ἐν
35 τῇ τῶν Ἠμαθιωτῶν χώρᾳ τοὺς σῦς εἶναι μώνυχας.

62. They say that Mossynecian copper is very shiny and white, not because there is tin mixed with it, but because some earth is combined and molten with it. But they say that the man who discovered the mixture never taught anyone ; so the copper vessels which were made in earlier days have this distinction, but subsequent ones have not.

63. They say in Pontus that some birds are found retiring into holes in winter and do not void, nor do they feel it when their wings are plucked, nor when they are put on to a small spit, but they do when they are roasted by the fire. They also say that many fish cannot feel when they are cut up and sliced, but they can feel when they are heated by the fire.

64. The bee appears to herald the winter solstice by walking to his work, a sign of which bee-keepers make use ; for it is their quiet time. The cicala seems to sing after the solstice.

65. They say that the hedgehog can go without food for a year.

66. The spotted lizard, when it has sloughed its skin like a snake, is said to turn round and devour it ; for it is watched for by physicians because of its value for epileptics.

67. They say that the fat of the she-bear, when it becomes set in winter, during the time that the bear lives in a cave, grows, and overflows the vessels in which it is placed.

68. In Cyrene they say that frogs are entirely voiceless ; and in Macedonia, in the country of the Emathiotae, that pigs are solid-hooved.

ARISTOTLE

69. Ἐν Καππαδοκίᾳ φασὶν ἡμιόνους εἶναι γονίμους καὶ ἐν Κρήτῃ αἰγείρους καρποφόρους.

70. Φασὶ δὲ καὶ ἐν Σερίφῳ τοὺς βατράχους οὐκ ᾄδειν· ἐὰν δὲ εἰς ἄλλον τόπον μετενεχθῶσιν, ᾄδουσιν.

5 71. Ἐν Ἰνδοῖς ἐν τῷ Κέρατι καλουμένῳ ἰχθύδιά φασι γίνεσθαι ἃ ἐν τῷ ξηρῷ πλανᾶται καὶ πάλιν ἀποτρέχει εἰς τὸν ποταμόν.

72. Φασὶ δὲ καὶ περὶ Βαβυλῶνά τινες ἰχθύας τινὰς μένειν ἐν ταῖς τρώγλαις ταῖς ἐχούσαις ὑγρότητα ξηραινομένου τοῦ ποταμοῦ· τούτους ἐξιόν- 10 τας ἐπὶ τὰς ἅλως νέμεσθαι, καὶ βαδίζειν ἐπὶ τῶν πτερύγων, καὶ ἀνακινεῖν τὴν οὐράν· καὶ ὅταν διώκωνται, φεύγειν καὶ εἰσδύντας ἀντιπροσώπως ἵστασθαι· πολλάκις γὰρ προσιέναι τινὰς καὶ ἐρεθίζειν. ἔχουσι δὲ τὴν κεφαλὴν ὁμοίαν βατράχῳ θαλαττίῳ, τὸ δὲ ἄλλο σῶμα κωβιῷ, βραγχία δὲ ὥσπερ καὶ οἱ ἄλλοι ἰχθύες.

15 73. Ἐν Ἡρακλείᾳ δὲ τῇ ἐν τῷ Πόντῳ καὶ ἐν Ῥηγίῳ γίνεσθαί φασιν ὀρυκτοὺς ἰχθῦς, τούτους δὲ μάλιστα κατὰ τὰ ποτάμια καὶ τὰ ἔνυδρα χωρία. συμβαίνειν δέ ποτε ἀναξηραινομένων τῶν χωρίων κατά τινας χρόνους συστέλλεσθαι κατὰ γῆς, εἶτα 20 μᾶλλον ἀναξηραινομένης διώκοντας τὴν ὑγρότητα διίεσθαι εἰς τὴν ἰλύν,[1] εἶτα ξηραινομένης διαμένειν ἐν τῇ ἰκμάδι, ὥσπερ τὰ ἐν ταῖς φωλεαῖς διαρκοῦντα. ὅταν δὲ ἀνασκάπτωνται πρὶν ἢ τὰ ὕδατα ἐπιγενέσθαι, τότε κινεῖσθαι.

74. Φασὶ δὲ καὶ περὶ Παφλαγονίαν τοὺς ὀρυκτοὺς γίνεσθαι ἰχθῦς κατὰ βάθους, τούτους δὲ 25 τῇ ἀρετῇ ἀγαθούς, οὔτε ὑδάτων φανερῶν πλησίον

69. In Cappadocia they say that mules breed and in Crete that poplars bear fruit.

70. They say that in Seriphus frogs do not croak, but if they are removed to another place they do.

71. Among the Indians in the part called Keras, they say that there are small fish which wander about on dry land, and then run back again to the river.

72. Some say that in Babylonia certain fishes remain in holes which retain moisture when the river dries up ; these come out on to the threshing-floor to feed, and walk on their fins and wave their tails ; when they are pursued they flee, and diving down stand to face the pursuer. For men will often approach, and even torment them. They have a head like a sea-frog, but the rest of their body is like a gudgeon, but they have gills like other fish.

73. In Heraclea in Pontus and in Rhegium they say that some fish are caught by digging, and that these are mostly found in riverside and watery places. Where these places dry up they can be caught in certain places on land, and then when the ground dries still more they penetrate into the mud in search of moisture ; then when that grows dry they remain in the moisture, like those that survive in holes. But when they are dug up before the water comes they move.

74. And they say that in Paphlagonia those fishes which are dug up are bred deep down, and that they are good in quality ; although no water is to be seen

---

¹ ὕλην B.

835 b

ὄντων οὔτε ποταμῶν ἐπιρρεόντων, ἀλλ' αὐτῆς
ζῳογονούσης τῆς γῆς.

75. Τὰς ἐν Ἠπείρῳ ἐλάφους κατορύττειν φασὶ
τὸ δεξιὸν κέρας, ὅταν ἀποβάλωσι, καὶ εἶναι πρὸς
πολλὰ χρήσιμον.

76. Καὶ τὴν λύγκα δέ φασι τὸ οὖρον κατακαλύ-
30 πτειν διὰ τὸ πρὸς ἄλλα τε χρήσιμον εἶναι καὶ τὰς
σφραγῖδας.

77. Φασὶ δὲ καὶ τὴν φώκην ἐξεμεῖν τὴν πυτίαν,
ὅταν ἁλίσκηται· εἶναι δὲ φαρμακῶδες καὶ τοῖς ἐπι-
λήπτοις χρήσιμον.

78. Λέγεται δὲ περὶ τὴν Ἰταλίαν ἐν τῷ Κιρκαίῳ
35 ὄρει φάρμακόν τι φύεσθαι θανάσιμον, ὃ τοιαύτην
836 a ἔχει τὴν δύναμιν ὥστε, ἂν προσρανθῇ τινί, παρα-
χρῆμα πίπτειν ποιεῖ, καὶ τὰς τρίχας τὰς ἐν τῷ
σώματι ἀπομαδᾶν, καὶ τὸ σύνολον τοῦ σώματος
διαρρεῖν τὰ μέλη, ὥστε τὴν ἐπιφάνειαν τοῦ σώματος
εἶναι τῶν ἀπολλυμένων ἐλεεινήν. τοῦτο δέ φασι
5 μέλλοντας διδόναι Κλεωνύμῳ τῷ Σπαρτιάτῃ Αὔ-
λον τὸν Πευκέστιον καὶ Γάϊον φωραθῆναι, καὶ ἐξ-
ετασθέντας ὑπὸ Ταραντίνων θανατωθῆναι.

79. Ἐν τῇ Διομηδείᾳ νήσῳ, ἣ κεῖται ἐν τῷ
Ἀδρίᾳ, φασὶν ἱερόν τι εἶναι τοῦ Διομήδους θαυμα-
στόν τε καὶ ἅγιον, περὶ δὲ τὸ ἱερὸν κύκλῳ περικαθ-
10 ῆσθαι ὄρνιθας μεγάλους τοῖς μεγέθεσι, καὶ ῥύγχη
ἔχοντας μεγάλα καὶ σκληρά. τούτους λέγουσιν,
ἐὰν μὲν Ἕλληνες ἀποβαίνωσιν εἰς τὸν τόπον,
ἡσυχίαν ἔχειν, ἐὰν δὲ τῶν βαρβάρων τινὲς τῶν
περιοίκων, ἀνίπτασθαι καὶ αἰωρουμένους κατ-
αράσσειν αὐτοὺς εἰς τὰς κεφαλὰς αὐτῶν, καὶ τοῖς
ῥύγχεσι τιτρώσκοντας ἀποκτείνειν. μυθεύεται δὲ
15 τούτους γενέσθαι ἐκ τῶν ἑταίρων τῶν τοῦ Διο-

near by, nor any river flowing in, but the earth itself propagates the creatures.

75. They say that the deer in Epirus dig down and bury the right horn, when they shed it, and that this is valuable for many purposes.

76. They say that the lynx conceals his urine because it is used for many purposes, especially for making signets.

77. They say that the seal vomits beestings when caught ; this has curative properties, and is good for epileptics.

78. It is said that in Italy near the mountain Circe a fatal drug grows, which has this property, that when it is sprinkled on anyone, it makes him fall immediately and causes his hair to fall out ; all the limbs of his body grow weak, so that the appearance of the body of those who are dying is pitiful. They say that Aulus the Peucestrian and Gaius who were going to give it to Cleonymus the Spartan were detected, and after cross-examination were put to death by the Tarentines.

79. They say that in the island of Diomedeia in the Adriatic there is a remarkable and hallowed shrine of Diomedes, and that birds of vast size sit round this shrine in a circle, having large hard beaks. They say moreover that if ever Greeks disembark on the spot they keep quiet, but if any of the barbarians that live round about land there, they rise and wheeling round attack their heads, and wounding them with their bills kill them. The legend is that these birds are descended from the companions of

836 a

μήδους, ναυαγησάντων μὲν αὐτῶν περὶ τὴν νῆσον,
τοῦ δὲ Διομήδους δολοφονηθέντος ὑπὸ τοῦ Αἰνέου
τοῦ τότε βασιλέως τῶν τόπων ἐκείνων γενομένου.

80. Παρὰ τοῖς Ὀμβρικοῖς φασὶ τὰ βοσκήματα
20 τίκτειν τρὶς τοῦ ἐνιαυτοῦ, καὶ τοὺς καρποὺς αὐτοῖς
τὴν γῆν πολλαπλασίους ἀνίεσθαι τῶν καταβαλλο-
μένων· εἶναι δὲ καὶ τὰς γυναῖκας πολυγόνους καὶ
σπανίως ἓν τίκτειν, τὰς δὲ πλείστας δύο καὶ τρία.

81. Ἐν ταῖς Ἠλεκτρίσι νήσοις, αἳ κεῖνται ἐν
25 τῷ μυχῷ τοῦ Ἀδρίου, φασὶν εἶναι δύο ἀνδριάντας
ἀνακειμένους, τὸν μὲν κασσιτερινὸν τὸν δὲ χαλκοῦν,
εἰργασμένους τὸν ἀρχαῖον τρόπον. λέγεται δὲ τού-
τους Δαιδάλου εἶναι ἔργα, ὑπόμνημα τῶν πάλαι,
ὅτε Μίνω φεύγων ἐκ Σικελίας καὶ Κρήτης εἰς τού-
30 τους τοὺς τόπους παρέβαλε. ταύτας δὲ τὰς νήσους
φασὶ προκεχωκέναι τὸν Ἠριδανὸν ποταμόν. ἔστι
δὲ καὶ λίμνη, ὡς ἔοικε, πλησίον τοῦ ποταμοῦ, ὕδωρ
ἔχουσα θερμόν· ὀσμὴ δ᾽ ἀπ᾽ αὐτῆς βαρεῖα καὶ
χαλεπὴ ἀποπνεῖ, καὶ οὔτε ζῷον οὐδὲν πίνει ἐξ
αὐτῆς οὔτε ὄρνεον ὑπερίπταται, ἀλλὰ πίπτει καὶ
836 b ἀποθνήσκει. ἔχει δὲ τὸν μὲν κύκλον σταδίων
διακοσίων, τὸ δὲ εὖρος ὡς δέκα. μυθεύουσι δὲ
οἱ ἐγχώριοι Φαέθοντα κεραυνωθέντα πεσεῖν εἰς
ταύτην τὴν λίμνην. εἶναι δ᾽ ἐν αὐτῇ αἰγείρους
πολλάς, ἐξ ὧν ἐκπίπτειν τὸ καλούμενον ἤλεκτρον.
5 τοῦτο δὲ λέγουσιν ὅμοιον εἶναι κόμμι, ἀποσκληρύ-
νεσθαι δὲ ὡσανεὶ λίθον, καὶ συλλεγόμενον ὑπὸ τῶν
ἐγχωρίων διαφέρεσθαι εἰς τοὺς Ἕλληνας. εἰς ταύ-
τας οὖν τὰς νήσους Δαίδαλόν φασιν ἐλθεῖν, καὶ
κατασχόντα αὐτὰς ἀναθεῖναι ἐν μιᾷ αὐτῶν τὴν
αὐτοῦ εἰκόνα, καὶ τὴν τοῦ υἱοῦ Ἰκάρου ἐν τῇ ἑτέρᾳ.
10 ὕστερον δ᾽ ἐπιπλευσάντων ἐπ᾽ αὐτοὺς Πελασγῶν

Diomedes, who were wrecked near the island, when Diomedes was treacherously murdered by Aeneas, the king of those parts at the time.

80. Among the Umbrians they say that the cattle bear three times in the year, and the earth bears many times as many fruits as that which is sown ; also that the women have many children and seldom bear one (at a time), but most of them two or three.

81. In the Electrides Islands, which lie in the gulf of the Adriatic, they say that two statues have been dedicated, one of tin and one of copper, wrought in the old-fashioned style. It is said that these are the works of Daedalus, a reminder of the old days, when escaping from Minos he came to this district from Sicily and Crete. They say that the river Eridanus silted up these islands. There is a lake apparently near the river, containing hot water. A heavy and unpleasant smell comes from it, and no animal ever drinks from it nor does bird fly over it without falling and dying. It has a circumference of two hundred furlongs, and a breadth of ten. The local inhabitants say that Phaethon fell into this lake when he was struck by a thunderbolt. There are many poplars in it, from which oozes the so-called electron. They say that this is like gum, and hardens like a stone ; it is collected by the inhabitants and brought to the Greeks. They say that Daedalus came to these islands, and putting in there set up in one of them his own image, and in the other that of his son Icarus. Later on, when the Pelasgians, who

ARISTOTLE

τῶν ἐκπεσόντων ἐξ Ἄργους φυγεῖν τὸν Δαίδαλον,
καὶ ἀφικέσθαι εἰς Ἴκαρον τὴν νῆσον.

82. Ἐν τῇ Σικελίᾳ περὶ τὴν καλουμένην Ἔνναν
σπήλαιόν τι λέγεται εἶναι, περὶ ὃ κύκλῳ πεφυκέναι
15 φασὶ τῶν τε ἄλλων ἀνθέων πλῆθος ἀνὰ πᾶσαν
ὥραν, πολὺ δὲ μάλιστα τῶν ἴων ἀπέραντόν τινα
τόπον συμπεπληρῶσθαι, ἃ τὴν σύνεγγυς χώραν
εὐωδίας πληροῖ, ὥστε τοὺς κυνηγοῦντας, τῶν
κυνῶν κρατουμένων ὑπὸ τῆς ὀδμῆς, ἐξαδυνατεῖν
τοὺς λαγὼς ἰχνεύειν. διὰ δὲ τούτου τοῦ χάσματος
20 ἀσυμφανής ἐστιν ὑπόνομος, καθ’ ὃν φασι τὴν ἁρ-
παγὴν ποιήσασθαι τὸν Πλούτωνα τῆς Κόρης.
εὑρίσκεσθαι δέ φασιν ἐν τούτῳ τῷ τόπῳ πυροὺς
οὔτε τοῖς ἐγχωρίοις ὁμοίους οἷς χρῶνται οὔτε
ἄλλοις ἐπεισάκτοις, ἀλλ’ ἰδιότητά τινα μεγάλην
ἔχοντας. καὶ τούτῳ σημειοῦνται τὸ πρώτως παρ’
25 αὐτοῖς φανῆναι πύρινον καρπόν. ὅθεν καὶ τῆς
Δήμητρος ἀντιποιοῦνται, φάμενοι παρ’ αὐτοῖς τὴν
θεὸν γεγονέναι.

83. Ἐν Κρήτῃ λύκους καὶ ἄρκτους τούς τ’ ἔχεις,
ὁμοίως δὲ καὶ τὰ παραπλήσια τούτοις θηρία οὔ
φασι γίνεσθαι διὰ τὸ τὸν Δία γενέσθαι ἐν αὐτῇ.

30 84. Ἐν τῇ θαλάσσῃ τῇ ἔξω Ἡρακλείων στηλῶν
φασὶν ὑπὸ Καρχηδονίων νῆσον εὑρεθῆναι ἐρήμην,
ἔχουσαν ὕλην τε παντοδαπὴν καὶ ποταμοὺς πλω-
τούς, καὶ τοῖς λοιποῖς καρποῖς θαυμαστήν, ἀπ-
έχουσαν δὲ πλειόνων ἡμερῶν πλοῦν· ἐν ᾗ
ἐπιμισγομένων τῶν Καρχηδονίων πολλάκις διὰ τὴν
837 a εὐδαιμονίαν, ἐνίων γε μὴν καὶ οἰκούντων, τοὺς
προεστῶτας τῶν Καρχηδονίων ἀπείπασθαι θανάτῳ
ζημιοῦν τοὺς εἰς αὐτὴν πλευσομένους, καὶ τοὺς
ἐνοικοῦντας πάντας ἀφανίσαι, ἵνα μὴ διαγγέλλωσι,

were expelled from Argos, sailed there, Daedalus fled, and sailed to the island of Icarus.

82. In Sicily in the district called Enna there is said to be a cave, around which is an abundance of flowers at every season of the year, and particularly that a vast space is filled with violets, which fill the neighbourhood with sweet scent, so that hunters cannot chase hares, because the dogs are overcome by the scent. Through this cave there is an invisible underground passage, by means of which Pluto is said to have made the rape of Core. They say that wheat is found in this place unlike the local grain, which they use, and unlike any that is imported, but having great peculiarities. They say that this was the first place in which wheat appeared among them. They also claim Demeter, saying that the goddess was born among them.

83. They say that there are no wolves, bears or snakes in Crete, and, generally speaking, no beasts of the kind, because Zeus was born there.

84. In the sea outside the Pillars of Heracles they say that a desert island was found by the Carthaginians, having woods of all kinds and navigable rivers, remarkable for all other kinds of fruits, and a few days' voyage away ; as the Carthaginians frequented it often owing to its prosperity, and some even lived there, the chief of the Carthaginians announced that they would punish with death any who proposed to sail there, and that they massacred all the inhabitants, that they might not tell the story, and

5 μηδὲ πλῆθος συστραφὲν ἐπ' αὐτῶν ἐπὶ τὴν νῆσον
κυρίας τύχῃ καὶ τὴν τῶν Καρχηδονίων εὐδαιμονίαν
ἀφέληται.

85. Ἐκ τῆς Ἰταλίας φασὶν ἕως τῆς Κελτικῆς
καὶ Κελτολιγύων καὶ Ἰβήρων εἶναί τινα ὁδὸν
Ἡράκλειαν καλουμένην, δι' ἧς ἐάν τε Ἕλλην ἐάν
10 τε ἐγχώριός τις πορεύηται, τηρεῖσθαι ὑπὸ τῶν παρ-
οικούντων, ὅπως μηδὲν ἀδικηθῇ· τὴν γὰρ ζημίαν
ἐκτίνειν καθ' οὓς ἂν γένηται τὸ ἀδίκημα.

86. Φασὶ δὲ παρὰ τοῖς Κελτοῖς φάρμακον ὑπ-
άρχειν τὸ καλούμενον ὑπ' αὐτῶν τοξικόν· ὃ λέγουσιν
οὕτω ταχεῖαν ποιεῖν τὴν φθορὰν ὥστε τῶν Κελτῶν
15 τοὺς κυνηγοῦντας, ὅταν ἔλαφον ἢ ἄλλο τι ζῷον
τοξεύσωσιν, ἐπιτρέχοντας ἐκ σπουδῆς ἐκτέμνειν
τῆς σαρκὸς τὸ τετρωμένον πρὸ τοῦ τὸ φάρμακον
διαδῦναι, ἅμα μὲν τῆς προσφορᾶς ἕνεκα, ἅμα δὲ
ὅπως μὴ σαπῇ τὸ ζῷον. εὑρῆσθαι δὲ τούτῳ
λέγουσιν ἀντιφάρμακον τὸν τῆς δρυὸς φλοιόν· οἱ
20 δ' ἕτερόν τι φύλλον, ὃ καλοῦσι κοράκιον διὰ τὸ
κατανοηθῆναι ὑπ' αὐτῶν κόρακα, γευσάμενον τοῦ
φαρμάκου καὶ κακῶς διατιθέμενον, ἐπὶ τὸ φύλλον
ὁρμήσαντα τοῦτο καὶ καταπιόντα παύσασθαι τῆς
ἀλγηδόνος.

87. Ἐν τῇ Ἰβηρίᾳ λέγουσι τῶν δρυμῶν ἐμ-
25 πρησθέντων ὑπό τινων ποιμένων, καὶ τῆς γῆς δια-
θερμανθείσης ὑπὸ τῆς ὕλης, φανερῶς ἀργύρῳ ῥεῦσαι
τὴν χώραν, καὶ μετὰ χρόνον σεισμῶν ἐπιγενομένων
καὶ τῶν τόπων ῥαγέντων πάμπληθες συναχθῆναι
ἀργύριον, ὃ δὴ καὶ τοῖς Μασσαλιώταις πρόσοδον
ἐποίησεν οὐ τὴν τυχοῦσαν.

30 88. Ἐν ταῖς Γυμνησίαις ταῖς κειμέναις νήσοις
κατὰ τὴν Ἰβηρίαν, ἃς μετὰ τὰς λεγομένας ἑπτὰ

that a crowd might not resort to the island, and get possession of it, and take away the prosperity of the Carthaginians.

85. They say that there is a road called "the Heraclean" from Italy as far as the Celts, Celtoligyes, and Iberians, through which, if a Greek or native travels, he is guarded by the inhabitants, that no harm may befall him ; and that they exact punishment from those through whom such harm comes.

86. They say that among the Celts there is a drug called by them the "arrow drug" ; this produces so swift a death that the Celtic hunters, when they have shot at a deer or other beast, run hastily, and cut out the wounded part of the flesh before the poison sinks in, both for the sake of its use, and to prevent the animal from rotting. They say that the bark of the oak-tree has been discovered to be an antidote to this ; others, however, speak of another leaf which they call "raven," because a raven has been seen by them, after tasting the drug and becoming ill, to run to this leaf, and after swallowing it to cease from his pain.

87. In Iberia they say that when the undergrowth has been burned by shepherds, and the earth heated by the wood, that the ground can be seen to flow with silver, and that after a time when earthquakes have occurred and the ground split, that much silver has been collected, which supplied the Massaliots with considerable revenue.

88. In the islands of Gymnesiae, which lie off Iberia, which they say are the greatest after the so-called

273

837 a

μεγίστας λέγουσιν εἶναι, φασὶν ἔλαιον μὴ γίνεσθαι
ἐξ ἐλαιῶν, ἐκ δὲ τῆς τερμίνθου κομιδῇ πολὺ καὶ
εἰς πάντα ἁρμόττον. λέγουσι δὲ οὕτω τοὺς οἰ-
85 κοῦντας αὐτὰς Ἴβηρας καταγύνους εἶναι ὥστε
ἀντὶ ἑνὸς σώματος θηλυκοῦ διδόναι τοῖς ἐμπόροις
837 b τέτταρα καὶ πέντε σώματα ἄρρενα. στρατευόμενοι
δὲ παρὰ Καρχηδονίοις τοὺς μισθοὺς ὅταν λάβωσιν,
ἄλλο μέν, ὡς ἔοικεν, οὐδὲν ἀγοράζουσι, γυναῖκας
δέ. οὐ γὰρ χρυσίον οὐδὲ ἀργύριον ἔξεστι παρ'
5 αὐτοῖς οὐδένα ἔχειν. ἐπιλέγεται δέ τι τοιοῦτον ἐπὶ
τῷ κωλύειν χρήματα εἰσάγειν αὐτούς, ὅτι τὴν
στρατείαν Ἡρακλῆς ἐποιήσατο ἐπὶ τὴν Ἰβηρίαν
διὰ τοὺς τῶν ἐνοικούντων πλούτους.

89. Ἐν τῇ τῶν Μασσαλιωτῶν χώρᾳ περὶ τὴν
Λιγυστικήν φασιν εἶναί τινα λίμνην, ταύτην δὲ
10 ἀναζεῖν καὶ ὑπερχεῖσθαι, καὶ τοσούτους ἰχθῦς
ἐκβάλλειν τὸ πλῆθος ὥστε μὴ πιστεύειν. ἐπειδὰν
δὲ οἱ ἐτησίαι πνεύσωσιν, ἐπιχώννυσθαι τὸ ἔδαφος
ἐπ' αὐτήν, καὶ τοιοῦτον κονιορτὸν γίνεσθαι αὐτόθι,
καὶ ἀποστερεοῦσθαι τὴν ἐπιφάνειαν αὐτῆς ὡσανεὶ
ἔδαφος. τοῖς δὲ τριόδουσι διακόπτοντας τοὺς ἐγ-
15 χωρίους ἑτοίμως ὅσους ἂν βούλωνται ἰχθύας
ἐξαίρειν ἐξ αὐτῆς.

90. Λέγεται δέ τινας τῶν Λιγύων οὕτω σφεν-
δονᾶν εὖ ὥστε, ὅταν πλείους ἴδωσιν ὄρνιθας,
διερεθίζεσθαι πρὸς ἀλλήλους ποῖον ἕκαστος παρα-
σκευάζεται βαλεῖν, ὡς ἑτοίμως ἁπάντων τευξο-
μένων.

20 91. Ἴδιον δέ φασι καὶ τοῦτο παρ' αὐτοῖς εἶναι·
αἱ γυναῖκες ἅμα ἐργαζόμεναι τίκτουσιν, καὶ τὸ
παιδίον ὕδατι περικλύσασαι παραχρῆμα σκάπτουσι

" seven," oil is said to have come not from olives,
but from the terebinth, which corresponds in every
respect to olive-oil. They also say that the Iberians
who live there are so much given to women, that
they will give the merchants four or five male persons
in exchange for one female. On service with the
Carthaginians, when they. receive their pay, they
apparently buy nothing but women. None of them
is allowed to possess any gold or silver article. It
is added that this is done with a view to preventing
them from bringing in gold, because Heracles made
an expedition against Iberia because of the wealth
of the inhabitants.

89. In the country of the Massaliots about Liguria
they say there is a lake, and that this boils up and
overflows, and throws up an incredible quantity of
fish. But when the etesian winds blow they heap
the ground up over it, and so much dust arises there,
that the surface of the lake vanishes and becomes
like solid ground. Then the inhabitants easily raise
fish out of the lake by spearing them with a three-
pronged fork.

90. Some of the Ligurians are said to use the sling
so well that, when they see a number of birds, they
discuss with each other which each of them shall
prepare to hit, on the assumption that they will
easily get them all.

91. They tell also of another peculiarity among
them : the women bear children while at work ; after
washing the infant in water, they immediately dig,

καὶ σκάλλουσι καὶ τἆλλα οἰκονομοῦσιν ἃ καὶ μὴ
τικτούσαις αὐταῖς ἦν πρακτέον.

92. Θαῦμα δὲ καὶ τοῦτο παρὰ τοῖς Λίγυσι· φασὶ
γὰρ παρ' αὐτοῖς ποταμὸν εἶναι οὗ τὸ ῥεῦμα αἴρεται
25 μετέωρον καὶ ῥεῖ, ὥστε τοὺς πέραν μὴ ὁρᾶσθαι.

93. Ἐν δὲ τῇ Τυρρηνίᾳ λέγεταί τις νῆσος Αἰθά-
λεια ὀνομαζομένη, ἐν ᾗ ἐκ τοῦ αὐτοῦ μετάλλου
πρότερον μὲν χαλκὸς ὠρύσσετο, ἐξ οὗ φασὶ πάντα
κεχαλκευμένα παρ' αὐτοῖς εἶναι, ἔπειτα μηκέτι
30 εὑρίσκεσθαι, χρόνου δὲ διελθόντος πολλοῦ φανῆναι
ἐκ τοῦ αὐτοῦ μετάλλου σίδηρον, ᾧ νῦν ἔτι χρῶνται
Τυρρηνοὶ οἱ τὸ καλούμενον Ποπλώνιον οἰκοῦντες.

94. Ἔστι δέ τις ἐν τῇ Τυρρηνίᾳ πόλις Οἰναρέα
καλουμένη, ἣν ὑπερβολῇ φασὶν ὀχυρὰν εἶναι· ἐν
γὰρ μέσῃ αὐτῇ λόφος ἐστὶν ὑψηλός, τριάκοντα
35 σταδίους ἀνέχων ἄνω, καὶ κάτω ὕλην παντοδαπὴν
838 a καὶ ὕδατα. φοβουμένους οὖν τοὺς ἐνοικοῦντας
λέγουσι μή τις τύραννος γένηται, προΐστασθαι
αὐτῶν τοὺς ἐκ τῶν οἰκετῶν ἠλευθερωμένους· καὶ
οὗτοι ἄρχουσιν αὐτῶν, κατ' ἐνιαυτὸν δ' ἄλλους
ἀντικαθιστάναι τοιούτους.

5 95. Ἐν τῇ Κύμῃ τῇ περὶ τὴν Ἰταλίαν δείκνυταί
τις, ὡς ἔοικε, θάλαμος κατάγειος Σιβύλλης τῆς
χρησμολόγου, ἣν πολυχρονιωτάτην γενομένην παρ-
θένον διαμεῖναί φασιν, οὖσαν μὲν Ἐρυθραίαν, ὑπό
τινων δὲ τὴν Ἰταλίαν κατοικούντων Κυμαίαν, ὑπὸ
10 δέ τινων Μελάγκραιραν καλουμένην. τοῦτον δὲ
τὸν τόπον λέγεται κυριεύεσθαι ὑπὸ Λευκανῶν.
εἶναι δὲ λέγουσιν ἐν ἐκείνοις τοῖς τόποις περὶ τὴν
Κύμην ποταμόν τινα Κετὸν ὀνομαζόμενον, εἰς ὃν
φασι τὸν πλείω χρόνον τὸ ἐμβληθὲν πρῶτον περι-
φύεσθαι καὶ τέλος ἀπολιθοῦσθαι.

and hoe, and do all the household jobs which they have to do when not bearing children.

92. This is another marvel among the Ligurians : they say that there is a river among them whose stream is raised so high that it is impossible to see people on the further bank.

93. In Tyrrhenia there is said to be an island called Aethaleia, in which in olden days copper was dug from a mine, from which all their copper vessels come ; after that it was found no longer, but, after the lapse of considerable time, iron appeared from the same mine, which the Tyrrhenians who live in the district called Poplonium still use.

94. In Tyrrhenia also there is a city called Oenaria, which they say is remarkably strong : for in the middle of it is a wide hill, stretching up to a height of thirty stades, and below wood of all kinds, and water. They say that the inhabitants, fearing lest there should be a tyrant, set over themselves those of the household slaves who were freed, and these rule over them, and every year they set up others of the same kind.

95. In Cyme in Italy an underground chamber is shown apparently of the Sibyl, the reciter of the oracles, who they say was long-lived and remained a maiden, a native of Erythrae, but by some of those who live in Italy is said to come from Cyme, and by others called Melancraera. This place is said to be controlled by Leucanians. And they say that in those places about Cyme there is a river called Cetus, into which what is cast for a long time first grows a layer on top, and then becomes petrified.

838 a

15 96. Ἀλκιμένει τῷ Συβαρίτῃ φασὶ κατασκευα-
σθῆναι ἱμάτιον τοιοῦτον τῇ πολυτελείᾳ, ὥστε προ-
τίθεσθαι αὐτὸ ἐπὶ Λακινίῳ τῇ πανηγύρει τῆς Ἥρας,
εἰς ἣν συμπορεύονται πάντες Ἰταλιῶται, τῶν τε
δεικνυμένων μάλιστα πάντων ἐκεῖνο θαυμάζεσθαι·
20 οὗ φασι κυριεύσαντα Διονύσιον τὸν πρεσβύτερον
ἀποδόσθαι Καρχηδονίοις ἑκατὸν καὶ εἴκοσι ταλάν-
των. ἦν δ᾽ αὐτὸ μὲν ἁλουργές, τῷ δὲ μεγέθει
πεντεκαιδεκάπηχυ, ἑκατέρωθεν δὲ διείληπτο ζω-
δίοις ἐνυφασμένοις, ἄνωθεν μὲν Σούσοις, κάτωθεν
δὲ Πέρσαις· ἀνὰ μέσον δὲ ἦν Ζεύς, Ἥρα, Θέμις,
25 Ἀθηνᾶ, Ἀπόλλων, Ἀφροδίτη. παρὰ δ᾽ ἑκάτερον
πέρας Ἀλκιμένης ἦν, ἑκατέρωθεν δὲ Σύβαρις.

97. Περὶ τὴν ἄκραν τὴν Ἰαπυγίαν φασὶν ἔκ τινος
τόπου, ἐν ᾧ συνέβη γενέσθαι, ὡς μυθολογοῦσιν,
Ἡρακλεῖ πρὸς γίγαντας μάχην, ῥεῖν ἰχῶρα πολὺν
30 καὶ τοιοῦτον ὥστε διὰ τὸ βάρος τῆς ὀσμῆς ἄπλουν
εἶναι τὴν κατὰ τὸν τόπον θάλασσαν. λέγουσι δὲ
πολλαχοῦ τῆς Ἰταλίας Ἡρακλέους εἶναι πολλὰ
μνημόσυνα ἐν ταῖς ὁδοῖς ἃς ἐκεῖνος ἐπορεύθη. περὶ
δὲ Πανδοσίαν τῆς Ἰαπυγίας ἴχνη τοῦ θεοῦ δείκνυ-
ται, ἐφ᾽ ἃ οὐδενὶ ἐπιβατέον.

838 b

98. Ἔστι καὶ περὶ ἄκραν Ἰαπυγίαν λίθος ἁμα-
ξιαῖος, ὃν ὑπ᾽ ἐκείνου ἀρθέντα μετατεθῆναί φασιν,
ἀφ᾽ ἑνὸς δὲ δακτύλου κινεῖσθαι συμβέβηκεν.

99. Ἐν τῇ τῶν Ὀρχομενίων πόλει τῇ ἐν Βοιω-
τοῖς φανῆναί φασιν ἀλώπεκα, ἣν κυνὸς διώκοντος
5 εἰσδῦναι εἴς τινα ὑπόνομον, καὶ τὸν κύνα συνεισ-
δῦναι αὐτῇ, καὶ ὑλακτοῦντα ἦχον μέγαν ποιεῖν
ὡσανεὶ εὐρυχωρίας τινὸς ὑπαρχούσης αὐτῷ· τοὺς
δὲ κυνηγέτας ἔννοιαν λαβόντας δαιμονίαν, ἀναρ-
ρήξαντας τὴν εἴσδυσιν συνῶσαι καὶ αὐτούς· ἰδόντας
278

96. They say that a cloak was made for Alcimenes, the Sybarite, so expensive that it was produced at Lacinium at the festival of Hera, to which all Italiots come, and was admired more than anything else displayed there ; they say that Dionysius the Elder acquired it, and sold it to the Carthaginians for a hundred and twenty talents. It was purple, fifteen cubits in size, and on each side it was ornamented with embroidered figures, of Susa above, and of the Persians below ; in the centre were Zeus, Hera, Themis, Athene, Apollo and Aphrodite. At one extremity was Alcimenes, and on either side Sybaris.

97. Near the promontory of Iapygia is a spot, in which it is alleged, so runs the legend, that the battle between Heracles and the giants took place ; from here flows such a stream of ichor that the sea cannot be navigated at the spot owing to the heaviness of the scent. They say that in many parts of Italy there are many memorials of Heracles on the roads over which he travelled. But about Pandosia in Iapygia footprints of the god are shown, upon which no one may walk.

98. Also near the promontory of Iapygia is a stone large enough to load a wagon, which they say was lifted up and moved by him, and that too with one finger.

99. In the city of Orchomenus in Boeotia they say that a fox was seen, which, when pursued by a dog, dived into an underground passage, and that the dog dived in after it, and made a loud noise of barking, as if it had found a wide open space ; the huntsmen, assuming some supernatural agency, broke down the entrance, and forced their way in as well ;

δὲ διά τινων ὁπῶν εἰσερχόμενον ἔσω τὸ φῶς,
10 εὐσυνόπτως τὰ λοιπὰ θεάσασθαι, καὶ ἐλθόντας
ἀπαγγεῖλαι τοῖς ἄρχουσιν.

100. Ἐν τῇ Σαρδοῖ τῇ νήσῳ κατασκευάσματά
φασιν εἶναι εἰς τὸν Ἑλληνικὸν τρόπον διακείμενα
τὸν ἀρχαῖον, ἄλλα τε πολλὰ καὶ καλὰ καὶ θόλους
15 περισσοῖς τοῖς ῥυθμοῖς κατεξεσμένους· τούτους δ'
ὑπὸ Ἰολάου τοῦ Ἰφικλέους κατασκευασθῆναι, ὅτε
τοὺς Θεσπιάδας τοὺς ἐξ Ἡρακλέους παραλαβὼν
ἔπλευσεν εἰς ἐκείνους τοὺς τόπους ἐποικήσων, ὡς
κατὰ συγγένειαν αὐτῷ τὴν Ἡρακλέους προσ-
ήκοντας διὰ τὸ πάσης τῆς πρὸς ἑσπέραν κύριον
20 Ἡρακλέα γενέσθαι. αὕτη δὲ ἡ νῆσος, ὡς ἔοικεν,
ἐκαλεῖτο μὲν πρότερον Ἰχνοῦσσα διὰ τὸ ἐσχη-
ματίσθαι τῇ περιμέτρῳ ὁμοιότατα ἀνθρωπίνῳ
ἴχνει, εὐδαίμων δὲ καὶ πάμφορος ἔμπροσθεν λέ-
γεται εἶναι· τὸν γὰρ Ἀρισταῖον, ὅν φασι γεωρ-
γικώτατον εἶναι ἐπὶ τῶν ἀρχαίων, τοῦτον αὐτῶν
25 ἄρξαι μυθολογοῦσιν, ὑπὸ μεγάλων ὀρνέων ἔμπροσθεν
καὶ πολλῶν κατεχομένων. νῦν μὲν οὖν οὐκέτι
φέρει τοιοῦτον οὐδὲν διὰ τὸ κυριευθεῖσαν ὑπὸ
Καρχηδονίων ἐκκοπῆναι πάντας τοὺς χρησίμους
εἰς προσφορὰν καρπούς, καὶ θάνατον τὴν ζημίαν
τοῖς ἐγχωρίοις τετάχθαι, ἐάν τις τῶν τοιούτων τι
ἀναφυτεύῃ.

30 101. Ἐν μιᾷ τῶν ἑπτὰ νήσων τῶν Αἰόλου καλου-
μένων, ἣ καλεῖται Λιπάρα, τάφον εἶναι μυθολο-
γοῦσι, περὶ οὗ καὶ ἄλλα μὲν πολλὰ καὶ τερατώδη
λέγουσι, τοῦτο δ' ὅτι οὐκ ἀσφαλές ἐστι προσελθεῖν
πρὸς ἐκεῖνον τὸν τόπον τῆς νυκτός, συμφωνοῦσιν·
839 a ἐξακούεσθαι γὰρ τυμπάνων καὶ κυμβάλων ἦχον
γελωτά τε μετὰ θορύβου καὶ κροτάλων ἐναργῶς.

but seeing by some openings that light was coming in they had a complete view of the whole, and went and reported it to the magistrates.

100. In the island of Sardinia they say that there are many fine buildings arranged in the ancient Greek style, and among others domed buildings, carved with many shapes ; these are said to have been built by Iolaus the son of Iphicles, when he took the Thespians, descended from Heracles, and sailed to those parts to colonize them, on the grounds that they belonged to him by his kinship with Heracles, because Heracles was master of all the country towards the west. Apparently the island was originally called Ichnussa, because its circumference made a shape like a man's footstep (Greek ἴχνος), and it is said before this time to have been prosperous and fruitful ; for the legend was that Aristaeus, who, they say, was the most efficient husbandman in ancient times, ruled them, in a district previously full of many great birds. Now the island no longer bears anything, because the Carthaginians who got possession of it cut down all the fruits useful for food, and prescribed the penalty of death to the inhabitants, if any of them replanted them.

101. In one of the seven islands called those of Aeolus, which is known as Lipara, runs a legend that there is a tomb, concerning which they tell many marvels ; among other things they agree that it is not safe to approach the place by night, for the sound of drums and cymbals can be heard, and distinct laughter, with noise and the clapping of casta-

λέγουσι δέ τι τερατωδέστερον γεγονέναι περὶ τὸ
σπήλαιον· πρὸ ἡμέρας γὰρ ἐγκοιμηθῆναί τινα ἐν
αὐτῷ οἰνωμένον, καὶ τοῦτον ὑπὸ τῶν οἰκετῶν
5 ζητούμενον ἐφ᾽ ἡμέρας τρεῖς διατελέσαι, τῇ δὲ
τετάρτῃ εὑρεθέντα ὡς νεκρὸν ἀποκομισθῆναι ὑπὸ
τῶν οἰκείων εἰς τὸν ἴδιον τάφον, καὶ τῶν νομιζο-
μένων τυχόντα πάντων ἐξαίφνης ἀναστῆναι, καὶ
διηγεῖσθαι τὰ καθ᾽ ἑαυτὸν συμβεβηκότα. τοῦτο
μὲν οὖν ἡμῖν φαίνεται μυθωδέστερον· ὅμως μέντοι
10 ἔδει μὴ παραλιπεῖν ἀμνημόνευτον αὐτό, τῶν περὶ
τὸν τόπον ἐκεῖνον τὴν ἀναγραφὴν ποιούμενον.

102. Περὶ τὴν Κύμην τὴν ἐν Ἰταλίᾳ λίμνη ἐστὶν
ἡ προσαγορευομένη ἄορνος, αὐτὴ μέν, ὡς ἔοικεν,
οὐκ ἔχουσά τι θαυμαστόν· περικεῖσθαι γὰρ λέγουσι
15 περὶ αὐτὴν λόφους κύκλῳ, τὸ ὕψος οὐκ ἐλάσσους
τριῶν σταδίων, καὶ αὐτὴν εἶναι τῷ σχήματι κυκλο-
τερῆ, τὸ βάθος ἔχουσαν ἀνυπέρβλητον. ἐκεῖνο δὲ
θαυμάσιον φαίνεται· ὑπερκειμένων γὰρ αὐτῇ πυκ-
νῶν δένδρων, καί τινων ἐν αὐτῇ κατακεκλιμένων,
οὐδὲν ἔστιν ἰδεῖν φύλλον ἐπὶ τοῦ ὕδατος ἐφεστηκός,
20 ἀλλ᾽ οὕτω καθαρώτατόν ἐστι τὸ ὕδωρ ὥστε τοὺς
θεωμένους θαυμάζειν. περὶ δὲ τὴν ἀπέχουσαν
ἤπειρον αὐτῆς οὐ πολὺ θερμὸν ὕδωρ πολλαχόθεν
ἐκπίπτει, καὶ ὁ τόπος ἅπας καλεῖται Πυριφλεγέθων.
ὅτι δὲ οὐδὲν διίπταται ὄρνεον αὐτήν, ψεῦδος· οἱ γὰρ
25 παραγενόμενοι λέγουσι πλῆθός τι κύκνων ἐν αὐτῇ
γίνεσθαι.

103. Φασὶ τὰς Σειρηνούσας νήσους κεῖσθαι μὲν
ἐν τῇ Ἰταλίᾳ περὶ τὸν πορθμὸν ἐπ᾽ αὐτῆς τῆς
ἄκρας, ὃς κεῖται πρὸ τοῦ προπεπτωκότος τόπου
καὶ διαλαμβάνοντος τοῖς κόλποις τόν τε περι-
30 έχοντα τὴν Κύμην καὶ τὸν διειληφότα τὴν Ποσει-

nets. There is a still more remarkable story about the cave ; for someone once slept here drunk before dawn, and was sought for by his servants for three days, and on the fourth was found, and taken away for dead by the servants and put into his own tomb ; after receiving all the usual rites he suddenly arose and told all that had happened to him. This strikes us as more like legend ; but at the same time one must not pass over it without record, when making a catalogue of events on the spot.

102. Near Cyme in Italy there is a lake called Aornos ; in itself it has no remarkable properties ; but they say that hills lie round it in a circle not less than three stades high, and that the lake itself is circular in shape, having an incredible depth. But this seems remarkable ; for though thick trees grow over it, and some even bend down to it, one can never see a leaf lying on the water, but the water is so clear that those who look into it are amazed. But on the land not far away from it hot water flows in many places, and the whole region is called Pyriphlegethon. It is not true that no bird flies over it ; for those who have been there assert that there are a quantity of swans on it.

103. They say that the islands of Seirenusae lie near Italy off the promontory itself near the strait, which lies in front of the place, and separates the strait which surrounds Cyme, and that which cuts off the promontory called Poseidonia ; on which

839 a

δωνίαν καλουμένην· ἐν ᾧ καὶ νεὼς αὐτῶν ἵδρυται,
καὶ τιμῶνται καθ᾽ ὑπερβολὴν ὑπὸ τῶν περιοίκων
θυσίαις ἐπιμελῶς. ὧν καὶ τὰ ὀνόματα μνημονεύοντες
καλοῦσι τὴν μὲν Παρθενόπην, τὴν δὲ Λευκωσίαν,
35 τὴν δὲ τρίτην Λίγειαν.

104. Λέγεται δὲ μεταξὺ τῆς Μεντορικῆς καὶ τῆς
839 b Ἰστριανῆς ὄρος τι εἶναι τὸ καλούμενον Δέλφιον,
ἔχον λόφον ὑψηλόν. ἐπὶ τοῦτον τὸν λόφον ὅταν
ἀναβαίνωσιν οἱ Μέντορες οἱ ἐπὶ τοῦ Ἀδρίου
οἰκοῦντες, ἀποθεωροῦσιν, ὡς ἔοικε, τὰ εἰς τὸν
Πόντον εἰσπλέοντα πλοῖα. εἶναι δὲ καί τινα τόπον
5 ἐν τοῖς ἀνὰ μέσον διαστήμασιν, εἰς ὃν ἀγορᾶς
κοινῆς γινομένης πωλεῖσθαι παρὰ μὲν τῶν ἐκ τοῦ
Πόντου ἐμπόρων ἀναβαινόντων τὰ Λέσβια καὶ
Χῖα καὶ Θάσια, παρὰ δὲ τῶν ἐκ τοῦ Ἀδρίου τοὺς
Κερκυραϊκοὺς ἀμφορεῖς.

105. Φασὶ δὲ καὶ τὸν Ἴστρον ῥέοντα ἐκ τῶν
10 Ἑρκυνίων καλουμένων δρυμῶν σχίζεσθαι, καὶ τῇ
μὲν εἰς τὸν Πόντον ῥεῖν, τῇ δὲ εἰς τὸν Ἀδρίου
ἐκβάλλειν. σημεῖον δὲ οὐ μόνον ἐν τοῖς νῦν καιροῖς
ἑωράκαμεν, ἀλλὰ καὶ ἐπὶ τῶν ἀρχαίων μᾶλλον,
οἷον τὰ ἐκεῖ ἄπλωτα εἶναι· καὶ γὰρ Ἰάσονα τὸν
μὲν εἴσπλουν κατὰ Κυανέας, τὸν δὲ ἐκ τοῦ Πόντου
15 ἔκπλουν κατὰ τὸν Ἴστρον ποιήσασθαί φασι· καὶ
φέρουσιν ἄλλα τε τεκμήρια οὐκ ὀλίγα, καὶ κατὰ
μὲν τὴν χώραν βωμοὺς ὑπὸ τοῦ Ἰάσονος ἀνα-
κειμένους δεικνύουσιν, ἐν δὲ μιᾷ τῶν νήσων τῶν
ἐν τῷ Ἀδρίᾳ ἱερὸν Ἀρτέμιδος ὑπὸ Μηδείας ἱδρυ-
μένον. ἔτι δὲ λέγουσιν ὡς οὐκ ἂν παρέπλευσε τὰς
20 Πλαγκτὰς καλουμένας, εἰ μὴ ἐκεῖθεν ἀπέπλει.
καὶ ἐν τῇ Αἰθαλείᾳ δὲ νήσῳ, τῇ κειμένῃ ἐν τῷ
Τυρρηνικῷ πελάγει, ἄλλα τε δεικνύουσι μνημεῖα

284

stands a temple of the Sirens, and they are honoured very highly by the inhabitants with sacrifices punctually. In remembrance of their names they call one Parthenope, one Leuconia, and a third Ligeia.

104. There is said to be a mountain between Mentorice and Istriane called Delphium, having a high peak. When the Mentores who live near the Adriatic climb this peak they can apparently see ships sailing in the Pontus. There is a spot in the gap in the middle in which, when a common market is held, Lesbian, Chian and Thasian goods are bought from the merchants who come up from Pontus, and Corcyrean amphorae from those who come from the Adriatic.

105. They say that the Ister flowing from the forests called Hercynian divides, and one part flows into the Pontus, and the other into the Adriatic. We can see proof not only at the present time, but still more in ancient days that the river at these points is not navigable ; for they say that Jason made his entry to the Pontus by the Cyanean rocks, but his exit by the Ister ; and they produce a considerable number of other proofs, and in particular they show altars in the district dedicated by Jason, and in one of the islands of the Adriatic a temple of Artemis built by Medea. They also say that he could not have sailed past the so-called Planktae, unless he had journeyed from there. Also in the island of Aethaleia, which lies in the Tyrrhenian Sea, they show other memorials of the heroes, and one which

839 b

τῶν ἀριστέων καὶ τὸ ἐπὶ τῶν ψήφων δὲ λεγόμενον·
παρὰ γὰρ τὸν αἰγιαλὸν ψήφους φασὶν εἶναι ποι-
κίλας, ταύτας δ' οἱ Ἕλληνες οἱ τὴν νῆσον οἰκοῦντες
25 λέγουσι τὴν χροιὰν λαβεῖν ἀπὸ τῶν στλεγγισμάτων
ὧν ἐποιοῦντο ἀλειφόμενοι· ἀπὸ ἐκείνων γὰρ τῶν
χρόνων οὔτε πρότερον ἑωρᾶσθαι μυθολογοῦσι
τοιαύτας ψήφους οὔθ' ὕστερον ἐπιγενομένας. ἔτι
δὲ τούτων φανερώτερα σημεῖα λέγουσιν, ὅτι οὐ
διὰ τῶν Συμπληγάδων ἐγένετο ὁ ἔκπλους, αὐτῷ
30 τῷ ποιητῇ ἐν ἐκείνοις τοῖς τόποις μάρτυρι χρώ-
μενοι. τὴν γὰρ δυσχέρειαν τοῦ κινδύνου ἐμφανί-
ζοντα λέγειν ὅτι οὐκ ἔστι παραπλεῦσαι τὸν τόπον,

ἀλλά θ' ὁμοῦ πίνακάς τε νεῶν καὶ σώματα φωτῶν
κύμαθ' ἁλὸς φορέουσι πυρός τ' ὀλοοῖο θύελλαι.

840 a περὶ μὲν οὖν τὰς Κυανέας οὐ λέγεται πῦρ ἀνα-
πέμπειν, περὶ δὲ τὸν πορθμὸν τὸν διαλαμβάνοντα
τὴν Σικελίαν, ἐφ' ἑκάτερα κειμένων τῶν τοῦ πυρὸς
ἀναφυσημάτων, καὶ τῆς τε νήσου συνεχῶς καιο-
5 μένης, καὶ τοῦ περὶ τὴν Αἴτνην ῥεύματος πολλάκις
τὴν χώραν ἐπιδεδραμηκότος.

106. Ἐν Τάραντι ἐναγίζειν κατά τινας χρόνους
φασὶν Ἀτρείδαις καὶ Τυδείδαις καὶ Αἰακίδαις καὶ
Λαερτιάδαις, καὶ Ἀγαμεμνονίδαις δὲ χωρὶς θυσίαν
ἐπιτελεῖν ἐν ἄλλῃ ἡμέρᾳ ἰδίᾳ, ἐν ᾗ νόμιμον εἶναι
10 ταῖς γυναιξὶ μὴ γεύσασθαι τῶν ἐκείνοις θυομένων.
ἔστι δὲ καὶ Ἀχιλλέως νεὼς παρ' αὐτοῖς. λέγεται
δὲ μετὰ τὸ παραλαβεῖν τοὺς Ταραντίνους Ἡρά-
κλειαν τὸν τόπον καλεῖσθαι ὃν νῦν κατοικοῦσιν, ἐν
δὲ τοῖς ἄνω χρόνοις τῶν Ἰώνων κατεχόντων
Πλεῖον· ἔτι δὲ ἐκείνων ἔμπροσθεν ὑπὸ τῶν Τρώων
15 τῶν κατασχόντων αὐτὴν Σίγειον ὠνομάσθαι.

is called the " Pebble " memorial ; for by the sea-shore they say that there are painted pebbles, and the Greeks who inhabit the island say that these derive their colour from the dirt removed by the scrapers when they oiled themselves ; they say that these pebbles were to be seen from that date and not before, nor were they found afterwards. But they quote even more convincing evidence than this, that the voyage out did not take place through the Symplegades, using the poet himself in that place as a witness. For in explaining the seriousness of the danger he says that it is impossible to sail past the place.

The waves of the sea carry the timber of ships and the bodies of men all together, and so do the storms of destructive fire.[a]

Now it is not said that fire issues from about the Cyaneae, but about the strait which divides Sicily (from Italy), where there are eruptions of fire on both sides of the strait, and the island burns continuously and the lava about Etna frequently flows over the district.

106. At Tarentum it is said that at certain times sacrifices are offered to the spirits of the Atreidae, Tydidae, Aeacidae and Laertiadae, but that they offer sacrifice to the Agamemnonidae separately on another special day, upon which it is the custom for the women not to taste the victims sacrificed to them. They also possess Achilles' temple. It is also said that after the Tarentines took the place in which they now live it was called Heracleia, but in earlier time when the Ionians held it, Pleion ; even before this date it was called Sigeum by the Trojans, who possessed it.

[a] Homer, *Od.* xii. 67.

287

107. Παρὰ δὲ τοῖς Συβαρίταις λέγεται Φιλο-
κτήτην τιμᾶσθαι. κατοικῆσαι γὰρ αὐτὸν ἐκ Τροίας
ἀνακομισθέντα τὰ καλούμενα Μύκαλλα τῆς Κροτω-
νιάτιδος, ἅ φασιν ἀπέχειν ἑκατὸν εἴκοσι σταδίων,
καὶ ἀναθεῖναι ἱστοροῦσι τὰ τόξα τὰ Ἡράκλεια
20 αὐτὸν εἰς τὸ τοῦ Ἀπόλλωνος τοῦ ἁλίου. ἐκεῖθεν
δέ φασι τοὺς Κροτωνιάτας κατὰ τὴν ἐπικράτειαν
ἀναθεῖναι αὐτὰ εἰς τὸ Ἀπολλώνιον τὸ παρ' αὐτοῖς.
λέγεται δὲ καὶ τελευτήσαντα ἐκεῖ κεῖσθαι αὐτὸν
παρὰ τὸν ποταμὸν τὸν Σύβαριν, βοηθήσαντα
Ῥοδίοις τοῖς μετὰ Τληπολέμου εἰς τοὺς ἐκεῖ
25 τόπους ἀπενεχθεῖσι καὶ μάχην συνάψασι πρὸς τοὺς
ἐνοικοῦντας τῶν βαρβάρων ἐκείνην τὴν χώραν.

108. Περὶ δὲ τὴν Ἰταλίαν τὴν καλουμένην Γαρ-
γαρίαν, ἐγγὺς Μεταποντίου, Ἀθηνᾶς ἱερὸν εἶναί
φασιν Ἑλληνίας, ἔνθα τὰ τοῦ Ἐπειοῦ λέγουσιν
30 ἀνακεῖσθαι ὄργανα, ἃ εἰς τὸν δούρειον ἵππον
ἐποίησεν, ἐκείνου τὴν ἐπωνυμίαν ἐπιθέντος. φαντα-
ζομένην γὰρ αὐτῷ τὴν Ἀθηνᾶν κατὰ τὸν ὕπνον
ἀξιοῦν ἀναθεῖναι τὰ ὄργανα, καὶ διὰ τοῦτο βραδυ-
τέρας τυγχάνοντα τῆς ἀναγωγῆς εἰλεῖσθαι ἐν τῷ
τόπῳ, μὴ δυνάμενον ἐκπλεῦσαι· ὅθεν Ἑλληνίας
35 Ἀθηνᾶς τὸ ἱερὸν προσαγορεύεσθαι.

109. Λέγεται περὶ τὸν ὀνομαζόμενον τῆς Δαυνίας
τόπον ἱερὸν εἶναι Ἀθηνᾶς Ἀχαΐας καλούμενον, ἐν
ᾧ δὴ πελέκεις χαλκοῦς καὶ ὅπλα τῶν Διομήδους
ἑταίρων καὶ αὐτοῦ ἀνακεῖσθαι. ἐν τούτῳ τῷ τόπῳ
5 φασὶν εἶναι κύνας οἳ τοὺς ἀφικνουμένους τῶν
Ἑλλήνων οὐκ ἀδικοῦσιν, ἀλλὰ σαίνουσιν ὥσπερ
τοὺς συνηθεστάτους. πάντες δὲ οἱ Δαύνιοι καὶ
οἱ πλησιόχωροι αὐτοῖς μελανειμονοῦσι, καὶ ἄνδρες
καὶ γυναῖκες, διὰ ταύτην, ὡς ἔοικε, τὴν αἰτίαν.

107. It is said that Philoctetes is honoured among the Sybarites. For when he was brought back from Troy, he lived in a place called Macalla in the region of Croton, which they say is a hundred and twenty stades away, and they relate that he dedicated Heracles' bow and arrows at the temple of Apollo the sea god. There they say that the Crotoniates during their supremacy dedicated them at the Apollonium in their own district. It is also said that, when he died, he was buried there by the river Sybaris, after helping the Rhodians who landed at the spot with Tlepolemus, and joined battle with the barbarians, who dwelt in that part of the country.

108. In Italy in the district called Gargaria, near Metapontum, they say that there is a temple of the Hellenian Athene, where the tools of Epeius are dedicated, which he made for the wooden horse, giving the goddess this name. For they say that Athene appeared to him in a dream, and demanded that he should dedicate the tools to her, and that, having delayed his setting out on this account, he was shut up in the place and unable to set out ; whence the temple of Hellenian Athene derived its name.

109. In the region called Daunia there is said to be a temple of Athene called Achaean, in which are dedicated the bronze axes and the arms of Diomedes' companion and his own. In this place they say there are dogs which do no harm to any Greeks who come there, but fawn on them as though they were their dearest friends. But all the Daunians and their neighbours dress in black, both men and women, apparently for the following reason. The Trojan

840 b

τὰς γὰρ Τρωάδας τὰς ληφθείσας αἰχμαλώτους καὶ
10 εἰς ἐκείνους τοὺς τόπους ἀφικομένας, εὐλαβηθείσας
μὴ πικρᾶς δουλείας τύχωσιν ὑπὸ τῶν ἐν ταῖς
πατρίσι προϋπαρχουσῶν τοῖς Ἀχαιοῖς γυναικῶν,
λέγεται τὰς ναῦς αὐτῶν ἐμπρῆσαι, ἵν' ἅμα μὲν τὴν
προσδοκωμένην δουλείαν ἐκφύγωσιν, ἅμα δ' ὅπως
μετ' ἐκείνων μένειν ἀναγκασθέντων συναρμοσθεῖσαι
15 κατάσχωσιν αὐτοὺς ἄνδρας. πάνυ δὲ καὶ τῷ
ποιητῇ καλῶς πέφρασται περὶ αὐτῶν· ἑλκεσι-
πέπλους γὰρ καὶ βαθυκόλπους κἀκείνας, ὡς ἔοικεν,
ἰδεῖν ἔστιν.

110. Ἐν δὲ τοῖς Πευκετίνοις εἶναί φασιν Ἀρτέ-
μιδος ἱερόν, ἐν ᾧ τὴν διωνομασμένην ἐν ἐκείνοις
20 τοῖς τόποις χαλκῆν ἕλικα ἀνακεῖσθαι λέγουσιν,
ἔχουσαν ἐπίγραμμα "Διομήδης Ἀρτέμιδι." μυθο-
λογεῖται δ' ἐκεῖνον ἐλάφῳ περὶ τὸν τράχηλον
περιθεῖναι, τὴν δὲ περιφῦναι, καὶ τοῦτον τὸν τρόπον
εὑρισκομένην ὑπὸ Ἀγαθοκλέους ὕστερον τοῦ
βασιλέως Σικελιωτῶν εἰς τὸ τοῦ Διὸς ἱερὸν
ἀνατεθῆναί φασιν.

25 111. Ἐν τῇ ἄκρᾳ τῆς Σικελίας τῇ καλουμένῃ
Πελωριάδι τοσοῦτον γίνεσθαι κρόκον, ὥστε παρὰ
τισὶ μὲν τῶν ἐν ἐκείνοις τοῖς τόποις κατοικούντων
μὴ γνωρίζεσθαι Ἑλλήνων ποῖόν τί ἐστι τὸ ἄνθος,
ἐπὶ δὲ τῆς Πελωριάδος ἁμάξας κατακομίζειν με-
30 γάλας τοὺς βουλομένους, καὶ κατὰ τὴν ἐαρινὴν
ὥραν τὰς στρωμνὰς καὶ τὰς σκηνὰς ἐκ κρόκου
κατασκευάζειν.

112. Φησὶν εἶναι ὁ Πολύκριτος ὁ τὰ Σικελικὰ
γεγραφὼς ἐν ἔπεσιν ἔν τινι τόπῳ τῆς μεσογείου
λιμνίον τι ἔχον ὅσον ἀσπίδος τὸ περίμετρον, τοῦτο
35 δ' ἔχει ὕδωρ διαυγὲς μὲν μικρῷ δὲ θολερώτερον.

women who were taken prisoners and came to that district, in their anxiety to avoid bitter slavery at the hands of the women who belonged to the Greeks before in their own country, burned their ships according to the story, that they might at the same time escape the slavery which they expected, and that, joined with them as husbands, as they were compelled to remain, they might keep them. A very fine account of them is given by the poet; for one can see that they were " long-robed " and " deep-bosomed."

110. Among the Peucetini they say that there is a temple of Artemis, in which is dedicated what is called the bronze necklet, bearing the legend " Diomedes to Artemis." The story goes that he hung it about the neck of a deer, and that it grew there, and in this way being found later by Agathocles, king of the Siceliots, they say that it was dedicated at the temple of Zeus.

111. On the promontory in Sicily called Pelorias there is said to be a crocus which grows so large that among some of the inhabitants of the district the Greeks do not know what kind of flower it is, but at Pelorias any who wish bring large wagons, and in the season of spring make beds and platforms out of the crocus.

112. Polycritus, who wrote the Sicilian history, says in his story that in a certain part of the interior there is a little lake having a circumference of a shield, and this has water which is transparent, but the surface is somewhat ruffled. If anyone goes into

291

841 a εἰς τοῦτ᾽ οὖν ἐάν τις εἰσβῇ λούσασθαι χρείαν ἔχων,
αὔξεται εἰς εὖρος, ἐὰν δὲ καὶ δεύτερος,[1] μᾶλλον
πλατύνεται· τὸ δὲ πέρας ἕως εἰς πεντήκοντα ἀνδρῶν
ὑποδοχὴν μεῖζον γενόμενον διευρύνεται. ἐπειδὰν
δὲ τοῦτον τὸν ἀριθμὸν λάβῃ, ἐκ βάθους πάλιν
5 ἀνοιδοῦν ἐκβάλλειν μετέωρα τὰ σώματα τῶν λουο-
μένων ἔξω ἐπὶ τὸ ἔδαφος· ὡς δ᾽ ἂν τοῦτο γένηται,
εἰς τὸ ἀρχαῖον πάλιν σχῆμα τῆς περιμέτρου καθ-
ίσταται. οὐ μόνον δ᾽ ἐπὶ ἀνθρώπων τοῦτο περὶ
αὐτὸ γίνεται, ἀλλὰ καὶ ἐάν τι τετράπουν εἰσβῇ, τὸ
αὐτὸ πάσχει.

10   113. Ἐν δὲ τῇ ἐπικρατείᾳ τῶν Καρχηδονίων
φασὶν ὄρος εἶναι ὃ καλεῖται Οὐράνιον, παντοδαπῆς
μὲν ὕλης γέμον, πολλοῖς δὲ διαπεποικιλμένον ἄν-
θεσιν, ὥστε τοὺς συνεχεῖς τόπους ἐπὶ πολὺ μετα-
λαμβάνοντας τῆς εὐωδίας αὐτοῦ ἡδίστην τινὰ τοῖς
ὁδοιποροῦσι προσβάλλειν τὴν ἀναπνοήν.   πρὸς δὴ
15 τοῦτον τὸν τόπον κρήνην ἐλαίου φασὶν εἶναι, τὴν
δὲ ὀσμὴν ἔχειν τῆς κέδρου τοῖς ἀποπτίσμασιν
ὁμοίαν.   δεῖν δέ φασι τὸν προσιόντα πρὸς αὐτὴν
ἁγνὸν εἶναι, καὶ τούτου γινομένου πλεῖον ἀνα-
βλύζειν αὐτὴν τὸ ἔλαιον, ὥστε ἀσφαλῶς ἀρύεσθαι.

    114. Φασὶ καὶ ταύτης τῆς κρήνης πλησίον εἶναί
20 τινα πέτραν αὐτοφυῆ, μεγάλην τῷ μεγέθει.   ταύτην
οὖν λέγουσιν, ἐπειδὰν μὲν ᾖ θέρος, φλόγα ἀνα-
πέμπειν πυρός, χειμῶνος δὲ γενομένου ἐκ τοῦ αὐτοῦ
τόπου κρουνὸν ὕδατος ἀναρραίνειν οὕτω ψυχροῦ
ὥστε χιόνι συμβαλλόμενον μηδὲν διαφέρειν.   καὶ
τοῦτό φασιν οὐκ ἀπόκρυφον οὐδὲ μικρὸν χρόνον
25 φαίνεσθαι, ἀλλὰ τὸ μὲν πῦρ ἀνιέναι τὴν θερείαν
ὅλην, τὸ δὲ ὕδωρ πάντα τὸν χειμῶνα.

    115. Λέγεται δὲ καὶ περὶ τὴν τῶν Σιντῶν καὶ

it needing to wash, it increases in width, and if a second man goes in, it grows still broader. But the limit of its expansion is reached when it has received fifty men. But when it has received this number, it swells up from the bottom and casts up the bodies of the bathers high and dry on the land ; when this has occurred it reverts again to its original size in circumference. This does not occur merely in the case of men, but if a quadruped goes into it the same thing happens.

113. In the empire of the Carthaginians they say that there is a mountain called Uranium, full of every kind of timber, and made beautiful by many-coloured flowers, so that a succession of places sharing the sweet scent over a large district gives a most delightful air to travellers. At this place they say that there is a spring of oil, which has a scent like the cuttings of cedar. But he who approaches it must be pure, and when this is the case the oil bubbles up more than before, so that it can be safely drawn off.

114. They say that near this spring there is a natural rock, of vast size. When it is summer it sends up a flame of fire, but in winter a spring of water flows from the same source, so cold that, when compared with snow, its temperature is the same. They say that this is in no way concealed, nor happens for a short time, but that the fire rises all the summer time, and water all the winter.

115. The story goes that in the district of Thrace

---

¹ δεύτερον B.

ARISTOTLE

Μαιδῶν χώραν καλουμένην τῆς Θρᾴκης ποταμόν
τινα εἶναι Πόντον προσαγορευόμενον, ἐν ᾧ κατα-
30 φέρεσθαί τινας λίθους οἳ καίονται καὶ τοὐναντίον
πάσχουσι τοῖς ἐκ τῶν ξύλων ἄνθραξι· ῥιπιζόμενοι
γὰρ σβέννυνται ταχέως, ὕδατι δὲ ῥαινόμενοι ἀνα-
λάμπουσι καὶ ἀνάπτουσι κάλλιον. παραπλησίαν
δὲ ἀσφάλτῳ, ὅταν καίωνται, καὶ πονηρὰν οὕτως
841 b ὀσμὴν καὶ δριμεῖαν ἔχουσιν ὥστε μηδὲν τῶν
ἑρπετῶν ὑπομένειν ἐν τῷ τόπῳ καιομένων αὐτῶν.

116. Εἶναι δέ φασι καὶ τόπον τινὰ παρ' αὐτοῖς
οὐ λίαν μικρόν, ἀλλ' ὡς ἂν εἴκοσί που σταδίων,
5 ὃς φέρει κριθὰς αἷς οἱ μὲν ἄνθρωποι χρῶνται, οἱ
δ' ἵπποι καὶ βόες οὐκ ἐθέλουσιν αὐτὰς ἐσθίειν,
οὐδ' ἄλλο οὐδέν. ἀλλ' οὐδὲ τῶν ὑῶν οὐδὲ τῶν
κυνῶν οὐδεμία τολμᾷ γεύσασθαι τῆς κόπρου τῶν
ἀνθρώπων, οἵτινες ἂν ἐκ τῶν κριθῶν τούτων
μᾶζαν φαγόντες ἢ ἄρτον ἀφοδεύωσι, τῷ θνήσκειν.

117. Ἐν δὲ Σκοτούσαις τῆς Θετταλίας φασὶν
10 εἶναι κρηνίδιόν τι μικρόν, ἐξ οὗ ῥεῖ τοιοῦτον ὕδωρ
ὃ τὰ μὲν ἕλκη καὶ θλάσματα ταχέως ὑγιεινὰ ποιεῖ
καὶ τῶν ἀνθρώπων καὶ τῶν ὑποζυγίων, ἐὰν δέ τις
ξύλον μὴ παντάπασι συντρίψας ἀλλὰ σχίσας ἐμ-
βάλῃ, συμφύεται καὶ πάλιν εἰς τὸ αὐτὸ καθ-
ίσταται.

118. Περὶ δὲ τὴν Θρᾴκην τὴν ὑπὲρ Ἀμφίπολιν
15 φασὶ γίνεσθαί τι τερατῶδες καὶ ἄπιστον τοῖς μὴ
τεθεαμένοις. ἐξιόντες γὰρ οἱ παῖδες ἐκ τῶν κωμῶν
καὶ τῶν ἐγγὺς χωρίων ἐπὶ θήραν τῶν ὀρνιθαρίων
συνθηρεύειν παραλαμβάνουσι τοὺς ἱέρακας, καὶ
τοῦτο ποιοῦσιν οὕτως. ἐπειδὰν προέλθωσιν εἰς
20 τόπον ἐπιτήδειον, καλοῦσι τοὺς ἱέρακας ὀνομαστὶ
κεκραγότες· οἱ δ' ὅταν ἀκούσωσι τῶν παίδων τὴν

called the Sintian and Maedian there is a river called Pontus. which rolls down stones which burn and behave in the opposite way to embers made from wood; for when the flame is fanned these stones are quickly quenched, but when soaked in water they light up and kindle finely. When they burn they have a smell like pitch, just as unpleasant and acrid, so that no reptile can stay in the place while they are burning.

116. They also say that there is a district there, not very large, but somewhere about twenty stades, which bears the barley which men use, but horses and cattle will not eat it, nor will any other animal; nor will any pigs nor dogs venture to touch the excrement of men who void after eating meal or bread made from this barley, because death follows.

117. In Scotussae in Thessaly they say that there is a little spring, from which a kind of water flows, which quickly heals wounds and bruises both of men and beasts, but if one puts a log of wood into it without completely crushing it, but only breaking it in half, it grows again and returns to its original state.

118. In Thrace above Amphipolis they say that there is a remarkable occurrence, which is incredible to those who have not seen it. For boys, coming out of the villages and places round to hunt small birds, take hawks with them, and behave as follows: when they have come to a suitable spot, they call the hawks addressing them by name; when they hear the boys'

841 b

φωνήν, παραγινόμενοι κατασοβοῦσι τοὺς ὄρνιθας·
οἱ δὲ δεδιότες ἐκείνους καταφεύγουσιν εἰς τοὺς
θάμνους, ὅπου αὐτοὺς οἱ παῖδες ξύλοις τύπτοντες
λαμβάνουσιν. ὃ δὲ πάντων ἄν τις μάλιστα θαυμά-
25 σειεν· οἱ μὲν γὰρ ἱέρακες ὅταν αὐτοί τινα λάβωσι
τῶν ὀρνίθων, καταβάλλουσι τοῖς θηρεύουσιν, οἱ δὲ
παῖδες ἁπάντων τῶν ἁλόντων μέρος τι τοῖς ἱέραξιν
ἀποδόντες ἀπέρχονται.

119. Θαυμαστὸν δέ τι καὶ παρὰ τοῖς Ἐνετοῖς
φασὶ γίνεσθαι. ἐπὶ γὰρ τὴν χώραν αὐτῶν πολ-
30 λάκις κολοιῶν ἀναριθμήτους μυριάδας ἐπιφέρεσθαι
καὶ τὸν σῖτον αὐτῶν σπειράντων καταναλίσκειν·
οἷς τοὺς Ἐνετοὺς πρὸ τοῦ ἐφίπτασθαι μέλλειν ἐπὶ
τὰ μεθόρια τῆς γῆς προτιθέναι δῶρα, παντοδαπῶν
καρπῶν καταβάλλοντας σπέρματα, ὧν ἐὰν μὲν
842 a γεύσωνται οἱ κολοιοί, οὐχ ὑπερβαίνουσιν ἐπὶ τὴν
χώραν αὐτῶν, ἀλλ' οἴδασιν οἱ Ἐνετοὶ ὅτι ἔσονται
ἐν εἰρήνῃ· ἐὰν δὲ μὴ γεύσωνται, ὡσεὶ πολεμίων
ἔφοδον αὐτοῖς γινομένην οὕτω προσδοκῶσιν.

5 120. Ἐν δὲ τῇ Χαλκιδικῇ τῇ ἐπὶ Θρᾴκης πλη-
σίον Ὀλύνθου φασὶν εἶναι Κανθαρώλεθρον ὀνομα-
ζόμενον τόπον, μικρῷ μείζονα τὸ μέγεθος ἅλω, εἰς
ὃν τῶν μὲν ἄλλων ζώων ὅταν τι ἀφίκηται, πάλιν
ἀπέρχεται, τῶν δὲ κανθάρων τῶν ἐλθόντων οὐδείς,
10 ἀλλὰ κύκλῳ περιόντες τὸ χωρίον λιμῷ τελευτῶσιν.

121. Ἐν δὲ Κύκλωψι τοῖς Θραξὶ κρηνίδιόν ἐστιν
ὕδωρ ἔχον ὃ τῇ μὲν ὄψει καθαρὸν καὶ διαφανὲς καὶ
τοῖς ἄλλοις ὅμοιον, ὅταν δὲ πίῃ τι ζῷον ἐξ αὐτοῦ,
παραχρῆμα διαφθείρεται.

122. Φασὶ δὲ καὶ ἐν τῇ Κραστωνίᾳ παρὰ τὴν
Βισαλτῶν χώραν τοὺς ἁλισκομένους λαγὼς δύο
ἥπατα ἔχειν, καὶ τόπον τινὰ εἶναι ὅσον πλεθριαῖον,

voices, they swoop down on the birds. The birds fly in terror into the bushes, where the boys catch them by knocking them down with sticks. But there is one most remarkable feature in this; when the hawks themselves catch any of the birds, they throw them down to the hunters, and the boys after giving a portion of all that is caught to the hawks go home.

119. They relate a remarkable occurrence among the Heneti; for countless thousands of jackdaws come to their country and consume their grain, when they have sown it; before they are about to fly over there the Heneti put out gifts for the birds on their boundaries, putting down seeds of all kinds of fruits; if the jackdaws taste these, they do not pass over the border into their country, and the Heneti know that they will be in peace; but if they do not taste them, they expect as it were an invasion of the enemy.

120. In Thracian Chalcidice near Olynthus they say that there is a place called Cantharolethros, a little larger in size than a threshing-floor; when any other animal comes to it, it immediately retires, but none of the cantharus beetles do so, but wheeling round and round the place die of hunger.

121. Among the Cyclopes in Thrace there is a small spring with water which is clear and transparent to look at, and just like other water, but, when any animal drinks of it, it immediately dies.

122. They say that in Crastonia near the country of the Bisaltae hares which are caught have two livers, and that there is a place there about an acre in extent,

842 a

εἰς ὃν ὅ τι ἂν εἰσέλθῃ ζῷον ἀποθνήσκει. ἔστι δὲ
καὶ ἄλλο αὐτόθι ἱερὸν Διονύσου μέγα καὶ καλόν, ἐν
20 ᾧ τῆς ἑορτῆς καὶ τῆς θυσίας οὔσης λέγεται, ὅταν
μὲν ὁ θεὸς εὐετηρίαν μέλλῃ ποιεῖν, ἐπιφαίνεσθαι
μέγα σέλας πυρός, καὶ τοῦτο πάντας ὁρᾶν τοὺς
περὶ τὸ τέμενος διατρίβοντας, ὅταν δ' ἀκαρπίαν,
μὴ φαίνεσθαι τοῦτο τὸ φῶς, ἀλλὰ σκότος ἐπέχειν
τὸν τόπον ὥσπερ καὶ τὰς ἄλλας νύκτας.

25 123. Ἐν Ἤλιδι λέγουσιν εἶναί τι οἴκημα στα-
δίους ἀπέχον ὀκτὼ μάλιστα τῆς πόλεως, εἰς ὃ
τιθέασι τοῖς Διονυσίοις λέβητας χαλκοῦς τρεῖς
κενούς. τοῦτο δὲ ποιήσαντες παρακαλοῦσι τῶν Ἑλ-
λήνων τῶν ἐπιδημούντων τὸν βουλόμενον ἐξετάσαι
τὰ ἀγγεῖα καὶ τοῦ οἴκου κατασφραγίζεσθαι τὰς
30 θύρας. καὶ ἐπειδὰν μέλλωσιν ἀνοίγειν, ἐπιδείξαν-
τες τοῖς πολίταις καὶ τοῖς ξένοις τὰς σφραγῖδας,
οὕτως ἀνοίγουσιν. οἱ δ' εἰσελθόντες εὑρίσκουσι
τοὺς μὲν λέβητας οἴνου πλήρεις, τὸ δὲ ἔδαφος καὶ
τοὺς τοίχους ὑγιεῖς, ὥστε μηδεμίαν εἶναι ὑποψίαν
35 λαβεῖν ὡς τέχνῃ τινὶ κατασκευάζουσιν. εἶναι δέ
φασι παρ' αὐτοῖς καὶ ἰκτίνους, οἳ παρὰ μὲν τῶν
842 b διὰ τῆς ἀγορᾶς τὰ κρέα φερόντων ἁρπάζουσι, τῶν
δὲ ἱεροθύτων οὐχ ἅπτονται.

124. Ἐν Κορωνείᾳ δὲ τῆς Βοιωτίας λέγεται τοὺς
ἀσπάλακας τὰ ζῷα μὴ δύνασθαι ζῆν μηδ' ὀρύσσειν
5 τὴν γῆν, τῆς λοιπῆς Βοιωτίας πολὺ πλῆθος ἐχούσης.

125. Ἐν Λουσοῖς δὲ τῆς Ἀρκαδίας κρήνην εἶναί
τινά φασιν, ἐν ᾗ χερσαῖοι μύες γίνονται καὶ κολυμ-
βῶσι, τὴν δίαιταν ἐν ἐκείνῃ ποιούμενοι. λέγεται δ'
αὐτὸ τοῦτο καὶ ἐν Λαμψάκῳ εἶναι.

10 126. Ἐν δὲ Κραννῶνι τῆς Θετταλίας φασὶ δύο
κόρακας εἶναι μόνους ἐν τῇ πόλει. οὗτοι ὅταν
298

into which if any animal enters it dies. There is also there a fine large temple of Dionysus, in which when a sacrifice and feast takes place, should the god intend to give a good season, it is said that a huge flame of fire appears and that all who go to the sacred enclosure see this, but when the season is going to be very bad, this light does not appear, but darkness covers the place, just as on other nights.

123. In Elis they say there is a building about eight stades from the city into which at the Dionysia they place three empty bronze cauldrons. When they have done this they call upon any of the visiting Greeks who wishes to examine the vessels, and seal up the doors of the house. When they are going to open it, they show the seals to citizens and strangers, and then open it. Those that go in find the cauldrons full of wine, but the ceiling and walls intact, so that there is no suspicion that they effect it by any artifice. They also say that there are kites among them which seize pieces of meat from those who are carrying them through the market-place, but they do not touch those which are offerings to the gods.

124. In Coroneia in Boeotia it is said that the moles cannot live, nor dig in the earth, though the rest of Boeotia has many of them.

125. At Lusi in Arcadia they say there is a spring in which there are land mice ; they dive and live in it. The same thing is said to occur at Lampsacus.

126. At Crannon in Thessaly they say that there are only two ravens in the city. After they have nested

ἐκνεοττεύσωσιν, ἑαυτοὺς μέν, ὡς ἔοικεν, ἐκτοπί-
ζουσιν, ἑτέρους δὲ τοσούτους τῶν ἐξ αὐτῶν γε-
νομένων ἀπολείπουσιν.

127. Ἐν δὲ Ἀπολλωνίᾳ τῇ πλησίον κειμένῃ τῆς
15 τῶν Ἀτλαντίνων χώρας φασὶ γίγνεσθαι ἄσφαλτον
ὀρυκτὴν καὶ πίσσαν, τὸν αὐτὸν τρόπον ἐκ τῆς γῆς
ἀναπηδῶσαν τοῖς ὕδασιν, οὐδὲν διαφέρουσαν τῆς
Μακεδονικῆς, μελαντέραν δὲ καὶ παχυτέραν πεφυ-
κέναι ἐκείνης. οὐ πόρρω δὲ τούτου τοῦ χωρίου
20 πῦρ ἐστι καιόμενον πάντα τὸν χρόνον, ὡς φασὶν οἱ
κατοικοῦντες περὶ τὴν χώραν ἐκείνην. ὁ δὲ καιό-
μενος τόπος ἐστὶν οὐ πολύς, ὡς ἔοικεν, ἀλλ᾽ ὅσον
μάλιστα πεντακλίνου τὸ μέγεθος. ὄζει δὲ θείου
καὶ στυπτηρίας, καὶ πέφυκε περὶ αὐτὸν πόα τε
βαθεῖα, ὃ καὶ θαυμάσειεν ἄν τις μάλιστα, καὶ
25 δένδρα μεγάλα, οὐκ ἀπέχοντα τοῦ πυρὸς πήχεις
τέσσαρας. καίεται δὲ συνεχῶς περὶ Λυκίαν καὶ
Μεγάλην πόλιν τὴν ἐν Πελοποννήσῳ.

128. Λέγεται δὲ καὶ ἐν Ἰλλυριοῖς τίκτειν τὰ
βοσκήματα δὶς τοῦ ἐνιαυτοῦ, καὶ τὰ πλεῖστα
διδυμοτοκεῖν, καὶ πολλὰ δὲ τρεῖς ἢ τέσσαρας
30 ἐρίφους τίκτειν, ἔνια δὲ καὶ πέντε καὶ πλείους, ἔτι
δὲ γάλακτος ἀφιέναι ῥᾳδίως τρία ἡμίχοα. λέγουσι
δὲ καὶ τὰς ἀλεκτορίδας οὐχ ὥσπερ παρὰ τοῖς
ἄλλοις ἅπαξ τίκτειν, ἀλλὰ δὶς ἢ τρὶς τῆς ἡμέρας.

129. Λέγεται δὲ καὶ ἐν Παιονίᾳ τοὺς βοῦς τοὺς
ἀγρίους πολὺ μεγίστους ἁπάντων τῶν ἐν τοῖς λοι-
35 ποῖς ἔθνεσι γίγνεσθαι, καὶ τὰ κέρατα αὐτῶν χωρεῖν
τέσσαρας χόας, ἐνίων δὲ καὶ πλεῖον.

843 a 130. Περὶ δὲ τοῦ πορθμοῦ τῆς Σικελίας καὶ
ἄλλοι μὲν πλείους γεγράφασι, καὶ οὗτος δέ φησι
συμβαίνειν τερατῶδες. ἐκ γὰρ τοῦ Τυρρηνικοῦ

apparently they migrate, and leave behind just the same number of the young birds they hatch.

127. At Apollonia, which lies near to the country of the Atlantini, they say that bitumen and pitch is buried, and springs up out of the earth in the same way as water, in no way different from that in Macedonia, except that it is blacker and thicker. Not far from this spot is a fire which burns perpetually, as those who live in the district testify. The burning place is apparently not large, about enough to give room for five couches. It smells of sulphur and vitriol, and round it grows thick grass, which is a most surprising fact, and there are huge trees not more than four cubits away from the fire. There is also continuous burning in Lycia and near Megalopolis in the Peloponnese.

128. Cattle in Illyria are said to breed twice during the year, and most commonly of all to have twins, and that goats often bear three or four, and some five or even more; they readily yield a gallon of milk. They also say that hens do not lay once a day, as they do elsewhere, but two or three times.

129. It is also said in Paeonia that the wild bulls are bigger than in any of the other races, and that their horns will hold two gallons, and some of them even more.

130. About the Sicilian strait many others have written, and this author says that a marvellous thing happens. For the waves from the Tyrrhenian Sea

πελάγους πολλῷ ῥοίζῳ φερόμενον τὸν κλύδωνα
προσβάλλειν πρὸς ἀμφότερα τὰ ἀκρωτήρια, τὸ μὲν
τῆς Σικελίας, τὸ δὲ τῆς Ἰταλίας, τὸ προσαγορευό-
μενον Ῥήγιον, καὶ φερόμενον ἐκ μεγάλου πελάγους
εἰς στενὸν συγκλείεσθαι, τούτου δὲ γινομένου κῦμα
μετέωρον αἴρειν σὺν πολλῷ βρόμῳ ἐπὶ πάνυ πολὺν
τόπον τῆς ἄνω φορᾶς, ὥστε τοῖς μακρὰν ἀπέχουσι
σύνοπτον εἶναι τὸν μετεωρισμόν, οὐχ ὅμοιον φαινό-
μενον θαλάσσης ἀναφορᾷ, λευκὸν δὲ καὶ ἀφρῶδες,
παραπλήσιον δὲ τοῖς συρμοῖς τοῖς γινομένοις ἐν
τοῖς ἀνυπερβλήτοις χειμῶσι. καὶ ποτὲ μὲν ἀλλή-
λοις συμπίπτειν ἐπ' ἀμφοτέρων τῶν ἀκρωτηρίων
τοὺς κλύδωνας, καὶ ποιεῖν συγκλυσμὸν ἄπιστον μὲν
διηγεῖσθαι, ἀνυπομόνητον δὲ τῇ ὄψει θεάσασθαι·
ποτὲ δὲ διισταμένους ἐκ τῆς πρὸς ἀλλήλους συρ-
ράξεως οὕτω βαθεῖαν καὶ φρικώδη τὴν ἄποψιν
ποιεῖν τοῖς ἐξ ἀνάγκης θεωμένοις, ὥστε πολλοὺς
μὲν μὴ κρατεῖν ἑαυτῶν, ἀλλὰ πίπτειν σκοτουμένους
ὑπὸ δέους. ἐπειδὰν δὲ προσπεσὸν τὸ κῦμα πρὸς
ὁποτερονοῦν τῶν τόπων καὶ μετεωρισθὲν ἕως τῶν
ἄκρων πάλιν εἰς τὴν ὑπορρέουσαν θάλασσαν κατ-
ενεχθῇ, τότε δὴ πάλιν σὺν πολλῷ μὲν βρυχηθμῷ
μεγάλαις δὲ καὶ ταχείαις δίναις τὴν θάλασσαν
ἀναζεῖν καὶ μετεωρίζεσθαι κυκωμένην ἐκ βυθῶν,
παντοδαπὰς δὲ χρόας μεταλλάσσειν· ποτὲ μὲν γὰρ
ζοφεράν, ποτὲ δὲ κυανῆν, πολλάκις δὲ πορφυρί-
ζουσαν διαφαίνεσθαι. τὸν δὲ δρόμον καὶ τὸ μῆκος
αὐτῆς, ἔτι δὲ πρὸς τούτοις τὴν ἀνάρροιαν, οὐδὲ
ἀκούειν οὐδὲν ἑρπετὸν οὔθ' ὁρᾶν ὑπομένειν, φεύγειν
δὲ πάντα πρὸς τὰς ὑποκειμένας ὑπωρείας. λήγον-
τος δὲ τοῦ κλύδωνος τὰς δίνας μετεώρους φέρεσθαι
ποικίλας οὕτω τὰς ἀναστροφὰς ποιουμένας, ὥστε

are borne with much surge to both the promontories,
the one on the Sicilian side and the other on the Italian
side called Rhegium, and being carried from the great
sea into a narrow one are compressed. When this
happens the wave is carried high in the air with a loud
noise over a wide space upwards, so that, when hurled
high in the air, it can be seen by those who are a long
way off, not like the high travel of the sea but white
and foamy, and like the tracks which are made by
violent storms. Sometimes the waves crash against
each other on both promontories and come together
with a crash impossible to describe, and unbearable to
look at ; and sometimes, when they have parted after
dashing against each other, so deep and terrifying is
the appearance to those who are forced to see it that
many cannot control themselves, but grow dizzy and
fall down from fear. But when the wave falling on
either of the spots, and flung as high as the promon-
tories, dashes back again into the sea flowing below,
with a vast roar and with huge swift eddies the sea boils
up and is hurled high, seething from the depths and
changing to every kind of colour ; sometimes it appears
black and sometimes blue, and then again purple. No
beast can bear either to hear or to see the race and
length of it, and in addition to this the upward flow,
but all flee to the foot of the mountain. When the
wave ceases, the eddies are carried up into the air
and make such varied whirlings that the movements

843 a

δοκεῖν πρηστήρων ἢ τινων ἄλλων μεγάλων ὄφεων
σπειράματι παρομοίους τὰς κινήσεις ἀποτελεῖν.

843 b 131. Φασὶν οἰκοδομούντων Ἀθηναίων τὸ τῆς
Δήμητρος ἱερὸν τῆς ἐν Ἐλευσῖνι περιεχομένην
στήλην πέτραις εὑρεθῆναι χαλκῆν, ἐφ᾽ ἧς ἐπεγέ-
γραπτο " Δηϊόπης τόδε σῆμα," ἣν οἱ μὲν λέγουσι
Μουσαίου εἶναι γυναῖκα, τινὲς δὲ Τριπτολέμου
5 μητέρα γενέσθαι.

132. Ἐν μιᾷ τῶν Αἰόλου προσαγορευομένων
νήσων πλῆθός τί φασι γενέσθαι φοινίκων, ὅθεν
καὶ Φοινικώδη καλεῖσθαι. οὐκ ἂν οὖν εἴη τὸ
λεγόμενον ὑπὸ Καλλισθένους ἀληθές, ὅτι ἀπὸ
Φοινίκων τῆς Συρίας τῶν τὴν παραλίαν οἰκούν-
10 των τὸ φυτὸν ἔλαβε τὴν προσηγορίαν. ἀλλὰ
καὶ αὐτοὺς τοὺς Φοίνικας ὑπὸ τῶν Ἑλλήνων
φασί τινες [φοίνικας] προσαγορευθῆναι διὰ τὸ
πρώτους πλέοντας τὴν θάλασσαν, ᾗ ἂν ἀπο-
βαίησαν, πάντας ἀποκτείνειν καὶ φονεύειν. καὶ
κατὰ γλῶσσαν δ᾽ ἐστὶ τὴν Περραιβῶν τὸ αἱμάξαι
φοινίξαι.

15 133. Τῆς καλουμένης Αἰνιακῆς χώρας περὶ τὴν
ὀνομαζομένην Ὑπάτην λέγεται παλαιά τις στήλη
εὑρεθῆναι, ἣν οἱ Αἰνιᾶνες τίνος ἦν εἰδέναι βουλό-
μενοι, ἔχουσαν ἐπιγραφὴν ἀρχαίοις γράμμασιν,
ἀπέστειλαν εἰς Ἀθήνας τινὰς κομίζοντας αὐτήν.
20 πορευομένων δὲ διὰ τῆς Βοιωτίας, καί τισι τῶν
ξένων ὑπὲρ τῆς ἀποδημίας ἀνακοινουμένων, λέγε-
ται αὐτοὺς εἰσαχθῆναι εἰς τὸ καλούμενον Ἰσμή-
νιον ἐν Θήβαις· ἐκεῖθεν γὰρ μάλιστα ἂν εὑρεθῆναι
τὴν τῶν γραμμάτων ἐπιγραφήν, λέγοντες εἶναί τινα
ἀναθήματα ὁμοίους ἔχοντα τοὺς ῥυθμοὺς τῶν
25 γραμμάτων ἀρχαῖα. ὅθεν αὐτούς φασιν ἀπὸ τῶν

look like the coils of sea-serpents, or some other huge snakes.

131. They say that while the Athenians were building the temple of Demeter at Eleusis, a brazen pillar was found surrounded by stones, upon which was inscribed " This is the tomb of Deiope," whom some say was the wife of Musaeus, and others the mother of Triptolemus.

132. In one of the islands called Aeolian they say that there are a number of date-palms, whence it is called " Phoenicodes." The statement of Callisthenes cannot be true, that the plant took its name from the Phoenicians of Syria, who inhabit the sea coast. But some say that the Phoenicians were so-called by the Greeks because they were the first to sail the sea, and killed and murdered everyone at the point at which they disembarked : for in the language of the Perrhachi to shed blood is " phoenixai."

133. In the country called Aeniac, in that part called Hypate, an ancient pillar is said to have been found ; as it bore an inscription in archaic characters of which the Aenianes wished to know the origin, they sent messengers to Athens to take it there. But as they were travelling through Boeotia, and discussing their journey from home with some strangers, it is said that they were escorted into the so-called Ismenium in Thebes. For they were told that the inscription was most likely to be deciphered there, as they possessed certain offerings having ancient letters similar in form. There having discovered what they were

843 b

γνωριζομένων τὴν εὕρεσιν ποιησαμένους τῶν ἐπι-
ζητουμένων, ἀναγράψαι τούσδε τοὺς στίχους·

Ἡρακλέης τεμένισσε Κυθήρᾳ Φερσεφαάσσῃ,
Γηρυόνεως[1] ἀγέλας ἐλάων ἠδ᾽ Ἐρύθειαν ἄγων.
τᾶς μ᾽[2] ἐδάμασσε πόθῳ Πασιφάεσσα θεά.
30 τῇδε δέ μοι τέκνῳ τῷ δ᾽ Ἐρύθοντα[3] δάμαρ
νυμφογενὴς Ἐρύθη· δὴ τόδ᾽ ἔδωκα πέδον
μναμόσυνον φιλίας, φηγῷ ὕπο σκιερᾷ.

844 a τούτῳ τῷ ἐπιγράμματι ἐπεχώρησε καὶ ὁ τόπος
ἐκεῖνος Ἔρυθος καλούμενος, καὶ ὅτι ἐκεῖθεν τὰς
βοῦς καὶ οὐκ ἐξ Ἐρυθείας ἤγαγεν· οὐδὲ γὰρ ἐν τοῖς
κατὰ Λιβύην καὶ Ἰβηρίαν τόποις οὐδαμοῦ τὸ ὄνομά
5 φασι λέγεσθαι τῆς Ἐρυθείας.

134. Τῆς δὲ Λιβύης ἐν Ἰτύκῃ τῇ καλουμένῃ, ἣ
κεῖται μέν, ὡς λέγουσιν, ἐν τῷ κόλπῳ τῷ μεταξὺ
Ἑρμαίας καὶ τῆς Ἵππου ἄκρας, ἐπέκεινα δὲ Καρ-
χηδόνος ὡς σταδίους διακοσίους (ἣ καὶ πρότερον
10 κτισθῆναι λέγεται ὑπὸ Φοινίκων αὐτῆς τῆς Καρ-
χηδόνος ἔτεσι διακοσίοις ὀγδοήκοντα ἑπτά, ὡς
ἀναγέγραπται ἐν ταῖς Φοινικικαῖς ἱστορίαις), γί-
νεσθαί φασιν ἅλας ὀρυκτούς, ἐπὶ τρεῖς ὀργυιὰς τὸ
βάθος, τῇ ὄψει λευκοὺς καὶ οὐ στερεούς, ἀλλ᾽
ὁμοίους τῷ γλισχροτάτῳ γλοιῷ· καὶ ὅταν ἀν-
15 ενεχθῶσιν εἰς τὸν ἥλιον, ἀποστερεοῦσθαι καὶ γί-
νεσθαι ὁμοίους τῷ Παρίῳ λίθῳ. γλύφεσθαι δὲ ἐξ
αὐτῶν λέγουσι ζῴδια καὶ ἄλλα σκεύη.

135. Τοὺς πρώτους τῶν Φοινίκων ἐπὶ Ταρτησ-
σὸν πλεύσαντας λέγεται τοσοῦτον ἀργύριον ἀντι-
φορτίσασθαι, ἔλαιον καὶ ἄλλον ναυτικὸν ῥῶπον
20 εἰσαγαγόντας, ὥστε μηκέτι ἔχειν δύνασθαι μήτε
ἐπιδέξασθαι τὸν ἄργυρον, ἀλλ᾽ ἀναγκασθῆναι ἀπο-

seeking from the known letters they transcribed the following lines :

> I Heracles dedicated a sacred ˙grove to Cythera Persephassa,
> when I was driving the flocks of Geryon and Erythea.
> The goddess Persephassa subdued me with desire for her.
> Here my newly wed Erythe brought forth a son Erython ; then I gave her the plain in memory of our love under a shady beech-tree.

The place called Erythus answered to this inscription and also the fact that he brought the cows from there, and not from Erytheia ; for they say that the name Erytheia does not occur in the districts of Libya and Iberia.

134. In that part of Libya called Ityce, which lies, as they say, in the gulf between the promontories of Hermaeum and Hippus opposite Carthage at a distance of about 200 stades (which was said to have been founded by Phoenicians two hundred and eighty-seven years before Carthage itself, as is recorded in the Phoenician histories) they say there is salt buried at a depth of three fathoms, white in appearance but not hard, but like very sticky gum ; when it is brought out into the sun, it hardens and becomes like Parian marble. They say that small figures and other objects are carved out of it.

135. It is said that the first Phoenicians who sailed to Tartessus took away so much silver as cargo, carrying there olive-oil and other petty wares, that no one could keep or receive the silver, but that on sailing

---

¹ Γηρυονείας B.   ² τὰς δ' B.   ³ Ἐρύθου τε B.

844 a

πλέοντας ἐκ τῶν τόπων τά τε ἄλλα πάντα
ἀργυρᾶ οἷς ἐχρῶντο κατασκευάσασθαι, καὶ δὴ καὶ
τὰς ἀγκύρας πάσας. •

136. Λέγουσι τοὺς Φοίνικας τοὺς κατοικοῦντας
25 τὰ Γάδειρα καλούμενα, ἔξω πλέοντας Ἡρακλείων
στηλῶν ἀπηλιώτῃ ἀνέμῳ ἡμέρας τέτταρας, παρα-
γίνεσθαι εἴς τινας τόπους ἐρήμους, θρύου καὶ
φύκους πλήρεις, οὓς ὅταν μὲν ἄμπωτις ᾖ μὴ
βαπτίζεσθαι, ὅταν δὲ πλημμύρα, κατακλύζεσθαι,
ἐφ' ὧν εὑρίσκεσθαι ὑπερβάλλον θύννων πλῆθος, καὶ
30 τοῖς μεγέθεσιν ἄπιστον καὶ τοῖς πάχεσιν, ὅταν
ἐποκείλωσιν· οὓς ταριχεύοντες καὶ συντιθέντες εἰς
ἀγγεῖα διακομίζουσιν εἰς Καρχηδόνα. ὧν Καρ-
χηδόνιοι μόνων οὐ ποιοῦνται τὴν ἐξαγωγήν, ἀλλὰ
διὰ τὴν ἀρετὴν ἣν ἔχουσι κατὰ τὴν βρῶσιν αὐτοὶ
35 καταναλίσκουσιν.

844 b   137. Ἐν τῇ Πηδασίᾳ τῆς Καρίας θυσία τῷ Διὶ
συντελεῖται, ἐν ᾗ πέμπουσιν αἶγά τινα, περὶ ἣν
θαυμαστόν τί φασι γίγνεσθαι. βαδίζουσα γὰρ ἐκ
Πηδάσων σταδίους ἑβδομήκοντα δι' ὄχλου πολλοῦ
τοῦ θεωροῦντος οὔτε διαταράττεται κατὰ τὴν
5 πορείαν οὔτ' ἐκτρέπεται τῆς ὁδοῦ, δεδεμένη δὲ
σχοινίῳ προπορεύεται τοῦ τὴν ἱερωσύνην ἔχοντος.
θαυμαστὸν δ' ἐστὶ καὶ τὸ δύο κόρακας εἶναι διὰ
τέλους περὶ τὸ τοῦ Διὸς ἱερόν, ἄλλον δὲ μηδένα
προσιέναι πρὸς τὸν τόπον, καὶ τὸν ἕτερον αὐτῶν
ἔχειν τὸ πρόσθεν τοῦ τραχήλου λευκόν.

138. Ἐν Ἰλλυριοῖς δὲ τοῖς Ἀρδιαίοις καλου-
10 μένοις, παρὰ τὰ μεθόρια τῶν Αὐταριατῶν κἀκείνων,
φασὶν ὄρος εἶναι μέγα, τούτου δὲ πλησίον ἄγκος,
ὅθεν ὕδωρ ἀναπηδᾶν, οὐ πᾶσαν ὥραν ἀλλὰ τοῦ
ἦρος, πολὺ τῷ πλήθει, ὃ λαμβάνοντες τὰς μὲν
308

away from the district they had to make all their other vessels of silver, and even all their anchors.

136. They say that Phoenicians who live in what is called Gades, on sailing outside the Pillars of Heracles with an east wind for four days, came to some desert lands, full of rushes and seaweed, which were not submerged when the tide ebbed, but were covered when the tide was full, upon which were found a quantity of tunny-fish, of incredible size and weight when brought to shore ; pickling these and putting them into jars they brought them to Carthage. These alone the Carthaginians do not export, but owing to their value as food they consume them themselves.

137. In Pedasia in Caria sacrifices are offered to Zeus, in which they take a she-goat in procession, concerning which a marvel is related. For, when walking seventy stades from the Pedasi through a large crowd of watchers, it is not disturbed on its journey, nor does it turn out of the road, but tied with a rope it walks in front of the man who is conducting the sacrifice. There is also a wonderful thing, in that there are two ravens always about the temple of Zeus, and that no other approaches the spot, and that one of them has a white patch in the front of its neck.

138. Among the Illyrians who are called Ardiaeans along the boundary between them and the Autariatae, they say there is a high mountain, and near to it a glen from which the water rises, not at all seasons but in the spring, in considerable quantity, which they

844 b

ἡμέρας ἐν τῷ στεγνῷ φυλάττουσι, τὰς δὲ νύκτας
εἰς τὴν αἰθρίαν τιθέασι. καὶ πέντε ἢ ἓξ ἡμέρας
15 τοῦτο ποιησάντων αὐτῶν πήγνυται τὸ ὕδωρ, καὶ
γίνεται κάλλιστον ἅλας, ὃ ἕνεκεν τῶν βοσκημάτων
μάλιστα διατηροῦσιν· οὐ γὰρ εἰσάγονται πρὸς αὐ-
τοὺς ἅλες διὰ τὸ κατοικεῖν πόρρω αὐτοὺς θαλάσσης
καὶ εἶναι αὐτοὺς ἀμίκτους. πρὸς οὖν τὰ βοσκήματα
20 πλείστην αὐτοῦ χρείαν ἔχουσιν· ἁλίζουσι γὰρ αὐτὰ
δὶς τοῦ ἐνιαυτοῦ. ἐὰν δὲ μὴ ποιήσωσι τοῦτο,
συμβαίνει αὐτοῖς ἀπόλλυσθαι τὰ πλεῖστα τῶν
βοσκημάτων.

139. Ἐν Ἄργει δέ φασι γίνεσθαι ἀκρίδος τι
γένος ὃ καλεῖται σκορπιομάχον. ὅταν γὰρ ἴδῃ
25 τάχιστα σκορπίον, ἀνθίσταται αὐτῷ· ὡσαύτως δὲ
καὶ ὁ σκορπίος ἐκείνῃ. καὶ κύκλῳ περιοῦσα τρίζει
περὶ αὐτόν· τὸν δὲ τὸ κέντρον ἐπαίροντα ἀντιπερι-
άγειν ἐν τῷ αὐτῷ τόπῳ, εἶτα κατὰ μικρὸν ἀνιέναι
τὸ κέντρον, καὶ τέλος ὅλον ἐκτείνεσθαι, τῆς ἀκρίδος
κύκλῳ τρεχούσης. τὰ τελευταῖα δὲ προσελθοῦσα
30 κατεσθίει αὐτὸν ἡ ἀκρίς. ἀγαθὸν δέ φασιν εἶναι καὶ
πρὸς τὰς πληγὰς τοῦ σκορπίου ἐπιφαγεῖν αὐτήν.

140. Τοὺς ἐν Νάξῳ σφῆκάς φασιν, ὅταν φάγωσι
τοῦ ἔχεως (προσφιλὴς δ' αὐτοῖς ἡ σάρξ, ὡς ἔοικεν,
ἐστίν), ἐπειδάν τινα κεντήσωσι, περιωδύνους οὕτω
35 ποιεῖν ὥστε χαλεπωτέραν φαίνεσθαι τῆς πληγῆς
τῶν ἔχεων.

845 a 141. Φασὶ τὸ Σκυθικὸν φάρμακον, ᾧ ἀπο-
βάπτουσι τοὺς ὀϊστούς, συντίθεσθαι ἐξ ἐχίδνης.
τηροῦσι δέ, ὡς ἔοικεν, οἱ Σκύθαι τὰς ἤδη ζωο-
τοκούσας, καὶ λαβόντες αὐτὰς τήκουσιν ἡμέρας
5 τινάς. ὅταν δὲ ἱκανῶς αὐτοῖς δοκῇ σεσῆφθαι πᾶν,
τὸ τοῦ ἀνθρώπου αἷμα εἰς χυτρίδιον ἐγχέοντες

take and keep under cover by day, but put in the open at night. After they have done this for five or six days, the water hardens and becomes very fine salt, which they keep especially for the cattle ; for salt is not imported to them because they live far from the sea and do not associate with others. Consequently they need it very much for the cattle ; for they give them salt twice a year. If they fail to do this, most of the cattle are found to die.

139. They say that there is a class of locust in Argos which is called the " scorpion-fighter." For the moment it sees a scorpion, it attacks it, and the scorpion does exactly the same thing. It flies in a circle round the scorpion and chirps ; the scorpion raises its sting and turns it round in the same place, then gradually raises its sting and stretches it to its full length, while the locust circles round. At last the locust approaches and eats it. They say it is a good thing to eat a locust as a protection against the scorpion's sting.

140. They say that wasps in Naxos, when they have eaten adder's flesh (and apparently they are very partial to it), should they sting anyone, produce so much pain, that the sting is worse than the adder's bite.

141. They say that they make the Scythian poison with which they smear arrows, out of the snake. Apparently the Scythians watch for those that have just borne young, and taking them let them rot for some days. When they think that they are completely decomposed, they pour a man's blood into a

845 a

εἰς τὰς κοπρίας κατορύττουσι πωμάσαντες. ὅταν
δὲ καὶ τοῦτο σαπῇ, τὸ ὑφιστάμενον ἐπάνω τοῦ
αἵματος, ὃ δή ἐστιν ὑδατῶδες, μιγνύουσι τῷ τῆς
ἐχίδνης ἰχῶρι, καὶ οὕτω ποιοῦσι θανάσιμον.

10   142. Ἐν Κουρίῳ τῆς Κύπρου ὄφεών τι γένος
εἶναί φασιν, ὃ τὴν δύναμιν ὁμοίαν ἔχει τῇ ἐν
Αἰγύπτῳ ἀσπίδι, πλὴν ὅτι τοῦ χειμῶνος ἐὰν δάκῃ,
οὐδὲν ἐργάζεται, εἴτε δι' ἄλλην τινὰ αἰτίαν, εἴτε
διότι τὸ ζῷον δυσκίνητον γίνεται ὑπὸ τοῦ ψύχους
ἀποπηγνύμενον καὶ τελέως ἀδύνατον, ἐὰν μὴ
θερμανθῇ.

15   143. Ἐν Κέῳ φασὶν εἶναί τι γένος ἀχέρδου, ὑφ'
ἧς ἐάν τις πληγῇ τῇ ἀκάνθῃ, ἀποθνήσκει.

144. Ἐν Μυσίᾳ φασὶν ἄρκτων τι γένος εἶναι
λευκόν, αἳ ὅταν κυνηγῶνται, ἀφιᾶσι τοιαύτην
πνοὴν ὥστε τῶν κυνῶν τὰς σάρκας σήπειν, ὡς-
20 αύτως δὲ καὶ τῶν λοιπῶν θηρίων, ἀβρώτους τε
ποιεῖν. ἐὰν δέ τις καὶ βιάσηται καὶ ἐγγίσῃ,
ἀφιᾶσιν ἐκ τοῦ στόματος φλέγμα πάμπολύ τι, ὡς
ἔοικεν, ὃ προσφυσᾷ πρὸς τὰ πρόσωπα τῶν κυνῶν,
ὡσαύτως δὲ καὶ τῶν ἀνθρώπων, ὥστε καὶ ἀπο-
πνίγειν καὶ ἀποτυφλοῦν.

145. Ἐν δὲ τῇ Ἀραβίᾳ ὑαινῶν τι γένος φασὶν
25 εἶναι, ὃ ἐπειδὰν προΐδῃ τι θηρίον ἢ ἀνθρώπου
ἐπιβῇ ἐπὶ τὴν σκιάν, ἀφωνίαν ἐργάζεται καὶ πῆξιν
τοιαύτην ὥστε μὴ δύνασθαι κινεῖν τὸ σῶμα.
τοῦτο δὲ ποιεῖν καὶ ἐπὶ τῶν κυνῶν.

146. Κατὰ δὲ Συρίαν εἶναί τί φασι ζῷον ὃ κα-
λεῖται λεοντοφόνον· ἀποθνήσκει γὰρ ὁ λέων, ὡς
30 ἔοικεν, ὅταν αὐτοῦ φάγῃ. ἑκὼν μὲν οὖν τοῦτο οὐ
ποιεῖ, ἀλλὰ φεύγει τὸ ζῷον· ὅταν δὲ συλλαβόντες
αὐτὸ οἱ κυνηγέται καὶ ὀπτήσαντες ὥσπερ ἄλφιτα

small vessel, and dig it into a dunghill, and cover it up. When this has also decomposed they mix the part which stands on the blood, which is watery, with the juice of the snake, and so make a deadly poison.

142. They say that there is a kind of snake in Curium in Cyprus which has the same power as the asp in Egypt, except that, if it bites in the winter, it has no effect, either for some other reason, or because the animal does not move easily when numbed by the cold, and is quite powerless, unless it is warmed.

143. They say that there is a kind of prickly pear in Ceos, and that, if one is pricked by a thorn, one dies.

144. In Mysia they say that there is a species of white bear which lets out so foul a breath when it is hunted that it causes the flesh of the dogs to decompose : it has the same effect upon all other kinds of animals, and makes them uneatable. But if one forces one's way close to them, they let out of their mouths a quantity of phlegm, which apparently blows at the faces of dogs and men alike, so as to choke and blind them.

145. In Arabia they say there is a species of hyaena, which, when it sees a beast in front, or comes into the shadow of a man, produces dumbness, and such paralysis that it is impossible to move the body. It has the same effect on dogs.

146. In Syria they say there is a beast called the lion-killer ; for the lion apparently dies when it eats of it. The lion does not do this deliberately but avoids the animal ; but when the hunters catch the animal and sprinkle white meal over it to cook it, as

313

845 a

λευκὰ περιπάσσωσιν ἄλλῳ ζῴῳ, γευσάμενοι[1] ἀπ-
όλλυσθαί φασι παραχρῆμα. κακοῖ καὶ προσουροῦν
τὸν λέοντα τοῦτο τὸ ζῷον.

35 147. Λέγεται καὶ τοὺς γῦπας ὑπὸ τῆς τῶν

845 b μύρων ὀσμῆς ἀποθνήσκειν, ἐάν τις αὐτοὺς χρίσῃ
ἢ δῷ τι μεμυρισμένον φαγεῖν. ὡσαύτως δὲ καὶ
τοὺς κανθάρους ὑπὸ τῆς τῶν ῥόδων ὀσμῆς.

148. Καὶ ἐν Σικελίᾳ δέ φασι καὶ ἐν Ἰταλίᾳ τοὺς
5 γαλεώτας θανάσιμον ἔχειν τὸ δῆγμα, καὶ οὐχ
ὥσπερ τοὺς παρ' ἡμῖν ἀσθενὲς καὶ μαλακόν. εἶναι
δὲ καὶ μυῶν γένος ἐφιπτάμενον, ὃ ὅταν δάκῃ,
ἀποθνήσκειν ποιεῖ.

149. Ἐν δὲ τῇ Μεσοποταμίᾳ τῆς Συρίας φασὶ
καὶ ἐν Ἰστροῦντι ὀφείδιά τινα γίγνεσθαι, ἃ τοὺς
10 ἐγχωρίους οὐ δάκνει, τοὺς ξένους δὲ ἀδικεῖ σφόδρα.

150. Περὶ δὲ τὸν Εὐφράτην καὶ τελείως φασὶ
τοῦτο γίγνεσθαι. πολλοὺς γὰρ φαίνεσθαι περὶ τὰ
χείλη τοῦ ποταμοῦ καὶ διανέοντας ἐφ' ἑκάτερα,
ὥστε τῆς δείλης ἐνταῦθα θεωρουμένους ἅμα τῇ
ἡμέρᾳ ἐπὶ θατέρου μέρους φαίνεσθαι, καὶ τοὺς
15 ἀναπαυομένους τῶν μὲν Σύρων μὴ δάκνειν, τῶν
δ' Ἑλλήνων μὴ ἀπέχεσθαι.

151. Ἐν Θεσσαλίᾳ φασὶ τὸν ἱερὸν καλούμενον
ὄφιν πάντας ἀπολλύειν, οὐ μόνον ἐὰν δάκῃ, ἀλλὰ
καὶ ἐὰν θίγῃ. διὸ καὶ ὅταν φανῇ καὶ τὴν φωνὴν
ἀκούσωσι (φαίνεται δὲ σπανίως), φεύγουσι καὶ οἱ
20 ὄφεις καὶ οἱ ἔχεις καὶ τἆλλα πάντα θηρία. τῷ δὲ
μεγέθει οὐκ ἔστι μέγας ἀλλὰ μέτριος. ἐν Τήνῳ
δέ ποτέ φασιν αὐτὸν τῇ πόλει κατὰ Θετταλίαν
ἀναιρεθῆναι ὑπὸ γυναικός, γενέσθαι δὲ τὸν θάνατον
τοιόνδε. γυναῖκα κύκλον γράψασαν καὶ τὰ φάρ-
μακα θεῖσαν εἰσβῆναι εἰς τὸν κύκλον, αὐτὴν καὶ

314

they would with another animal, on tasting it they are said to die at once. This beast hurts a lion if it even makes water on it.

147. Vultures are said to die from the scent of myrrh, if anyone smears it on them, or gives them anything steeped in myrrh to eat. In the same way beetles are said to die from the scent of roses.

148. In Sicily and in Italy they say that the bite of the spotted lizard is mortal, and not harmless and slight as with us. There is also a kind of mouse which when it bites, causes death.

149. In Mesopotamia in Syria, and in Istrus, there is said to be a small snake, which does not bite the natives, but does grievous harm to strangers.

150. They say this happens particularly about the Euphrates. They say that apparently they often swim about the mouths of the river, and to one of the banks, so that, though seen there in the evening, at dawn they appear on the other side, and do not bite the Syrians who rest there, but do not refrain from the Greeks.

151. In Thessaly they say that the sacred snake destroys everyone, not only if it bites, but even if it touches them. Consequently, when it appears and they hear the sound it makes (it appears but rarely), snakes, vipers, and all other wild beasts avoid it. It is not of great, but only moderate size. They say that once in Tenos, the Thessalian city, one was killed by a woman, and that this was the manner of its death. A woman drew a circle on the ground and putting drugs in the circle, entered it, she and her son, and

---

¹ γευσάμενον B.

845 b
25 τὸν υἱόν, εἶτα μιμεῖσθαι τὴν φωνὴν τοῦ θηρίου· τὸ
δ' ἀντᾴδειν καὶ προσιέναι. ᾄδοντος δὲ καταδαρθεῖν
τὴν γυναῖκα, καὶ ἐγγυτέρω προσιόντος μᾶλλον,
ὥστε μὴ δύνασθαι κρατεῖν τοῦ ὕπνου. τὸν δ'
υἱὸν παρακαθήμενον ἐγείρειν τύπτοντα, κελευούσης
ἐκείνης, καὶ λέγειν ὅτι ἐὰν μὲν καθυπνώσῃ, ἀπ-
30 ολεῖται καὶ αὐτὴ καὶ ἐκεῖνος, ἐὰν δὲ βιάσηται καὶ
προσαγάγηται τὸ θηρίον, σωθήσονται. ὡς δὲ προσ-
ῆλθεν ὁ ὄφις εἰς τὸν κύκλον, ἀῦον εὐθὺς γενέσθαι
αὐτόν.

152. Λέγεται περὶ τὰ Τύανα ὕδωρ εἶναι ὁρκίου
Διός (καλοῦσι δὲ αὐτὸ Ἀσβαμαῖον), οὗ πηγὴ
35 ἀναδίδοται πάνυ ψυχρά, παφλάζει δὲ ὥσπερ οἱ
846 a λέβητες. τοῦτο εὐόρκοις μὲν ἡδύ τε καὶ ἵλεων,
ἐπιόρκοις δὲ παρὰ πόδας ἡ δίκη. ἀποσκήπτει γὰρ
καὶ εἰς ὀφθαλμοὺς καὶ εἰς χεῖρας καὶ εἰς πόδας,
ἁλίσκονταί τε ὑδέροις καὶ φθόαις· καὶ οὐδὲ πρό-
5 σθεν ἀπελθεῖν δυνατόν, ἀλλ' αὐτόθι ἔχονται καὶ
ὀλοφύρονται πρὸς τῷ ὕδατι, ὁμολογοῦντες ἃ ἐπι-
ώρκησαν.

153. Ἀθήνησί φασι τὸν ἱερὸν τῆς ἐλαίας θαλλὸν
ἐν ἡμέρᾳ μιᾷ βλαστῆσαι καὶ πλείονα γενέσθαι,
ταχὺ δὲ αὖ πάλιν συστέλλεσθαι.

154. Τῶν ἐν Αἴτνῃ κρατήρων ἀναρραγέντων καὶ
10 ἀνὰ τὴν γῆν φερομένων ἔνθα καὶ ἔνθα χειμάρρου
δίκην, τὸ τῶν εὐσεβῶν γένος ἐτίμησε τὸ δαιμόνιον.
περικαταληφθέντων γὰρ ὑπὸ τοῦ ῥεύματος διὰ τὸ
βαστάζειν γέροντας ἐπὶ τῶν ὤμων γονεῖς καὶ
σώζειν, πλησίον αὐτῶν γενόμενον τὸ τοῦ πυρὸς
ῥεῦμα ἐξεσχίσθη, παρέτρεψέ τε τοῦ φλογμοῦ τὸ
15 μὲν ἔνθα τὸ δὲ ἔνθα, καὶ ἐτήρησεν ἀβλαβεῖς ἅμα
τοῖς γονεῦσι τοὺς νεανίσκους.

then imitated the cry of the creature ; the snake replied and approached. While it was replying the woman became sleepy, and as it approached still nearer she could not control her sleepiness. But her son sat by her side, and aroused her by striking her at her command, and said that, if she went to sleep, both she and he would die ; but that if she restrained herself and attracted the creature they would be saved. But when the snake approached the circle, it was immediately withered up.

152. It is said about Tyana that there is some water sacred to Zeus, God of oaths (they call it Asbamaeum) from which a very cold stream arises and bubbles as cauldrons do. To men who keep their oaths this water is sweet and kindly, but to perjurers judgement is close at their heels. For the water leaps at their eyes, their hands and their feet, and they are seized with dropsy and consumption ; and it is impossible for them to get away before it happens, but they are rooted to the spot lamenting by the water, and confessing their perjuries.

153. At Athens they say that the sacred olive branch sprouted in a single day, and became bigger, and then quickly contracted again.

154. When the crater on Etna erupted, and lava was carried here and there over the land like a swollen stream, all the pious paid honour to the god. Some young men were encircled by the stream, because they were bearing their aged parents on their shoulders, and saving them ; but the fiery stream parted in two, and part of the flame went one side and part the other, and preserved the young men unharmed together with their parents.

846 a

155. Λέγεται τὸν ἀγαλματοποιὸν Φειδίαν κατα
σκευάζοντα τὴν ἐν ἀκροπόλει Ἀθηνᾶν ἐν μεσό
τητι ταύτης τῆς ἀσπίδος τὸ ἑαυτοῦ πρόσωπον
20 ἐντυπώσασθαι, καὶ συνδῆσαι τῷ ἀγάλματι διά
τινος ἀφανοῦς δημιουργίας, ὥστ' ἐξ ἀνάγκης, εἴ
τις βούλοιτο αὐτὸ περιαιρεῖν, τὸ σύμπαν ἄγαλμα
λύειν τε καὶ συγχεῖν.

156. Φασὶν ὡς ἀνδριὰς ὁ τοῦ Βίτυος ἐν Ἄργει
ἀπέκτεινε ⟨τὸν αἴτιον⟩ τοῦ θανάτου τῷ Βίτυϊ,
θεωροῦντι ἐμπεσών. ἔοικεν οὖν οὐκ εἰκῇ τὰ
τοιαῦτα γίνεσθαι.

25 157. Φασὶ τοὺς κύνας μόνον διώκειν τὰ θηρία
πρὸς τὰς κορυφὰς τῶν Μελάνων καλουμένων ὀρῶν,
ἀλλ' ἀναστρέφειν, ὅταν ἄχρι τούτων διώκωσιν.

158. Ἐν τῷ Φάσιδι ποταμῷ γεννᾶσθαι ῥάβδον
ὀνομαζομένην λευκόφυλλον, ἣν οἱ ζηλότυποι τῶν
30 ἀνδρῶν δρεπόμενοι ῥίπτουσι περὶ τὸν παρθένιον
θάλαμον, καὶ ἀνόθευτον τηροῦσι τὸν γάμον.

159. Ἐν δὲ τῷ Τίγριδι γίνεσθαί φασι λίθον
μωδῶν κεκλημένον βαρβαρικῶς, τῇ χρόᾳ πάνυ
λευκόν, ὃν ἐὰν κατέχῃ τις, ὑπὸ θηρίων οὐδὲν
ἀδικεῖται. Ἐν δὲ τῷ Σκαμάνδρῳ γίνεσθαί φασι
35 βοτάνην σίστρον καλουμένην, παραπλησίαν ἐρε
βίνθῳ, κόκκους δ' ἔχει σειομένους, ὅθεν τὴν προσ
ηγορίαν ἔλαβε· ταύτην τοὺς κατέχοντας μήτε
δαιμόνιον μήτε φαντασίαν ἡντιναοῦν φοβεῖσθαι.

161. Περὶ Λιβύην ἄμπελός ἐστιν ἣν καλοῦσι
846 b μαινομένην τινές, ἣ τῶν καρπῶν τοὺς μὲν πεπαίνει,
τοὺς δ' ὀμφακώδεις ἔχει, τοὺς δ' ἀνθοῦντας καὶ
βραχύν τινα χρόνον.

162. Περὶ τὸ Σίπυλον ὄρος γίνεσθαί φασι λίθον

318

155. It is said that Pheidias the sculptor, when he was making the statue of Athene on the Acropolis, carved his own head in the centre of the shield, and fastened it to the statue by some mysterious craftsmanship, so that anyone wishing to remove it could only do so by breaking up and spoiling the whole statue.

156. They say that the statue of Bitys in Argos killed the man who was responsible for the death of Bitys by falling on him when he was looking at it. One would suppose that this kind of thing does not happen at random.

157. They say that dogs only pursue wild beasts as far as the peaks of the so-called Black Mountains, and that, when they have followed them as far as this, they turn back.

158. At the river Phasis they say that a stick grows called " white leaf," which jealous husbands pluck, and put round the bridal chamber and so preserve their marriage inviolate.

159. At the Tigris they say there is a stone, called in foreign tongue " Modon," of a very white colour ; any man who holds it suffers no harm from wild beasts.

160. At the Scamander there is said to be a wild herb called sistrus, very like the chick-pea, and it has seeds that shake, whence it derives its name. Those who possess it need not fear anything supernatural or any apparition.

161. In Libya there is a vine which some call mad, which ripens some of its fruit, but keeps the rest unripe, and some even in flower for a short time.

162. Near the mountain Sipylus they say that there

846 b

παρόμοιον κυλίνδρῳ, ὃν οἱ εὐσεβεῖς υἱοὶ ὅταν
5 εὕρωσιν, ἐν τῷ τεμένει τῆς μητρὸς τῶν θεῶν
τιθέασι, καὶ οὐδέποτε χάριν ἀσεβείας ἁμαρτάνουσιν,
ἀλλ᾽ ἀεί εἰσι φιλοπάτορες.

163. Ἐν ὄρει Τηϋγέτῳ γίνεσθαι βοτάνην καλου-
μένην χαρισίαν, ἣν γυναῖκες ἔαρος ἀρχομένου τοῖς
τραχήλοις περιάπτουσι, καὶ ὑπὸ τῶν ἀνδρῶν συμ-
παθέστερον ἐρῶνται.

10 164. Ὄθρυς ὄρος ἐστὶ Θετταλίας, ὃ φέρει ὄφεις
τοὺς λεγομένους σῆπας, οἳ οὐκ ἔχουσι μίαν χροιάν,
ἀλλ᾽ ἀεὶ ὁμοιοῦνται τῷ χώρῳ ἐν ᾧ οἰκοῦσι. τινὲς
δὲ αὐτῶν ὅμοιον ἔχουσι τὸ χρῶμα τοῖς κόχλοις
τῆς γῆς. ἄλλοις δὲ χλοάζουσά ἐστιν ἡ φολίς.
ὅσοι δὲ αὐτῶν ἐν ψαμάθοις διατρίβουσι, ταύταις
15 ἐξομοιοῦνται κατὰ τὸ χρῶμα. δάκνοντες δὲ ἐμ-
ποιοῦσι δίψος. ἔστι δὲ αὐτῶν τὸ δῆγμα οὐ τραχὺ
καὶ ἔμπυρον, ἀλλὰ κακόηθες.

165. Τοῦ περκνοῦ ἔχεως τῇ ἐχίδνῃ συγγινο-
μένου, ἡ ἔχιδνα ἐν τῇ συνουσίᾳ τὴν κεφαλὴν
20 ἀποκόπτει. διὰ τοῦτο καὶ τὰ τέκνα, ὥσπερ τὸν
θάνατον τοῦ πατρὸς μετερχόμενα, τὴν γαστέρα
τῆς μητρὸς διαρρήγνυσιν.

166. Ἐν τῷ Νείλῳ ποταμῷ γεννᾶσθαι λίθον
φασὶ κυάμῳ παρόμοιον, ὃν ἂν κύνες ἴδωσιν, οὐχ
ὑλακτοῦσι. συντελεῖ δὲ καὶ τοῖς δαιμονί τινι
25 γενομένοις κατόχοις· ἅμα γὰρ τῷ προστεθῆναι ταῖς
ῥισὶν ἀπέρχεται τὸ δαιμόνιον.

167. Ἐν δὲ τῷ Μαιάνδρῳ ποταμῷ τῆς Ἀσίας
λίθον φασὶ σώφρονα καλούμενον κατ᾽ ἀντίφρασιν·
ὃν ἐάν τις εἰς τινος ἐμβάλῃ κόλπον, ἐμμανὴς γίνεται
καὶ φονεύει τινὰ τῶν συγγενῶν.

168. Ῥῆνος καὶ Ἴστρος οἱ ποταμοὶ ὑπ᾽ ἄρκτον

is a stone in the shape of a cylinder, which when pious sons find it they place in the shrine of the mother of the gods, and never err in the matter of impiety, but are always affectionate to their fathers.

163. In the mountain Taygetus they say there is a wild herb called " charisia " which women hang round their necks at the beginning of spring, and are more affectionately loved by their husbands.

164. Othrys is a mountain in Thessaly, which breeds snakes called Sepes, which have not one colour, but are always like the ground on which they live. Some of them have the colour of land snails. In others the scales are green. But those that live in sandy places are like the sand in colour. When they bite they produce thirst. Their bite is not fierce and fiery, but it is unpleasant.

165. When the male **adder** associates with the female, the female bites off its head. And so the young ones, as though avenging the death of their father, bite through their mother's belly.

166. In the river Nile they say that there is a stone like a bean : if dogs see it, they do not bark. But this helps those who are possessed by an evil spirit ; for, as soon as their noses are put against it, the evil spirit leaves them.

167. In the river Maeander there is said to be a stone called " wise " by contradiction ; for, if one puts it into anyone's lap, he goes mad, and murders one of his relations.

168. The rivers Rhenus and Ister flow northwards,

846 b
30 ῥέουσιν, ὁ μὲν Γερμανοὺς ὁ δὲ Παίονας παρ-
αμείβων· καὶ θέρους μὲν ναυσίπορον ἔχουσι τὸ
ῥεῖθρον, τοῦ δὲ χειμῶνος παγέντες ὑπὸ κρύους ἐν
πεδίου σχήματι καθιππεύονται.

169. Περὶ τὴν Θούριον πόλιν δύο ποταμούς
φασιν εἶναι, Σύβαριν καὶ Κρᾶθιν. ὁ μὲν οὖν
35 Σύβαρις τοὺς πίνοντας ἀπ' αὐτοῦ πτυρτικοὺς εἶναι
ποιεῖ, ὁ δὲ Κρᾶθις τοὺς ἀνθρώπους ξανθότριχας
λουομένους.

170. Ἐν δὲ Εὐβοίᾳ δύο ποταμοὺς εἶναι, ὧν ἀφ'
οὗ μὲν τὰ πίνοντα πρόβατα λευκὰ γίνονται· ὃς
ὀνομάζεται Κέρβης· ὁ δὲ Νηλεύς, ὃς μέλανα ποιεῖ.

847 a 171. Παρὰ Λυκόρμα ποταμῷ γεννᾶσθαι βοτάνην
λόγχῃ παρόμοιον, συντελοῦσαν πρὸς ἀμβλυωπίαν
ἄριστα.

172. Τὴν ἐν Συρακούσαις τῆς Σικελίας πηγὴν
Ἀρέθουσαν διὰ πενταετηρίδος κινεῖσθαι λέγουσιν.

5 173. Ἐν ὄρει Βερεκυνθίῳ γεννᾶσθαι λίθον κα-
λούμενον μάχαιραν, ὃν ἐὰν εὕρῃ τις τῶν μυστηρίων
τῆς Ἑκάτης ἐπιτελουμένων ἐμμανὴς γίνεται, ὡς
Εὔδοξός φησιν.

174. Ἐν ὄρει δὲ Τμώλῳ γεννᾶσθαι λίθον παρ-
όμοιον κισσήρει, ὃς τετράκις τῆς ἡμέρας ἀλλάσσει
10 τὴν χρόαν· βλέπεσθαι δὲ ὑπὸ παρθένων τῶν μὴ
τῷ χρόνῳ φρονήσεως μετεχουσῶν.

847 b 175. Ἐν Ἀρτέμιδος Ὀρθωσίας βωμῷ ταῦρον
ἵστασθαι χρύσειον, ὃς κυνηγῶν εἰσελθόντων φωνὴν
ἐπαφίησιν.

176. Ἐν Αἰτωλοῖς φασιν ὁρᾶν τοὺς ἀσπάλακας
ἀμυδρῶς, καὶ οὐδὲ σιτεῖσθαι γῆν ἀλλ' ἀκρίδας.

5 177. Τοὺς ἐλέφαντάς φασι κύειν ἔτη δύο, οἱ δὲ
μῆνας ὀκτωκαίδεκα· ἐν δὲ τῇ ἐκτέξει δυστοκεῖν.

the one past the Germans, the other past the Paeonians. In summer their stream is navigable, but in winter, when it is frozen by ice, they ride on it, as though it were dry land.

169. Near the city of Thurium they say that there are two rivers, Sybaris and Crathis. The Sybaris makes those who drink from it timorous, but the Crathis makes men who bathe in it golden-haired.

170. In Euboea there are two rivers ; cattle that drink from one become white ; it is called Cerbes ; the other is called Neleus, which makes them black.

171. By the river Lycormas a wild herb grows in the shape of a spear, which is very valuable as a cure for blindness.

172. They say that the spring at Syracuse in Sicily called Arethusa only moves every five years.

173. On the mountain Berecynthus there is said to be a stone called " Dagger." If anyone finds it when the mysteries of Hecate are being celebrated, he becomes mad, as Eudoxus says.

174. On Mount Tmolus they say that there is a stone like ivy which changes its colour four times a day ; it is seen by girls who have not reached the age of discretion.

175. At the altar of Artemis Orthosia a golden bull is set up, which bellows when hunters come in.

176. Among the Aetolians they say that moles can see indistinctly, and do not eat earth but locusts.

177. They say that elephants go two years with young, but others say eighteen months ; they have much difficulty in producing their young.

847 a

178. Δημάρατον Τιμαίου τοῦ Λοκροῦ ἀκουστὴν νοσήσαντα ἄφωνόν φασιν ἐπὶ δέκα γενέσθαι ἡμέρας· ἐν δὲ τῇ ἑνδεκάτῃ ἀνανήψας βραδέως ἐκ τῆς παρα-
10 κοπῆς ἔφησεν ἐκεῖνον τὸν χρόνον ἥδιστα αὑτῷ βεβιῶσθαι.

178. They say that Demaratus, a disciple of Timaeus the Locrian, fell ill, and became dumb for ten days ; on the eleventh, having recovered slowly from his affliction, he said that he had had the happiest time of his life.

MECHANICAL PROBLEMS

(MECHANICA)

INTRODUCTION

IT seems certain that this collection of "mechanical" problems and their solutions is not the work of Aristotle, though it probably is the product of the Peripatetic School. The reader will find most of them interesting, particularly those dealing with the circle and the lever. Though the author is astray in some cases, it is most surprising to find how far the science of Applied Mathematics had advanced by this date.

ΜΗΧΑΝΙΚΑ

Θαυμάζεται τῶν μὲν κατὰ φύσιν συμβαινόντων,
ὅσων ἀγνοεῖται τὸ αἴτιον, τῶν δὲ παρὰ φύσιν, ὅσα
γίνεται διὰ τέχνην πρὸς τὸ συμφέρον τοῖς ἀνθρώ-
ποις. ἐν πολλοῖς γὰρ ἡ φύσις ὑπεναντίον πρὸς τὸ
15 χρήσιμον ἡμῖν ποιεῖ· ἡ μὲν γὰρ φύσις ἀεὶ τὸν
αὐτὸν ἔχει τρόπον καὶ ἁπλῶς, τὸ δὲ χρήσιμον μετα-
βάλλει πολλαχῶς. ὅταν οὖν δέῃ τι παρὰ φύσιν
πρᾶξαι, διὰ τὸ χαλεπὸν ἀπορίαν παρέχει καὶ
δεῖται τέχνης. διὸ καὶ καλοῦμεν τῆς τέχνης τὸ
πρὸς τὰς τοιαύτας ἀπορίας βοηθοῦν μέρος μηχανήν.
20 καθάπερ γὰρ ἐποίησεν Ἀντιφῶν ὁ ποιητής, οὕτω
καὶ ἔχει· τέχνῃ γὰρ κρατοῦμεν, ὧν φύσει νικώμεθα.
τοιαῦτα δέ ἐστιν ἐν οἷς τά τε ἐλάττονα κρατεῖ τῶν
μειζόνων, καὶ τὰ ῥοπὴν ἔχοντα μικρὰν κινεῖ βάρη
μεγάλα, καὶ πάντα σχεδὸν ὅσα τῶν προβλημάτων
μηχανικὰ προσαγορεύομεν. ἔστι δὲ ταῦτα τοῖς
25 φυσικοῖς προβλήμασιν οὔτε ταὐτὰ πάμπαν οὔτε
κεχωρισμένα λίαν, ἀλλὰ κοινὰ τῶν τε μαθηματικῶν
θεωρημάτων καὶ τῶν φυσικῶν· τὸ μὲν γὰρ ὡς διὰ
τῶν μαθηματικῶν δῆλον, τὸ δὲ περὶ ὃ διὰ τῶν
φυσικῶν.

Περιέχεται δὲ τῶν ἀπορουμένων ἐν τῷ γένει
τούτῳ τὰ περὶ τὸν μοχλόν. ἄτοπον γὰρ εἶναι
δοκεῖ τὸ κινεῖσθαι μέγα βάρος ὑπὸ μικρᾶς ἰσχύος,

MECHANICAL PROBLEMS

Remarkable things occur in accordance with nature, General considerations. the cause of which is unknown, and others occur contrary to nature, which are produced by skill for the benefit of mankind. For in many cases nature produces effects against our advantage; for nature always acts consistently and simply, but our advantage changes in many ways. When, then, we have to produce an effect contrary to nature, we are at a loss, because of the difficulty, and require skill. Therefore we call that part of skill which assists such difficulties, a device. For as the poet Antiphon wrote, this is true: "We by skill gain mastery over things in which we are conquered by nature." Of this kind are those in which the less master the greater, and things possessing little weight move heavy weights, and all similar devices which we term mechanical problems. These are not altogether identical with physical problems, nor are they entirely separate from them, but they have a share in both mathematical and physical speculations, for the method is demonstrated by mathematics, but the practical application belongs to physics.

Among the problems included in this class are The lever. included those concerned with the lever. For it is strange that a great weight can be moved by a small

331

847 b

καὶ ταῦτα μετὰ βάρους πλείονος· ὃ γὰρ ἄνευ
μοχλοῦ κινεῖν οὐ δύναταί τις, τοῦτο ταὐτὸ βάρος,
15 προσλαβὼν ἔτι τὸ τοῦ μοχλοῦ βάρος, κινεῖ θᾶττον.

Πάντων δὲ τῶν τοιούτων ἔχει τῆς αἰτίας τὴν
ἀρχὴν ὁ κύκλος. καὶ τοῦτο εὐλόγως συμβέβηκεν·
ἐκ μὲν γὰρ θαυμασιωτέρου συμβαίνειν τι θαυμαστὸν
οὐδὲν ἄτοπον, θαυμασιώτατον δὲ τὸ τἀναντία
γίνεσθαι μετ᾽ ἀλλήλων. ὁ δὲ κύκλος συνέστηκεν
20 ἐκ τοιούτων· εὐθὺς γὰρ ἐκ κινουμένου τε γεγένηται
καὶ μένοντος, ὧν ἡ φύσις ἐστὶν ὑπεναντία ἀλλήλοις.
ὥστ᾽ ἐνταῦθα ἔστιν ἐπιβλέψασιν ἧττον θαυμάζειν
τὰς συμβαινούσας ὑπεναντιώσεις περὶ αὐτόν. πρῶ-
τον μὲν γὰρ τῇ περιεχούσῃ γραμμῇ τὸν κύκλον,
πλάτος οὐθὲν ἐχούσῃ, τἀναντία πως προσεμφαί-
25 νεται, τὸ κοῖλον καὶ τὸ κυρτόν. ταῦτα δὲ δι-
έστηκεν ἀλλήλων ὃν τρόπον τὸ μέγα καὶ τὸ μικρόν·
ἐκείνων τε γὰρ μέσον τὸ ἴσον καὶ τούτων τὸ εὐθύ.
διὸ μεταβάλλοντα εἰς ἄλληλα τὰ μὲν ἀναγκαῖον
848 a ἴσα γενέσθαι πρότερον ἢ τῶν ἄκρων ὁποτερονοῦν,
τὴν δὲ γραμμὴν εὐθεῖαν, ὅταν ἐκ κυρτῆς εἰς κοῖλον
ἢ πάλιν ἐκ ταύτης γίνηται κυρτὴ καὶ περιφερής.
ἐν μὲν οὖν τοῦτο τῶν ἀτόπων ὑπάρχει περὶ τὸν κύ-
κλον, δεύτερον δὲ ὅτι ἅμα κινεῖται τὰς ἐναντίας
5 κινήσεις· ἅμα γὰρ εἰς τὸν ἔμπροσθεν κινεῖται
τόπον καὶ τὸν ὄπισθεν. ἥ τε γράφουσα γραμμὴ
τὸν κύκλον ὡσαύτως ἔχει· ἐξ οὗ γὰρ ἄρχεται τόπου
τὸ πέρας αὐτῆς, εἰς τὸν αὐτὸν τοῦτον τόπον ἔρχεται
πάλιν· συνεχῶς γὰρ κινουμένης αὐτῆς τὸ ἔσχατον
πάλιν ἀπῆλθε πρῶτον, ὥστε καὶ φανερὸν ὅτι μετ-
10 έβαλεν ἐντεῦθεν.

---

[a] *i.e.* a rotating wheel has a moving circumference but a
stationary centre.

force, and that, too, when a greater weight is involved. For the very same weight, which a man cannot move without a lever, he quickly moves by applying the weight of the lever.

Now the original cause of all such phenomena is the circle ; and this is natural, for it is in no way strange that something remarkable should result from something more remarkable, and the most remarkable fact is the combination of opposites with each other. The circle is made up of such opposites, for to begin with it is composed both of the moving and of the stationary,[a] which are by nature opposite to each other. So when one reflects on this, it becomes less remarkable that opposites should exist in it. First of all, in the circumference of the circle which has no breadth, an opposition of the kind appears, the concave and the convex. These differ from each other in the same way as the great and small ; for the mean between these latter is the equal, and between the former is the straight line. Therefore, as in the former case, if they were to change into each other they must become equal before they could pass to either of the extremes, so also the line must become straight either when it changes from convex to concave, or by the reverse process becomes a convex curve. This, then, is one peculiarity of the circle, and a second is that it moves simultaneously in opposite directions ; for it moves simultaneously forwards and backwards, and the radius which describes it behaves in the same way ; for from whatever point it begins, it returns again to the same point ; and as it moves continuously the last point again becomes the first in such a way that it is evidently changed from its first position.

333

848 a

Διό, καθάπερ εἴρηται πρότερον, οὐδὲν ἄτοπον
τὸ πάντων εἶναι τῶν θαυμάτων αὐτὸν ἀρχήν. τὰ
μὲν οὖν περὶ τὸν ζυγὸν γινόμενα εἰς τὸν κύκλον
ἀνάγεται, τὰ δὲ περὶ τὸν μοχλὸν εἰς τὸν ζυγόν, τὰ
δ' ἄλλα πάντα σχεδὸν τὰ περὶ τὰς κινήσεις τὰς
15 μηχανικὰς εἰς τὸν μοχλόν. ἔτι δὲ διὰ τὸ μιᾶς
οὔσης τῆς ἐκ τοῦ κέντρου γραμμῆς μηθὲν ἕτερον
ἑτέρῳ φέρεσθαι τῶν σημείων τῶν ἐν αὐτῇ ἰσοταχῶς,
ἀλλ' ἀεὶ τὸ τοῦ μένοντος πέρατος πορρώτερον ὂν
θᾶττον, πολλὰ τῶν θαυμαζομένων συμβαίνει περὶ
τὰς κινήσεις τῶν κύκλων· περὶ ὧν ἐν τοῖς ἑπο-
μένοις προβλήμασιν ἔσται δῆλον.

20 Διὰ δὲ τὸ τὰς ἐναντίας κινήσεις ἅμα κινεῖσθαι
τὸν κύκλον, καὶ τὸ μὲν ἕτερον τῆς διαμέτρου τῶν
ἄκρων, ἐφ' οὗ τὸ Α, εἰς τοὔμπροσθεν κινεῖσθαι,
θάτερον δέ, ἐφ' οὗ τὸ Β, εἰς τοὔπισθεν, κατα-
σκευάζουσί τινες ὥστ' ἀπὸ μιᾶς κινήσεως πολλοὺς
ὑπεναντίους ἅμα κινεῖσθαι κύκλους, ὥσπερ οὓς
25 ἀνατιθέασιν ἐν τοῖς ἱεροῖς ποιήσαντες τροχίσκους
χαλκοῦς τε καὶ σιδηροῦς. εἰ γὰρ εἴη τοῦ ΑΒ
κύκλου ἁπτόμενος ἕτερος κύκλος ἐφ' οὗ ΓΔ, τοῦ
κύκλου τοῦ ἐφ' οὗ ΑΒ κινουμένης τῆς διαμέτρου
εἰς τοὔμπροσθεν, κινηθήσεται ἡ ΓΔ εἰς τοὔπισθεν
τοῦ κύκλου τοῦ ἐφ' οὗ ΑΒ,[1] κινουμένης τῆς δια-

---

[1] A Bekker.

---

[a] Each point of a moving balance has a circular motion
and therefore to this extent the properties of the balance
depend upon those of the circle.

[b] Pulley, wheel and axle, and cogged wheels are all
essentially levers.

[c] By "forwards" Aristotle means a rotary movement in
one direction, by "backwards" movement in the opposite
direction.

Therefore, as has been said before, there is nothing strange in the circle being the first of all marvels. The facts about the balance depend upon the circle,[a] and those about the lever upon the balance, while nearly all the other problems of mechanical movement can depend upon the lever.[b] Again, no two points on one line drawn as a radius from the centre travel at the same pace, but that which is further from the fixed centre travels more rapidly ; it is due to this that many of the remarkable properties in the movement of circles arise ; concerning which there will be a demonstration in what follows.

But owing to the fact that a circle has two opposite movements at the same time, and that one extremity of the diameter—that at A[c]—moves forward while the other at B moves backwards, some people arrange that from one movement many circles move simultaneously in contrary directions, like the wheels of bronze and steel which they dedicate in temples. Let there

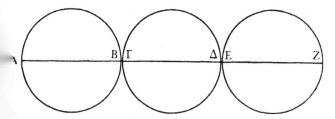

be a circle with diameter ΔΓ touching the circle AB ; if the diameter of the circle AB moves forward, then the diameter of the circle ΔΓ will move backward in relation to AB, if the diameter revolves

848 a

30 μέτρου περὶ τὸ αὐτό. εἰς τοὐναντίον ἄρα κινη-
θήσεται ὁ ἐφ᾽ οὗ ΓΔ κύκλος τῷ ἐφ᾽ οὗ τὸ ΑΒ·
καὶ πάλιν αὐτὸς τὸν ἐφεξῆς, ἐφ᾽ οὗ ΕΖ, εἰς τοὐ-
ναντίον αὐτῷ κινήσει διὰ τὴν αὐτὴν αἰτίαν. τὸν
αὐτὸν δὲ τρόπον κἂν πλείους ὦσι, τοῦτο ποιή-
σουσιν ἑνὸς μόνου κινηθέντος. ταύτην οὖν λαβόντες
35 ὑπάρχουσαν ἐν τῷ κύκλῳ τὴν φύσιν οἱ δημιουργοὶ
κατασκευάζουσιν ὄργανον κρύπτοντες τὴν ἀρχήν,
ὅπως ᾖ τοῦ μηχανήματος φανερὸν μόνον τὸ θαυ-
μαστόν, τὸ δ᾽ αἴτιον ἄδηλον.

848 b

1. Πρῶτον μὲν οὖν τὰ συμβαίνοντα περὶ τὸν
ζυγὸν ἀπορεῖται, διὰ τίνα αἰτίαν ἀκριβέστερά ἐστι
τὰ ζυγὰ τὰ μείζω τῶν ἐλαττόνων. τούτου δὲ
ἀρχή, διὰ τί ποτε ἐν τῷ κύκλῳ ἡ πλεῖον ἀφεστηκυῖα
5 γραμμὴ τοῦ κέντρου τῆς ἐγγὺς τῇ αὐτῇ ἰσχύϊ
κινουμένης θᾶττον φέρεται τῆς ἐλάττονος; τὸ γὰρ
θᾶττον λέγεται διχῶς· ἄν τε γὰρ ἐν ἐλάττονι χρόνῳ
ἴσον τόπον διεξέλθῃ, θᾶττον εἶναι λέγομεν, καὶ ἐὰν
ἐν ἴσῳ πλείω. ἡ δὲ μείζων ἐν ἴσῳ χρόνῳ γράφει
μείζονα κύκλον· ὁ γὰρ ἐκτὸς μείζων τοῦ ἐντός.

10 Αἴτιον δὲ τούτων ὅτι φέρεται δύο φορὰς ἡ
γράφουσα τὸν κύκλον. ὅταν μὲν οὖν ἐν λόγῳ τινὶ
φέρηται, ἐπ᾽ εὐθείας ἀνάγκη φέρεσθαι τὸ φερόμενον,
καὶ γίνεται διάμετρος αὕτη τοῦ σχήματος ὃ ποιοῦ-
σιν αἱ ἐν τούτῳ τῷ λόγῳ συντεθεῖσαι γραμμαί.

Ἔστω γὰρ ὁ λόγος ὃν φέρεται τὸ φερόμενον, ὃν
15 ἔχει ἡ ΑΒ πρὸς τὴν ΑΓ· καὶ τὸ μὲν ΑΓ φερέσθω
πρὸς τὸ Β, ἡ δὲ ΑΒ ὑποφερέσθω πρὸς τὴν ΗΓ·

---

a It is not clear to what machine the author refers: but if
one circle is revolved by mechanical means which cannot be
seen, the others in contact with it will revolve in opposite

round one point. That is, the circle ΓΔ will move in the opposite direction to the circle AB ; and again it will move the next in succession, the circle EZ in the opposite direction to itself for the same reason. In the same way also, if there are more circles they will show the same process, when only one of them is moved. So making use of this property inherent in the circle, craftsmen make an instrument concealing the original circle, so that the marvel of the machine is alone apparent, while its cause is invisible.[a]

1. First of all then a difficulty will arise as to what happens to the balance ; why, that is, larger balances are more accurate than smaller ones. The origin of this is the question why that part of the radius of a circle which is farthest from the centre moves quicker than the smaller radius which is close to the centre, and is moved by the same force. The word quicker is used in two senses ; if a point covers the same distance as another in a shorter space of time we call it quicker, and also if it covers a greater distance in an equal time. But in our case the greater radius describes a greater circle in equal time ; for the circumference outside is greater than the circumference inside.

The reason is that the radius describing the circle is performing two movements. Now whenever a body is moved in two directions in a fixed ratio it necessarily travels in a straight line, which is the diagonal of the figure which the lines arranged in this ratio describe.

Let the ratio [b] according to which the body moves be represented by the ratio of AB to AΓ. Let AΓ move towards B while AB be moved towards the

directions for no apparent cause. A modern watch illustrates his idea, in which the hands are the only visible wheels.

[b] This is a proof of the proposition known as the Parallelogram of Forces.

ἐνηνέχθω δὲ τὸ μὲν Α πρὸς τὸ Δ, ἡ δὲ ἐφ' ᾗ ΑΒ
πρὸς τὸ Ε. εἰ οὖν ἐπὶ τῆς φορᾶς ὁ λόγος ἦν ὃν ἡ
ΑΒ ἔχει πρὸς τὴν ΑΓ, ἀνάγκη καὶ τὴν ΑΔ πρὸς
τὴν ΑΕ τούτου ἔχειν τὸν λόγον. ὅμοιον ἄρα ἐστὶ
20 τῷ λόγῳ τὸ μικρὸν τετράπλευρον τῷ μείζονι, ὥστε
καὶ ἡ αὐτὴ διάμετρος αὐτῶν, καὶ τὸ Α ἔσται πρὸς
Ζ. τὸν αὐτὸν δὴ τρόπον δειχθήσεται κἂν ὁπου-
οῦν διαληφθῇ ἡ φορά· αἰεὶ γὰρ ἔσται ἐπὶ τῆς
διαμέτρου. φανερὸν οὖν ὅτι τὸ κατὰ τὴν διάμετρον
φερόμενον ἐν δύο φοραῖς ἀνάγκη τὸν τῶν πλευρῶν
25 φέρεσθαι λόγον. εἰ γὰρ ἄλλον τινά, οὐκ οἰσθήσεται
κατὰ τὴν διάμετρον. ἐὰν δὲ ἐν μηδενὶ λόγῳ
φέρηται δύο φορὰς κατὰ μηδένα χρόνον, ἀδύνατον
εὐθεῖαν εἶναι τὴν φοράν. ἔστω γὰρ εὐθεῖα. τε-
θείσης οὖν ταύτης διαμέτρου, καὶ παραπληρω-
θεισῶν τῶν πλευρῶν, ἀνάγκη τὸν τῶν πλευρῶν
80 λόγον φέρεσθαι τὸ φερόμενον· τοῦτο γὰρ δέδεικται
πρότερον. οὐκ ἄρα ποιήσει εὐθεῖαν τὸ ἐν μηδενὶ
λόγῳ φερόμενον μηδένα χρόνον. ἐὰν γάρ τινα
λόγον ἐνεχθῇ ἐν λόγῳ[1] τινί, τοῦτον ἀνάγκη τὸν

---

[1] χρόνῳ Β.

---

[a] i.e. a body the ratio of whose velocities in two fixed
directions is not constant cannot move in a straight line.

position HΓ; now let A travel to Δ, and let AB travel a distance determined by the point E. Then

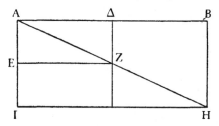

if the ratio of the movement is that of AB to AΓ, then the line AΔ must bear the same ratio to AE. Then the small parallelogram has the same proportions as the larger, so that its diagonal is the same, and the body will move to Z. It can be shown that it will behave in the same way at whatever point its movement be interrupted; it will always be on the diagonal. Conversely it is obvious that an object travelling with two movements along a diagonal will always move in the ratio of the sides of the parallelogram. For with any other proportion it will not travel along the diagonal. But, if a body travels with two movements with no fixed ratio and in no fixed time, it would be impossible for it to travel in a straight line.[a] For suppose it to be a straight line. If this line is drawn as a diagonal and the sides of the parallelogram be filled in, the body must move in the ratio of the sides; this has been demonstrated before. Hence the body that travels in no constant ratio and in no fixed time will not make a straight line. For if it travels in a fixed ratio for a given time, during this time it must move in

χρόνον εὐθεῖαν εἶναι φορὰν διὰ τὰ προειρημένα.
ὥστε περιφερὲς γίνεται, δύο φερόμενον φορὰς ἐν
35 μηθενὶ λόγῳ μηθένα χρόνον.

Ὅτι μὲν τοίνυν ἡ τὸν κύκλον γράφουσα φέρεται
δύο φορὰς ἅμα, φανερὸν ἔκ τε τούτων, καὶ ὅτι τὸ
849 a φερόμενον κατ' εὐθεῖαν ἐπὶ τὴν κάθετον ἀφικνεῖται,
ὥστε εἶναι πάλιν αὐτὴν ἀπὸ τοῦ κέντρου κάθετον.
ἔστω κύκλος ὁ ΑΒΓ, τὸ δ' ἄκρον τὸ ἐφ' οὗ Β
φερέσθω ἐπὶ τὸ Δ· ἀφικνεῖται δέ ποτε ἐπὶ τὸ Γ.
εἰ μὲν οὖν ἐν τῷ λόγῳ ἐφέρετο ὃν ἔχει ἡ ΒΔ πρὸς
τὴν ΔΓ, ἐφέρετο ἂν τὴν διάμετρον τὴν ἐφ' ᾗ ΒΓ.
5 νῦν δέ, ἐπείπερ ἐν οὐδενὶ λόγῳ, ἐπὶ τὴν περιφέρειαν
φέρεται τὴν ἐφ' ᾗ ΒΕΓ. ἐὰν δὲ δυοῖν φερομένοιν
ἀπὸ τῆς αὐτῆς ἰσχύος τὸ μὲν ἐκκρούοιτο πλεῖον
τὸ δὲ ἔλαττον, εὔλογον βραδύτερον κινηθῆναι τὸ
πλεῖον ἐκκρουόμενον τοῦ ἔλαττον ἐκκρουομένου· ὃ
10 δοκεῖ συμβαίνειν ἐπὶ τῆς μείζονος καὶ ἐλάττονος
τῶν ἐκ τοῦ κέντρου γραφουσῶν τοὺς κύκλους. διὰ
γὰρ τὸ ἐγγύτερον εἶναι τοῦ μένοντος τῆς ἐλάτ-
τονος τὸ ἄκρον ἢ τὸ τῆς μείζονος, ὥσπερ ἀντι-
σπώμενον εἰς τοὐναντίον, ἐπὶ τὸ μέσον βραδύτερον

---

[a] i.e. the tangent.
[b] In modern terms we should describe the movement along
the circumference as a balance of centripetal and centri-
fugal forces.

a straight line, because of what we have already said.
So that if it moves in two directions with no fixed
ratio and in no fixed time it will be a curve.

That the line describing a circle moves in two
directions simultaneously is obvious from these
considerations, and also because that which travels
along a straight line is along a perpendicular,[a] so
that it again travels along the perpendicular to a
point above the
centre.[b] Let ABΓ
be a circle, and
from the point B
above the centre
let a line be
drawn to Δ; it
is joined to the
point Γ; if it
travelled with
velocities in the
ratio of BΔ to ΔΓ
it would move

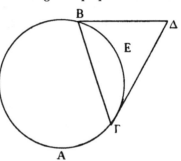

along the diagonal BΓ. But, as it is, seeing that
it is in no such proportion it travels along the
arc BEΓ. Now if of two objects moving under
the influence of the same force one suffers more
interference, and the other less ; it is reasonable to
suppose that the one suffering the greater interfer-
ence should move more slowly than that suffering
less, which seems to take place in the case of the
greater and the less of those radii which describe
circles from the centre. For because the extremity
of the less is nearer the fixed point than the extremity
of the greater, being attracted towards the centre
in the opposite direction, the extremity of the lesser

341

849 a

φέρεται τὸ τῆς ἐλάττονος ἄκρον. πάσῃ μὲν οὖν
15 κύκλον γραφούσῃ τοῦτο συμβαίνει, καὶ φέρεται
κατὰ τὴν περιφέρειαν, τὴν μὲν κατὰ φύσιν εἰς τὸ
πλάγιον, τὴν δὲ παρὰ φύσιν εἰς τὸ κέντρον.[1] μείζω
δ' ἀεὶ τὴν παρὰ φύσιν ἡ ἐλάττων φέρεται· διὰ γὰρ
τὸ ἐγγύτερον εἶναι τοῦ κέντρου τοῦ ἀντισπῶντος
20 κρατεῖται μᾶλλον. ὅτι δὲ μεῖζον τὸ παρὰ φύσιν
κινεῖται ἡ ἐλάττων τῆς μείζονος τῶν ἐκ τοῦ
κέντρου γραφουσῶν τοὺς κύκλους, ἐκ τῶνδε δῆλον.

Ἔστω κύκλος ἐφ' οὗ ΒΓΔΕ, καὶ ἄλλος ἐν
τούτῳ ἐλάττων, ἐφ' οὗ ΧΝΜΞ, περὶ τὸ αὐτὸ
κέντρον τὸ Α· καὶ ἐκβεβλήσθωσαν αἱ διάμετροι,
25 ἐν μὲν τῷ μεγάλῳ, ἐφ' ὧν ΓΔ καὶ ΒΕ, ἐν δὲ τῷ
ἐλάττονι αἱ ΜΧ ΝΞ· καὶ τὸ ἑτερόμηκες παρα-
πεπληρώσθω, τὸ ΔΨΡΓ. εἰ δὴ ἡ ΑΒ γράφουσα
κύκλον ἥξει ἐπὶ τὸ αὐτὸ ὅθεν ὡρμήθη ἐπὶ τὴν ΑΒ,
δῆλον ὅτι φέρεται πρὸς αὐτήν. ὁμοίως δὲ καὶ ἡ
ΑΧ πρὸς τὴν ΑΧ ἥξει. βραδύτερον δὲ φέρεται ἡ
30 ΑΧ τῆς ΑΒ, ὥσπερ εἴρηται, διὰ τὸ γίνεσθαι
μείζονα τὴν ἔκκρουσιν καὶ ἀντισπᾶσθαι μᾶλλον τὴν
ΑΧ.

---

[1] τὴν μὲν κατὰ φύσιν κατὰ τὴν περιφέρειαν, τὴν δὲ παρὰ φύσιν
εἰς τὸ πλάγιον καὶ τὸ κέντρον. B.

342

radius moves more slowly. This happens with any
radius which describes a circle ; it moves along a
curve naturally in the direction of the tangent, but
is attracted to the centre contrary to nature. The
lesser radius always moves in its unnatural direction ;
for because it is nearer the centre which attracts it,
it is the more influenced. That the lesser radius
moves more than the greater in the unnatural direc-
tion in the case of radii describing the circles from
a fixed centre is obvious from the following con-
siderations.

Let there be a circle ΒΓΕΔ and another smaller one
inside it ΧΝΜΞ
described about
the same centre
A and let the dia-
meters be drawn,
the larger ΔΓ and
BE and in the
smaller circle ΜΧ
and ΝΞ; let the
rectangle ΔΨΡΓ
be completed. If
the radius AB de-
scribing the circle
returns again to
the same position
from which it
started, namely
to AB, it is clearly travelling towards itself. In the
same way AX will return to the position AX. But
AX travels more slowly than AB, as has been said,
because the interference with it is greater, and AX
is more interrupted.

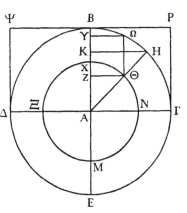

849 a

Ἤχθω δὲ ἡ ΑΘΗ, καὶ ἀπὸ τοῦ Θ κάθετος ἐπὶ
τὴν ΑΒ ἡ ΘΖ ἐν τῷ κύκλῳ, καὶ πάλιν ἀπὸ τοῦ Θ
ἤχθω παρὰ τὴν ΑΒ ἡ ΘΩ, καὶ ἡ ΩΥ ἐπὶ τὴν ΑΒ
35 κάθετος,[1] καὶ ἡ ΗΚ. αἱ δὴ ἐφ' ὧν ΩΥ καὶ ΘΖ
ἴσαι. ἡ ἄρα ΒΥ ἐλάττων τῆς ΧΖ· αἱ γὰρ ἴσαι εὐ-
θεῖαι ἐπ' ἀνίσους κύκλους ἐμβληθεῖσαι πρὸς ὀρθὰς
τῇ διαμέτρῳ ἔλαττον τμῆμα ἀποτέμνουσι τῆς δια-
μέτρου ἐν τοῖς μείζοσι κύκλοις, ἔστι δὲ ἡ ΩΥ ἴση
849 b τῇ ΘΖ. ἐν ὅσῳ δὴ χρόνῳ ἡ ΑΘ τὴν ΧΘ ἠνέχθη,[2]
ἐν τοσούτῳ χρόνῳ ἐν τῷ κύκλῳ τῷ μείζονι μείζονα
τῆς ΒΩ ἐνήνεκται τὸ ἄκρον τῆς ΒΑ. ἡ μὲν γὰρ
κατὰ φύσιν φορὰ ἴση, ἡ δὲ παρὰ φύσιν ἐλάττων·
5 ἡ δὲ ΒΥ τῆς ΖΧ. δεῖ δὲ ἀνάλογον εἶναι, ὡς τὸ
κατὰ φύσιν πρὸς τὸ κατὰ φύσιν, τὸ παρὰ φύσιν
πρὸς τὸ παρὰ φύσιν.

Μείζονα ἄρα περιφέρειαν διελήλυθε τὴν ΗΒ τῆς
ΩΒ. ἀνάγκη δὲ τὴν ΗΒ ἐν τούτῳ τῷ χρόνῳ
διεληλυθέναι· ἐνταῦθα γὰρ ἔσται, ὅταν ἀνάλογον
ἀμφοτέρως συμβαίνῃ τὸ παρὰ φύσιν πρὸς τὸ κατὰ
10 φύσιν. εἰ δὴ μεῖζόν ἐστι τὸ κατὰ φύσιν ἐν τῇ
μείζονι, καὶ τὸ παρὰ φύσιν μᾶλλον ἂν ἐνταῦθα
συμπίπτοι μοναχῶς, ὥστε τὸ Β ἐνηνέχθαι ἂν τὴν
ΒΗ ἐν τῷ ἐφ' οὗ Χ σημεῖον. ἐνταῦθα γὰρ κατὰ
φύσιν μὲν γίνεται τῷ Β σημείῳ τὸ κέντρον (ἔστι
γὰρ αὐτὴ ἀπὸ τοῦ Η κάθετος), παρὰ φύσιν δὲ ἐς
15 τὸ ΚΒ. ἔστι δὲ ὡς τὸ ΗΚ πρὸς τὸ ΚΒ, τὸ ΘΖ
πρὸς τὸ ΖΧ. φανερὸν δὲ ἐὰν ἐπιζευχθῶσιν ἀπὸ
τῶν ΒΧ ἐπὶ τὰ ΗΘ. εἰ δὲ ἐλάττων ἢ μείζων τῆς
ΗΒ ἔσται, ἣν ἠνέχθη τὸ Β, οὐχ ὁμοίως ἔσται οὐδὲ

---

[1] κάθετον Β.   [2] ἐνηνέχθη Β.

ᵃ Similar triangles.

Let AΘH be drawn, and from the point Θ a perpendicular ΘZ be dropped within the circle to AB; again from Θ let ΘΩ be drawn parallel to AB, and the perpendiculars ΩY and HK dropped on AB. Now the lines ΩY and ΘZ are equal, but BY is less than XZ. For in unequal circles equal straight lines drawn perpendicular to the diameter cut off smaller parts of the diameter in the greater circles, and ΩY is equal to ΘZ. Now in the same time in which AΘ travels along the distance XΘ the extremity of the radius BA has described a greater arc than BΩ in the greater circle. For the natural travel is equal, but the unnatural is less; and BY is less than XZ: but one would expect them to be in proportion, the two that is whose travel is natural, and the two whose travel is unnatural.

The point has actually travelled over HB, which is greater than ΩB. Now in the given time (*i.e.*, that in which AX moves to AΘ) AB must have travelled over the arc HB; for that will be its position, when the proportion between the natural and unnatural movements is true. If, then, the natural movement is greater in the greater circle, the unnatural movement would at that point have the same proportion only in the sense that the point B would travel along the arc BH in the same time as the point X would travel along the arc XΘ. For in that case the natural movement of the point B carries it to H, but its unnatural movement to K. For HK is the perpendicular dropped from H. Then HK is in the same ratio to KB, as ΘZ is to ZX. This will be obvious if B and X are joined respectively to H and Θ.[a] But if the distance travelled by B is either greater or less than HB, the result will not be the same, nor will the

849 b

ἀνάλογον ἐν ἀμφοῖν τὸ κατὰ φύσιν πρὸς τὸ παρὰ
φύσιν.

20 Δι' ἣν μὲν τοίνυν αἰτίαν ἀπὸ τῆς αὐτῆς ἰσχύος
φέρεται θᾶττον τὸ πλέον ἀπέχον τοῦ κέντρου
σημεῖον, δῆλον διὰ τῶν εἰρημένων· διότι δὲ τὰ μὲν
μείζω ζυγὰ ἀκριβέστερά ἐστι τῶν ἐλαττόνων,
φανερὸν ἐκ τούτων. γίνεται γὰρ τὸ μὲν σπάρτον
κέντρον (μένει γὰρ τοῦτο), τὸ δὲ ἐπὶ ἑκάτερον
μέρος τῆς πλάστιγγος αἱ ἐκ τοῦ κέντρου. ἀπὸ οὖν
25 τοῦ αὐτοῦ βάρους ἀνάγκη θᾶττον κινεῖσθαι τὸ
ἄκρον τῆς πλάστιγγος, ὅσῳ ἂν πλεῖον ἀπέχῃ τοῦ
σπάρτου, καὶ ἔνια μὲν μὴ δῆλα εἶναι ἐν τοῖς μικροῖς
ζυγοῖς πρὸς τὴν αἴσθησιν ἐπιτιθέμενα βάρη, ἐν δὲ
τοῖς μεγάλοις δῆλα· οὐθὲν γὰρ κωλύει ἔλαττον
30 κινηθῆναι μέγεθος ἢ ὥστε εἶναι τῇ ὄψει φανερόν.
ἐπὶ δὲ τῆς μεγάλης πλάστιγγος ποιεῖ ὁρατὸν τὸ
αὐτὸ βάρος μέγεθος. ἔνια δὲ δῆλα μὲν ἐπ' ἀμφοῖν
ἐστίν, ἀλλὰ πολλῷ μᾶλλον ἐπὶ τῶν μειζόνων διὰ
τὸ πολλῷ μεῖζον γίνεσθαι τὸ μέγεθος τῆς ῥοπῆς
ὑπὸ τοῦ αὐτοῦ βάρους ἐν τοῖς μείζοσι. καὶ διὰ
35 τοῦτο τεχνάζουσιν οἱ ἀλουργοπῶλαι πρὸς τὸ παρα-
κρούεσθαι ἱστάντες, τό τε σπάρτον οὐκ ἐν μέσῳ
τιθέντες, καὶ μόλυβδον τῆς φάλαγγος εἰς θάτερον
μέρος ἐγχέοντες, ἢ τοῦ ξύλου τὸ πρὸς τὴν ῥίζαν
πρὸς ὃ βούλονται ῥέπειν ποιοῦντες, ἢ ἐὰν ἔχῃ ὄζον·
850 a βαρύτερον γὰρ ἐν ᾧ μέρος ἡ ῥίζα τοῦ ξύλου ἐστίν,
ὁ δὲ ὄζος ῥίζα τίς ἐστιν.

2. Διὰ τί, ἐὰν μὲν ἄνωθεν ᾖ τὸ σπαρτίον, ὅταν

proportion between the natural and unnatural movements be the same in the two circles.

From what has already been said the reason why the point more distant from the centre travels more quickly than the nearer point, though impelled by the same force, and why the greater radius describes the greater arc, is quite obvious. Why also greater balances are more accurate than smaller ones, is clear from these considerations. The cord which suspends the balance is the centre (for it is a fixed point), and the parts on either side of the balance scale are the radii from the centre. Now the extremity of the balance scale must move at a greater rate under the influence of the same weight, inasmuch as it is further from the cord, and consequently in small balances some weights must make no impression on the senses, but in large balances the movement must be obvious; for there is nothing to prevent a quantity from moving too little for it to be observed by the senses. But in a large balance the same weight makes the movement visible. Some movements are obvious in both cases, but are much more obvious in larger balances, because then the extent of the swing is much greater for the same weight. This is how sellers of purple arrange their weighing machines to deceive, by putting the cord out of the true centre, and pouring lead into one arm of the balance, or by employing wood for the side to which they want it to incline taken from the root or from where there is a knot. For the part of the tree in which the root lies is heavier, and a knot is in a sense a root.

2. If the cord supporting a balance is fixed from above, when after the beam has inclined the weight

347

κάτωθεν ῥέψαντος ἀφέλῃ τὸ βάρος, πάλιν ἀνα-

5 φέρεται τὸ ζυγόν, ἐὰν δὲ κάτωθεν ὑποστῇ, οὐκ

ἀναφέρεται ἀλλὰ μένει; ἢ διότι ἄνωθεν μὲν τοῦ

σπαρτίου ὄντος πλεῖον τοῦ ζυγοῦ γίνεται τὸ

ἐπέκεινα τῆς καθέτου; τὸ γὰρ σπαρτίον ἐστὶ

κάθετος. ὥστε ἀνάγκη ἐστὶ κάτω ῥέπειν τὸ πλέον,

ἕως ἂν ἔλθῃ ἡ δίχα διαιροῦσα τὸ ζυγὸν ἐπὶ τὴν

10 κάθετον αὐτήν, ἐπικειμένου τοῦ βάρους ἐν τῷ

ἀνεσπασμένῳ μορίῳ τοῦ ζυγοῦ. ἔστω ζυγὸν ὀρθὸν

ἐφ’ οὗ ΒΓ, σπαρτίον δὲ τὸ ΑΔ. ἐκβαλλόμενον δὴ

τοῦτο κάτω κάθετος ἔσται ἐφ’ ἧς ἡ ΑΔΜ. ἐὰν

οὖν ἐπὶ τὸ Β ἡ ῥοπὴ ἐπιτεθῇ, ἔσται τὸ μὲν Β οὗ

τὸ Ε, τὸ δὲ Γ οὗ τὸ Ζ, ὥστε ἡ δίχα διαιροῦσα τὸ

15 ζυγὸν πρῶτον μὲν ἦν ἡ ΔΜ τῆς καθέτου αὐτῆς,

ἐπικειμένης δὲ τῆς ῥοπῆς ἔσται ἡ ΔΘ· ὥστε τοῦ

is removed, the balance returns to its original position. If, however, it is supported from below, then it does not return to its original position. Why is this ? It is because, when the support is from above (when the weight is applied) the larger portion of the beam is above the perpendicular. For the cord is the perpendicular. So that the greater weight must swing downwards until the line dividing the beam coincides with the perpendicular, because the greater weight now lies in the raised part of the beam. Let the

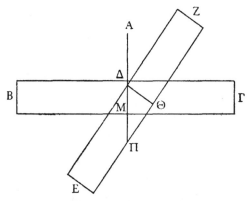

beam be a straight one represented by BΓ, and the cord be AΔ. When this is driven downwards the perpendicular will be represented by AΔM, if the weight is attached in the direction of B. The face B will then adopt the position E, and the face Γ that of Z, so that the line bisecting the beam at first was in the position of the perpendicular ΔM, but when the weight was attached took up the position ΔΘ. Con-

850 a

ζυγοῦ ἐφ' ᾧ ΕΖ τὸ ἔξω τῆς καθέτου τῆς ἐφ' ἧς
ΑΒ, τοῦ ἐν ᾧ ΘΠ, μεῖζον τοῦ ἡμίσεος. ἐὰν οὖν
ἀφαιρεθῇ τὸ βάρος ἀπὸ τοῦ Ε, ἀνάγκη κάτω φέ-
ρεσθαι τὸ Ζ· ἔλαττον γάρ ἐστι τὸ Ε. ἐὰν μὲν οὖν
20 ἄνω τὸ σπαρτίον ἔχῃ, πάλιν διὰ τοῦτο ἀναφέρεται
τὸ ζυγόν.

Ἐὰν δὲ κάτωθεν ᾖ τὸ ὑποκείμενον, τοὐναντίον
ποιεῖ· πλεῖον γὰρ γίνεται τοῦ ἡμίσεος τοῦ ζυγοῦ
τὸ κάτω μέρος ἢ ὡς ἡ κάθετος διαιρεῖ ὥστε οὐκ
ἀναφέρεται· κουφότερον γὰρ τὸ ἐπηρτημένον.
ἔστω ζυγὸν τὸ ἐφ' οὗ ΝΞ, τὸ ὀρθόν, κάθετος δὲ
25 ἡ ΚΛΜ. δίχα δὴ διαιρεῖται τὸ ΝΞ. ἐπιτεθέντος
δὲ βάρους ἐπὶ τὸ Ν, ἔσται τὸ μὲν Ν οὗ τὸ Ο, τὸ
δὲ Ξ οὗ τὸ Ρ, ἡ δὲ ΚΛ οὗ τὸ ΛΘ, ὥστε μεῖζόν
ἐστι τὸ ΚΟ τοῦ ΛΡ τῷ ΘΚΛ. καὶ ἀφαιρεθέντος
οὖν τοῦ βάρους ἀνάγκη μένειν· ἐπίκειται γὰρ
ὥσπερ βάρος ἡ ὑπεροχὴ ἡ τοῦ ἡμίσεος τοῦ ἐν ᾧ
τὸ Κ.

---

[a] Aristotle is wrong in the details of his second case.
If the beam is supported from below, it is in unstable equi-
librium, and therefore any weight placed on one arm would
cause that arm to sink, until the beam fell off the pivot.
The beam would only keep its position if it were supported
at its centre of gravity—viz. at I.

sequently that part of the beam in its position EZ
which is outside the perpendicular AM will exceed
half the beam by ΘΠ. If, then, the weight is removed
from the arm E, the arm Z must be depressed, for the
arm E is the smaller. If, then, the cord is attached
from above, the balance returns again to its original
position.

If, however, the support is from below, the opposite
results ; for now the portion of the beam which is
lower than the perpendicular dividing it is more than
half ; consequently it does not return to its place ; for
the part rising above is lighter. Let the straight beam

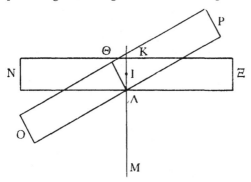

be repesented by NΞ, the perpendicular being KΛM,
and this bisects NΞ. When the weight is attached
to the arm N, N will take up the position O and Ξ
will take up the position P, while KΛ will go to ΘΛ,
so that KO is greater than ΛP by ΘKΛ. Now when
the weight is removed the beam must keep its new
position ; for the excess over half the beam beyond
K acts as a weight and depresses the beam.[a]

351

30 3. Διὰ τί κινοῦσι μεγάλα βάρη μικραὶ δυνάμεις
τῷ μοχλῷ, ὥσπερ ἐλέχθη καὶ κατ' ἀρχήν, προσ-
λαβόντι βάρος ἔτι τὸ τοῦ μοχλοῦ; ῥᾷον δὲ τὸ ἔλατ-
τόν ἐστι κινῆσαι βάρος, ἔλαττον δέ ἐστιν ἄνευ τοῦ
μοχλοῦ. ἢ ὅτι αἴτιόν ἐστιν ὁ μοχλός, ζυγὸν [ὢν]
35 κάτωθεν ἔχον τὸ σπαρτίον καὶ εἰς ἄνισα διῃρημένον;
τὸ γὰρ ὑπομόχλιον ἀντὶ σπαρτίου γίνεται· μένει
γὰρ ἄμφω ταῦτα, ὥσπερ τὸ κέντρον. ἐπεὶ δὲ
θᾶττον ὑπὸ τοῦ ἴσου βάρους κινεῖται ἡ μείζων τῶν
ἐκ τοῦ κέντρου, ἔστι δὲ τρία τὰ περὶ τὸν μοχλόν,
τὸ μὲν ὑπομόχλιον, σπάρτιον[1] καὶ κέντρον, δύο δὲ
850 b βάρη, ὅ τε κινῶν καὶ τὸ κινούμενον· ὃ οὖν τὸ κινού-
μενον βάρος πρὸς τὸ κινοῦν, τὸ μῆκος πρὸς τὸ
μῆκος ἀντιπέπονθεν. αἰεὶ δὲ ὅσῳ ἂν μεῖζον
ἀφεστήκῃ τοῦ ὑπομοχλίου, ῥᾷον κινήσει. αἰτία
δέ ἐστιν ἡ προλεχθεῖσα, ὅτι ἡ πλεῖον ἀπέχουσα
5 ἐκ τοῦ κέντρου μείζονα κύκλον γράφει. ὥστε ἀπὸ
τῆς αὐτῆς ἰσχύος πλέον μεταστήσεται τὸ κινοῦν τὸ
πλεῖον τοῦ ὑπομοχλίου ἀπέχον. ἔστω μοχλὸς ἐφ'
οὗ ΑΒ, βάρος δὲ ἐφ' ᾧ τὸ Γ, τὸ δὲ κινοῦν ἐφ' ᾧ
τὸ Δ, ὑπομόχλιον ἐφ' ᾧ τὸ Ε, τὸ δὲ ἐφ' ᾧ τὸ Δ

---

[1] σπάρτον Β.

3. Why is it that small forces can move great weights by means of a lever, as was said at the beginning of the treatise, seeing that one naturally adds the weight of the lever? For surely the smaller weight is easier to move, and it is smaller without the lever. Is the lever the reason, being equivalent to a beam with its cord attached below, and divided into two equal parts? For the fulcrum acts as the attached cord: for both these remain stationary, and act as a centre. But since under the impulse of the same weight the greater radius from the centre moves the more rapidly, and there are three elements in the lever, the fulcrum, that is the cord or centre, and the two weights, the one which causes the movement, and the one that is moved; now the ratio of the weight moved to the weight moving it is the inverse ratio of the distances from the centre. Now the greater the

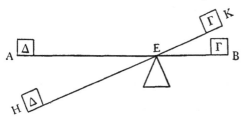

distance from the fulcrum, the more easily it will move. The reason has been given before that the point further from the centre describes the greater circle, so that by the use of the same force, when the motive force is farther from the lever, it will cause a greater movement. Let AB be the bar, Γ be the weight, and Δ the moving force, E the fulcrum; and let H

850 b

κινῆσαν ἐφ' ᾧ τὸ Η, κινούμενον δὲ τὸ ἐφ' οὗ Γ, βάρος ἐφ' οὗ Κ.

4. Διὰ τί οἱ μεσόνεοι μάλιστα τὴν ναῦν κινοῦσιν; ἢ διότι ἡ κώπη μοχλός ἐστιν; ὑπομόχλιον μὲν γὰρ ὁ σκαλμὸς γίνεται (μένει γὰρ δὴ τοῦτο), τὸ δὲ βάρος ἡ θάλαττα, ἣν ἀπωθεῖ ἡ κώπη· ὁ δὲ κινῶν τὸν μοχλὸν ὁ ναύτης ἐστίν. ἀεὶ δὲ πλέον βάρος 15 κινεῖ, ὅσῳ ἂν πλέον ἀφεστήκῃ τοῦ ὑπομοχλίου ὁ κινῶν τὸ βάρος· μείζων γὰρ οὕτω γίνεται ἡ ἐκ τοῦ κέντρου, ὁ δὲ σκαλμὸς ὑπομόχλιον ὢν κέντρον ἐστίν. ἐν μέσῃ δὲ τῇ νηῒ πλεῖστον τῆς κώπης ἐντός ἐστιν· καὶ γὰρ ἡ ναῦς ταύτῃ εὐρυτάτη ἐστίν, ὥστε πλεῖον ἐπ' ἀμφότερα ἐνδέχεσθαι μέρος τῆς 20 κώπης ἑκατέρου τοίχου ἐντὸς εἶναι τῆς νεώς. κινεῖται μὲν οὖν ἡ ναῦς διὰ τὸ ἀπερειδομένης τῆς κώπης εἰς τὴν θάλασσαν τὸ ἄκρον τῆς κώπης τὸ ἐντὸς προϊέναι εἰς τὸ πρόσθεν, τὴν δὲ ναῦν προσδεδεμένην τῷ σκαλμῷ συμπροϊέναι, ᾗ τὸ ἄκρον τῆς κώπης. ᾗ γὰρ πλείστην θάλασσαν διαιρεῖ ἡ κώπη, 25 ταύτῃ ἀνάγκη μάλιστα προωθεῖσθαι· πλείστην δὲ διαιρεῖ ᾗ πλεῖστον μέρος ἀπὸ τοῦ σκαλμοῦ τῆς κώπης ἐστίν. διὰ τοῦτο οἱ μεσόνεοι μάλιστα κινοῦσιν. μέγιστον γὰρ ἐν μέσῃ νηῒ τὸ ἀπὸ τοῦ σκαλμοῦ τῆς κώπης τὸ ἐντός ἐστιν.

5. Διὰ τί τὸ πηδάλιον μικρὸν ὄν, καὶ ἐπ' ἐσχάτῳ τῷ πλοίῳ, τοσαύτην δύναμιν ἔχει ὥστε ὑπὸ μικροῦ οἴακος καὶ ἑνὸς ἀνθρώπου δυνάμεως, καὶ ταύτης ἠρεμαίας, μεγάλα κινεῖσθαι μεγέθη πλοίων; ἢ διότι καὶ τὸ πηδάλιόν ἐστι μοχλός, καὶ μοχλεύει ὁ κυβερνήτης. ᾗ μὲν οὖν προσήρμοσται τῷ πλοίῳ,

be the point to which the moving force travels and K the point to which Γ the weight moved travels.

4. Why do the rowers in the middle of the ship contribute most to its movement ? Is it because the oar acts like a bar ? For the thole-pin is the fulcrum (for it is fixed), and the sea is the weight, which the oar presses ; the sailor is the force which moves the bar. In proportion as the moving force is further away from the fulcrum, so it always moves the weight more ; for the circle described from the centre is greater, and the thole-pin, which is the fulcrum, is the centre. The largest part of the oar is within in the centre of the ship. For the ship is broadest at this point, so that it is possible for the greater part of the oar to be within the sides of the ship on either side. Therefore the movement of the ship is caused, because the end of the oar which is within the ship travels forward when the oar is supported against the sea, and the ship being fastened to the thole-pin travels forward in the same direction as the end of the oar. The ship must be thrust forward most at the point at which the oar displaces most sea, where the distance between the handle and the thole-pin is greatest. This is the reason why those in the middle of the ship contribute most to the movement of the ship ; for that part of the oar which stretches inside from the thole-pin is greatest in the middle of the ship.

5. Why does the rudder, which is small and at the end of the vessel, have so great power that it is able to move the huge mass of the ship, though it is moved by a smaller tiller and by the strength of but one man, and then without violent exertion ? Is it because the rudder is a bar, and the helmsman works a lever ? The point at which it is attached to the ship

γίνεται ὑπομόχλιον, τὸ δὲ ὅλον πηδάλιον ὁ μοχλός,
τὸ δὲ βάρος ἡ θάλασσα, ὁ δὲ κυβερνήτης ὁ κινῶν.
35 οὐ κατὰ πλάτος δὲ λαμβάνει τὴν θάλασσαν, ὥσπερ
ἡ κώπη, τὸ πηδάλιον. οὐ γὰρ εἰς τὸ πρόσθεν κινεῖ
τὸ πλοῖον, ἀλλὰ κινούμενον κλίνει, πλαγίως τὴν
θάλατταν δεχόμενον. ἐπεὶ γὰρ τὸ βάρος ἦν ἡ
θάλασσα, τοὐναντίον ἀπερειδόμενον κλίνει τὸ
πλοῖον. τὸ γὰρ ὑπομόχλιον εἰς τοὐναντίον στρέ-
851 a φεται, ἡ θάλασσα μὲν εἰς τὸ ἐντός,[1] ἐκεῖνο δὲ εἰς
τὸ ἐκτός. τούτῳ δὲ ἀκολουθεῖ τὸ πλοῖον διὰ τὸ
συνδεδέσθαι. ἡ μὲν οὖν κώπη κατὰ πλάτος τὸ
βάρος ὠθοῦσα καὶ ὑπ᾽ ἐκείνου ἀντωθουμένη εἰς τὸ
εὐθὺ προάγει· τὸ δὲ πηδάλιον, ὥσπερ κάθηται
5 πλάγιον, τὴν εἰς τὸ πλάγιον, ἢ δεῦρο ἢ ἐκεῖ, ποιεῖ
κίνησιν. ἐπ᾽ ἄκρου δὲ καὶ οὐκ ἐν μέσῳ κεῖται,
ὅτι ῥᾷστον τὸ κινούμενον κινῆσαι ἀπ᾽ ἄκρου κινοῦν.
τάχιστα γὰρ φέρεται τὸ πρῶτον μέρος διὰ τὸ
ὥσπερ ἐν τοῖς φερομένοις ἐπὶ τέλει λήγειν τὴν φο-
ράν, οὕτω καὶ τοῦ συνεχοῦς ἐπὶ τέλους ἀσθενεστάτη
10 ἐστὶν ἡ φορά. εἰ δὲ ἀσθενεστάτη, ῥᾳδία ἐκκρούειν.
διά τε δὴ ταῦτα ἐν τῇ πρύμνῃ τὸ πηδάλιόν ἐστι,
καὶ ὅτι ἐνταῦθα μικρᾶς κινήσεως γενομένης πολλῷ
μεῖζον τὸ διάστημα ἐπὶ τῷ ἐσχάτῳ γίνεται, διὰ τὸ
τὴν ἴσην γωνίαν ἐπὶ μείζονα καθῆσθαι, καὶ ὅσῳ
ἂν μείζους ὦσιν αἱ περιέχουσαι. δῆλον δὲ ἐκ
15 τούτου καὶ δι᾽ ἣν αἰτίαν μᾶλλον προέρχεται εἰς
τοὐναντίον τὸ πλοῖον ἢ ἡ τῆς κώπης πλάτη· τὸ
αὐτὸ γὰρ μέγεθος τῇ αὐτῇ ἰσχῦϊ κινούμενον ἐν
ἀέρι πλέον ἢ ἐν τῷ ὕδατι πρόεισιν. ἔστω γὰρ ἡ
ΑΒ κώπη, τὸ δὲ Γ ὁ σκαλμός, τὸ δὲ Α τὸ ἐν τῷ
πλοίῳ, ἡ ἀρχὴ τῆς κώπης, τὸ δὲ Β τὸ ἐν τῇ

[1] θάλασσα δὲ ἐντός. B.

is the fulcrum, the whole rudder is the bar, the sea is the weight, and the helmsman is the motive force. The rudder does not strike the sea at right angles to its length, as an oar does. For it does not drive the ship forward, but turns it while it moves, receiving the sea at an angle. For since the sea is the weight, it turns the ship by pushing in a contrary direction. For the lever and the sea turn in opposite directions, the sea to the inside and the lever to the outside. The ship follows because it is attached to it. The oar pushes the weight against its breadth, and being pushed by it it in return drives the ship straight forward ; but the rudder, being placed aslant, causes movement also to be at an angle, either in one direction or the other. It is placed at the end and not in the middle of the ship, because the part moved can move most easily when the moving agent acts from the end. For the first part moves most rapidly because as in other travelling bodies the travel ceases at the end, so in a continuous body the travel is weakest at the end. If, then, it is weakest there, it is at that point easiest to shift it from its position. This is why the rudder is at the stern and also because, as there is very little movement at that point, the displacement is much greater at the end, because the same angle stands on a large base, and because the enclosing lines are greater. From this it is obvious why the ship moves further in an opposite direction than the oar-blade ; for the same mass, when moved by the same force, will travel further in air than in water. For let AB be the oar, Γ the thole-pin, and A the part of the oar inside the ship, that is, the handle of the oar, while the point B is the end in the sea. Now

851 a

20 θαλάττῃ. εἰ δὴ τὸ Α οὗ τὸ Δ μετακεκίνηται, τὸ
Β οὐκ ἔσται οὗ τὸ Ε· ἴση γὰρ ἡ ΒΕ τῇ ΑΔ. ἴσον
οὖν μετακεχωρηκὸς ἔσται. ἀλλ᾽ ἦν ἔλαττον.
ἔσται δὴ οὗ τὸ Ζ. τὸ Θ ἄρα τέμνει[1] τὴν ΑΒ, καὶ
οὐχ ᾗ[2] τὸ Γ, καὶ κάτωθεν. ἐλάττων γὰρ ἡ ΒΖ
τῆς ΑΔ, ὥστε καὶ ἡ ΘΖ τῆς ΔΘ· ὅμοια γὰρ τὰ
25 τρίγωνα. μεθεστηκὸς[3] δὲ ἔσται καὶ τὸ μέσον, τὸ
ἐφ᾽ οὗ Γ· εἰς τοὐναντίον γὰρ τῷ ἐν τῇ θαλάττῃ
ἄκρῳ τῷ Β μεταχωρεῖ, ᾗπερ τὸ ἐν τῷ πλοίῳ
ἄκρον τὸ Α, μετεχώρει[4] δὲ τὸ Α οὗ τὸ Δ. ὥστε
μετακινηθήσεται τὸ πλοῖον, καὶ ἐκεῖ, οὗ ἡ ἀρχὴ
τῆς κώπης, μεταφέρεται. τὸ δ᾽ αὐτὸ καὶ τὸ
πηδάλιον ποιεῖ, πλὴν ὅτι εἰς τὸ πρόσθεν οὐδὲν
30 συμβάλλεται τῷ πλοίῳ, ὥσπερ ἐλέχθη ἐπὶ ἄνω,
ἀλλὰ μόνον τὴν πρύμναν εἰς τὸ πλάγιον ἀπωθεῖ
ἔνθα ἢ ἔνθα· εἰς τοὐναντίον γὰρ ἡ πρῷρα οὕτω
νεύει. ᾗ μὲν δὴ τὸ πηδάλιον προσέζευκται, δεῖ
οἷόν τι τοῦ κινουμένου μέσον νοεῖν, καὶ ὥσπερ ὁ
σκαλμὸς τῇ κώπῃ· τὸ δὲ μέσον ὑποχωρεῖ, ᾗ ὁ οἴαξ
35 μετακινεῖται. ἐὰν μὲν εἴσω ἄγῃ, καὶ ἡ πρύμνα

---

[1] Ζ ᾗ τὸ Θ. ἄρα τοίνυν Β.   [2] ᾗ Β.
[3] καθεστηκὸς Β.   [4] μὴ ἐχώρει Β.

if the point A be moved to the point Δ, the point B will not be at E ; for BE is equal to AΔ, and it would

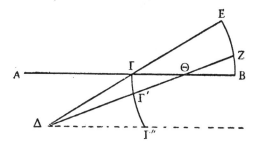

thus have travelled an equal distance. But it is smaller, and it will be at the point Z. The point Θ then cuts the line AB, not where Γ is but below. For BZ is less than AΔ, just as ΘZ is less than AΘ ; for the triangles are similar. The centre Γ will also be displaced ; for it moves in the opposite direction to the part B, which is in the sea, and in the same direction as A, the part in the boat, and A has changed its position to Δ. So the position of the ship will be changed, and the point where the handle of the oar is will be moved. The rudder acts in the same way except that it does not contribute anything to the forward movement of the ship, but only pushes the stern sideways in one direction or the other ; for the bow moves in the opposite direction to the rudder. The point at which the rudder is attached must be regarded as the pivot of the moving part, and functions like the thole-pin for the oar ; but the centre of the ship is moved in the same direction as the rudder. If it is moved inwards the stern moves in

359

851 a

δεῦρο μεθέστηκεν· ἡ δὲ πρῷρα εἰς τοὐναντίον
νεύει· ἐν γὰρ τῷ αὐτῷ οὔσης τῆς πρῴρας τὸ
πλοῖον μεθέστηκεν ὅλον.

6. Διὰ τί, ὅσῳ ἂν ἡ κεραία ἀνωτέρα ᾖ, θᾶττον
πλεῖ τὰ πλοῖα τῷ αὐτῷ ἱστίῳ καὶ τῷ αὐτῷ πνεύ-
40 ματι; ἢ διότι γίνεται ὁ μὲν ἱστὸς μοχλός, ὑπο-
851 b μόχλιον δὲ τὸ ἐδώλιον ἐν ᾧ ἐμπέπηγεν, ὃ δὲ δεῖ
κινεῖν βάρος, τὸ πλοῖον, τὸ δὲ κινοῦν τὸ ἐν τῷ
ἱστίῳ πνεῦμα. εἰ δ' ὅσῳ ἂν πορρώτερον ᾖ τὸ
ὑπομόχλιον, ῥᾷον κινεῖ καὶ θᾶττον ἡ αὐτὴ δύναμις
5 καὶ τὸ ἱστίον πορρώτερον ποιεῖ τοῦ ἐδωλίου
ὑπομοχλίου ὄντος.

7. Διὰ τί, ὅταν ἐξ οὐρίας βούλωνται διαδραμεῖν
μὴ οὐρίου τοῦ πνεύματος ὄντος, τὸ μὲν πρὸς τὸν
κυβερνήτην τοῦ ἱστίου μέρος στέλλονται, τὸ δὲ
πρὸς τὴν πρῷραν ποδιαῖον ποιησάμενοι ἐφιᾶσιν;
10 ἢ διότι ἀντισπᾶν τὸ πηδάλιον πολλῷ μὲν ὄντι τῷ
πνεύματι οὐ δύναται, ὀλίγῳ δέ, ὃ ὑποστέλλονται.
προάγει μὲν οὖν τὸ πνεῦμα, εἰς οὔριον δὲ καθίστησι
τὸ πηδάλιον, ἀντισπῶν καὶ μοχλεῦον τὴν θάλατταν.
ἅμα δὲ καὶ οἱ ναῦται μάχονται τῷ πνεύματι·
ἀνακλίνουσι γὰρ ἐπὶ τὸ ἐναντίον ἑαυτούς.

15 8. Διὰ τί τὰ στρογγύλα καὶ περιφερῆ τῶν σχη-
μάτων εὐκινητότερα; τριχῶς δὲ ἐνδέχεται τὸν
κύκλον κυλισθῆναι· ἢ γὰρ κατὰ τὴν ἁψῖδα, συμ-
μεταβάλλοντος τοῦ κέντρου, ὥσπερ ὁ τροχὸς ὁ
τῆς ἁμάξης κυλίεται· ἢ περὶ τὸ κέντρον μόνον,
ὥσπερ αἱ τροχιλέαι, τοῦ κέντρου μένοντος· ἢ
20 παρὰ τὸ ἐπίπεδον, τοῦ κέντρου μένοντος, ὥσπερ ὁ

ᵃ This is of course untrue. For any sail of given size (at

360

that direction; but the bow moves in a contrary direction, for while the bow remains in the same place the whole ship changes position.

6. Why is it that the higher the yard-arm, the faster the ship travels with the same sail and the same wind? Is it because the mast acts as a lever with its base in which it is fixed as a fulcrum? Then the weight which requires to be moved is the ship, and the agent of movement is the wind in the sail. If, then, it is true that the farther the fulcrum, the more easily and rapidly does a given power move a given weight, then the yard-arm being higher makes the sail also farther away from the base which is the fulcrum.[a]

7. Why is it that, when the wind is unfavourable and they wish to run before it, they reef the sail in the direction of the helmsman, and slacken the part of the sheet towards the bows? Is it because the rudder cannot act against the wind when it is stormy, but can when the wind is slight and so they shorten sail? In this way the wind carries the ship forward, but the rudder turns it into the wind, acting against the sea as a lever. At the same time the sailors fight against the wind; for they lean over in the opposite direction.

8. Why are round and circular bodies easiest to move? It is possible for a wheel to move in three ways; first, it may move along the felloe, the centre moving also, just as the wheel of a cart revolves; secondly, it may move about the centre, like a pulley, the centre remaining fixed; thirdly, it may move in a plane parallel to the ground, the centre still remaining

right angles both to the ship and the wind) the higher the sail the more the bows will dip, owing to the resolved part of the force acting downwards.

851 b

κεραμεικὸς τροχὸς κυλίνδεται. εἰ μὲν δὴ τάχιστα
τὰ τοιαῦτα, διά τε τὸ μικρῷ ἅπτεσθαι τοῦ ἐπι-
πέδου, ὥσπερ ὁ κύκλος κατὰ στιγμήν, καὶ διὰ τὸ
μὴ προσκόπτειν· ἀφέστηκε γὰρ τῆς γῆς ἡ γωνία.
25 καὶ ἔτι ᾧ ἂν ἀπαντήσῃ σώματι, πάλιν τούτου
κατὰ μικρὸν ἅπτεται. εἰ δ' εὐθύγραμμον ἦν, τῇ
εὐθείᾳ ἐπὶ πολὺ ἥπτετο ἂν τοῦ ἐπιπέδου. ἔτι ᾗ
ῥέπει ἐπὶ τὸ βάρος, ταύτῃ κινεῖ ὁ κινῶν. ὅταν
μὲν γὰρ πρὸς ὄρθιον ἡ διάμετρος ᾖ τοῦ κύκλου
τῷ ἐπιπέδῳ, ἁπτομένου τοῦ κύκλου κατὰ στιγμὴν
τοῦ ἐπιπέδου, ἴσον τὸ βάρος ἐπ' ἀμφότερα δια-
30 λαμβάνει ἡ διάμετρος· ὅταν δὲ κινῆται, εὐθὺς πλέον
ἐφ' ᾧ κινεῖται, ὥσπερ ῥέπον. ἐντεῦθεν εὐκινη-
τότερον τῷ ὠθοῦντι εἰς τοὔμπροσθεν· ἐφ' ὃ γὰρ
ῥέπει ἕκαστον, εὐκίνητόν ἐστιν, εἴπερ καὶ τὸ ἐπὶ
35 τὸ ἐναντίον τῆς ῥοπῆς δυσκίνητον. ἔτι λέγουσί
τινες ὅτι καὶ ἡ γραμμὴ ἡ τοῦ κύκλου ἐν φορᾷ ἐστὶν
ἀεί, ὥσπερ τὰ μένοντα, διὰ τὸ ἀντερείδειν, οἷον
καὶ τοῖς μείζοσι κύκλοις ὑπάρχει πρὸς τοὺς ἐλάτ-
τονας. θᾶττον γὰρ ὑπὸ τῆς ἴσης ἰσχύος κινοῦνται
οἱ μείζους καὶ τὰ βάρη κινοῦσι, διὰ τὸ ῥοπήν τινα
ἔχειν τὴν γωνίαν τὴν τοῦ μείζονος κύκλου πρὸς
τὴν τοῦ ἐλάττονος, καὶ εἶναι ὅπερ ἡ διάμετρος
40 πρὸς τὴν διάμετρον. ἀλλὰ μὴν πᾶς κύκλος μείζων
852 a πρὸς ἐλάττονα· ἄπειροι γὰρ οἱ ἐλάττονες. εἰ δὲ
καὶ πρὸς ἕτερον ἔχει ῥοπὴν ὁ κύκλος, ὁμοίως δὲ
εὐκίνητος, καὶ ἄλλην ἂν ἔχοι ῥοπὴν ὁ κύκλος καὶ

fixed, as the potter's wheel revolves. All such movements are fast because the contact with the ground is slight, as a circle has only one point of contact, and because of the absence of friction ; for the angle of the circumference is away from the ground. If also it meets a body, it again only comes into contact with a small surface. If, on the other hand, the body were rectilinear, it would because of its straight side touch the ground for a considerable distance. Again, the mover moves it in the same direction as its weight inclines. For when the diameter of the circle is at right angles to the ground, as the circle only touches the ground at one point, the diameter divides the weight equally on both sides of it ; but when it moves the weight is immediately more in the direction of the movement, as though its balance were thrown that way. Consequently it is easier for the pusher to move it forward ; for any body is easily moved in the direction towards which it inclines, and is similarly difficult to move in a direction opposite to its weight. Some say that the circumference of a circle travels perpetually, just as things remain at rest owing to resistance, as one can see in the case of greater circles in comparison with less. For greater circles move quickly and move greater weights by the application of the same force, because the angle of the greater circle has considerable influence in comparison with that of the lesser, and is in the same ratio as the diameter of the one bears to the diameter of the other. Now every circle is greater than some smaller one ; for there are an infinite number of smaller circles. Now if it is a fact that one circle has weight in comparison with another, and is therefore easy to move, there are cases in which the circle and the things moved by it

τὰ ὑπὸ κύκλου κινούμενα, κἂν μὴ τῇ ἁψῖδι ἅπτηται
5 τοῦ ἐπιπέδου, ἀλλ' ἢ παρὰ τὸ ἐπίπεδον, ἢ ὡς αἱ
τροχιλέαι· καὶ γὰρ οὕτως ἔχοντα ῥᾷστα κινοῦν-
ται καὶ κινοῦσι τὸ βάρος. ἢ οὐ τῷ κατὰ μικρὸν
ἅπτεσθαι καὶ προσκρούειν, ἀλλὰ δι' ἄλλην αἰτίαν.
αὕτη δέ ἐστιν ἡ εἰρημένη πρότερον, ὅτι ἐκ δύο
φορῶν γεγένηται ὁ κύκλος, ὥστε μίαν αὐτῶν αἰεὶ
10 ἔχειν ῥοπήν, καὶ οἷον φερόμενον αὐτὸν αἰεὶ κινοῦσιν
οἱ κινοῦντες, ὅταν κινῶσι κατὰ τὴν περιφέρειαν
ὁπωσοῦν. φερομένην γὰρ αὐτὴν κινοῦσιν· τὴν μὲν
γὰρ εἰς τὸ πλάγιον αὐτοῦ κίνησιν ὠθεῖ τὸ κινοῦν,
τὴν δὲ ἐπὶ τῆς διαμέτρου αὐτὸς κινεῖται.

9. Διὰ τί τὰ διὰ τῶν μειζόνων κύκλων αἰρόμενα
15 καὶ ἑλκόμενα ῥᾷον καὶ θᾶττον κινοῦμεν; οἷον καὶ
αἱ τροχιλέαι αἱ μείζους τῶν ἐλαττόνων, καὶ αἱ
σκυτάλαι ὁμοίως. ἢ διότι ὅσῳ ἂν μείζων ἡ ἐκ
τοῦ κέντρου ᾖ, ἐν τῷ ἴσῳ χρόνῳ πλέον κινεῖται
χωρίον, ὥστε καὶ τοῦ ἴσου βάρους ἐπόντος ποιήσει
20 τὸ αὐτό, ὥσπερ εἴπομεν καὶ τὰ μείζω ζυγὰ τῶν
ἐλαττόνων ἀκριβέστερα εἶναι. τὸ μὲν γὰρ σπαρτίον
ἐστὶ κέντρον, τοῦ δὲ ζυγοῦ αἱ ἐπὶ τάδε τοῦ σπαρ-
τίου αἱ ἐκ τοῦ κέντρου.

10. Διὰ τί ῥᾷον, ὅταν ἄνευ βάρους ᾖ, κινεῖται τὸ
ζυγόν, ἢ ἔχον βάρος; ὁμοίως δὲ καὶ τροχὸς ἢ
25 ἄλλο τοιοῦτο τοῦ βαρυτέρου μὲν μείζονος δὲ τὸ
ἔλαττον καὶ κουφότερον.[1] ἢ ὅτι οὐ μόνον εἰς τοὐ-
ναντίον τὸ βαρύ, ἀλλὰ καὶ εἰς τὸ πλάγιον δυσ-
κίνητόν ἐστιν. ἐναντίον γὰρ τῇ ῥοπῇ κινῆσαι

---

[1] τὸ βαρύτερον μὲν μεῖζον δὲ τοῦ ἐλάττονος, καὶ κουφοτέρου B.

have an additional inclination ; that is, when they do not touch the surface with the felloe, but either move parallel with the ground, or with the motion of pulleys; for in this position they move very easily, and move weights as well. But this is not due to the small degree of contact and friction, but to another cause. This is the one mentioned before, that a circle consists of two directions of motion, so that the weight must always incline in the direction of one of them ; thus the mover always impels it in the direction in which it is already travelling, when they move it in any direction in a line with its circumference. For they are moving it when it is already travelling ; for the moving force drives it in the direction of the tangent, while the circle itself moves in the direction of its diameter.

9. Why is it that we can move more easily and quickly things raised and drawn by means of greater circles ? For instance larger pulleys work better than smaller ones and so do large rollers. Surely it is because, the distance from the centre being larger, a greater space is covered in the same time, and this result will still take place if an equal weight is put upon it, just as we said that larger balances are more accurate than smaller ones. For the cord is the centre and the parts of the beam which are on either side of the cord are the radii of the circle.

10. Why is a balance moved more easily when it is without a weight than when it has one ? In the same way in the case of a wheel or anything of the kind the smaller and lighter is more easily moved than the larger and heavier. Is it because the weight is more difficult to move, not only in the opposite direction but at an angle ? For it is hard to move a thing in the

365

852 a

χαλεπῶς, ἐφ᾽ ὃ δὲ ῥέπει, ῥᾳδίως· εἰς δὲ τὸ πλάγιον
οὐ ῥέπει.

11. Διὰ τί ἐπὶ τῶν σκυτάλων ῥᾷον τὰ φορτία
30 κομίζεται ἢ ἐπὶ τῶν ἁμαξῶν, ἐχουσῶν τῶν μὲν
μεγάλους τροχούς, τῶν δὲ μικρούς; ἢ διότι ἐπὶ
τῶν σκυτάλων οὐδεμίαν ἔχει πρόσκοψιν, τὸ δὲ ἐπὶ
τῶν ἁμαξῶν τὸν ἄξονα, καὶ προσκόπτει αὐτῷ·
ἔκ τε γὰρ τῶν ἄνωθεν πιέζει αὐτὸν καὶ ἐκ τῶν
πλαγίων. τὸ δὲ ἐπὶ τῶν σκυτάλων ἐπὶ δύο τούτων
κινεῖται, τῇ τε κάτω χώρᾳ ὑποκειμένῃ καὶ τῷ
35 βάρει τῷ ἐπικειμένῳ· ἐπ᾽ ἀμφοτέρων γὰρ τούτων
κυλίεται τῶν τόπων ὁ κύκλος καὶ φερόμενος
ὠθεῖται.

12. Διὰ τί πορρωτέρω τὰ βέλη φέρεται ἀπὸ τῆς
σφενδόνης ἢ ἀπὸ τῆς χειρός; καίτοι κρατεῖ γε ὁ
852 b βάλλων τῇ χειρὶ μᾶλλον ἢ ἀπαρτήσας τὸ βάρος.
καὶ ἔτι οὕτω μὲν δύο βάρη κινεῖ, τό τε τῆς σφεν-
δόνης καὶ τὸ βέλος, ἐκείνως δὲ τὸ βέλος μόνον.
πότερον ὅτι ἐν μὲν τῇ σφενδόνῃ κινούμενον τὸ
βέλος ῥίπτει ὁ βάλλων (περιαγαγὼν γὰρ κύκλῳ
5 πολλάκις ἀφίησιν), ἐκ δὲ τῆς χειρὸς ἀπὸ τῆς
ἠρεμίας ἡ ἀρχή· πάντα δὲ εὐκινητότερα κινούμενα
ἢ ἠρεμοῦντα. ἢ διά τε τοῦτο, καὶ διότι ἐν μὲν τῷ
σφενδονᾶν ἡ μὲν χεὶρ γίνεται κέντρον, ἡ δὲ σφενδόνη
ἡ ἐκ τοῦ κέντρου· ὅσῳ ἂν ᾖ μείζων ἡ ἀπὸ τοῦ
κέντρου, κινεῖται θᾶττον. ἡ δὲ ἀπὸ τῆς χειρὸς
10 βολὴ πρὸς τὴν σφενδόνην βραχεῖά ἐστιν.

13. Διὰ τί ῥᾷον κινοῦνται περὶ τὸ αὐτὸ ζυγὸν
οἱ μείζους τῶν ἐλαττόνων κόλλοπες, καὶ οἱ αὐτοὶ

opposite direction to its weight, but easy in the direction of its weight ; but it does not incline at an angle.

11. Why are heavy weights more easily carried on rollers than on carts, though the latter's wheels are larger while the circumference of rollers is small ? Is it because in the case of rollers there is no friction, but in the case of carts there is the axle, and there is friction on that ; for there is pressure upon it not only from above, but also horizontally ? But a weight resting on rollers moves at two points of them, the ground supporting from below and the weight pressing from above ; for the circle is revolving at both these points, and is impelled in the direction it travels.

12. Why does a missile travel further from the sling than from the hand ? And yet the thrower has more control with his hand than when he has a suspended weight. In the case of a sling he has two weights to move, that of the sling and that of the missile, whereas in the former case he has the missile only. Is it because the man who hurls the missile has it already moving in the sling (for he only lets it go after swinging it round in a circle many times), but when projected from the hand it starts from rest ? For everything is easier to move when it is already set in motion than when it is at rest. Is this, then, one reason, and is this another, that in using a sling the hand becomes the centre and the sling the radius ? The greater then the radius, the faster the movement. But the cast from the hand is at a small distance compared to the sling.

13. Why are the larger handles more easy to move round a spindle than smaller ones, and in the same

ὄνοι οἱ λεπτότεροι ὑπὸ τῆς αὐτῆς ἰσχύος τῶν παχυ-
τέρων; ἢ διότι ὁ μὲν ὄνος καὶ τὸ ζυγὸν κέντρον
15 ἐστίν, τὰ δὲ ἀπέχοντα μεγέθη αἱ ἐκ τοῦ κέντρου;
θᾶττον δὲ κινοῦνται καὶ πλέον ἀπὸ τῆς αὐτῆς
ἰσχύος αἱ τῶν μειζόνων κύκλων ἢ αἱ τῶν ἐλαττόνων·
ὑπὸ τῆς αὐτῆς γὰρ ἰσχύος θᾶττον μεθίσταται τὸ
ἄκρον τὸ πορρώτερον τοῦ κέντρου. διὸ πρὸς μὲν
τὸ ζυγὸν τοὺς κόλλοπας ὄργανα ποιοῦνται, οἷς
20 ῥᾷον στρέφουσιν· ἐν δὲ τοῖς λεπτοῖς ὄνοις πλεῖον
γίνεται τὸ ἔξω τοῦ ξύλου, αὕτη δὲ γίνεται ἡ ἐκ τοῦ
κέντρου.

14. Διὰ τί τὸ αὐτὸ μέγεθος ξύλον ῥᾷον κατεάσ-
σεται περὶ τὸ γόνυ, ἐὰν ἴσον ἀποστήσας τῶν ἄκρων
ἐχόμενος καταγνύῃ, ἢ παρὰ τὸ γόνυ ἐγγὺς ὄντος·
25 καὶ ἐὰν πρὸς τὴν γῆν ἐρείσας καὶ τῷ ποδὶ προσβὰς
πόρρωθεν τῇ χειρὶ καταγνύῃ, ἢ ἐγγύθεν; ἢ διότι
ἔνθα μὲν τὸ γόνυ κέντρον, ἔνθα δὲ ὁ πούς. ὅσῳ δ᾽
ἂν πορρώτερον ᾖ τοῦ κέντρου, ῥᾷον κινεῖται ἅπαν.
κινηθῆναι δὲ ἀνάγκη καταγνύμενον.

15. Διὰ τί περὶ τοὺς αἰγιαλοὺς αἱ καλούμεναι
30 κρόκαι στρογγύλαι εἰσίν, ἐκ μακρῶν τῶν λίθων καὶ
ὀστράκων τὸ ἐξ ὑπαρχῆς ὄντων; ἢ διότι τὰ πλεῖον
ἀπέχοντα τοῦ μέσου ἐν ταῖς κινήσεσι θᾶττον
φέρεται. τὸ μὲν γὰρ μέσον γίνεται κέντρον, τὸ
δὲ διάστημα ἡ ἐκ τοῦ κέντρου. ἀεὶ δὲ ἡ μείζων
ἀπὸ τῆς ἴσης κινήσεως μείζω γράφει κύκλον. τὸ
35 δ᾽ ἐν ἴσῳ χρόνῳ μείζω διεξιὸν θᾶττον φέρεται.

way less bulky windlasses are more easily moved than thicker ones by the application of the same force ? Is it because the windlass and the spindle are the centre and the parts which stand away from them are the radii ? Now the radii of greater circles move more quickly and a greater distance by the application of the same force than the radii of smaller circles ; for by the application of the same force the extremity which is farther from the centre moves more. This is why they fit handles to the spindle with which they turn it more easily ; in the case of light windlasses the part outside the centre travels further, and this is the radius of the circle.

14. Why is a piece of wood of equal size more easily broken over the knee, if one holds it at equal distance far away from the knee to break it, than if one holds it by the knee and quite close to it ? And similarly if one supports the wood on the ground and then putting the foot on it one breaks it with the hand, it breaks more easily if the hand is at some distance rather than if one holds it at a point close to the foot. Is it because in one case the knee and in the other the foot is the centre ? But the farther it is away from the centre the more easily is everything moved. And what is being broken must necessarily be moved.

15. Why are the stones on the seashore which are called pebbles round, when they are originally made from long stones and shells ? Surely it is because in movement what is further from the middle moves more rapidly. For the middle is the centre, and the distance from this is the radius. And from an equal movement the greater radius describes a greater circle. But that which travels a greater distance in an equal time describes a greater circle. Things travel-

852 b

τὰ δὲ φερόμενα θᾶττον ἐκ τοῦ ἴσου ἀποστήματος
σφοδρότερον τύπτει. τὰ δὲ τύπτοντα μᾶλλον καὶ
αὐτὰ τύπτεται μᾶλλον. ὥστε ἀνάγκη θραύεσθαι
αἰεὶ τὰ πλέον ἀπέχοντα τοῦ μέσου. τοῦτο δὲ
πάσχοντα ἀνάγκη γίνεσθαι περιφερῆ. ταῖς δὲ κρό-
853 a καις διὰ τὴν τῆς θαλάττης κίνησιν, διὰ τὸ μετὰ τῆς
θαλάττης κινεῖσθαι, συμβαίνει ἀεὶ ἐν κινήσει εἶναι
καὶ κυλιομέναις προσκόπτειν. τοῦτο δὲ ἀνάγκη
μάλιστα συμβαίνειν αὐτοῖς τοῖς ἄκροις.

5 16. Διὰ τί, ὅσῳ ἂν ᾖ μακρότερα τὰ ξύλα, το-
σούτῳ ἀσθενέστερα γίνεται, καὶ κάμπτεται αἰρό-
μενα μᾶλλον, κἂν ᾖ τὸ μὲν βραχύ, ὅσον δίπηχυ,
λεπτόν, τὸ δὲ ἑκατὸν πηχῶν παχύ; ἢ διότι μοχλὸς
γίνεται καὶ βάρος καὶ ὑπομόχλιον ἐν τῷ αἴρεσθαι
10 τοῦ ξύλου τὸ μῆκος; τὸ μὲν γὰρ πρῶτον μέρος
αὐτοῦ, ὃ ἡ χεὶρ αἴρει, οἷον ὑπομόχλιον γίνεται, τὸ
δ' ἐπὶ τῷ ἄκρῳ βάρος. ὥστε ὅσῳ ἂν ᾖ μακρό-
τερον τὸ ἀπὸ τοῦ ὑπομοχλίου, τοσούτῳ ἀνάγκη
κάμπτεσθαι μᾶλλον· ὅσῳ γὰρ ἂν πλέον ἀπέχῃ τοῦ
ὑπομοχλίου, τοσούτῳ ἀνάγκη κάμπτεσθαι μεῖζον.
15 ἀνάγκη οὖν αἴρεσθαι τὰ ἄκρα τοῦ μοχλοῦ. ἐὰν
οὖν ᾖ καμπτόμενος ὁ μοχλός, ἀνάγκη αὐτὸν κάμ-
πτεσθαι μᾶλλον αἰρόμενον. ὅπερ συμβαίνει ἐπὶ τῶν
ξύλων τῶν μακρῶν· ἐν δὲ τοῖς βραχέσιν ἐγγὺς τὸ
ἔσχατον τοῦ ὑπομοχλίου γίνεται τοῦ ἠρεμοῦντος.

17. Διὰ τί τῷ σφηνὶ ὄντι μικρῷ μεγάλα βάρη
20 διίσταται καὶ μεγέθη σωμάτων, καὶ θλῖψις ἰσχυρὰ
γίνεται; ἢ διότι ὁ σφὴν δύο μοχλοί εἰσιν ἐναντίοι
ἀλλήλοις, ἔχει δὲ ἑκάτερος τὸ μὲν βάρος τὸ δὲ
ὑπομόχλιον, ὃ καὶ ἀνασπᾷ ἢ πιέζει. ἔτι δὲ ἡ τῆς
πληγῆς φορὰ τὸ βάρος, ὃ τύπτει καὶ κινεῖ, ποιεῖ

ling with a greater velocity over a greater distance strike harder ; and things which strike harder are themselves struck harder. So that the parts further from the middle must always get worn down. As this happens to them they become round. In the case of pebbles, owing to the movement of the sea and the fact that they are moving with the sea, they are perpetually in motion and are liable to friction as they roll. But this must occur most of all at their extremities.

16. Why are pieces of timber weaker the longer they are, and why do they bend more easily when raised ; even if the short piece is for instance two cubits and light, while the long piece of a hundred cubits is thick ? Is it because the length of the wood in the act of raising it forms the lever, weight and fulcrum ? For the first part of it, that which the hand raises, acts as a fulcrum, the part at the end is the weight. Consequently the greater the distance from the fulcrum the more it must bend ; for the greater the distance from the fulcrum the greater the bending must be. So the ends of the bar must be raised. If, then, the bar bends, it will bend more the more it is raised—a condition which occurs in the case of long pieces of wood ; whereas in short pieces the end is close to the fulcrum, which is at rest.

17. Why are great weights and bodies of considerable size split by a small wedge, and why does it exert great pressure ? Is it because the wedge consists of two levers opposite to each other ? And each has both a weight and a fulcrum, which works either upwards or downwards. The travel of the blow is the weight which strikes and causes movement, and which makes the weight heavy ; and because it

25 μέγα· καὶ διὰ τὸ κινούμενον κινεῖν τῇ ταχυτῆτι
ἰσχύει ἔτι πλέον. μικρῷ δὲ ὄντι μεγάλαι δυνάμεις
ἀκολουθοῦσι· διὸ λανθάνει κινῶν παρὰ τὴν ἀξίαν
τοῦ μεγέθους. ἔστω σφὴν ἐφ' ᾧ ΑΒΓ, τὸ δὲ
σφηνούμενον ΔΕΗΖ. μοχλὸς δὴ γίνεται ἡ ΑΒ,
βάρος δὲ τὸ τοῦ Β κάτωθεν, ὑπομόχλιον δὲ τὸ
30 ΖΔ. ἐναντίος δὲ τούτῳ μοχλὸς τὸ ΒΓ. ἡ δὲ ΑΓ
κοπτομένη ἑκατέρᾳ τούτων χρῆται μοχλῷ· ἀνασπᾷ
γὰρ τὸ Β.

18. Διὰ τί, ἐάν τις δύο τροχιλέας ποιήσας ἐπὶ
δυσὶ ξύλοις συμβάλλουσιν ἑαυτοῖς ἐναντίως αὐταῖς
κύκλῳ περιβάλῃ καλώδιον, ἔχον τὸ ἄρτημα ἐκ
35 θατέρου τῶν ξύλων, θάτερον δὲ ᾖ προσερηρεισμέ-
νον ἢ προστεθειμένον κατὰ τὰς τροχαλίας, ἐὰν
ἕλκῃ τις τῇ ἀρχῇ τοῦ καλωδίου, μεγάλα βάρη
προσάγει, κἂν ᾖ μικρὰ ἡ ἕλκουσα ἰσχύς; ἢ διότι
τὸ αὐτὸ βάρος ἀπὸ ἐλάττονος ἰσχύος, εἰ μοχλεύεται,
ἐγείρεται, ἢ ἀπὸ χειρός; ἡ δὲ τροχιλέα τὸ αὐτὸ
853 b ποιεῖ τῷ μοχλῷ, ὥστε ἡ μία ῥᾷον ἕλξει, καὶ ἀπὸ
μιᾶς ὁλκῆς τοῦ κατὰ χεῖρα πολὺ ἕλξει βαρύτερον.

moves an already moving object with considerable speed, the force is even greater. Great forces then follow what is in itself a small object ; so we do not notice that it produces a considerable movement in

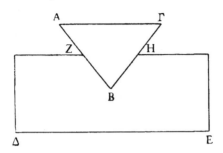

comparison with its size. Let ABΓ be the wedge, and the block to which it is applied ΔEHZ. Now AB is the lever, and the weight is below at B, while ZΔ is the fulcrum. Opposite this is the other lever BΓ. When AΓ is struck it makes use of both these levers ; for at the point B there is an upward thrust.

18. Why is it that if one puts two pulleys on two blocks which support each other in opposite directions, and passes a rope round them in a circle, with one end suspended from one of the blocks, and the other either supported by or passed over the pulleys, if one drags one end of the rope, one can draw up great weights, even if the dragging force is small ? Is it because the same weight, if less force is used, can be raised, if a lever is employed, than by hand ? The pulley acts in the same way as the lever, so that even one will draw the weight more easily and will raise a much heavier weight with less pull than by hand. And two pulleys

τοῦτο δ᾽ αἱ δύο τροχιλίαι πλέον ἢ διπλασίῳ τάχει
αἴρουσαι. ἔλαττον γὰρ ἔτι ἡ ἑτέρα ἕλκει ἢ εἰ αὐτὴ
5 καθ᾽ ἑαυτὴν εἷλκεν, ὅταν παρὰ τῆς ἑτέρας ἐπι-
βληθῇ τὸ σχοινίον· ἐκείνη γὰρ ἔτι ἔλαττον ἐποίησε
τὸ βάρος. καὶ οὕτως ἐὰν εἰς πλείους ἐπιβάλληται
τὸ καλῴδιον, ἐν ὀλίγαις τροχιλίαις πολλὴ γίνε-
ται διαφορά, ἢ ὥστε ὑπὸ τῆς πρώτης τοῦ βάρους
ἕλκοντος τέτταρας μνᾶς, ὑπὸ τῆς τελευταίας
10 ἕλκεσθαι πολλῷ ἐλάττω. καὶ ἐν τοῖς οἰκοδομικοῖς
ἔργοις ῥᾳδίως κινοῦσι μεγάλα βάρη· μεταφέρουσι
γὰρ ἀπὸ τῆς αὐτῆς τροχιλέας ἐφ᾽ ἑτέραν, καὶ πάλιν
ἀπ᾽ ἐκείνης εἰς ὄνους καὶ μοχλούς· τοῦτο δὲ ταὐτόν
ἐστι τῷ ποιεῖν πολλὰς τροχιλέας.

19. Διὰ τί, ἐὰν μέν τις ἐπιθῇ ἐπὶ τὸ ξύλον
15 πέλεκυν μέγαν καὶ φορτίον μέγα ἐπ᾽ αὐτῷ, οὐ
διαιρεῖ τὸ ξύλον, ὅ τι καὶ λόγου ἄξιον· ἐὰν δὲ ἄρας
τὸν πέλεκύν τις πατάξῃ αὐτῷ, διασχίζει, ἔλαττον
βάρος ἔχοντος τοῦ τύπτοντος πολὺ μᾶλλον ἢ τοῦ
ἐπικειμένου καὶ πιεζοῦντος;   ἢ διότι πάντα τῇ
κινήσει ἐργάζεται, καὶ τὸ βαρὺ τὴν τοῦ βάρους
20 κίνησιν λαμβάνει μᾶλλον κινούμενον ἢ ἠρεμοῦν;
ἐπικείμενον οὖν οὐ κινεῖται τὴν τοῦ βάρους κίνησιν,
φερόμενον δὲ ταύτην τε καὶ τὴν τοῦ τύπτοντος.
ἔτι δὲ καὶ γίνεται σφὴν ὁ πέλεκυς· ὁ δὲ σφὴν
μικρὸς ὢν μεγάλα διίστησι διὰ τὸ εἶναι ἐκ δύο
μοχλῶν ἐναντίως συγκειμένων.

25   20. Διὰ τί αἱ φάλαγγες τὰ κρέα ἱστᾶσιν ἀπὸ
μικροῦ ἀρτήματος μεγάλα βάρη, τοῦ ὅλου ἡμιζυγίου
ὄντος; οὗ μὲν γὰρ τὸ βάρος ἐντίθεται, κατήρτηται
μόνον ἡ πλάστιγξ, ἐπὶ θάτερον δὲ ἡ φάλαγξ ἐστὶ
μόνον. ἢ ὅτι ἅμα συμβαίνει ζυγὸν καὶ μοχλὸν
30 εἶναι τὴν φάλαγγα;   ζυγὸν μὲν γάρ, ᾗ τῶν σπαρ-

will quickly raise more than twice as much. For the second rope is drawing even less weight than it would be, if it were drawing by itself, when the one rope is passed over the other ; for that makes the weight still less. So if one puts the rope over still more, a great difference is made by a few pulleys, so that supposing a weight of four minae is being borne by the first, much less is being borne by the last. In this way in building construction they can easily raise great weights ; for they shift from the one pulley to the other, and again from that to capstans and levers ; and this is equivalent to making many pulleys.

19. Why is it that if one puts a large axe on a block of wood and a heavy weight on top of it, it does not cut the wood to any extent ; but if one raises the axe and strikes with it, it splits it in half, even if the striker has far less weight than one placed on it and pressing it down ? Is it because all work is produced by movement ; and a heavy object produces the movement of weight more when it is moving than when it is at rest ? When the weight lies on it, it does not produce the movement of the weight, but when it travels it produces both this movement and that of the striker. Moreover, the axe acts like a wedge ; but the wedge, though it is small, splits large pieces of wood, because it is composed of two levers fixed together, and acting in opposite directions.

20. How is it that a steelyard can weigh heavy pieces of meat for a small weight, when the whole apparatus is only half the beam ? For from the point at which the weight is placed, there hangs only the scale-pan, while on the other end there is nothing but the steelyard. Is it because the steelyard is both balance and lever at the same time ? It is a balance

τίων ἕκαστον γίνεται τὸ κέντρον τῆς φάλαγγος.
τὸ μὲν οὖν ἐπὶ θάτερα ἔχει πλάστιγγα, τὸ δὲ ἐπὶ
θάτερα ἀντὶ τῆς πλάστιγγος τὸ σφαίρωμα, ὃ τῷ
ζυγῷ ἔγκειται, ὥσπερ εἴ τις τὴν ἑτέραν πλάστιγγα
καὶ τὸν σταθμὸν ἐπιθείη ἐπὶ τὸ ἄκρον τῆς πλά-
35 στιγγος· δῆλον γὰρ ὅτι ἕλκει τοσοῦτον βάρος ἐν
τῇ ἑτέρᾳ κείμενον πλάστιγγι. ὅπως δὲ τὸ ἐν
ζυγὸν πολλὰ ᾖ ζυγά, τοιαῦτα τὰ σπαρτία πολλὰ
ἔγκειται ἐν τῷ τοιούτῳ ζυγῷ, ὧν ἑκάστου τὸ ἐπὶ
τάδε ἐπὶ τὸ σφαίρωμα τὸ ἥμισυ τῆς φάλαγγός ἐστι,
καὶ ὁ σταθμὸς δι᾽ ἴσου τῶν ἀπ᾽ ἀλλήλων τῶν
σπαρτίων κινουμένων, ὥστε συμμετρεῖσθαι πόσον
854 a βάρος ἕλκει τὸ ἐν τῇ πλάστιγγι κείμενον· ὥστε
γινώσκειν, ὅταν ὀρθὴ ἡ φάλαγξ ᾖ, ἀπὸ ποίου σπάρ-
του πόσον βάρος ἔχει ἡ πλάστιγξ, καθάπερ εἴρηται.
ὅλως μέν ἐστι τοῦτο ζυγόν, ἔχον μίαν μὲν πλά-
5 στιγγα, ἐν ᾗ ἵσταται τὸ βάρος, τὴν δ᾽ ἑτέραν, ἐν ᾗ
τὸ σταθμὸν ἐν τῇ φάλαγγι. διὸ σφαίρωμά ἐστιν
ἡ φάλαγξ ἐπὶ θάτερον. τοιοῦτον δὲ ὂν πολλὰ ζυγά
ἐστι, καὶ τοσαῦτα ὅσαπέρ ἐστι τὰ σπαρτία. ἀεὶ
δὲ τὸ ἐγγύτερον σπαρτίον τῆς πλάστιγγος καὶ τοῦ
ἱσταμένου βάρους μεῖζον ἕλκει βάρος, διὰ τὸ
10 γίνεσθαι τὴν μὲν φάλαγγα πᾶσαν μοχλὸν ἀνεστραμ-
μένον (ὑπομόχλιον μὲν γὰρ τὸ σπαρτίον ἕκαστον
ἄνωθεν ὄν, τὸ δὲ βάρος τὸ ἐνὸν ἐν τῇ πλάστιγγι),
ὅσῳ δ᾽ ἂν μακρότερον ᾖ τὸ μῆκος τοῦ μοχλοῦ τοῦ
ἀπὸ τοῦ ὑπομοχλίου, τοσούτῳ ἐκεῖ μὲν ῥᾷον κινεῖ,
ἐνταῦθα δὲ σήκωμα ποιεῖ, καὶ ἵστησι τὸ πρὸς τὸ
15 σφαίρωμα βάρος τῆς φάλαγγος.

21. Διὰ τί οἱ ἰατροὶ ῥᾷον ἐξαιροῦσι τοὺς ὀδόντας
προσλαμβάνοντες βάρος τὴν ὀδοντάγραν ἢ τῇ χειρὶ
μόνῃ ψιλῇ; πότερον διὰ τὸ μᾶλλον ἐξολισθαίνειν

insomuch as each of the cords becomes the centre of the steelyard. Now at one end it has a scale-pan, and at the other instead of a pan it has a round weight, which is fastened on to the beam, just as if one were to put the other scale-pan and the weight at the other end of the steelyard ; for it is clear that it draws just as much weight when it lies in the other pan. But in order that the one beam may act as a number of beams, a number of small cords are attached to such a beam ; in each case the part on the side of the round ball constitutes half of the steelyard, and the weight acts equally when the small cords are moved away from each other, so that it is possible to measure how much weight the object lying in the scale-pan draws ; so that one knows, when the steelyard is straight, how much weight the scale-pan holds according to the position of the rope, as has been said. Speaking generally this is a balance, having but one scale-pan, in which the weight is placed, the other being that in which the weight of the steelyard lies. So the steelyard at the opposite end is the ball weight. Being made in this way it acts as a number of beams, according to the number of cords it possesses. But the cord nearer to the scale-pan and the weight thereon draws a greater weight, because the whole steelyard is really an inverted lever (for each cord is the fulcrum which supports from above, and the weight is what is in the scale-pan), but the greater the distance of the beam from the fulcrum, the more easily does it move, but in this case it produces a balance, and balances the weight of the steelyard by the ball weight.

21. Why do dentists find it easier to take out teeth by applying the weight of the forceps than with the bare hand ? Is it because the tooth more easily slips

διὰ τῆς χειρὸς τὸν ὀδόντα ἢ ἐκ τῆς ὀδοντάγρας;
20 ἢ μᾶλλον ὀλισθαίνει τῆς χειρὸς ὁ σίδηρος, καὶ οὐ
περιλαμβάνει αὐτὸν κύκλῳ· μαλθακὴ γὰρ οὖσα ἡ
σὰρξ τῶν δακτύλων καὶ προσμένει μᾶλλον καὶ
περιαρμόττει. ἀλλ' ὅτι ἡ ὀδοντάγρα δύο μοχλοὶ
εἰσιν ἀντικείμενοι, ἐν τὸ ὑπομόχλιον ἔχοντες τὴν
σύναψιν τῆς θερμαστρίδος· τοῦ ῥᾷον οὖν κινῆσαι
25 χρῶνται τῷ ὀργάνῳ πρὸς τὴν ἐξαίρεσιν. ἔστω
γὰρ τῆς ὀδοντάγρας τὸ μὲν ἕτερον ἄκρον ἐφ' ᾧ τὸ
Α, τὸ δὲ ἕτερον, τὸ Β, ὃ ἐξαιρεῖ· ὁ δὲ μοχλὸς ἐφ'
ᾧ ΑΔΖ, ὁ δὲ ἄλλος μοχλὸς ἐφ' ᾧ ΒΓΕ, ὑπομόχλιον
δὲ τὸ ΓΘΔ· ὁ δὲ ὀδοὺς ἐφ' οὗ Ι σύναψις· ὁ δὲ τὸ
30 βάρος. ἑκατέρῳ οὖν τῶν ΒΖ καὶ ἅμα λαβὼν
κινεῖ. ὅταν δὲ κινήσῃ, ἐξεῖλε ῥᾷον τῇ χειρὶ ἢ τῷ
ὀργάνῳ.

22. Διὰ τί τὰ κάρυα ῥᾳδίως καταγνύουσιν ἄνευ
πληγῆς ἐν τοῖς ὀργάνοις ἃ ποιοῦσι πρὸς τὸ κατ-
αγνύναι αὐτά; πολλὴ γὰρ ἀφαιρεῖται ἰσχὺς ἡ τῆς
35 φορᾶς καὶ βίας. ἔτι δὲ σκληρῷ καὶ βαρεῖ συν-
θλίβων θᾶττον ἂν κατάξαι ἢ ξυλίνῳ καὶ κούφῳ τῷ
ὀργάνῳ. ἢ διότι οὕτως ἐπ' ἀμφότερα θλίβεται
ὑπὸ δύο μοχλῶν τὸ κάρυον, τῷ δὲ μοχλῷ ῥᾳδίως
διαιρεῖται τὰ βάρη; τὸ γὰρ ὄργανον ἐκ δύο σύγ-
κειται μοχλῶν, ὑπομόχλιον ἐχόντων τὸ αὐτό, τὴν
854 b συναφὴν ἐφ' ἧς τὸ Α. ὥσπερ οὖν εἰ ἦσαν ἐκβε-

from the hand than it does from the forceps? Or does iron slip more easily than the hand and also does not press evenly on the tooth all round? For the flesh of the fingers being soft should stick more easily and fit more readily round it. But the forceps are really two levers working in opposite directions, having the point at which the blades are joined together as the fulcrum; dentists use this instrument for extraction because they find it moves more easily.

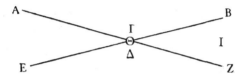

Let one end of the forceps be A and the other, the end which extracts, B. Now the one lever is AΔZ and the other BΓE and ΓΘΔ is the fulcrum; the tooth is at the point I, where the extremities of the forceps come together; this is the weight. The dentist holds the tooth with BZ and moves it at the same time; but when he has moved it he can extract it more easily with the hand than with the instrument.

22. Why can one easily break nuts without a blow in instruments made to break them? For the considerable force of motion and violence is missing. Moreover one could break them more quickly with hard and heavy nutcrackers than with wooden and light ones. Is it because the nut is crushed in two directions by two levers, and heavy bodies are easily split by a lever? For nutcrackers consist of two levers having the same fulcrum, namely the point of junction, the point A in the figure. Just, then, as the

379

βλημέναι, ὑφ' ὧν κινουμένων εἰς τὰ τῶν ΓΔ ἄκρα
αἱ ΕΖ συνήγοντο ῥᾳδίως ἀπὸ μικρᾶς ἰσχύος· ἦν
οὖν ἐν τῇ πληγῇ τὸ βάρος ἐποίει, ταύτην ἡ κρείτ-
των ταύτης, ἡ τὸ ΕΓ καὶ ΖΔ, μοχλοὶ ὄντες ποιοῦσι·
5 τῇ ἄρσει γὰρ εἰς τοὐναντίον αἴρονται, καὶ θλίβοντες
καταγνύουσι τὸ ἐφ' ᾧ Κ. δι' αὐτὸ δὲ τοῦτο καὶ
ὅσῳ ἂν ἐγγύτερον ᾖ τῆς Α τὸ Κ, συντρίβεται
θᾶττον· ὅσῳ γὰρ ἂν πλεῖον ἀπέχῃ τοῦ ὑπομοχλίου ὁ
μοχλός, ῥᾷον κινεῖ καὶ πλεῖον ἀπὸ τῆς ἰσχύος τῆς
αὐτῆς. ἔστιν οὖν τὸ μὲν Α ὑπομόχλιον, ἡ δὲ
10 ΔΑΖ μοχλός, καὶ ἡ ΓΑΕ. ὅσῳ ἂν οὖν τὸ Κ ἐγ-
γυτέρω ᾖ τῆς γωνίας τῶν Α, τοσούτῳ ἐγγύτερον
γίνεται τῆς συναφῆς τῶν Α· τοῦτο δέ ἐστι τὸ
ὑπομόχλιον. ἀνάγκη τοίνυν ἀπὸ τῆς αὐτῆς ἰσχύος
συναγούσης τὸ ΖΕ αἴρεσθαι πλέον. ὥστε ἐπεί
ἐστιν ἐξ ἐναντίας ἡ ἄρσις, ἀνάγκη θλίβεσθαι
15 μᾶλλον· τὸ δὲ μᾶλλον θλιβόμενον κατάγνυται
θᾶττον.

23. Διὰ τί φερομένων δύο φορὰς ἐν τῷ ῥόμβῳ
τῶν ἄκρων σημείων ἀμφοτέρων, οὐ τὴν ἴσην
ἑκάτερον αὐτῶν εὐθεῖαν διέρχεται, ἀλλὰ πολλα-
πλασίαν θάτερον; ὁ αὐτὸς δὲ λόγος καὶ διὰ τί τὸ
ἐπὶ τῆς πλευρᾶς φερόμενον ἐλάττω διέρχεται τῆς
20 πλευρᾶς. τὸ μὲν γὰρ τὴν διάμετρον τὴν ἐλάττω,

extremities EZ could easily be pushed apart, so they can easily be brought together by small force applied at the points Δ and Γ. So the two arms EΓ and ZΔ

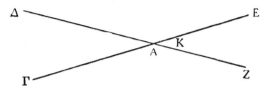

being levers produce as much or even more force than that which the weight produces in a blow; for by raising them they are raised in opposite directions, and when they crush they break what is at the point K. For exactly the same reason the nearer K is to the point A the more quickly is it crushed; for the farther the distance the lever is from the fulcrum, the more easily and the more considerably does it move it by use of the same force. A is then the fulcrum and ΔAZ is the lever, as also is ΓAE. The nearer, then, that K is to the angle A the nearer it is to the junction at A; and this is the fulcrum. It follows therefore that ZE is raised farther by the use of the same force. So that when the raising is from two opposite directions, it must be the more crushed; and that which is more crushed is more easily broken.

23. Why is it that in a rhombus, when the extreme points travel in two movements, they do not each travel along an equal straight line, but one travels much farther than the other? It is only another way of asking the same question to inquire why the travelling point passes through a distance less than the side? For the diagonal is the less distance and the

854 b

ἡ δὲ τὴν πλευρὰν τὴν μείζω, καὶ ἡ μὲν μίαν, τὸ
δὲ δύο φέρεται φοράς. φερέσθω γὰρ ἐπὶ τῆς ΑΒ
τὸ μὲν Α πρὸς τὸ Β, τὸ δὲ Β πρὸς τὸ Α[1] τῷ αὐτῷ
τάχει· φερέσθω δὲ καὶ ἡ ΑΒ ἐπὶ τῆς ΑΓ παρὰ τὴν
25 ΓΔ τῷ αὐτῷ τάχει τούτοις. ἀνάγκη δὴ τὸ μὲν
Λ ἐπὶ τῆς ΑΔ διαμέτρου φέρεσθαι, τὸ δὲ Β ἐπὶ τῆς
ΒΓ, καὶ ἅμα διεληλυθέναι ἑκατέραν, καὶ τὴν ΑΒ
τὴν ΑΓ πλευράν. ἐνηνέχθω γὰρ τὸ μὲν Α τὴν
ΑΕ, ἡ δὲ ΑΒ τὴν ΑΖ, καὶ ἔστω ἐκβεβλημένη ἡ
ΖΗ παρὰ τὴν ΑΒ, καὶ ἀπὸ τοῦ Ε πεπληρώσθω.
30 ὅμοιον οὖν γίνεται τὸ παραπληρωθὲν τῷ ὅλῳ. ἴση
ἄρα ἡ ΑΖ τῇ ΑΕ, ὥστε τὸ Α ἐπὶ τῆς πλευρᾶς
ἐνήνεκται τῆς ΑΕ. ἡ δὲ ΑΒ τὴν ΑΖ εἴη ἂν
ἐνηνεγμένη. ἔσται ἄρα ἐπὶ τῆς διαμέτρου κατὰ
τὸ Θ. καὶ αἰεὶ δὲ ἀνάγκη αὐτὸ φέρεσθαι κατὰ τὴν
διάμετρον. καὶ ἅμα ἡ πλευρὰ ἡ ΑΒ τὴν πλευρὰν
35 τὴν ΑΓ δίεισι, καὶ τὸ Α τὴν διάμετρον δίεισι τὴν
ΑΔ. ὁμοίως δὲ δειχθήσεται καὶ τὸ Β ἐπὶ τῆς
ΒΓ[2] διαμέτρου φερόμενον. ἴση γάρ ἐστιν ἡ ΒΕ
τῇ ΒΗ. παραπληρωθέντος οὖν ἀπὸ τοῦ Η,
ὅμοιόν ἐστι τῷ ὅλῳ τὸ ἐντός. καὶ τὸ Β ἐπὶ τῆς
διαμέτρου ἔσται κατὰ τὴν σύναψιν τῶν πλευρῶν,

---

[1] Δ Bekker.　　　　　　[2] ΑΓ Bekker.

side the greater; the one travels with one motion and
the other with two.   Let A travel towards B, and B
towards A with the same velocity along the line AB;

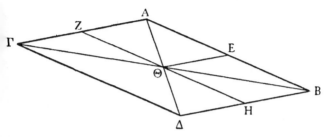

again let AB travel along AΓ parallel to ΓΔ with
the same velocity as these.   The point A must be
carried along the diagonal AΔ and B along BΓ,
and each must arrive at the end at the same time,
and AB moves along the side AΓ.   For let the
point A be carried along AE, and AB along to AZ,
so as to make ZH parallel to AB, and a line drawn
from E to complete the parallelogram.   The paral-
lelogram thus formed is similar to the whole.   Then
AZ is equal to AE, so that the point A is borne along
the side AE.   Then AB would travel along AZ and
will therefore be on the diagonal at Θ.   And it must
always travel along the diagonal.   At the same time
the side AB will travel along the side AΓ, and the
point A will travel along the diagonal AΔ.   Similarly
it can be proved that the point B is borne along the
diagonal BΓ ; for BE is equal to BH.   When, then,
the parallelogram is completed by a line drawn from
H, the enclosed parallelogram is similar to the whole.
The point B will be on the diagonal at the intersection

855 a καὶ ἅμα δίεισιν ἥ τε πλευρὰ τὴν πλευρὰν καὶ τὸ Β
τὴν ΒΓ διάμετρον. ἅμα ἄρα καὶ τὸ Β τὴν πολλα-
πλασίαν τῆς ΑΒ δίεισι καὶ ἡ πλευρὰ τὴν ἐλάτ-
τονα πλευράν, τῷ αὐτῷ τάχει φερόμενα, καὶ ἡ
5 πλευρὰ μείζω τοῦ Α διελήλυθε μίαν φορὰν φερο-
μένη. ὅσῳ γὰρ ἂν ὀξύτερος γένηται ὁ ῥόμβος, ἡ
μὲν διάμετρος ΑΔ[1] ἡ ἐλάττων γίνεται, ἡ δὲ ΒΓ
μείζων, ἡ δὲ πλευρὰ τῆς ΒΓ ἐλάττων. ἄτοπον
γάρ, ὥσπερ ἐλέχθη, τὸ δύο φορὰς φερόμενον ἐνίοτε
βραδύτερον φέρεσθαι τοῦ μίαν, καὶ ἀμφοτέρων
10 ἰσοταχῶν σημείων δοθέντων μείζω διεξιέναι
θάτερον.

Αἴτιον δὲ ὅτι τοῦ μὲν ἀπὸ τῆς ἀμβλείας φε-
ρομένου σχεδὸν ἐναντίαι ἀμφότεραι γίνονται, ἥν
τε αὐτὴ φέρεται καὶ ἣν ὑπὸ τῆς πλευρᾶς ὑπο-
φέρεται, τοῦ δὲ ἀπὸ τῆς ὀξείας συμβαίνει φέρεσθαι
ἐπὶ τὸ αὐτό. συνεπουρίζει γὰρ ἡ τῆς πλευρᾶς
15 τὴν ἐπὶ τῆς διαμέτρου· καὶ ὅσῳ ἂν τὴν μὲν ὀξυ-
τέραν ποιήσῃ, τὴν δὲ ἀμβλυτέραν, ἡ μὲν βραδυτέρα
ἔσται, ἡ δὲ θάττων. αἱ μὲν γὰρ ἐναντιώτεραι
γίνονται διὰ τὸ ἀμβλυτέραν γίνεσθαι τὴν γωνίαν,
αἱ δὲ μᾶλλον ἐπὶ τὰ αὐτὰ διὰ τὸ συνάγεσθαι τὰς
γραμμάς. τὸ μὲν γὰρ Β σχεδὸν ἐπὶ τὸ αὐτὸ
20 φέρεται κατ' ἀμφοτέρας τὰς φοράς· συνεπουρίζεται
οὖν ἡ ἑτέρα, καὶ ὅσῳ ἂν ὀξυτέρα γίνηται ἡ γωνία,

---

[1] ΑΔ om. Bekker.

---

[a] This velocity parallelogram and the deduction from it
are perfectly sound. In the case supposed the actual re-

of the diagonals, and the side will travel along the
side at the same time as the point B will travel along
the diagonal BΓ. Then the point B will travel many
times more than AB, and the side will travel along
the lesser side, though carried at the same velocity,
and the side in one journey has travelled further than
A. The more acute-angled the rhombus is the less
the diagonal AΔ becomes and the greater BΓ, but
the side is less than BΓ. For it is odd, as has been
said, that the point travelling along two components
should sometimes move more slowly than that travel-
ling along one, and that when both points are given
an equal velocity one should travel a greater distance
than the other.

But the reason is, that when a point moves from an
obtuse angle, the two paths are more or less opposite,
I mean the path which the point travels and that in
which it is impelled along the side ; when on the
other hand the point moves from the acute angle it is
almost being borne in the same direction. For the
angle made by the sides assists to move the point along
the diagonal ; and in proportion as the one makes
the angle more acute and the other more obtuse, so
the former travels more slowly and the latter more
quickly. For they are more in opposite directions be-
cause the angle is more obtuse ; but in the other case
they approximate more nearly to the same direction
because the lines are closer together.[a] For the point
B in both its movements is travelling nearly in the
same direction ; for the one movement is assisted by
the other, and the more acute the angle the more this

sultant velocities of the two particles, and consequently the
respective distances travelled by them in unit time will depend
entirely on the angles of the parallelogram.

τοσούτῳ μᾶλλον. τὸ Α δὲ ἐπὶ τοὐναντίον· αὐτὸ
μὲν γὰρ πρὸς τὸ Β φέρεται, ἡ δὲ πλευρὰ ὑποφέρει
αὐτὸ πρὸς τὸ Δ. καὶ ὅσῳ ἂν ἀμβλυτέρα ἡ γωνία
ᾖ, ἐναντιώτεραι αἱ φοραὶ γίνονται· εὐθυτέρα γὰρ
25 ἡ γραμμὴ γίνεται. εἰ δ' ὅλως εὐθεῖα γένοιτο,
παντελῶς ἂν εἴησαν ἐναντίαι. ἡ δὲ πλευρὰ ὑπ'
οὐθενὸς κωλύεται μίαν φερομένη φοράν. εὐλόγως
οὖν τὴν μείζω διέρχεται.

24. Ἀπορεῖται διὰ τί ποτε ὁ μείζων κύκλος τῷ
ἐλάττονι κύκλῳ ἴσην ἐξελίττεται γραμμήν, ὅταν
30 περὶ τὸ αὐτὸ κέντρον τεθῶσι; χωρὶς δὲ ἐκκυλιό-
μενοι, ὥσπερ τὸ μέγεθος αὐτῶν πρὸς τὸ μέγεθος
ἔχει, οὕτως καὶ αἱ γραμμαὶ αὐτῶν γίνονται πρὸς
ἀλλήλας. ἔτι δὲ ἑνὸς καὶ τοῦ αὐτοῦ κέντρου ὄντος
ἀμφοῖν, ὁτὲ μὲν τηλικαύτη γίνεται ἡ γραμμὴ ἣν
35 ἐκκυλίονται, ἡλίκην ὁ ἐλάττων κύκλος καθ' αὑτὸν
ἐκκυλίεται, ὁτὲ δὲ ὅσην ὁ μείζων. ὅτι μὲν οὖν
μείζω ἐκκυλίεται ὁ μείζων, φανερόν. γωνία μὲν
γὰρ δοκεῖ κατὰ τὴν αἴσθησιν εἶναι ἡ περιφέρεια
ἑκάστου τῆς οἰκείας διαμέτρου, ἡ τοῦ μείζονος
κύκλου μείζων, ἡ δὲ τοῦ ἐλάττονος ἐλάττων,
ὥστε τὸν αὐτὸν τοῦτον ἕξουσι λόγον, καθ' ἃς
855 b ἐξεκυλίσθησαν αἱ γραμμαὶ πρὸς ἀλλήλας κατὰ τὴν
αἴσθησιν. ἀλλὰ μὴν καὶ ὅτι τὴν ἴσην ἐκκυλίονται,
ὅταν περὶ τὸ αὐτὸ κέντρον κείμενοι ὦσι, δῆλον·
καὶ οὕτως γίνεται ὁτὲ μὲν ἴση τῇ γραμμῇ ἣν ὁ
μείζων κύκλος ἐκκυλίεται, ὁτὲ δὲ τῇ ἣν[1] ἐλάττων.
5 ἔστω γὰρ κύκλος ὁ μείζων μὲν ἐφ' οὗ τὰ ΔΖΓ, ὁ

---

[1] τῇ ἣν om. Bekker.

---

[a] Aristotle quite correctly introduces the extreme case. In
the event of a man walking on the deck of a ship with the

becomes true. But with A the opposite is the case ; for the point itself is travelling towards B, while the side tends to divert it to Δ. The more obtuse the angle, the more opposed to each other do the two movements become ; for the lines approach more nearly to the straight.[a] If they were entirely straight, they would be entirely opposite. But the side travelling in one direction is checked by nothing. Naturally therefore it traverses the greater distance.

24. A difficulty arises as to how it is that a greater circle when it revolves traces out a path of the same length as a smaller circle, if the two are concentric. When they are revolved separately, then the paths along which they travel are in the same ratio as their respective sizes. Again, assuming that the two have the same centre, sometimes the path along which they revolve is the same size as the smaller circle would travel independently, and sometimes it is the size of the larger circle's path. Now it is evident that the larger circle revolves along a larger path. For an examination of the angle which each circumference makes with its own diameter shows that the angle of the larger circle is larger, and of the smaller circle smaller, so that they bear the same ratio as that of the paths on which they travel bear to each other. Yet on the other hand it is clear that they do revolve over the same distance, when they are described about the same centre ; and thus it comes about that sometimes the revolution is equal to the path which the larger circle traces out, and sometimes to that of the smaller. Let ΔZΓ be the greater circle and

same velocity as the ship in a direction exactly opposite to the ship's motion, he will not move at all, relatively to a fixed point on the land.

855 b

δὲ ἐλάττων ἐφ᾽ οὗ τὰ ΕΗΒ, κέντρον δὲ ἀμφοῖν τὸ

Α· καὶ ἣν μὲν ἐξελίττεται καθ᾽ αὑτὸν ὁ μέγας, ἡ

ἐφ᾽ ἧς ΖΙ ἔστω, ἣν δὲ ὁ ἐλάττων καθ᾽ αὑτόν, ἡ

ἐφ᾽ ἧς ΗΚ, ἴση τῇ ΖΛ.[1] ἐὰν δὴ κινῶ τὸν ἐλάττονα,

10 τὸ αὐτὸ κέντρον κινῶ, ἐφ᾽ οὗ τὸ Α· ὁ δὲ μέγας

προσηρμόσθω. ὅταν οὖν ἡ ΑΒ ὀρθὴ γένηται πρὸς

τὴν ΗΚ, ἅμα καὶ ἡ ΑΓ γίνεται ὀρθὴ πρὸς τὴν

ΖΛ, ὥστε ἔσται ἴσην ἀεὶ διεληλυθυῖα, τὴν μὲν

ΗΚ, ἐφ᾽ ᾧ ΗΒ περιφέρεια, τὴν δὲ ΖΛ ἡ ἐφ᾽ ἧς

ΖΓ. εἰ δὲ τὸ τέταρτον μέρος ἴσην ἐξελίττεται,

15 δῆλον ὅτι καὶ ὁ ὅλος κύκλος τῷ ὅλῳ κύκλῳ ἴσην

ἐξελιχθήσεται, ὥστε ὅταν ἡ ΒΗ γραμμὴ ἔλθῃ ἐπὶ

---

[1] ΑΖ Bekker.

EHB the less, with A as the centre of both. Let the line ZI be the path traced by the circumference of the larger circle, when it travels independently, and

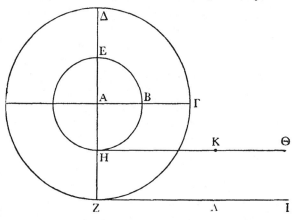

HK the path travelled independently by the smaller circle, HK being equal to ZΛ. If I move the smaller circle I am moving the same centre, namely A; now let the larger circle be attached to it. At the moment when AB becomes perpendicular to HK, AΓ also becomes perpendicular to ZΛ; so that it will have invariably travelled the same distance, that is HK, the distance over which the circumference HB has travelled, and ZΛ that over which ZΓ has travelled. Now if the quadrant in each case has travelled an equal distance, it is obvious that the whole circle will travel over a distance equal to the whole circumference, so that when the line BH has reached the point K, then the arc of the circum-

τὸ Κ, καὶ ἡ ΖΓ ἔσται περιφέρεια ἐπὶ τῆς ΖΛ, καὶ
ὁ κύκλος ὅλος ἐξειλιγμένος.

Ὁμοίως δὲ καὶ ἐὰν τὸν μέγαν κινῶ, ἐναρμόσας
τὸν μικρόν, τοῦ αὐτοῦ κέντρου ὄντος, ἅμα τῇ ΑΓ
20 ἡ ΑΒ κάθετος καὶ ὀρθὴ ἔσται, ἡ μὲν πρὸς τὴν ΖΙ,
ἡ δὲ πρὸς τὴν ΗΘ. ὥστε ὅταν ἴσην ἡ μὲν τῇ ΗΘ
ἔσται διεληλυθυῖα, ἡ δὲ τῇ ΖΙ, καὶ γένηται ὀρθὴ
πάλιν ἡ ΖΑ πρὸς τὴν ΖΛ, καὶ ἡ ΑΗ[1] ὀρθὴ πάλιν
πρὸς τὴν ΗΚ,[2] ὡς τὸ ἐξ ἀρχῆς ἔσονται ἐπὶ τῶν
ΘΙ. τὸ δὲ μήτε στάσεως γινομένης τὸ μεῖζον τῷ
25 ἐλάττονι, ὥστε μένειν τινὰ χρόνον ἐπὶ τοῦ αὐτοῦ
σημείου (κινοῦνται γὰρ συνεχῶς ἄμφω ἀμφο-
τεράκις), μὴ ὑπερπηδῶντος τοῦ ἐλάττονος μηθὲν
σημεῖον, τὸν μὲν μείζω τῷ ἐλάττονι ἴσην διεξιέναι,
τὸν δὲ τῷ μείζονι, ἄτοπον. ἔτι δὲ μιᾶς κινήσεως
οὔσης ἀεὶ τὸ κέντρον τὸ κινούμενον ὁτὲ μὲν τὴν
30 μεγάλην ὁτὲ δὲ τὴν ἐλάττονα ἐκκυλίεσθαι θαυ-
μαστόν. τὸ γὰρ αὐτὸ τῷ αὐτῷ τάχει φερόμενον
ἴσην πέφυκε διεξιέναι· τῷ αὐτῷ δὲ τάχει ἴσην ἐστὶ
κινεῖν ἀμφοτεράκις.

Ἀρχὴ δὲ ληπτέα ἥδε περὶ τῆς αἰτίας αὐτῶν, ὅτι
ἡ αὐτὴ δύναμις καὶ ἴση τὸ μὲν βραδύτερον κινεῖ
μέγεθος, τὸ δὲ ταχύτερον. εἰ δή τι εἴη ὃ μὴ
35 πέφυκεν ὑφ’ ἑαυτοῦ κινεῖσθαι, ἐὰν τοῦτο ἅμα καὶ
αὐτὸ κινῇ τὸ πεφυκὸς κινεῖσθαι, βραδύτερον κινη-
θήσεται ἢ εἰ αὐτὸ καθ’ αὑτὸ ἐκινεῖτο. καὶ ἐὰν
μὲν πεφυκὸς ᾖ κινεῖσθαι, μὴ συγκινῆται δὲ μηθέν,

---

[1] ΑΓ Bekker.   [2] πρὸς τὴν ΗΚ om. Bekker.

ference ZΓ will have travelled along ZΛ, and the circle will have performed a complete revolution.

Similarly, if I move the large circle and fit the small one to it, the two circles being concentric as before, the line AB will be perpendicular and vertical at the same time as AΓ, the latter to ZI, the former to HΘ. So that whenever the one shall have traversed a distance equal to HΘ, and the other to ZI, and ZA has again become perpendicular to ZΛ, and AH again to HK, the points H and Z will again be in their original positions at Θ and I. As, then, nowhere does the greater stop and wait for the less in such a way as to remain stationary for a time at the same point (for in both cases both are moving continuously), and as the smaller does not skip any point, it is remarkable that in the one case the greater should travel over a path equal to the smaller, and in the other case the smaller equal to the larger. It is indeed remarkable that as the movement is one all the time, that the same centre should in one case travel a large path and in the other a smaller one. For the same thing travelling at the same speed should always cover an equal path ; and moving anything with the same velocity implies travelling over the same distance in both cases.

To discover the cause of these things we may start with this axiom, that the same or equal forces move one mass more slowly and another more rapidly. Let us suppose that there is a body which has no natural movement of its own ; if a body which has a natural movement of its own moves the former as well as itself, it will move more slowly than if it moved by itself ; and it will be just the same if it naturally moves by itself, and nothing is

ὡσαύτως ἕξει. καὶ ἀδύνατον δὴ κινεῖσθαι πλέον
ἢ τὸ κινοῦν· οὐ γὰρ τὴν αὑτοῦ κινεῖται κίνησιν,
ἀλλὰ τὴν τοῦ κινοῦντος.

Εἴη δὴ κύκλος ὁ μὲν μείζων ἐφ' ᾧ[1] Α, ὁ δὲ
ἐλάττων ἐφ' ᾧ Β. εἰ ὠθοίη δ' ὁ ἐλάττων τὸν
μείζω, μὴ κυλιομένου αὐτοῦ, φανερὸν ὅτι τοσοῦτον
δίεισι τῆς εὐθείας ὁ μείζων, ὅσον ἐώσθη ὑπὸ τοῦ
5 ἐλάττονος. τοσοῦτον δέ γε ἐώσθη ὅσον ὁ μικρὸς
ἐκινήθη. ἴσην ἄρα τῆς εὐθείας διεληλύθασιν.
ἀνάγκη τοίνυν καὶ εἰ κυλιόμενος ὁ ἐλάττων τὸν
μείζω ὠθοίη, κυλισθῆναι μὲν ἅμα τῇ ὤσει, τοσοῦ-
τον δ' ὅσον ὁ ἐλάττων ἐκυλίσθη, εἰ μηθὲν αὐτὸς τῇ
αὑτοῦ[2] κινήσει κινεῖται. ὡς γὰρ καὶ ὅσον ἐκίνει
10 τὸ κινοῦν,[3] τοσοῦτον κεκινῆσθαι ἀνάγκη τὸ κινού-
μενον ὑπ' ἐκείνου. ἀλλὰ μὴν ὅ τε κύκλος τοσοῦτον
ἐκίνησε τὸ αὐτό, κύκλῳ τε καὶ ποδιαίαν (ἔστω
γὰρ τοσοῦτον ὃ ἐκινήθη), καὶ ὁ μέγας ἄρα τοσοῦτον
ἐκινήθη. ὁμοίως δὲ κἂν ὁ μέγας τὸν μικρὸν
κινήσῃ, ἔσται κεκινημένος ὁ μικρὸς ὡς καὶ ὁ
15 μείζων. καθ' αὑτὸν μὲν δὴ κινηθεὶς ὁποτεροσοῦν,
ἐάν τε ταχὺ ἐάν τε βραδέως· τῷ αὐτῷ δὲ τάχει
εὐθὺς ὅσην ὁ μείζων πέφυκεν ἐξελιχθῆναι γραμμήν.
ὅπερ καὶ ποιεῖ τὴν ἀπορίαν, ὅτι οὐκέτι ὁμοίως
ποιοῦσιν ὅταν συναρμοσθῶσιν. τὸ δ' ἔστιν, εἰ ὁ
ἕτερος ὑπὸ τοῦ ἑτέρου κινεῖται οὐχ ἣν πέφυκεν,
20 οὐδὲ τὴν αὑτοῦ κίνησιν. οὐθὲν γὰρ διαφέρει περι-
θεῖναι καὶ ἐναρμόσαι ἢ προσθεῖναι ὁποτερονοῦν
ὁποτέρῳ· ὁμοίως γάρ, ὅταν ὁ μὲν κινῇ ὁ δὲ κινῆται
ὑπὸ τούτου, ὅσον ἂν κινῇ ἅτερος, τοσοῦτον κινη-
θήσεται ἅτερος. ὅταν μὲν οὖν προσκείμενον κινῇ

[1] τὸ Bekker.

[2] αὑτῇ Bekker.   [3] τὸ κινοῦν om. Bekker.

moved with it. It is impossible for it to have a greater movement than that which moves it; for it moves not with a motion of its own, but with that of the mover.

Suppose that there are two circles, the greater A and the lesser B. If the lesser were to push the greater without revolving itself it is clear that the greater will travel along a straight path as far as it is pushed by the lesser. It must have been pushed as far as the small circle has moved. Therefore they have travelled over an equal amount of the straight path. So if the lesser circle were to push the larger while revolving, the latter would be revolved as well as pushed, and only so far as the smaller revolves, if it does not move at all by its own motion. For that which is moved must be moved just so far as the mover moves it; so the small circle has moved it so far and in such a way, e.g. in a circle over one foot (let this be the extent of the movement), and the greater circle has moved thus far. Similarly, if the greater circle moves the less, the small circle will move exactly as the greater does. (This will be true) whichever of the two circles is moved independently, whether fast or slowly; so the lesser circle will trace a path at the same velocity, and of the same length as the greater does. This, then, constitutes our difficulty, that they do not behave in the same way when joined together; that is to say, if one is moved by the other, not in a natural way nor by its own movement. For it makes no difference whether it is enclosed and fitted in or whether one is attached to the other. In the same way, when one produces the movement, and the other is moved by it, to whatever distance the one moves the other will also move. Now when one moves a circle which is

856 a

ἢ προσκρεμάμενον, οὐκ ἀεὶ κυλίει τις· ὅταν δὲ περὶ
25 τὸ αὐτὸ κέντρον τεθῶσιν, ἀνάγκη κυλίεσθαι ἀεὶ
τὸν ἕτερον ὑπὸ τοῦ ἑτέρου. ἀλλ' οὐθὲν ἧττον οὐ
τὴν αὑτοῦ κίνησιν ἅτερος κινεῖται, ἀλλ' ὥσπερ
ἂν εἰ μηδεμίαν εἶχε κίνησιν. κἂν ἔχῃ, μὴ χρῆται
δ' αὐτῇ, ταὐτὸ συμβαίνει. ὅταν μὲν οὖν ὁ μέγας
κινῇ ἐνδεδεμένον τὸν μικρόν, ὁ μικρὸς κινεῖται
30 ὅσηνπερ οὗτος· ὅταν δὲ ὁ μικρός, πάλιν ὁ μέγας
ὅσην οὗτος. χωριζόμενος δὲ ἑκάτερος αὐτὸν κινεῖ
αὐτός. ὅτι δὲ τοῦ αὐτοῦ κέντρου ὄντος καὶ
κινοῦντος τῷ αὐτῷ τάχει συμβαίνει ἄνισον διεξιέναι
αὐτοὺς γραμμήν, παραλογίζεται ὁ ἀπορῶν σοφι-
στικῶς. τὸ αὐτὸ μὲν γάρ ἐστι κέντρον ἀμφοῖν,
35 ἀλλὰ κατὰ συμβεβηκός, ὡς μουσικὸν καὶ λευκόν·
τὸ γὰρ εἶναι ἑκατέρου κέντρου τῶν κύκλων οὐ τῷ
αὐτῷ χρῆται. ὅταν μὲν οὖν ὁ κινῶν ᾖ ὁ μικρός,
ὡς ἐκείνου κέντρον καὶ ἀρχή, ὅταν δὲ ὁ μέγας, ὡς
ἐκείνου. οὔκουν τὸ αὐτὸ κινεῖ ἁπλῶς, ἀλλ' ἔστιν ὥς.

25. Διὰ τί τὰς κλίνας ποιοῦσι διπλασιοπλεύρους,
856 b τὴν μὲν ἓξ ποδῶν καὶ μικρῷ μείζω πλευράν, τὴν
δὲ τριῶν; καὶ διὰ τί ἐντείνουσιν οὐ κατὰ διά-
μετρον; ἢ τὸ μὲν μέγεθος τηλικαύτας, ὅπως τοῖς
σώμασιν ὦσι σύμμετροι; γίνονται γὰρ οὕτω δι-
5 πλασιόπλευροι, τετραπήχεις μὲν τὸ μῆκος, διπήχεις
δὲ τὸ πλάτος. ἐντείνουσι δὲ οὐ κατὰ διάμετρον

---

a Aristotle's point here is sound though curiously expressed.
Joined concentric circles have the same angular velocity, but
unequal cogged wheels have different angular velocities.
b The ambiguity of the phrase " path of a circle " has
confused the argument. It may mean (1) movement of the
centre; (2) movement of a point on the circumference:
(3) *e.g.* the impression made by a tyre on a road. Probably
Aristotle usually means (3). It is not easy to be sure whether
he has seen the true solution of this problem, viz.: in one case

leaning against or suspended from another, one does not move it continuously; but when they are fastened about the same centre, the one must of necessity revolve with the other. But nevertheless the other does not move with its own motion, but just as if it had no motion. This also occurs if it has a motion of its own, but does not use it. When, then, the large circle moves the small one attached to it, the smaller one moves exactly as the larger one; when the small one is the mover, the larger one moves according to the other's movement. But when separated each of them has its own movement.[a] If anyone objects that the two circles trace out unequal paths though they have the same centre, and move at the same speed, his argument is erroneous. It is true that both circles have the same centre, but this fact is only accidental, just as a thing might be both " musical" and "white." For the fact of each circle having the same centre does not affect it in the same way in the two cases. When the small circle produces the movement the centre, and origin of movement belongs to the small circle, but when the large circle produces the movement, the centre belongs to it. Therefore what produces the movement is not the same in both cases, though in a sense it is.[b]

25. Why do they make beds with the length double the ends, the former being six feet or a little more and the latter three? And why do they not cord them diagonally? Probably they are of those dimensions, that they may fit ordinary bodies; for the length is twice the ends, the length being four cubits and the width two. They do not cord them diagonally, but

the circle revolves on HΘ, while the larger circle both rolls and slips in ZI.

ἀλλ' ἀπ' ἐναντίας, ὅπως τά τε ξύλα ἧττον δια-
σπᾶται· τάχιστα γὰρ σχίζεται κατὰ φύσιν διαιρού-
μενα ταύτῃ, καὶ ἑλκόμενα πονεῖ μάλιστα. ἔτι
ἐπειδὴ δεῖ βάρος δύνασθαι τὰ σπαρτία φέρειν,
οὕτως ἧττον πονήσει λοξοῖς τοῖς σπαρτίοις ἐπι-
10 τιθεμένου τοῦ βάρους ἢ πλαγίοις. ἔτι δὲ ἔλαττον
οὕτω σπαρτίον ἀναλίσκεται. ἔστω γὰρ κλίνη ἡ
ΑΖΗΙ, καὶ δίχα διῃρήσθω ἡ ΖΗ κατὰ τὸ Β. ἴσα
δὴ τρυπήματά ἐστιν ἐν τῇ ΖΒ καὶ ἐν τῇ ΖΑ. καὶ
γὰρ αἱ πλευραὶ ἴσαι εἰσίν· ἡ γὰρ ὅλη ΖΗ διπλασία
15 ἐστίν. ἐντείνουσι δ' ὡς γέγραπται, ἀπὸ τοῦ Α
ἐπὶ τὸ Β, εἶτα οὗ τὸ Γ, εἶτα οὗ τὸ Δ, εἶτα οὗ τὸ
Θ, εἶτα οὗ τὸ Ε. καὶ οὕτως ἀεί, ἕως ἂν εἰς γωνίαν
καταστρέψωσιν ἄλλην· δύο γὰρ ἔχουσι γωνίαι τὰς
ἀρχὰς τοῦ σπαρτίου.

Ἴσα δέ ἐστι τὰ σπαρτία κατὰ τὰς κάμψεις, τό
τε ΑΒ καὶ ΒΓ τῷ ΓΔ καὶ ΔΘ. καὶ τὰ ἄλλα δὲ
20 τὰ τοιαῦτά ἐστιν, ὅτι οὕτως ἔχει ἡ αὐτὴ ἀπόδειξις.
ἡ μὲν γὰρ ΑΒ τῇ ΕΘ ἴση· ἴσαι γάρ εἰσιν αἱ
πλευραὶ τοῦ ΒΗΚΑ χωρίου, καὶ τὰ τρυπήματα
ἴσα διέστηκεν. ἡ δὲ ΒΗ ἴση τῇ ΚΑ· ἡ γὰρ Β
γωνία ἴση τῇ Η. ἐν ἴσοις γὰρ ἡ μὲν ἐκτός, ἡ δὲ
25 ἐντός· καὶ ἡ μὲν Β ἐστιν ἡμίσεια ὀρθῆς· ἡ γὰρ
ΖΒ ἴση τῇ ΖΑ· καὶ γωνία δὲ ἡ κατὰ τὸ Ζ ὀρθή.

from side to side, that the timbers may be less
strained ; for these are most easily split when they
are cleft in a natural direction, and they suffer most
strain when pulled in this way. Moreover, since the
ropes have to bear the weight, they will be much less
strained if the weight is put on the ropes stretched
crosswise than diagonally. Also in this way less rope
is expended. Let AZHI be the bed, and let ZH be
bisected at B. The holes in ZB are equal to those in
ZA. For these sides are equal ; and the whole length

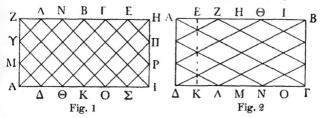

Fig. 1   Fig. 2

ZH is twice ZA. Now they cord them as has been
explained from A to B, then to Γ, then to Δ, and then
to Θ and then to E and so on continuously until they
return to the other corner. For the terminations of
the rope are at two corners.

Now the lengths of rope that form the angles are
equal, *e.g.* AB and BΓ to ΓΔ and ΔΘ. For the same
proof shows it in each case. For instance, AB is equal
to EΘ ; for the opposite sides of the parallelogram
BHKA are equal, and the holes are an equal distance
apart. BH is equal to KA ; for the angle at B is equal
to the angle at H ; for the exterior angle of a parallelo-
gram is equal to the interior and opposite ; and the
angle at B is half a right angle ; for ZB is equal to ZA,
and the angle at Z is a right angle. Again, the angle

397

ἡ δὲ Β γωνία ἴση τῇ κατὰ τὸ Η· ἡ γὰρ κατὰ τὸ Ζ
ὀρθή, ἐπειδὴ διπλασιόπλευρον τὸ ἑτερόμηκες καὶ
πρὸς μέσον κέκλασται. ὥστε ἡ ΒΓ¹ τῇ ΕΗ ἴση.
ταύτῃ δὲ ἡ ΚΘ. παράλληλος γάρ. ὥστε ἡ ΒΓ
30 ἴση τῇ ΚΘ. ἡ δὲ ΓΕ τῇ ΔΘ. ὁμοίως δὲ καὶ αἱ
ἄλλαι δείκνυνται ὅτι ἴσαι εἰσὶν αἱ κατὰ τὰς κάμ-
ψεις δύο ταῖς δυσίν. ὥστε δῆλον ὅτι τὰ τηλικαῦτα
σπαρτία ὅσον τὸ ΑΒ, τέσσαρα τοσαῦτ' ἔνεστιν ἐν
τῇ κλίνῃ· ὅσον δ' ἐστὶ τὸ πλῆθος τῶν ἐν τῇ ΖΗ
πλευρᾷ τρυπημάτων, καὶ ἐν τῷ ἡμίσει τῷ ΖΒ τὰ
35 ἡμίση. ὥστε ἐν τῇ ἡμισείᾳ κλίνῃ τηλικαῦτα μεγέθη
σπαρτίων ἐστὶν ὅσον τῷ ΒΑ ἔνεστι, τοσαῦτα δὲ
τὸ πλῆθος ὅσαπερ ἐν τῷ ΒΗ τρυπήματα. ταῦτα
δὲ οὐδὲν διαφέρει λέγειν ἢ ὅσα ἐν τῇ ΑΖ καὶ ΒΖ
τὰ συνάμφω. εἰ δὲ κατὰ διάμετρον ἐνταθῇ τὰ
σπαρτία, ὡς ἐν τῇ ΑΒΓΔ κλίνῃ ἔχει, τὰ ἡμίσεά
857 a εἰσιν οὐ τοσαῦτα ὅσα αἱ πλευραὶ ἀμφοῖν, αἱ ΑΖ ΖΗ·
τὰ ἴσα δέ, ὅσα ἐν τῷ ΖΒΖΑ τρυπήματα ἔνεστιν.
μείζονες δέ εἰσιν αἱ ΑΖ ΒΖ δύο οὖσαι τῆς ΑΒ.
ὥστε καὶ τὸ σπαρτίον μεῖζον τοσούτῳ ὅσον αἱ
πλευραὶ ἄμφω μείζους εἰσὶ τῆς διαμέτρου.

5 26. Διὰ τί χαλεπώτερον τὰ μακρὰ ξύλα ἀπ'
ἄκρου φέρειν ἐπὶ τῷ ὤμῳ ἢ κατὰ τὸ μέσον, ἴσου
τοῦ βάρους ὄντος; πότερον ὅτι σαλευομένου τοῦ
ξύλου τὸ ἄκρον κωλύει φέρειν, μᾶλλον ἀντισπῶν
τῇ σαλεύσει τὴν φοράν; ἢ κἂν μηθὲν κάμπτηται
10 μηδ' ἔχῃ πολὺ μῆκος, ὅμως χαλεπώτερον φέρειν
ἀπ' ἄκρου; ἀλλ' ὅτι καὶ ῥᾷον αἴρεται ἐκ μέσου ἢ

---

¹ ΑΓ Bekk.

ᵃ Fig. 1 probably represents the bed correctly strung
according to his idea. His " diagonal " stringing is incom-
398

at B is equal to the angle H ; for the angle at Z is a right angle, since the one side is double the other, and is bisected at B. So BΓ is equal to EH ; and KΘ is also equal to it ; for it is parallel to it, so that BΓ is equal to KΘ. And ΓE to ΔΘ. Similarly also the other sides forming the turns can be shown to be equal pair by pair. So that it is clear that there are four lengths of rope equal to AB in the bed ; and whatever number of holes there are in ZH, there will be half the number in ZB, which is half of it. So that in half the bed there are as many lengths of rope as there are in BA, and just as many holes as there are in BH. This is equivalent to saying as many as there are in AZ plus BZ. But if the ropes were fastened diagonally as in the bed ABΓΔ, the halves are not of the same length as the sides of both AZ and ZH, but they are the same number as the holes in ZB, ZA ; for AZ, BZ being two lines are greater than AB. So that the rope is greater by the amount that the two sides are greater than the diagonal.[a]

26. Why is it more difficult to carry long timbers on the shoulders by the end than by the middle, provided that the weight is equal in the two cases ? Is it because the vibration of the end of the timber prevents the carrying, because it interferes with the carrying by its vibration ? Hardly, because even if it does not bend at all, and is not very long, still it is more difficult to carry it by the end. For the same reason that it is more easily lifted from the middle

prehensible. If, however, he means a cord from A to Γ (as in Fig. 2) and B to Δ and then other cords parallel to these diagonals, he will evidently be left with alternate holes on the longer sides unemployed. If, of course, he intends to join these (e.g. EK in Fig. 2) he will certainly need more cord than by the method of Fig. 1.

ἀπ' ἄκρου,[1] διὰ τὸ αὐτὸ καὶ φέρειν οὕτω ῥᾴδιον.
αἴτιον δὲ ὅτι ἐκ μέσου μὲν αἰρόμενον ἀεὶ ἐπι-
κουφίζει ἄλληλα τὰ ἄκρα, καὶ θάτερον μέρος τὸ
ἐπὶ θάτερον εὖ αἴρει. ὥσπερ γὰρ κέντρον γίνεται
15 τὸ μέσον, ᾗ ἔχει τὸ αἶρον ἢ φέρον. εἰς τὸ ἄνω
οὖν κουφίζεται ἑκάτερον τῶν ἄκρων εἰς τὸ κάτω
ῥέπον. ἀπὸ δὲ τοῦ ἄκρου αἰρόμενον ἢ φερόμενον
οὐ ποιεῖ τοῦτο, ἀλλ' ἅπαν τὸ βάρος ῥέπει ἐφ' ἕν.
ἔστω μέσον τοῦ ξύλου ὅπερ αἴρεται ἢ φέρεται ἐφ'
οὗ Α, ἄκρα ἐφ' ὧν ΒΓ. ἔστω μέσον[2] ἐφ' οὗ Α,
ἄκρα ΒΓ. αἰρομένου οὖν ἢ φερομένου κατὰ τὸ Α,
20 τὸ μὲν Β κάτω ῥέπον ἄνω αἴρει τὸ Γ, τὸ δὲ Γ
κάτω ῥέπον τὸ Β ἄνω αἴρει· ἅμα δὲ αἰρόμενα ἄνω
ποιεῖ ταῦτα.

27. Διὰ τί, ἐὰν ᾖ λίαν μακρὸν τὸ αὐτὸ βάρος,
χαλεπώτερον φέρειν ἐπὶ τοῦ ὤμου, κἂν μέσον
φέρῃ τις, ἢ ἐὰν ἔλαττον ᾖ; πάλαι ἐλέχθη ὡς οὐκ
25 ἔστιν αἴτιον ἡ σάλευσις· ἀλλ' ἡ σάλευσις νῦν αἴτιόν
ἐστιν. ὅταν γὰρ ᾖ μακρότερον, τὰ ἄκρα σαλεύεται
μᾶλλον, ὥστε εἴη ἂν καὶ τὸν φέροντα χαλεπώ-
τερον φέρειν. αἴτιον δὲ τοῦ σαλεύεσθαι μᾶλλον, ὅτι
τῆς αὐτῆς κινήσεως οὔσης μεθίσταται τὰ ἄκρα,
ὅσῳπερ ἂν ᾖ μακρότερον τὸ ξύλον. ὁ μὲν γὰρ
30 ὦμος κέντρον, ἐφ' οὗ τὸ Α (μένει γὰρ τοῦτο), αἱ
δὲ ΑΒ καὶ ΑΓ αἱ ἐκ τοῦ κέντρου. ὅσῳ δ' ἂν ᾖ
μεῖζον τὸ ἐκ τοῦ κέντρου ἢ τὸ ΑΒ ἢ καὶ τὸ ΑΓ,
πλέον μεθίσταται μέγεθος. δέδεικται δὲ τοῦτο
πρότερον.

28. Διὰ τί ἐπὶ τοῖς φρέασι τὰ κηλώνεια ποιοῦσι

---

[1] ἀπ' ἄκρου ἢ ἐκ μέσου Bekker.
[2] ἐφ' ἕν μέσον, εἰς ὅπερ αἴρεται ἢ φέρεται. ἔστω μέσον Bekker.

[a] Cf. Chap. 1.

than from the end, it is easier to carry it in this
position. The reason is that when raised from the
middle each end tends to lighten the other, and the
one end assists in lifting the other. For the middle
acts as a centre, whether it is being lifted or carried.
Each of the two ends by pressing downwards raises
the other in an upward direction. But when raised or
carried from the end this does not happen, but all the
weight presses in one direction. Let A be the centre
of a piece of timber while the ends are B and Γ.
When lifted or carried from A, the end B pressing

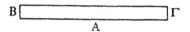

downwards tends to raise the end Γ, while Γ pressing
downwards tends to raise B ; this is not what happens
when they are both raised together.

27. Why is it that if the weight in question is
extremely long, it is harder to raise it on the shoulder,
even if one carries it by the middle, than if it is
smaller ? In the previous case it was stated that it
was not due to vibration ; but in this case it is. For
when the timber is longer the ends vibrate more, so
that it would be more difficult for the bearer to carry
it. The reason why the vibration is greater is, that
under the influence of the same movement the ends
shift further, inasmuch as the timber is longer. For
the shoulder is the centre, at A (and this remains
stationary), and AB and AΓ are the radii from the
centre. In so far as the radius, that is AB or AΓ, is
larger the more movement will take place in the mass.
This has been demonstrated before.[a]

28. Why do men make swing-beams at wells in the

401

857 a

35 τοῦτον τὸν τρόπον· προστιθέασι γὰρ βάρος ἐν τῷ
ξύλῳ τὸν μόλιβδον, ὄντος βάρους τοῦ κάδου αὐτοῦ,
καὶ κενοῦ καὶ πλήρους ὄντος. ἢ ὅτι ἐν δυσὶ
χρόνοις διῃρημένου τοῦ ἔργου (βάψαι γὰρ δεῖ, καὶ
τοῦτ' ἄνω ἑλκύσαι) συμβαίνει καθιέναι μὲν κενὸν
857 b ῥᾳδίως, αἴρειν δὲ πλήρη χαλεπῶς· λυσιτελεῖ οὖν
μικρῷ βραδύτερον εἶναι τὸ καταγαγεῖν πρὸς τὸ
πολὺ κουφίσαι τὸ βάρος ἀνάγοντι. τοῦτο οὖν ποιεῖ
ἐπ' ἄκρῳ τῷ κηλωνείῳ ὁ μόλιβδος προσκείμενος
5 ἢ ὁ λίθος. καθιμῶντι μὲν γὰρ γίνεται βάρος μεῖ-
ζον ἢ εἰ μόνον κενὸν δεῖ κατάγειν τὸν κάδον· ὅταν
δὲ πλήρης ᾖ, ἀνάγει ὁ μόλιβδος, ἢ ὅ τι ἂν ᾖ τὸ
προσκείμενον βάρος. ὥστ' ἐστὶ ῥᾷον αὐτῷ τὰ
ἄμφω ἢ ἐκείνως.[1]

29. Διὰ τί, ὅταν φέρωσιν ἐπὶ ξύλου ἤ τινος
10 τοιούτου δύο ἄνθρωποι ἴσον βάρος, οὐχ ὁμοίως
θλίβονται, ἐὰν μὴ ἐπὶ τῷ μέσῳ ᾖ τὸ βάρος, ἀλλὰ
μᾶλλον ὅσῳ ἂν ἐγγύτερον ᾖ τῶν φερόντων; ἢ
διότι μοχλὸς μὲν γίνεται οὕτως ἐχόντων τὸ ξύλον,
τὸ δὲ βάρος ὑπομόχλιον, ὁ δὲ ἐγγύτερος τοῦ βάρους
τῶν φερόντων τὸ βάρος τὸ κινούμενον, ἅτερος δὲ
15 τῶν φερόντων τὸ βάρος ὁ κινῶν. ὅσῳ γὰρ πλέον
ἀπέχει τοῦ βάρους, τοσούτῳ ῥᾷον κινεῖ, καὶ θλίβει
μᾶλλον τὸν ἕτερον εἰς τὸ κάτω, ὥσπερ ἀντερεί-
δοντος τοῦ βάρους τοῦ ἐπικειμένου καὶ γινομένου
ὑπομοχλίου. ἐν μέσῳ δὲ ὑποκειμένου τοῦ βάρους,
20 οὐδὲν μᾶλλον ἅτερος θατέρῳ γίνεται βάρος, οὐδὲ
κινεῖ, ἀλλ' ὁμοίως ἑκάτερος ἑκατέρῳ γίνεται βάρος.

30. Διὰ τί οἱ ἀνιστάμενοι πάντες πρὸς ὀξεῖαν
γωνίαν τῷ μηρῷ ποιήσαντες τὴν κνήμην ἀνίσταν-

---

[1] ἐκείνῳ B.

way they do ? For they add the weight of the lead
to the wooden beam, the bucket itself having weight
whether empty or full. Is it because the machine
functions in two stages (for it must be let down and
drawn up again), and it can easily be let down whereas
it is difficult to draw up ? The disadvantage, then, of
letting it down rather more slowly is balanced by the
advantage of lightening the weight when drawing it
up. The attachment of lead or a stone at the end of
the swing-beam produces this result. For thus, when
one lets down the bucket by a rope, the weight is
greater than if one let the bucket down alone and
empty ; but when it is full, the lead draws it up, or
whatever weight is attached to it. So that on the
average the two processes are easier than they would
be in the other case.

29. Why is it that when two men carry a weight
between them on a plank or something of the kind,
they do not feel the pressure equally, unless the weight
is midway between them, but the nearer carrier feels
it more ? Surely it is because in these circumstances
the plank becomes a lever, the weight the fulcrum,
and the nearer of the two carrying the weight is the
object moved, and the other carrier is the mover of
the weight. For the farther he is from the weight,
the more easily he moves it, and the more downward
pressure falls on the other, as though the weight
attached pressed in the opposite direction, and became
the fulcrum. But when the weight is placed in the
middle, the one no more becomes the weight than the
other, nor does either do the moving, but one is the
weight in just the same sense as the other.

30. Why is it that, when men stand up, they rise by
making an acute angle between the lower leg and the

403

ται, καὶ τῷ θώρακι πρὸς τὸν μηρόν; εἰ δὲ μή,
οὐκ ἂν δύναιντο ἀναστῆναι. πότερον ὅτι τὸ ἴσον
25 ἠρεμίας πανταχοῦ αἴτιον, ἡ δὲ ὀρθὴ γωνία τοῦ
ἴσου, καὶ ποιεῖ στάσιν· διὸ καὶ φέρεται πρὸς ὁμοίας
γωνίας τῇ περιφερείᾳ τῆς γῆς. οὐ γὰρ ὅτι καὶ
πρὸς ὀρθὴν ἔσται τῷ ἐπιπέδῳ. ἢ ὅτι ἀνιστάμενος
γίνεται ὀρθός, ἀνάγκη δὲ τὸν ἑστῶτα κάθετον εἶναι
πρὸς τὴν γῆν; εἰ οὖν μέλλει ἔσεσθαι πρὸς ὀρθήν,
30 τοῦτο δέ ἐστι τὸ τὴν κεφαλὴν ἔχειν κατὰ τοὺς
πόδας, καὶ γίνεσθαι δὴ ὅτε ἀνίσταται. ὅταν μὲν
οὖν καθήμενος ᾖ, παράλληλον ἔχει τὴν κεφαλὴν καὶ
τοὺς πόδας, καὶ οὐκ ἐπὶ μιᾶς εὐθείας. ἡ κεφαλὴ
Α ἔστω, θώραξ ΑΒ, μηρὸς ΒΓ, κνήμη ΓΔ. πρὸς
ὀρθὴν δὲ γίνεται ὅ τε θώραξ [ἐφ’ ὧν ΑΒ] τῷ
35 μηρῷ καὶ ὁ μηρὸς τῇ κνήμῃ οὕτως καθημένῳ.
ὥστε οὕτως ἔχοντα ἀδύνατον ἀναστῆναι. ἀνάγκη
δὲ ἐγκλῖναι τὴν κνήμην καὶ ποιεῖν τοὺς πόδας ὑπὸ
τὴν κεφαλήν. τοῦτο δὲ ἔσται, ἐὰν ἡ ΓΔ ἐφ’ ἧς
τὰ ΓΖ γένηται, καὶ ἅμα ἀναστῆναι συμβήσεται,
858 a καὶ ἔχειν ἐπὶ τῆς αὐτῆς ἴσης τὴν κεφαλήν τε καὶ
τοὺς πόδας. ἡ δὲ ΓΖ ὀξεῖαν ποιεῖ γωνίαν πρὸς
τὴν ΒΓ.

31. Διὰ τί ῥᾶον κινεῖται τὸ κινούμενον ἢ τὸ
μένον, οἷον τὰς ἁμάξας θᾶττον κινουμένας ὑπάγου-
5 σιν ἢ ἀρχομένας; ἢ ὅτι χαλεπώτατον μὲν τὸ εἰς
τοὐναντίον κινούμενον κινῆσαι βάρος; ἀφαιρεῖται
γάρ τι τῆς τοῦ κινοῦντος δυνάμεως, κἂν πολὺ

---

[a] Because the angles at the foot of the perpendicular are
both right angles.

thigh, and between the trunk and the thigh ? Otherwise they cannot rise at all. Is it because equilibrium is always a cause of rest, and a right angle is a type of equilibrium,[a] and so produces immobility : so the man is travelling towards a position in which he makes equal angles with the earth's surface ; for he will not be actually at right angles to the ground ? Or is it because when standing up he becomes at right angles, and the man in an erect position must be at right angles to the ground ? If, then, he is going to arrive at the perpendicular, that is, so that his head is immediately above his feet, this must happen when he rises. For when he is seated, his head and feet are parallel and not in one straight line. Let A be the head, AB the trunk, BΓ the thigh, and ΓΛ the lower leg. The trunk, that is AB, is perpendicular to the thigh, and the thigh to the lower leg, when the man is seated in

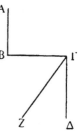

this position. So that while in this position he cannot rise. But he must bend the lower leg, and bring the feet below the head. This will be the position if ΓΔ takes up the position ΓZ, and then he will rise at the same time as he brings the head and the feet into the same straight line. And ΓZ makes an acute angle with BΓ.

31. Why is it easier to move that which is already moving than that which is stationary ? For instance, a moving wagon is more easily shifted than it is at the beginning. Is it for the same reason that it is most difficult to shift a weight which is moving in the opposite direction ? For some of the power of the mover is

θᾶττον ᾖ· ἀνάγκη γὰρ βραδυτέραν γίνεσθαι τὴν
ὦσιν τοῦ ἀντωθουμένου. δεύτερον δέ, ἐὰν ἠρεμῇ·
ἀντιτείνει γὰρ καὶ τὸ ἠρεμοῦν. τὸ δὲ κινούμενον
10 ἐπὶ τὸ αὐτὸ τῷ ὠθοῦντι ὅμοιον ποιεῖ ὥσπερ ἂν εἰ
αὐξήσειέ τις τὴν τοῦ κινοῦντος δύναμιν καὶ τα-
χυτῆτα· ὃ γὰρ ὑπ' ἐκείνου ἂν ἔπασχε, τοῦτο αὐτὸ
ποιεῖ εἰς τὸ πρὸ ὁδοῦ κινούμενον.

32. Διὰ τί παύεται φερόμενα τὰ ῥιφέντα; πό-
τερον ὅταν λήγῃ ἡ ἰσχὺς ἡ ἀφεῖσα, ἢ διὰ τὸ ἀντι-
15 σπᾶσθαι, ἢ διὰ τὴν ῥοπήν, ἐὰν κρείττων ᾖ τῆς
ἰσχύος τῆς ῥιψάσης; ἢ ἄτοπον τὸ ταῦτ' ἀπορεῖν,
ἀφέντα τὴν ἀρχήν;

33. Διὰ τί φέρεταί τι οὐ τὴν αὑτοῦ φοράν, μὴ
ἀκολουθοῦντος καὶ ὠθοῦντος τοῦ ἀφέντος; ἢ δῆλον
ὅτι ἐποίησε τοιοῦτον τὸ πρῶτον ὡς θάτερον ὠθεῖν,
20 καὶ τοῦθ' ἕτερον· παύεται δέ, ὅταν μηκέτι δύνηται
ποιεῖν τὸ προωθοῦν τὸ φερόμενον ὥστε ὠθεῖν, καὶ
ὅταν τὸ τοῦ φερομένου βάρος ῥέπῃ μᾶλλον τῆς εἰς
τὸ πρόσθεν δυνάμεως τοῦ ὠθοῦντος.

34. Διὰ τί οὔτε τὰ ἐλάττονα οὔτε τὰ μεγάλα
πόρρω φέρεται ῥιπτούμενα, ἀλλὰ δεῖ συμμετρίαν
25 τινὰ ἔχειν πρὸς τὸν ῥιπτοῦντα; πότερον ὅτι ἀνάγκη
τὸ ῥιπτούμενον καὶ ὠθούμενον ἀντερείδειν ὅθεν
ὠθεῖται; τὸ δὲ μηθὲν ὑπεῖκον διὰ μέγεθος ἢ μηδὲν
ἀντερεῖσαν δι' ἀσθένειαν οὐ ποιεῖ ῥῖψιν οὐδὲ ὦσιν.
τὸ μὲν οὖν πολὺ ὑπερβάλλον τῆς ἰσχύος τῆς ὠθού-

lost, even if it is much quicker than the object moved. For the thrust of the body which is being pushed against has to become slower. In a secondary degree it is more difficult, if it is at rest ; for what is at rest offers a resistance. But when a body is moving in the same direction as the pusher, it acts just as if one increased the force and speed of the mover ; for by moving forward itself it has the same effect as would be produced by the mover.

32. Why do objects thrown ever stop travelling ? Is it when the force that discharged them is exhausted, or because of the resistance, or because of the weight, if any of these is stronger than the discharging force ? Or is it ridiculous to deal with these difficulties, when we have not the underlying principle ?

33. Why, again, does a body travel at all except by its own motion, when the discharging force does not follow and continue to push it ? Surely it is clear that the initial impulse given causes it to push something else in the first instance, while this in turn pushes something else ; it stops when the force which is pushing the travelling object has no longer power to push it along, and when the weight of the travelling object pulls it down more than the power of the pushing force can drive it forwards.

34. Why can neither small nor great bodies travel far when thrown, but must always bear a relation to the thrower ? Is it because an object thrown or pushed must always offer resistance in the direction from which the thrust comes ? But that which by its size cannot give way, or by its weakness cannot offer any resistance can neither be thrown nor pushed. That which far exceeds the strength of what pushes

σης οὐθὲν ὑπείκει, τὸ δὲ πολὺ ἀσθενέστερον οὐδὲν
30 ἀνερείδει. ἢ ὅτι τοσοῦτον φέρεται τὸ φερόμενον,
ὅσον ἂν ἀέρα κινήσῃ εἰς βάθος; τὸ δὲ μηδὲν
κινούμενον οὐδ' ἂν κινήσειεν οὐδέν. συμβαίνει δὴ
858 b ἀμφότερα τούτοις ἔχειν. τό τε γὰρ σφόδρα μέγα
καὶ τὸ σφόδρα μικρὸν ὥσπερ οὐθὲν κινούμενά ἐστι·
τὸ μὲν γὰρ οὐθὲν κινεῖ,[1] τὸ δ' οὐθὲν κινεῖται.

35. Διὰ τί τὰ φερόμενα ἐν τῷ δινουμένῳ ὕδατι
5 εἰς τὸ μέσον τελευτῶντα φέρονται ἅπαντα; πότε-
ρον ὅτι μέγεθος ἔχει τὸ φερόμενον, ὥστε ἐν δυσὶ
κύκλοις εἶναι, τῷ μὲν ἐλάττονι τῷ δὲ μείζονι,
ἑκάτερον αὐτοῦ τῶν ἄκρων. ὥστε περισπᾷ ὁ μεί-
ζων διὰ τὸ φέρεσθαι θᾶττον, καὶ πλάγιον ἀπωθεῖ
αὐτὸ εἰς τὸν ἐλάττω. ἐπεὶ δὲ πλάτος ἔχει τὸ
10 φερόμενον, καὶ οὗτος πάλιν τὸ αὐτὸ ποιεῖ, καὶ
ἀπωθεῖ εἰς τὸν ἐντός, ἕως ἂν εἰς τὸ μέσον ἔλθῃ.
καὶ τότε μένει διὰ τὸ ὁμοίως ἔχειν πρὸς ἅπαντας
τοὺς κύκλους τὸ φερόμενον, διὰ τὸ μέσον· καὶ γὰρ
τὸ μέσον ἴσον ἀπέχει ἐν ἑκάστῳ τῶν κύκλων. ἢ
15 ὅτι ὅσων μὲν μὴ κρατεῖ ἡ φορὰ τοῦ δινουμένου
ὕδατος διὰ τὸ μέγεθος, ἀλλ' ὑπερέχει τῇ βαρύτητι
τῆς τοῦ κύκλου ταχυτῆτος, ἀνάγκη ὑπολείπεσθαι
καὶ βραδύτερον φέρεσθαι; βραδύτερον δὲ ὁ ἐλάτ-
των κύκλος φέρεται· τὸ αὐτὸ γὰρ ἐν ἴσῳ χρόνῳ ὁ
μέγας τῷ μικρῷ στρέφεται κύκλῳ, ὅταν ὦσι περὶ

[1] αὐτὸ καθ' ἕν B.

---

[a] §§ 32, 33, 34. Aristotle comes near to realizing though
he does not succeed in formulating Newton's First and Third
Laws of Motion:

First Law.—Every body continues in its state of rest, or

it does not yield at all, but that which is much weaker offers no resistance. Is it because a travelling body can only travel as far as it can penetrate into the depths of the air? But that which does not move at all cannot move anything. Both these conditions occur with these things. For the superlatively great and the superlatively small may both be regarded as having no movement; for the one moves nothing and the other does not move at all.[a]

35. Why do objects which are travelling in eddying water all finish their movement in the middle? Is it because the travelling object has definite magnitude, so that it is moving in two circles, one less and one greater, each of its ends being in one of them? The greater circle then, because it is travelling more quickly, turns the object round and drives it sideways into the smaller circle. But since the travelling object has breadth, this second circle produces the same result, and again drives it into the next inner circle, until ultimately it reaches the middle. There it remains because being in the middle it is in the same relation to all circles. For in each circle the centre is the same distance from the circumference. Or can it be because objects which the travel of the whirling water cannot control because of their weight (that is, that the weight of the object overcomes the speed of the revolving circle) must get left behind and must travel more slowly? But the smaller circle travels more slowly; for the large circle revolves to the same extent in the same time as the smaller circle,

of uniform motion in a straight line, unless compelled by the application of a force to change that state.

Third Law.—To every action there is equal and opposite reaction.

20 τὸ αὐτὸ μέσον. ὥστε εἰς τὸν ἐλάττονα κύκλον
ἀναγκαῖον ἀπολείπεσθαι, ἕως ἂν ἐπὶ τὸ μέσον
ἔλθῃ. ὅσων δὲ πρότερον κρατεῖ ἡ φορά, λήγουσα
ταὐτὸ ποιήσει. δεῖ γὰρ τὸν μὲν εὐθύ, τὸν δὲ ἕτερον
κρατεῖν τῇ ταχυτῆτι τοῦ βάρους, ὥστε εἰς τὸν
ἐντὸς ἀεὶ κύκλον ὑπολείπεσθαι πᾶν. ἀνάγκη γὰρ
25 αὐτὸ ἐντὸς ἢ ἐκτὸς κινεῖσθαι τὸ μὴ κρατούμενον,
ἐν αὐτῷ δὴ τοίνυν ἐν ᾧ ἐστίν, ἀδύνατον φέρεσθαι
τὸ μὴ κρατούμενον. ἔτι δὲ ἧττον ἐν τῷ ἐκτός·
θάττων γὰρ ἡ φορὰ τοῦ ἐκτὸς κύκλου. λείπεται
δὲ εἰς τὸν ἐντὸς τὸ μὴ κρατούμενον μεθίστασθαι.
ἀεὶ δὲ ἕκαστον ἐπιδίδωσιν εἰς τὸ μὴ κρατεῖσθαι.
30 ἐπεὶ δὲ πέρας τοῦ μὴ κινεῖσθαι ποιεῖ τὸ εἰς μέσον
ἐλθεῖν, μένει δὲ τὸ κέντρον μόνον, ἅπαντα ἀνάγκη
εἰς τοῦτο δὴ ἀθροίζεσθαι.

when the two are concentric. So that the object must be left in each lesser circle in succession until it comes to the centre. In cases in which the travel prevails at the beginning, it will do the same until it stops. For the original circle and then the next must prevail by its speed over the weight of the object, so that it will pass successively to each smaller circle all the time. For an object which does not prevail must be moved either inside or outside. For that which is not overcome cannot continue to travel in the circle in which it is originally. Still less can it remain in the outer circle ; for the travel of the outer circle is more rapid. The only thing left is for the object which is not controlled by the water to shift to the inside. Now each object always inclines not to be controlled. But since its arrival at the middle puts an end to the movement, the centre is the only part at rest, and everything therefore must collect there.

ON INDIVISIBLE LINES
(DE LINEIS INSECABILIBUS)

INTRODUCTION

THIS is a most interesting and extremely difficult treatise, written by some author of the Peripatetic School. It refers directly to Euclid's *Elementa*, Book X., and is unintelligible without some understanding of Euclid's definitions. Unfortunately the condition of the manuscripts is most unsatisfactory. By kind permission of Messrs. Teubner, Apelt's text has been used for this volume. This together with his comments in the Introduction has elucidated a number of difficulties, but, even so, the thought as well as the terminology is involved. The treatise is mainly concerned with a refutation of the theory that every line contains a unit which is an indivisible line. Without the modern view of infinity, there is much which is mathematically brilliant, and on his own terms the author seems to prove his case. The main argument is a syllogism:

All lines consist of indivisible lines (Zeno).

All indivisible lines are points.

∴ all lines consist of points.

Aristotle then demonstrates the absurdity of this conclusion, thus demolishing the major premiss.

ΠΕΡΙ ΑΤΟΜΩΝ ΓΡΑΜΜΩΝ

968 a   1. Ἆρά γ᾽ εἰσὶν ἄτομοι γραμμαί, καὶ ὅλως ἐν ἅπασι
τοῖς ποσοῖς ἐστί τι ἀμερές, ὥσπερ ἔνιοί φασιν;

Εἰ γὰρ ὁμοίως ὑπάρχει τό τε πολὺ καὶ τὸ μέγα
5 καὶ τὰ ἀντικείμενα τούτοις, τό τε ὀλίγον καὶ τὸ
μικρόν, τὸ δ᾽ ἀπείρους σχεδὸν διαιρέσεις ἔχον οὐκ
ἔστιν ὀλίγον ἀλλὰ πολύ, φανερὸν ὅτι πεπερασμένας
ἕξει τὰς διαιρέσεις τὸ ὀλίγον καὶ τὸ μικρόν· εἰ δὲ
πεπερασμέναι αἱ διαιρέσεις, ἀνάγκη τι εἶναι ἀμερὲς
μέγεθος, ὥστε ἐν ἅπασιν ἐνυπάρξει τι ἀμερές,
ἐπείπερ καὶ τὸ ὀλίγον καὶ τὸ μικρόν.

10   Ἔτι εἰ ἔστιν ἰδέα γραμμῆς, ἡ δ᾽ ἰδέα πρώτη τῶν
συνωνύμων, τὰ δὲ μέρη πρότερα τοῦ ὅλου τὴν
φύσιν, ἀδιαίρετος ἂν εἴη αὐτὴ ἡ γραμμή, τὸν αὐτὸν
δὲ τρόπον καὶ τὸ τετράγωνον καὶ τὸ τρίγωνον καὶ
τὰ ἄλλα σχήματα, καὶ ὅλως ἐπίπεδον αὐτὸ καὶ
σῶμα· συμβήσεται γὰρ πρότερ᾽ ἄττα εἶναι τούτων.

15   Ἔτι εἰ σώματός ἐστι στοιχεῖα, τῶν δὲ στοιχείων
μηδὲν πρότερον, τὰ δὲ μέρη τοῦ ὅλου πρότερα,
ἀδιαίρετον ἂν εἴη τὸ πῦρ καὶ ὅλως τῶν τοῦ σώ-
ματος στοιχείων ἕκαστον, ὥστ᾽ οὐ μόνον ἐν τοῖς
νοητοῖς, ἀλλὰ καὶ ἐν τοῖς αἰσθητοῖς ἐστί τι ἀμερές.

416

ON INDIVISIBLE LINES

1. ARE there such things as indivisible lines, and must there be in all magnitudes some unit which has no parts, as some say?

If "much" and "big," and their opposites "few" and "little," are similarly constituted, and if that which has almost infinite divisions is not small, but big, it is evident that "few" and "little" will have a limited number of divisions; if, then, the divisions are limited, there must be some magnitude which has no parts, so that in all magnitudes there will be some indivisible unit, since in all of them there is a "few" and a "little."

Moreover, if there is an idea of a line, and the Idea is the first of quantities so called, and if the parts are logically prior to the whole, this unit line must be indivisible, and the same argument will apply to the square, triangle, and other figures, and generally speaking to a plane figure or to any other body; for there must be some unit prior in their case too.

Again, if there are elements in a body, and there is nothing prior to the elements, and if the parts are prior to the whole, fire and, generally speaking, each of the elements of the body would be indivisible, so that there must be a unit without parts, not only in the world of thought, but also in the world of perception.

968 a

Ἔτι δὲ κατὰ τὸν τοῦ Ζήνωνος λόγον ἀνάγκη τι
20 μέγεθος ἀμερὲς εἶναι, εἴπερ ἀδύνατον μὲν ἐν πε-
περασμένῳ χρόνῳ ἀπείρων ἅψασθαι, καθ᾽ ἕκαστον
ἁπτόμενον, ἀνάγκη δ᾽ ἐπὶ τὸ ἥμισυ πρότερον
ἀφικνεῖσθαι τὸ κινούμενον, τοῦ δὲ μὴ ἀμεροῦς
πάντως ἔστιν ἥμισυ. εἰ δὲ καὶ ἅπτεται τῶν ἀ-
25 πείρων ἐν πεπερασμένῳ χρόνῳ τὸ ἐπὶ τῆς γραμμῆς
φερόμενον, τὸ δὲ θᾶττον ἐν τῷ ἴσῳ χρόνῳ πλεῖον
διανύει, ταχίστη δ᾽ ἡ τῆς διανοίας κίνησις, κἂν ἡ
968 b διάνοια τῶν ἀπείρων ἐφάπτοιτο καθ᾽ ἕκαστον ἐν
πεπερασμένῳ χρόνῳ, ὥστε εἰ τὸ καθ᾽ ἕκαστον
ἅπτεσθαι τὴν διάνοιαν ἀριθμεῖν ἐστίν, ἐνδέχεται
ἀριθμεῖν τὰ ἄπειρα ἐν πεπερασμένῳ χρόνῳ. εἰ δὲ
τοῦτο ἀδύνατον, εἴη ἄν τις ἄτομος γραμμή.

5 Ἔτι καὶ ἐξ ὧν αὐτοὶ οἱ ἐν τοῖς μαθήμασι λέ-
γουσιν, εἴη ἄν τις ἄτομος γραμμή, ὡς φασίν, εἰ
σύμμετροί εἰσιν αἱ τῷ αὐτῷ μέτρῳ μετρούμεναι·
ὅσαι δ᾽ εἰσὶ μετρούμεναι, πᾶσαί εἰσι σύμμετροι.
εἴη γὰρ ἄν τι μῆκος, ᾧ πᾶσαι μετρηθήσονται.
10 τοῦτο δ᾽ ἀνάγκη ἀδιαίρετον εἶναι. εἰ γὰρ διαιρε-
τόν, καὶ τὰ μέρη μέτρου τινὸς ἔσται. σύμμετρα
γὰρ τῷ ὅλῳ. ὥστε μέρους τινὸς εἴη διπλασίαν τὴν
ἡμίσειαν· ἐπεὶ δὲ τοῦτ᾽ ἀδύνατον, ⟨ἀδιαίρετον⟩ ἂν
εἴη μέτρον.

Ὡσαύτως δὲ καὶ αἱ μετρούμεναι ἅπαξ ὑπ᾽ αὐτοῦ,
ὥσπερ πᾶσαι αἱ ἐκ τοῦ μέτρου σύνθετοι γραμμαί,
15 ἐξ ἀμερῶν σύγκεινται. τὸ δ᾽ αὐτὸ συμβήσεται κἂν
τοῖς ἐπιπέδοις· πάντα γὰρ τὰ ἀπὸ τῶν ῥητῶν
γραμμῶν σύμμετρα ἀλλήλοις, ὥστε ἔσται τὸ μέτρον

Again, according to the argument of Zeno, there must be some magnitude without parts, since it is impossible to touch an infinite number of things in a finite time, when touching each of them, and that which moves must first reach half-way, and half clearly belongs to that which is not without parts. But if anything travelling along a line touches an infinite series in a finite time, secondly if the faster it travels the greater the space it covers in the same time, and lastly if the movement of thought is the quickest movement, then even thought must touch an infinite series one by one in a finite time. If, then, thought touching the series one by one is counting, then it must be possible to count an infinite series in finite time. If this is impossible, then there must exist an indivisible line.

The next argument, we are told, is used by the mathematicians to prove that the indivisible line must exist, if we admit that " commensurate " lines are those which are measured by the same unit, and all the lines measured are " commensurate." For there must be some length by which they are all measured. And this must be incapable of division. For if it is divisible, then its parts can also be expressed in the terms of some unit. For they are commensurate with the whole. So that the measurement of each part would be double its half ; since this is impossible the unit of measurement must itself be indivisible.

Again, just as the lines built up from the unit of measurement are all composed of units without parts, so also must those be which are once measured by it. The same thing will also happen in plane figures ; for all the squares on rational lines are commensurable with each other, so that their unit of measurement

968 b

αὐτῶν ἀμερές. ἀλλὰ μὴν εἴ τι τμηθήσεται μέτρον
τινὰ τεταγμένην καὶ ὡρισμένην γραμμήν, οὐκ ἔσται
οὔτε ῥητὴ οὔτ᾽ ἄλογος οὔτε τῶν ἄλλων οὐδεμία,
20 ὧν δυνάμεις ῥηταί, οἷον ἀποτομὴ ἢ ἡ ἐκ δυοῖν
ὀνομάτοιν· ἀλλὰ καθ᾽ αὑτὰς μὲν οὐδέ τινας
ἕξουσι φύσεις, πρὸς ἀλλήλας δὲ ἔσονται ῥηταὶ καὶ
ἄλογοι.

2. Ἢ πρῶτον μὲν οὐκ ἀνάγκη τὸ ἀπείρους ἔχον
διαιρέσεις μὴ εἶναι μικρὸν καὶ ὀλίγον· καὶ γὰρ
τόπον καὶ μέγεθος καὶ ὅλως τὸ συνεχὲς μικρὸν μὲν
25 λέγομεν, καὶ ἐφ᾽ ὧν μὲν ἁρμόττει τὸ ὀλίγον, οὐ
μὴν ἀλλ᾽ ἀπείρους διαιρέσεις φαμὲν ἔχειν.

Ἔτι δ᾽ εἰ ἐν τοῖς συμμέτροις γραμμαί εἰσι
969 a γραμμαί, κατὰ τούτων τῶν ἀτόμων λέγεται τὸ
μικρόν, καὶ ἄπειροι στιγμαὶ ἐνυπάρχουσιν. ἦ δὲ
γραμμή, διαίρεσις κατὰ στιγμήν, καὶ ὁμοίως καθ᾽
ὁποιανοῦν· ἀπείρους οὖν ἔχοι διαιρέσεις ἅπασα
ἂν ἡ μὴ ἄτομος.

3. Εἶναι δὲ τούτων εἰσὶ μικραί· καὶ ἄπειροι οἱ

---

[a] The terms rational and irrational do not mean to Euclid
exactly what they mean to modern mathematicians. All this
part of the treatise must be referred to Euclid's *Elementa*,
Book X.

Two lines are said to be commensurate " potentially " by
Euclid, if the squares upon them are commensurate; *e.g.*,
two lines, whose lengths are respectively $\sqrt{3}$ and $\sqrt{6}$, are
" potentially " commensurate, because their squares 3 and 6
are commensurate. This leads us to an explanation of the
terms " apotome " and a " line of two terms."

" Apotome " is a line whose length is a negative binomial
surd; *e.g.* let AB be a straight line drawn from A to B, this
direction being positive. Then if
the length BC is $\sqrt{3}$, BC is an
" apotome," being a binomial surd

A———————————B

C $\sqrt{3}$

will also be without parts. Moreover if any one of them is cut (on any unit) by a fixed and finite line, this line will neither be rational nor irrational, nor will belong to any of the categories to which the rational functions belong, such as " apotome " or " of two terms " [a]; but in themselves they have no natural characteristics, though they will be rational or irrational in relation to each other.

2. Now in the first place it does not follow that Reply to the above. what admits of infinite division is not either " small " or " little " ; for we can apply the term " small " to space, and size, and generally to anything which is continuous, and in a similar way we apply the term " little " where it is applicable, not but what we admit that they have infinite divisions.

Secondly, if among commensurables there are lines, we can apply the term " small " to these indivisible units, and they themselves contain an infinite number of points. But in so far as it is a line it admits of division at a point, and similarly at any other point ; consequently every line which is not indivisible must have an infinite number of divisions.

3. Now some of these divisions are small ; and possible ratios between the divisions are infinite. It

cut off from AB. It is negative because it is cut off in the direction opposite to AB.

" A line of two terms." Let AB be a straight line consisting

A $\frac{\sqrt{6} \qquad \sqrt{3}}{C}$ B

of two parts AC and CB, which are actually incommensurate, but potentially commensurate. Let AC be $\sqrt{6}$, and CB $\sqrt{3}$; these are " potentially " commensurate because 6 and 3 are commensurate. Such a line is irrational both actually and potentially, its square being $(\sqrt{6} + \sqrt{3})^2$. It is called " a line of two terms."

969 a

λόγοι. πᾶσαν δὲ τμηθῆναι δυνατὸν τὴν μὴ ἄτομον
5 τὸν ἐπιταχθέντα λόγον.

4. Ἔτι εἰ τὸ μέγα ἐκ μικρῶν τινῶν σύγκειται, ἢ
οὐθὲν ἔσται τὸ μέγα, ἢ τὸ πεπερασμένας ἔχον
διαιρέσεις τὸ μέγα ἔσται. τὸ γὰρ ὅλον τὰς τῶν
μερῶν ἔχει διαιρέσεις ὁμοίως. ἄλογον δ' ἐστὶ τό
τε σμικρὸν πεπερασμένας ἔχειν διαιρέσεις καὶ τὸ
10 μέγα ἀπείρους· οὕτω δ' ἀξιοῦσιν.

Ὥστε φανερὸν ὅτι οὐκ ἐν τούτῳ λέγοιτο τὸ μέγα
καὶ τὸ μικρόν, τῷ πεπερασμένας ἔχειν καὶ ἀπείρους
διαιρέσεις. εἰ δ' ὅτι καὶ ἐν ἀριθμοῖς τὸ ὀλίγον
πεπερασμένας ἔχει διαιρέσεις, καὶ ἐν γραμμαῖς τις
ἀξιοίη τὸ μικρόν, εὔηθες. ἐκεῖ μὲν γὰρ ἐξ ἀμερῶν
15 τε ἡ γένεσις, καὶ ἔστι τι, ὃ τῶν ἀριθμῶν ἀρχή ἐστι,
καὶ πᾶς ὁ μὴ ἄπειρος πεπερασμένας ἔχει διαιρέ-
σεις· ἐπὶ δὲ τῶν μεγεθῶν οὐχ ὁμοίως.

Οἱ δ' ἐν τοῖς εἴδεσι τὰς ἀτόμους κατασκευά-
ζοντες τοὔλαττον ἴσως ἀξίωμα λαμβάνουσι τοῦ προ-
κειμένου, τὸ τιθέναι τούτων ἰδέας· καὶ τρόπον τινὰ
20 ταῦτ' ἀναιροῦσι δι' ὧν δεικνύουσιν. καὶ γὰρ διὰ
τούτων τῶν λόγων ἀναιρεῖται τὰ εἴδη.

Πάλιν δὲ τῶν σωματικῶν στοιχείων εὔηθες τὸ
ἀμερῆ ἀξιοῦν. εἰ γὰρ αὖ καὶ ἀποφαίνονταί τινες
οὕτως, ἀλλὰ πρός γε τὴν ὑποκειμένην σκέψιν αὐτὸ
τὸ ἐξ ἀρχῆς λαμβάνουσιν. μᾶλλον δὲ ὅσῳ μᾶλλον
25 τὸ ἐξ ἀρχῆς δόξειεν ἂν λαμβάνεσθαι, τόσῳ μᾶλλον
δοκεῖ διαιρετὸν εἶναι σῶμα καὶ μῆκος καὶ τοῖς
ὄγκοις καὶ τοῖς διαστήμασιν.

---

[a] Aristotle evidently means integers.

is possible for every line which is not indivisible to be cut in accordance with any given ratio.

4. Moreover, if " great " is compounded of a number of " smalls," " great " either has no meaning at all, or " great " will be that which has finite divisions. For the whole must be susceptible of the same divisions as its parts. But it is illogical to suppose that the small has finite divisions and the great infinite ; yet this is what they claim.

So it is clear that the terms " great " and " small " are not applied because the one has finite, and the other infinite, divisions. Again, if any man claims that because in numbers the " little " has finite divisions, the " small " in lines must do the same, his argument is foolish. For in the case of numbers [a] the whole is built from units which have no parts, and there is some unit which is the basis of all numbers, and every number which is not infinite has finite divisions ; but the same thing is not true of magnitudes.

But those who build up their theory of indivisible lines on Ideas have, I fancy, too slight a basis for the superstructure, the supposition that there are Ideas of these indivisible lines ; and in a certain sense they destroy their own argument by their demonstration. For the whole theory of Ideas is destroyed by their arguments.

Again, in the case of bodily elements it is foolish to maintain that they are without parts. For, if any do actually demonstrate this, they are for the purpose of the argument under discussion assuming the major premiss of the argument. And the more this major premiss is assumed, the more does it appear that the body and length are divisible both in two dimensions and in one.

969 a

'Ο δὲ τοῦ Ζήνωνος λόγος οὐ συμβιβάζει ὡς ἐν πεπερασμένῳ χρόνῳ τῶν ἀπείρων ἅπτεται τὸ φερόμενον ὡδὶ τὸν αὐτὸν τρόπον. ὁ γὰρ χρόνος
30 καὶ τὸ μῆκος ἄπειρον καὶ πεπερασμένον λέγεται, καὶ τὰς αὐτὰς ἔχει διαιρέσεις.

Οὐδὲ δὴ τὸ καθ' ἕκαστον ἅπτεσθαι τῶν ἀπείρων τὴν διάνοιαν οὐκ ἔστιν ἀριθμεῖν, εἰ ἄρα τις καὶ νοήσειεν οὕτως ἐφάπτεσθαι τῶν ἀπείρων τὴν διά- νοιαν. ὅπερ ἴσως ἀδύνατον· οὐ γὰρ ἐν συνεχέσι
969 b καὶ ὑποκειμένοις ἡ τῆς διανοίας κίνησις, ὥσπερ ἡ τῶν φερομένων.

Εἰ δ' οὖν καὶ ἐγχωρεῖ κινεῖσθαι οὕτως, οὐκ ἔστι τοῦτο ἀριθμεῖν· τὸ γὰρ ἀριθμεῖν ἐστι τὸ μετὰ ἐπιστάσεως. ἀλλ' ἄτοπον ἴσως τὸ μὴ δυναμένους
5 λύειν τὸν λόγον δουλεύειν τῇ ἀσθενείᾳ, καὶ προσ- εξαπατᾶν ἑαυτοὺς μείζους ἀπάτας, βοηθοῦντας τῇ ἀδυναμίᾳ.

Τὸ δ' ἐπὶ τῶν συμμέτρων γραμμῶν, ὡς ὅτι αἱ πᾶσαι τῷ αὐτῷ τινὶ καὶ ἑνὶ μετροῦνται, κομιδῇ σοφιστικὸν καὶ ἥκιστα κατὰ τὴν ὑπόθεσιν τὴν ἐν τοῖς μαθήμασιν· οὔτε γὰρ ὑποτίθενται οὕτως, οὔτε
10 χρήσιμον αὐτοῖς ἐστίν. ἅμα δὲ καὶ ἐναντίον πᾶσαν μὲν γραμμὴν σύμμετρον γίνεσθαι, πασῶν δὲ τῶν συμμέτρων κοινὸν μέτρον εἶναι ἀξιοῦν.

Ὥστε γελοῖον τὸ καὶ τὰς ἐκείνων δόξας καὶ ἐξ ὧν αὐτοὶ λέγουσι φάσκοντες δείξειν εἰς ἐριστικὸν ἅμα καὶ σοφιστικὸν ἐκκλίνειν λόγον, καὶ ταῦθ'
15 οὕτως ἀσθενῆ. πολλαχῇ γὰρ ἀσθενής ἐστι καὶ

Again, Zeno's reasoning does not prove that what moves along a line touches an infinite series in finite time on this same plan. For " time " and " length " must be called both infinite and finite, and admit of the same divisions.

Again, the process of the mind touching an infinite series one by one is not the process of counting, if indeed anyone supposes that the mind does in this way touch an infinite series. Perhaps this supposition is in itself impossible ; for the movement of the mind does not take place like the movement of travelling bodies in continuous matter.

But to resume—even if its movement can be of this kind, this is not counting. For counting involves a series of pauses. But it is perhaps quite unreasonable that those who have failed to solve the riddle should be subservient to their own weakness, and should cheat themselves still more in an effort to reinforce their incapacity.

As for the argument about commensurate lines, namely that all lines are measured by one and the same unit of measurement, this is merely chopping logic, and does not agree with mathematical assumptions ; for the mathematician does not lay this down, and it would be of no use to him if he did. In fact the two statements are actually contradictory—that all lines are commensurable, and that there is a common measure of all commensurable lines.

So their position is absurd ; after professing that they are going to demonstrate the mathematicians' own opinions, and to argue from their statements, they merely relapse into a contentious and casuistical argument, and a weak one at that. For it is weak from many points of view, and in every

ARISTOTLE

πάντα τρόπον διαφυγεῖν καὶ τὰ παράδοξα καὶ τοὺς
ἐλέγχους.

Ἔτι δ᾽ ἄτοπον ἂν εἴη διὰ μὲν τὸν Ζήνωνος λόγον
παραπεπεῖσθαί τινας ἀτόμους ποιεῖν γραμμάς, τῷ
μὴ ἔχειν ἀντειπεῖν· διὰ δὲ ⟨τὴν⟩ τῆς εὐθείας εἰς
20 τὸ ἡμικύκλιον κίνησιν, ἣν ἀναγκαῖον εἴθ᾽ ὑποτείνειν
ἀπείρων μεταξὺ πιπτουσῶν περιφερειῶν καὶ δια-
στημάτων ὄντων, καὶ πάλιν διὰ τὴν [τῶν] εἰς τὸν
κύκλον εὔπειστον ὅτι ἀνάγκη ἀν᾽ ὁτιοῦν κινηθῆναι,
εἰ εἰς τὸ ἡμικύκλιον κινεῖται, καὶ ὅσα ἄλλα τοιαῦτα
τεθεώρηται περὶ τὰς γραμμὰς μὴ οἷόν τε ἐνδέχε-
25 σθαι τοιαύτην δή τινα γενέσθαι κίνησιν, ὥστ᾽ ἐφ᾽
ἕκαστον τῶν μεταξὺ μὴ πίπτειν πρότερον· πολὺ
γὰρ ταῦτα μᾶλλον ὁμολογούμενα ἐκείνων.

Ὅτι μὲν οὖν ἔκ γε τῶν εἰρημένων λόγων οὔτ᾽
ἀναγκαῖον ἀτόμους εἶναι γραμμὰς οὔτε πιθανόν,
φανερόν. ἔτι δὲ καὶ ἐκ τῶνδε γένοιτ᾽ ἂν φανερώ-
30 τερον. πρῶτον μὲν ἐκ τῶν ἐν τοῖς μαθήμασι δει-
κνυμένων καὶ τιθεμένων, ἃ δίκαιον ἢ μένειν ἢ
πιστοτέροις λόγοις κινεῖν.

Οὔτε γὰρ ὁ τῆς γραμμῆς οὔτε ὁ τῆς εὐθείας
ὅρος ἐφαρμόσει τῇ ἀτόμῳ διὰ τὸ μήτε μεταξὺ
τινῶν εἶναι μήτ᾽ ἔχειν μέσον.

Ἔπειτα πᾶσαι αἱ γραμμαὶ σύμμετροι ἔσονται.
πᾶσαι γὰρ ὑπὸ τῶν ἀτόμων μετρηθήσονται, αἵ τε
μήκει σύμμετροι καὶ αἱ δυνάμει. αἱ δὲ ἄτομοι σύμ-

---

^a Aristotle evidently means that if the arc AB consists of
indivisible parts, the point P of the moving
radius OP must pass from the end of one part
to the end of the next without touching inter-
mediate points: otherwise the part would be
divided.   But such motion is inconceivable.

way fails to escape both contradictoriness and refutation.

Moreover it is unreasonable for them to be led astray on the one hand by the reasoning of Zeno, and presume the existence of indivisible lines merely because they cannot disprove their existence ; and on the other to be unimpressed by the arguments both from the movement of a straight line in a semi-circle, which must clearly touch all the infinite points of the circumference and its divisions, and again to neglect the convincing fact about a circle that there must be movement of some such kind, if the radius moves in a semicircle,[a] and all the other theorems demonstrated about lines showing that movement is impossible of such a kind that it does not fall upon all the intervening points in turn ; for these theorems are far more universally admitted than the others.

It is, then, clear from the arguments we have adduced that it is not inevitable nor even plausible that indivisible lines should exist. But from what follows it will become still more obvious. First of all from theorems demonstrated and laid down as axiomatic in mathematics, which must either be accepted or removed by more convincing arguments.

For neither the definition of " line " nor of " straight line " will fit in with the " indivisible line," because it does not lie between points nor has it a middle point.

Secondly all lines will be commensurate on the assumption of indivisible lines. For all lines will be measured by indivisible lines, both those which are commensurable in length and in their squares. But

970 a

μετροι πᾶσαι μήκει· ἴσαι γάρ· ὥστε καὶ δυνάμει.
εἰ δὲ τοῦτο, ἀεὶ ῥητὸν ἔσται τὸ τετράγωνον.

5 Ἔτι εἰ ἡ παρὰ τὴν μείζω τὸ πλάτος ποιεῖ παρα-
βαλλομένη, τὸ ἴσον τῷ ἀπὸ τῆς ἀτόμου καὶ τῆς
ποδιαίας παραβαλλόμενον παρὰ τὴν διπλῆν ἔλαττον
ποιήσει τὸ πλάτος τῆς ἀμεροῦς· ἔσται ⟨γὰρ⟩ ἔλατ-
τον τοῦ ἀπὸ τῆς ἀτόμου.

Ἔτι εἰ ἐκ τριῶν δοθεισῶν εὐθειῶν συνίσταται
10 τρίγωνον, καὶ ἐκ τῶν ἀτόμων συσταθήσεται. ἐν
ἅπαντι δὲ ἰσοπλεύρῳ ἡ κάθετος ἐπὶ μέσην πίπτει,
ὥστε καὶ ἐπὶ τὴν ἄτομον.

---

^a The following (taken from Apelt's Introduction) are the
figures to which the author refers.

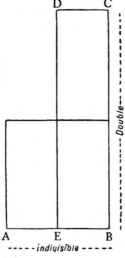

(1) The rectangle EDCB is
constructed so as to be equal to
the square on AB. Then one
side of this rectangle will divide
AB in half, which (AB being
by hypothesis indivisible) is
impossible.

indivisible lines are commensurate in length ; for they are all equal ; so they must also be commensurate in their squares. If this is true, then every square will be rational.

Again, seeing that the line applied to the longer side determines the breadth of a rectangle, the rectangle which is equal in area to the square on the indivisible line (suppose it to be one foot long) will, when applied to a line twice the length, have a breadth shorter than the indivisible line (which is *a priori* impossible) ; for its breadth will be less than that of the square on the indivisible line. *(See note a (1).)*

Again, since a triangle can be made from three given straight lines, it will also be made from three indivisible lines. Now in every equilateral triangle the perpendicular from any angle bisects the base and so must divide the indivisible line. *(See note a (2).)*

(2) ABC is an equilateral triangle, and AD the perpendicular dropped on BC from A. This figure produces exactly the same impossibility as the last.

(3) ABCD is a square, of which AC is the diagonal. A perpendicular is dropped from D to the diagonal. Here again we have the same impossibility.

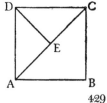

Ἔτι εἰ τὸ τετράγωνον τῶν ἀμερῶν, διαμέτρου ἐμπεσούσης καὶ καθέτου ἀχθείσης ἡ τοῦ τετραγώνου πλευρὰ τὴν κάθετον δύναται καὶ τὴν ἡμίσειαν τῆς διαμέτρου, ὥστε οὐκ ἐλαχίστη.

15 Οὐδὲ διπλάσιον τὸ ἀπὸ τῆς διαμέτρου χωρίον ἔσται τοῦ ἀπὸ τῆς ἀτόμου. ἀφαιρεθέντος γὰρ τοῦ ἴσου ἡ λοιπὴ ἔσται ἐλάσσων τῆς ἀμεροῦς· εἰ γὰρ ἴση, τετραπλάσιον ἂν ἔγραψεν ἡ διάμετρος· ἀλλὰ δ' ἄν τις καὶ ἕτερα τοιαῦτα συνάγοι· πᾶσι γὰρ ὡς εἰπεῖν ἐναντιοῦται τοῖς ἐν τοῖς μαθήμασιν.

20 Πάλιν τοῦ μὲν ἀμεροῦς μία ἡ σύναψις, γραμμῆς δὲ δύο· καὶ γὰρ ὅλη ὅλης ἅπτεται, καὶ κατὰ τὸ πέρας ἐξ ἐναντίας.

Ἔτι γραμμὴ ⟨γραμμῇ⟩ προστεθεῖσα οὐ ποιήσει μείζω τὴν ὅλην· τὰ γὰρ ἀμερῆ συντιθέμενα οὐ ποιήσει μεῖζον.

Ἔτι ⟨εἰ⟩ ἐκ δυοῖν ἀμεροῖν μηδὲν γίνεται συνεχὲς διὰ τὸ πλείους διαιρέσεις ἔχειν ἅπαν τὸ 25 συνεχές, ἅπασα δὲ γραμμὴ παρὰ τὴν ἄτομον συνεχής, οὐκ ἂν εἴη γραμμὴ ἄτομος.

Ἔτι εἰ ἅπασα γραμμὴ παρὰ τὴν ἄτομον καὶ εἰς ἴσα καὶ ἄνισα διαιρεῖται, κἂν ᾖ ἐκ τριῶν ἀτόμων καὶ ὅλως περιττῶν, ἔσται διαιρετὴ ἡ ἄτομος. ὁμοίως δὲ κἂν εἰ δίχα τέμνεται· πᾶσα γὰρ ἡ ἐκ

ON INDIVISIBLE LINES

Again, if a square can be made of indivisible lines, then when a diagonal is drawn and a perpendicular dropped on it from an angle, the side of the square will equal the perpendicular plus half the diagonal, so that it will not be the smallest line. (*See note a* (3).)

Nor will the area which is the square on the diagonal be double the square on the indivisible line. For when the equal part is taken away, the remainder will be less than the indivisible line ; but if it were equal, then the square on the diagonal would be four times that on the original square ; one could of course collect other examples ; for they are opposed practically to all mathematical principles.

Again, there is only one way of joining what has no parts to anything else, but two ways in the case of a line ; for two lines may be joined lengthways, or on the other hand, end to end. Arguments from the division of lines.

Again, a line fitted to another side by side will not make the whole any greater ; for lines without parts when put together will not make them any longer.

Again, no continuous length can be made out of two lines without parts, for every continuous length can be divided into more than one part, and if every line is continuous in contrast with an indivisible line, then there can be no such thing as an indivisible line.

Again, if in contrast with the indivisible line every line can be divided into equal and unequal parts, even if it is constructed out of three indivisible lines or generally speaking out of any odd number, the indivisible line will be capable of division. Equally so every line can be cut in half ; for every line made up of odd numbers will involve bisection of

431

30 τῶν περιττῶν. εἰ δὲ δίχα μὲν μὴ πᾶσα τέμνεται,
ἀλλ' ἡ ἐκ τῶν ἀρτίων, τὴν δὲ δίχα διαιρουμένην
καὶ ὁσαοῦν δυνατὸν τέμνειν, διαιρεθήσεται καὶ οὕ-
τως ἡ ἄτομος, ὅταν ἡ ἐκ τῶν ἀρτίων εἰς ἄνισα
διαιρῆται.

Πάλιν εἰ τὸ κεκινημένον, ἐν ᾧ χρόνῳ κινεῖται
τὴν ὅλην, ἐν τῷ ἡμίσει τὴν ἡμίσειαν κινηθήσεται
καὶ ἐν τῷ ἐλάττονι ἔλαττον ἢ τὴν ἡμίσειαν, ὥστ'
εἰ μὲν ⟨ἐκ⟩ περιττῶν σύγκειται τῶν ἀτόμων τὸ
μῆκος, ἀναιρεθήσεται ἡ μέση τομὴ τῶν ἀτόμων,
5 εἴπερ ἐν τῷ ἡμίσει χρόνῳ τὸ ἥμισυ δίεισιν· ὁμοίως
γὰρ ὅ τε χρόνος καὶ ἡ γραμμὴ τμηθήσεται. ὥστε
οὐδεμία τῶν συγκειμένων τμηθήσεται εἰς ἴσα καὶ
ἄνισα· εἰ δ' ὁμοίως τοῖς χρόνοις τμηθήσονται, οὐκ
ἔσονται ἄτομοι γραμμαί. τὰ δὲ τοῦ αὐτοῦ λόγου
ἐστί, καθάπερ ἐλέχθη, τὸ πάντα ταῦτα ποιεῖν ἐξ
10 ἀμερῶν.

Ἔτι ἅπασα ἡ μὴ ἄπειρος δύο ἔχει πέρατα·
γραμμὴ γὰρ ὥρισται τούτοις. ἡ δὲ ἄτομος οὐκ
ἄπειρος, ὥστε ἕξει πέρας. διαιρετὴ ἄρα· τὸ γὰρ
πέρας ἄλλο καὶ οὗ πέρας. ἢ ἔσται τις οὔτ' ἄπειρος
οὔτε πεπερασμένη γραμμὴ παρὰ ταύτας.

Ἔτι οὐκ ἐν ἁπάσῃ γραμμῇ στιγμὴ ἔσται. ἐν
15 μὲν γὰρ τῇ ἀτόμῳ οὐκ ἔσται· εἰ μὲν γὰρ μία μόνη
ὑπάρξει, γραμμὴ ἔσται στιγμή· εἰ δὲ πλείους,

---

[a] Suppose a line to consist of 15 indivisible units. Every
line is capable of bisection, but this line will now be divided
at a point 7½ units from either end. This, of course, involves
dividing an indivisible unit.

[b] Aristotle argues that an indivisible line, if such exists,
has limits, but nothing to limit, which is absurd. Both this

the indivisible line.[a] But if no such lines can be bisected, unless they are composed of an even number of lines, even in this case it must be possible to divide a bisected line any number of times, and thus the indivisible line will be divided, whenever the line composed of an even number of parts is divided into unequal parts.

Again, if the moving object moves over half the Other arguments. line in half the time it takes to move over the whole line, it also moves over less than half in less than half the time, so that if the whole length is composed of an odd number of indivisible lines the bisection of indivisible lines will be seen again, if it covers half the length in half the time ; for the time and the line will be divided in proportionate divisions. So that none of the component lines will admit of equal and unequal divisions ; if they are divided proportionately to the time, they will not be indivisible lines. And yet, as has been said, constructing all these things from lines without parts belongs to the same argu ment.

Again, everything which is not unlimited has two limits ; for by these the line is defined. But the indivisible line is not unlimited, and so will possess a limit. Therefore it is divisible ; for the limit is not the same as that of which it is the limit. Or else there will be a line which is neither unlimited nor limited, beyond these two categories.[b]

Again, there will not be a point in every line ; for there will be no point in the indivisible line ; for if there were one and one only, a line would be a point ; if there are more than one, then the line is divisible.

and the next two paragraphs go to prove that an indivisible line can only be a point.

διαιρετὴ ἡ γραμμή. εἰ μὲν οὖν ἐν τῇ ἀτόμῳ μὴ ἐνυπάρχει στιγμή, οὐδ' ὅλως ἐν γραμμῇ ἔσται· αἱ γὰρ ἄλλαι ἐκ τῶν ἀτόμων.

Ἔτι ἢ μηθὲν τῶν στιγμῶν ἔσται μεταξὺ ἢ
20 γραμμή· εἰ δὲ μεταξὺ γραμμή, ἐν ἁπάσαις δὲ πλείους στιγμαί, οὐκ ἔσται ἄτομος.

Ἔτι οὐχ ἁπάσης ἔσται γραμμῆς τετράγωνον· ἕξει γὰρ μῆκος καὶ πλάτος, ὥστε διαιρετόν, ἐπεὶ τὸ μέν, τὸ δέ τι. εἰ δὲ τὸ τετράγωνον, καὶ ἡ γραμμή.

Ἔτι τὸ πέρας τῆς γραμμῆς γραμμὴ ἔσται, ἀλλ'
25 οὐ στιγμή. πέρας μὲν γὰρ τὸ ἔσχατον, ⟨ἔσχατον⟩ δὲ ἡ ἄτομος. εἰ γὰρ στιγμὴ τὸ πέρας, ⟨πέρας⟩ τῇ ἀτόμῳ ἔσται στιγμή, καὶ ἔσται γραμμὴ γραμμῆς στιγμῇ μείζων. εἰ δ' ἐνυπάρχει τῇ ἀτόμῳ ἡ στιγμή, διὰ τὸ ταὐτὸ πέρας τῶν συνεχουσῶν γραμμῶν ἔσται τι πέρας τῆς ἀμεροῦς. ὅλως τε τί διοίσει στιγμὴ γραμμῆς; οὐδὲν γὰρ ἴδιον ἕξει ἡ
30 ἄτομος γραμμὴ παρὰ τὴν στιγμὴν πλὴν τοὔνομα.

Ἔτι ὁμοίως μὲν καὶ ἐπίπεδον καὶ σῶμα ἔσται ἄτομον. ἑνὸς γὰρ ὄντος ἀδιαιρέτου καὶ τἆλλα συν- ακολουθήσει διὰ τὸ θάτερον διῃρῆσθαι κατὰ θά-
971 a τερον. σῶμα δὲ οὐκ ἔστιν ἀδιαίρετον διὰ τὸ εἶναι ἐν αὐτῷ βάθος καὶ πλάτος· οὐδ' ⟨ἄρ'⟩ ἂν γραμμὴ εἴη ἀδιαίρετος· σῶμα μὲν γὰρ κατ' ἐπίπεδον, ἐπί- πεδον δὲ κατὰ γραμμήν.

Ἐπεὶ δὲ οἵ τε λόγοι, δι' ὧν ἐπιχειροῦσι πείθειν,

But if there is no point in the indivisible line, then there is not generally in any line ; for the other lines are made up of indivisible lines.

Again, (if such points exist in a line) there will be either nothing between them, or a line ; if there is a line between, and more than one point in all lines, then the line will not be indivisible.

Again, it will not be possible to construct a square on every line ; for a square will have length and breadth, so that it is divisible, since both its length and its breadth are quantities. But if the square is divisible, so also is the line upon which it is constructed.

Again, the limit of a line will be a line, and not a point. For the limit is the ultimate thing, and the indivisible line is ultimate. For if a point is the limit, the point will be the limit of an indivisible line, and a line will then be greater than another line by a point. But if the limiting point is within the indivisible line, because two connected lines have the same limit, there will be a limit to the line without parts. Generally speaking, then, what will be the difference between a point and a line ? For in comparison with the point the indivisible line will have no property peculiar to it except the name.

Again, in the same sense, the plane figure and the solid will be indivisible. For if the one is indivisible, it will follow that the others are so, for the one is divided by means of the other. But the solid is not indivisible because it contains both depth and breadth ; then a line cannot be indivisible ; for a solid is formed by the addition of a line to a plane surface, and a plane surface by the addition of a line to a line.

But since the arguments by which they attempt to

435

ἀσθενεῖς εἰσί καὶ ψευδεῖς, ἐναντίαι δὲ δόξαι πᾶσι
5 τοῖς ἰσχύουσι πρὸς πίστιν, φανερὸν ὅτι οὐκ ἂν εἴη
γραμμὴ ἄτομος. δῆλον δ' ἐκ τούτων ὅτι οὐδ' ἂν
ἐκ στιγμῶν εἴη γραμμή. σχεδὸν γὰρ οἱ πλεῖστοι
τῶν λόγων οἱ αὐτοὶ ἁρμόσουσιν.

Ἀνάγκη γὰρ διαιρεῖσθαι τὴν στιγμήν, ὅταν ἢ
⟨ἡ⟩ ἐκ περιττῶν τέμνηται ἴσα ἢ ⟨ἡ⟩ ἐξ ἀρτίων
10 τὰ ἄνισα· καὶ τὸ τῆς γραμμῆς μέρος μὴ εἶναι
γραμμήν, μηδὲ τὸ τοῦ ἐπιπέδου ἐπίπεδον.

Καὶ γραμμὴν δὲ γραμμῆς στιγμῇ εἶναι μείζω·
ἐξ ὧν γὰρ σύγκειται, τούτοις καὶ ὑπερέξει. τοῦτο
δ' ὅτι ἀδύνατον, ἔκ τε τῶν ἐν τοῖς μαθήμασι δῆλον,
καὶ ἔτι συμβήσεται τὴν στιγμὴν ἐν χρόνῳ διιέναι
15 τὸ φερόμενον, εἴπερ τὴν μείζω μὲν ἐν πλείονι
χρόνῳ, τὴν δ' ἴσην ἐν ἴσῳ, ἡ δὲ τοῦ χρόνου ὑπ-
εροχὴ χρόνος.

Ἀλλ' ἴσως καὶ ὁ χρόνος ἐστιν ἐκ τῶν νῦν, καὶ
τοῦ αὐτοῦ λόγου λέγειν ἄμφω.

Εἰ δὴ τὸ νῦν ἀρχὴ καὶ πέρας τοῦ χρόνου καὶ ἡ
στιγμὴ γραμμῆς, μή ἐστι δὲ συνεχὲς ἡ ἀρχὴ καὶ
20 τὸ πέρας, ἀλλ' ἔχουσί τι μεταξύ, οὐκ ἂν εἴη οὔτε
τὰ νῦν οὔτε στιγμαὶ ἀλλήλοις συνεχεῖς.

Ἔτι ἡ μὲν γραμμὴ μέγεθός τι, ἡ δὲ τῶν στιγμῶν
σύνθεσις οὐδὲν ποιεῖ μέγεθος διὰ τὸ μηδ' ἐπὶ πλείω
τόπον ἔχειν. ὅταν γὰρ ἐπὶ γραμμὴν γραμμὴ τεθῇ

---

^a " A point has position but no magnitude."

prove their case, are not only feeble but even false, and their opinions are opposed to all those which carry conviction, it is evident that there cannot be an indivisible line. For nearly all the same arguments will apply.

For instance, it must be possible to divide the point, when a line consisting of an odd number of points is divided into equal parts, or one consisting of an even number of points into unequal parts ; also, the part of a line would not be a line, nor the part of a plane figure a plane figure. *Final arguments.*

Also, one line would have to be greater than another by a point ; and it will then be greater than the elements out of which it is composed. That this is impossible is obvious from the principles of mathematics, and a further consequence will be that a travelling object will pass over a point in a definite time, since it travels over a greater distance in a longer time, and an equal distance in an equal time, but the excess of one time over another is in itself a time.

But perhaps time consists of a succession of "nows," and both ideas belong to the same theory. *Time.*

But if a " now " is the beginning and the limit of time, and a point is in a similar relation to a line, the beginning and the end cannot be in themselves continuous, but there must be something in between, so that neither the " nows " (in time), nor the points (in a line) could by themselves form a continuous whole.

Again, the line is a certain magnitude, but an aggregation of points produces no magnitude,[a] because such an aggregation fills no greater space. For when a line is added to a line and fitted on to it,

437

καὶ ἐφαρμόσῃ, οὐδὲν γίνεται μεῖζον τὸ πλάτος. εἰ
25 δὲ τῇ γραμμῇ καὶ στιγμαὶ ἐνυπάρχουσιν, οὐδ' ἂν
αἱ στιγμαὶ πλείω κατέχοιεν τόπον, ὥστε οὐκ ἂν
ποιοῖεν μέγεθος.

Ἔτι εἰ ἅπαντα ἅπτεται παντὸς ἢ ὅλον ὅλου ἢ
τινὶ τινὸς ἢ ὅλον τινός, ἡ δὲ στιγμὴ ἀμερής, ὅλως
⟨ἂν⟩ ἅπτοιτο. τὸ δ' ὅλον ὅλου ἁπτόμενον ἀνάγκη
ἓν εἶναι. εἰ γάρ τι ἐστὶν ἢ θάτερον μή ἐστιν, οὐκ
30 ἂν ὅλον ὅλου ἅπτοιτο. εἰ δ' ἅμα ἐστὶ τὰ ἀμερῆ,
τὸν αὐτὸν κατέχει τόπον πλείω, ὃν καὶ πρότερον
971 b τὸ ἕν· τῶν γὰρ ἅμα ὄντων καὶ μὴ ἐχόντων ἐπ-
έκτασιν καθ' ἑαυτά, ὁ αὐτὸς ἀμφοῖν τόπος. τὸ δ'
ἀμερὲς οὐκ ἔχει διάστασιν, ὥστ' οὐκ ἂν εἴη μέ-
γεθος συνεχὲς ἐξ ἀμερῶν. οὐκ ἄρα οὔθ' ἡ γραμμὴ
ἐκ στιγμῶν οὔθ' ὁ χρόνος ἐκ τῶν νῦν.

5 Ἔτι εἰ ἔστιν ἐκ στιγμῶν, ἅψεται στιγμὴ στιγμῆς·
ἐὰν οὖν ἐκ τοῦ Κ ἐκβληθῇ ἡ ΑΒ καὶ ΓΔ, ἅψεται
τοῦ Κ καὶ ἡ ἐν τῇ ΑΚ καὶ ἡ ἐν τῇ ΚΔ στιγμή.
ὥστε καὶ ἀλλήλοιν· τὸ γὰρ ἀμερὲς τοῦ ἀμεροῦς
ὅλον ὅλου ἐφάπτεται. ὥστε τὸν αὐτὸν ἐφέξει

" A line has length without breadth."

ON INDIVISIBLE LINES

the width does not increase.[a] If, then, points consti-
tute lines, the points, however many, would occupy
no larger space, so that they could not produce a
magnitude.

Again, if they all touched every point, whether the
whole was in contact with the whole, or a part with a
part, or the whole with a part, and since the point is
indivisible, the contact would be the whole with the
whole. But the whole in contact with the whole must
produce a unit. For if anything belongs to one which
does not belong to the other, then the whole is not in
contact with the whole. But if the indivisible parts
are all in one place, then a number of things occupy the
same space which was formerly occupied by a unit; for
in the case of two things, which are together and yet
have no power of extension, the same space must serve
for both. But since what has no parts cannot have
dimensions, nothing composed of units without parts
can produce a continuous magnitude. Hence it
follows that a line cannot be made out of a series of
points, nor a time out of a series
of "nows."

Moreover, if a line were com-
posed of points, a point would
be in contact with a point. Sup-
pose that from K two lines AB
and ΓΔ are drawn, both the
point which terminates AK and
the point which terminates KΔ
will meet in K, so that the
two points will be in contact
with each other ; for the in-
divisible touches the indivisible, as a whole touches
a whole. So that it will occupy the same space

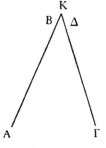

τόπον τοῦ Κ, καὶ ἁπτόμεναι στιγμαὶ ἐν τῷ αὐτῷ
10 τόπῳ ἀλλήλαις. εἰ δ' ἐν τῷ αὐτῷ, καὶ ἅπτονται·
τὰ γὰρ ἐν τῷ αὐτῷ τόπῳ ὄντα πρῶτα ἅπτεσθαι
ἀναγκαῖον, εἰ δ' οὕτως, εὐθεῖα εὐθείας ἅψεται κατὰ
δύο στιγμάς. ἡ γὰρ ἐν τῇ ΑΚ στιγμὴ καὶ ⟨τῆς
ἐν⟩ τῇ ΚΓ καὶ ἑτέρας ἅπτεται στιγμῆς. ὥστε ἡ
ΑΚ τῆς ΓΔ κατὰ πλείους ἅπτεται στιγμάς. ὁ
15 αὐτὸς δὲ λόγος καὶ εἰ μὴ δύ' ἀλλήλων, ἀλλ' ὁπο-
σαιοῦν ἥψαντο γραμμαί.

Ἔτι καὶ ἡ τοῦ κύκλου τῆς εὐθείας ἅψεται κατὰ
πλείω. τῆς γὰρ συναφῆς καὶ ἡ ἐν τῷ κύκλῳ καὶ
ἡ ἐν τῇ εὐθείᾳ ἅπτεται καὶ ἀλλήλων. εἰ δὲ τοῦτο
μὴ δυνατόν, οὐδὲ τὸ ἅπτεσθαι στιγμὴν στιγμῆς·
20 εἰ δὲ μὴ ἅπτεσθαι, οὐδ' εἶναι τὴν γραμμὴν στιγ-
μῶν· ἄλλως[1] γὰρ ἅπτεσθαι ἀναγκαῖον.

Ἔτι πῶς ποτὲ ἔσται εὐθεῖα γραμμὴ καὶ περι-
φερής; οὐδὲν γὰρ διοίσει ἡ σύναψις τῶν στιγμῶν
ἐν τῇ εὐθείᾳ καὶ τῇ περιφερεῖ. τὸ γὰρ ἀμερὲς τοῦ
ἀμεροῦς ὅλον ὅλου ἅπτεται, καὶ οὐκ ἔστιν ἄλλως
ἅπτεσθαι. εἰ οὖν αἱ μὲν γραμμαὶ διάφοροι, ἡ δὲ
25 σύναψις ἀδιάφορος, οὐκ ἔσται δὴ γραμμὴ ἐκ τῆς
συνάψεως, ὥστ' οὐδ' ἐκ στιγμῶν.

Ἔτι ἀναγκαῖον ἢ ἅπτεσθαι ἢ μὴ ἅπτεσθαι τὰς
στιγμὰς ἀλλήλων. εἰ μὲν οὖν τὸ ἐφεξῆς ἅπτεσθαι
ἀνάγκη, ὁ αὐτὸς ἔσται λόγος· εἰ δὲ ἐνδέχεται
ἐφεξῆς τι εἶναι μὴ ἁπτόμενον, τὸ δὲ συνεχὲς οὐδὲν
30 ἄλλο λέγομεν ἢ τὸ ἐξ ὧν ἐστιν ἁπτομένων, ὥστε

[1] οὐδὲ Α.

---

[a] In the language of modern mathematics " A circle is cut
by its tangent in two coincident points," but this notion is
quite foreign to Aristotle. In any case only one position in
space is common to the two figures.

as K, and the points will be in contact with each other in the same place. Conversely, if they are in the same place, they must be in contact; for in the first place things which are in the same space must touch, and, if this is so, the straight line touches a straight line in two points. For the point in AK touches both the points in KΓ, and also another (*i.e.*, the next point in ΔΓ which occupies the same place as K). So that AK touches ΓΔ in more points than one. And the same argument applies not merely to two lines in contact but to any number.

Again, the circumference of a circle would touch the tangent in more points than one.[a] For both the point on the circumference and the point on the tangent are touching the point of contact, and each other. If this is impossible, then a point cannot touch a point ; but if it cannot, then a line cannot consist of points ; for otherwise it would be in contact.

Again, how will it affect the question of straight lines and curves ? For there can be no difference between the contact of points in the straight and in the curved line. For the line without parts touches a similar line over all its length, and cannot touch it in any other way. If, then, there are lines of different kinds and no different kind of contact, a line will not depend on the elements of its construction, and so does not depend on points.

Again, the points must either be in contact with each other or not. If they are in contact in series, the argument is the same ; if it is possible for the series to be continuous without contact, still by continuous we mean nothing except something whose component parts are in contact, so that on this supposition also

971 b

καὶ οὕτως ἀνάγκη τὰς στιγμὰς ἅπτεσθαι ἀλλήλων,
ἢ εἶναι γραμμὴν ⟨μὴ⟩ συνεχῆ.

972 a Ἔτι εἰ ἄτοπον στιγμὴ ἐπὶ στιγμῆς, ἵν᾽ ᾖ γραμμὴ
καὶ ἐπὶ στιγμῇ, ἐπεὶ ἡ γραμμὴ ἐπίπεδον, ἀδύνατον
τὰ εἰρημένα εἶναι. εἴτε γὰρ ἐφεξῆς αἱ στιγμαί
εἰσι, τμηθήσεται ἡ γραμμὴ κατ᾽ οὐδετέραν τῶν
5 στιγμῶν, ἀλλ᾽ ἀνὰ μέσον· εἴθ᾽ ἅπτονται, γραμμὴ
ἔσται τῆς μιᾶς στιγμῆς χώρα. τοῦτο δ᾽ ἀδύνατον.

Ἔτι διαιροῖτ᾽ ἂν ἅπαντα καὶ ἀναλύοιτο εἰς
στιγμάς, καὶ ἡ στιγμὴ μέρος σώματος, εἴπερ τὸ
μὲν σῶμα ἐξ ἐπιπέδων, τὸ δ᾽ ἐπίπεδον ἐκ γραμμῶν,
αἱ δὲ γραμμαὶ ἐκ στιγμῶν. εἰ δ᾽ ἐξ ὧν πρώτων
10 ἐνυπαρχόντων ἕκαστά ἐστι, στοιχεῖά ἐστι ταῦτα,
αἱ στιγμαὶ ἂν εἴησαν στοιχεῖα σωμάτων. ὥστε
συνώνυμα στοιχεῖα, οὐδ᾽ ἕτερα τῷ εἴδει.

Φανερὸν οὖν ἐκ τῶν εἰρημένων ὅτι οὐκ ἔστι
γραμμὴ ἐκ στιγμῶν. ἀλλ᾽ οὐδ᾽ ἀφαιρεθῆναι οἷόν τε
στιγμὴν ἀπὸ γραμμῆς. εἰ γὰρ ἐνδέχεται ἀφαιρε-
15 θῆναι, καὶ προστεθῆναι δυνατόν· προστεθέντος δέ
τινος τὸ ᾧ προσετέθη μεῖζον ἔσται τοῦ ἐξ ἀρχῆς,
ἐὰν τοιοῦτον ᾖ τὸ προστιθέμενον ὥστε ἓν ὅλον
ποιεῖν. ἔσται ⟨ἄρα⟩ γραμμὴ γραμμῆς στιγμῇ μεί-
ζων. τοῦτο δ᾽ ἀδύνατον. ἀλλὰ καθ᾽ ἑαυτὴν μὲν
οὐχ οἷόν τε, κατὰ συμβεβηκὸς δ᾽ ἐνδέχεται στιγμὴν
20 ἀπὸ γραμμῆς ἀφελεῖν, τῷ ἐνυπάρχειν ἐν τῇ ἀφαι-
ρουμένῃ γραμμῇ. εἰ ⟨γὰρ⟩ τοῦ ὅλου ἀφαιρουμένου
καὶ ἡ ἀρχὴ καὶ τὸ πέρας ἀφαιρεῖται, γραμμῆς δ᾽
ἦν ἡ ἀρχὴ καὶ τὸ πέρας στιγμή, καὶ εἰ γραμμῆς

ᵃ This is a rendering of the Latin translation of Julius
Martianus Rota as given in Reimer's Berlin Edition of 1831.

the points must touch each other, or else the line cannot be described as continuous.

Moreover, if it is absurd to put a point on a point to produce a line, and a line on a point to produce a plane surface, what they say cannot be true.[a] For if either of the points is continuous then the line will not be cut at either of the points, but in between them ; if, on the other hand, they touch, the line will be in the place of one point, and this is impossible.

Moreover, all geometrical figures could be divided and resolved into points, and a point would be part of a solid (*i.e.*, have three dimensions), since the solid is constructed out of the plane figure, the plane figure from lines, and lines from points. But if each thing consists of its original elements, then points would be the elements of solid bodies. So that elements would have the same name, and be no different in kind.

So it is clear from what we have already said that the line is not composed of points. Nor can the point be detached from the line. For if it can be so detached, it can also be added. But, when anything is added, that to which it is added will be greater than it was at the beginning, if the addition is of such a kind as to make a complete unit. Then one line will be greater than another by a point. But this is impossible. It is impossible, that is to say, in itself, but incidentally it is possible to take a point away from a line, by the fact of its existence in the line taken away. For if the whole is taken away, the beginning and end must be taken away, and the beginning and end of a line is a point. If, then, it is

His reading would appear to be καὶ ἐπὶ στιγμῇ γραμμή, ἵν᾽ ᾖ ἐπίπεδον, which seems to have no ms. authority.

⟨γραμμὴν⟩ ἐγχωρεῖ ἀφαιρεῖν, καὶ στιγμὴν ⟨ἂν⟩
ἐνδέχοιτο. αὕτη δ' ἡ ἀφαίρεσις κατὰ συμβεβηκός.
25 εἰ δὲ τὸ πέρας ἅπτεται οὗ τὸ πέρας ἢ αὐτοῦ ἢ τῶν
ἐκείνου τινός, ἡ δὲ στιγμή, ᾗ πέρας γραμμῆς,
ἅπτεται, ἡ μὲν οὖν ⟨γραμμὴ⟩ γραμμῆς ἔσται
στιγμῇ μείζων, ἡ δὲ στιγμὴ ἐκ στιγμῶν· τῶν γὰρ
ἁπτομένων οὐδὲν ἀνὰ μέσον.

Ὁ δ' αὐτὸς λόγος καὶ ἐπὶ τῆς τομῆς, εἰ ἡ τομὴ
στιγμῆς καὶ ἡ τομὴ ἅπτεταί τινος, καὶ ἐπὶ στερεοῦ
30 καὶ ἐπιπέδου· ὡσαύτως δὲ καὶ τὸ στερεὸν ἐξ ἐπι-
πέδων καὶ ⟨τὸ ἐπίπεδον⟩ ἐκ γραμμῶν.

Οὐκ ἀληθὲς δὲ κατὰ στιγμῆς εἰπεῖν, οὐδ' ὅτι τὸ
ἐλάχιστον τῶν ἐν γραμμῇ.

Εἰ γὰρ τὸ ἐλάχιστον τῶν ἐνυπαρχόντων εἴρηται,
τὸ δὲ ἐλάχιστον, ὧν ἐστιν ἐλάχιστον, καὶ ἔλαττόν
972 b ἐστιν, ἐν δὲ τῇ γραμμῇ οὐδὲν ἄλλο ἢ στιγμαὶ καὶ
γραμμαὶ ἐνυπάρχουσιν, ἡ δὲ γραμμὴ τῆς στιγμῆς
οὐκ ἔστι μείζων (οὐδὲ γὰρ αὖ τὸ ἐπίπεδον τῆς
γραμμῆς), ὥστ' οὐκ ἔσται στιγμὴ τὸ ἐν γραμμῇ
5 ἐλάχιστον.

Εἰ δὲ συμβλητὸν τῇ γραμμῇ ἡ στιγμή, τὸ δὲ
ἐλάχιστον ἐν τρισὶ προσώποις, οὐκ ἔσται ἡ στιγμὴ
τῶν ἐν τῇ γραμμῇ ἐλάχιστον. καὶ ἄλλ' ἄττα ἐνυπ-
άρχει παρὰ τὰς στιγμὰς καὶ τὰς γραμμὰς ἐν τῷ
μήκει· οὐ γὰρ ἐκ στιγμῶν. εἰ δὲ τὸ ἐν τόπῳ ὂν
ἢ στιγμὴ ⟨ἢ⟩ μῆκος ἢ ἐπίπεδον ἢ στερεὸν ⟨ἢ⟩ ἐκ
10 τούτων τι, ἐξ ὧν δ' ἐστὶν ἡ γραμμή, ἐκεῖνα ἐν
τόπῳ (καὶ γὰρ ἡ γραμμή), καὶ μήτε σῶμα μήτ'

---

[a] *i.e.* a point is not taken away *qua* point, but only in so
far as it is the beginning of a line.

[b] Aristotle evidently means (1) points are the boundaries of
lines; (2) lines are the boundaries of surfaces; (3) surfaces

possible to take away a line from a line, it must be possible to take away a point. But this taking away of a point is only incidental.[a] But if the end touches that of which it is the end—that is either touches itself, or any part of it—and the point also touches it in virtue of its being the end of a line,—then one line is greater than another by a point, and a point will consist of points ; for there can be nothing in between two things which touch.

The same argument will apply to division, if division is of a point and if division touches something, both in the solid and plane figure ; just in the same way the solid is made up of plane figures, and the plane figure of lines.[b]

Nor, again, is it true to say of a point that it is the smallest component of a line.

For if it is the smallest component of a line, the " smallest " must be smaller than those things of which it is the smallest, but in the line there is nothing but points and lines, and a line is not greater than a point (any more than a plane figure can be called greater than a line), so that the smallest component of a line will not be a point.

Even if the point could be compared to the line, the word " smallest " can only be used of three terms, so that the point could not be the smallest component of a line. Also, there must be a third element in length beyond points and lines ; for it is not composed of points. But if everything in space is either a point or a length or a plane figure or a solid, or is composed of these, and if the components of a line are in space (for a line is), and if there is neither a

are the boundaries of solids ; ∴ solids alone of the figures have any properties except position.

ἐπίπεδον μήτε ἐκ τούτων τι ἐνυπάρχει τῇ γραμμῇ,
οὐκ ἔσται οὐθὲν ὅλως παρὰ τὰς στιγμὰς καὶ τὰς
γραμμὰς ἐν τῷ μήκει.

Ἔτι εἰ τοῦ ἐν τόπῳ ὄντος τὸ μεῖζον λεγόμενον
μῆκος ἢ ἐπιφάνεια ⟨ἢ⟩ στερεόν, ἡ δὲ στιγμὴ ἐν
15 τόπῳ, τὸ δ᾽ ἐν τῷ μήκει ὑπάρχον παρὰ τὰς στιγμὰς
καὶ τὰς γραμμὰς οὐθὲν τῶν προειρημένων, ὥστ᾽
οὐκ ἔσται ἡ στιγμὴ τῶν ἐνυπαρχόντων ἐλάχιστον.

Ἔτι εἰ ὃ ἐλάχιστόν τι τῶν ἐν τῇ οἰκίᾳ, μήτε
⟨πρὸς τὴν οἰκίαν συμβάλλεται μήτε⟩ τῆς οἰκίας
συμβαλλομένης πρὸς αὐτὸ λέγεται, ὁμοίως δὲ καὶ
20 ἐπὶ τῶν ἄλλων, οὐδὲ τὸ ἐν γραμμῇ ἐλάχιστον πρὸς
γραμμὴν συγκρινόμενον ἔσται· ὥστε οὐχ ἁρμόσει
τὸ ἐλάχιστον.

Ἔτι εἰ τὸ μὴ ὂν ἐν τῇ οἰκίᾳ μή ἐστι τῶν ἐν τῇ
οἰκίᾳ ἐλάχιστον, ὁμοίως δὲ καὶ ἐπὶ τῶν ἄλλων
(ἐνδέχεται γὰρ στιγμὴν αὐτὴν καθ᾽ αὑτὴν εἶναι),
οὐκ ἔσται κατὰ ταύτης ἀληθὲς εἰπεῖν ὅτι τὸ ἐν
γραμμῇ ἐλάχιστον.

25 Ἔτι δ᾽ οὐκ ἔστιν ἡ στιγμὴ ἄρθρον ἀδιαίρετον.
τὸ μὲν γὰρ ἄρθρον ἀεὶ δυοῖν ὅρος, ἡ δὲ στιγμὴ καὶ
μιᾶς γραμμῆς ὅρος ἐστίν. ἔτι ἡ μὲν πέρας, τὸ δὲ
διαίρεσίς ἐστι μᾶλλον. ἔτι ἡ γραμμὴ καὶ τὸ ἐπί-
πεδον ἄρθρα ἔσονται· ἀνάλογον γὰρ ἔχουσιν. ἔτι
τὸ ἄρθρον διὰ φορὰν πώς ἐστιν, διὸ καὶ Ἐμ-
30 πεδοκλῆς ἐποίησε " διὸ δεῖ ὀρθῶς"· ἡ δὲ στιγμὴ
καὶ τὸ ἐν τοῖς ἀκινήτοις. ἔτι οὐδεὶς ἔχει ἄπειρα
ἄρθρα ἐν τῷ σώματι ἢ τῇ χειρί, στιγμὰς δ᾽ ἀ-
πείρους. ἔτι λίθου ἄρθρον οὐκ ἔστιν, οὐδ᾽ ἔχει,
στιγμὰς δὲ ἔχει.

solid nor a plane figure nor any such thing in a line, there will be nothing in a given length besides points and lines.

Further, the term greater can only be applied to the following things in space—a length, a surface, or a solid, and a point is in space, but that which is in a length, besides points and lines, is none of the foregoing, so that the point cannot be the smallest component of a line.

Again, since the phrase "the smallest of the things in the house" is used without any reference to the size of the house, so also in other cases, nor will the smallest thing in a line have any reference to the line, so that the phrase smallest does not apply to the line.

Further, if that which is not in the house cannot be the smallest of the things in the house, just in the same way in other cases (for a point can exist by itself) it will not be true to say of the point that it is the smallest thing in the line.

Again, the point is not an indivisible joint; for the joint is the limit of two things, but the point is the limit of a single line. Again, the point is an end, but the joint is more a division. Again, the line and plane figure are joints; for they have some analogy with it. Again, the joint is in a sense connected with movement, wherefore Empedocles wrote the line " A joint binds two things "; but a point is among the immovable things. Again, no one has an infinite number of joints in the body, or in the hand, but they have an infinite number of points. Again, there can be no joints in a stone, nor has it any, but it has points.

THE SITUATIONS AND NAMES
OF WINDS
(VENTORUM SITUS ET COGNOMINA)

INTRODUCTION

THE heading of this short summary of the winds in the manuscript shows it to be an extract from a work called *De Signis*, not by Aristotle but by some member of the Peripatetic School. Bekker's text has been used for the translation, but it has been extensively corrected by that of Apelt, whose edition of 1888 shows a marked advance on the previous German text.

ΑΝΕΜΩΝ ΘΕΣΕΙΣ ΚΑΙ ΠΡΟΣΗΓΟΡΙΑΙ

ΕΚ ΤΩΝ ΑΡΙΣΤΟΤΕΛΟΥΣ ΠΕΡΙ ΣΗΜΕΙΩΝ

973 a Βορρᾶς. οὗτος ἐν μὲν Μαλλῷ Παγρεύς· πνεῖ γὰρ
ἀπὸ κρημνῶν μεγάλων καὶ ὀρῶν διπλῶν παρ' ἄλ-
ληλα κειμένων, ἃ καλεῖται Παγρικά. ἐν δὲ Καύνῳ
Μέσης. ἐν δὲ Ῥόδῳ Καυνίας· πνεῖ γὰρ ἀπὸ
5 Καύνου, ἐνοχλῶν τὸν λιμένα αὐτῶν τῶν Καυνίων.
ἐν δὲ Ὀλβίᾳ τῇ κατὰ Μάγυδον[1] τῆς Παμφυλίας
Ἰδυρεύς[2]· πνεῖ γὰρ ἀπὸ νήσου ἢ καλεῖται Ἰδυρίς.[3]
τινὲς δὲ αὐτὸν βορρᾶν οἴονται εἶναι, ἐν οἷς καὶ
Λυρναντεῖς οἱ κατὰ Φασηλίδα.   Καικίας. οὗτος
ἐν μὲν Λέσβῳ καλεῖται Θηβάνας· πνεῖ γὰρ ἀπὸ
10 Θήβης πεδίου τοῦ ὑπὲρ τὸν Ἐλαιατικὸν κόλπον
τῆς Μυσίας, ἐνοχλεῖ δὲ τὸν Μιτυληναίων λιμένα,
μάλιστα δὲ τὸν Μαλόεντα· παρὰ δέ τισι Καυνίας,[4]
ὃν ἄλλοι βορρᾶν οἴονται εἶναι.   Ἀπηλιώτης.
οὗτος ἐν μὲν Τριπόλει τῆς Φοινίκης Ποταμεὺς
καλεῖται, πνεῖ δὲ ἐκ πεδίου ὁμοίου ἅλωνι μεγάλῃ,
15 περιεχομένου ὑπό τε τοῦ Λιβάνου καὶ τοῦ Βαπύρου
ὄρους· παρὸ καὶ Ποταμεὺς καλεῖται. ἐνοχλεῖ δὲ
τὸ Ποσειδώνειον. ἐν δὲ τῷ Ἰσσικῷ κόλπῳ καὶ
περὶ Ῥωσσὸν Συριάνδος· πνεῖ δὲ ἀπὸ τῶν Συρίων
πυλῶν, ἃς διέστηκεν ὅ τε Ταῦρος καὶ τὰ Ῥώσια[5]
ὄρη. ἐν δὲ τῷ Τριπολιτικῷ κόλπῳ Μαρσεύς,

---

¹ Μύγαλον B.   ² Γαυρεύς B.   ³ Γαυρίς B.

THE SITUATIONS AND NAMES OF WINDS

From Aristotle's Treatise of *Meteorological Signs*

BORRAS. At Mallus this is called Pagreus, for it blows from high cliffs and the parallel ranges of two mountains, which are called Pagrica. At Caunus it is called Meses ; and at Rhodes Caunias, as it blows from Caunus and ruffles the harbour of the Caunians. In Olbia by Magydum in Pamphylia it is called Idyreus ; for it blows from the island called Idyris. Some there, like the Lyrnantieis at Phaselis, call it Borras. Caecias. In Lesbos this is called Thebanas, for it blows from the plains of Thebes above the Eleatic Gulf in Mysia, and ruffles the harbour of the Mityleneans, and especially the Malian, but among some the wind is called Caunias which others name Borras. Apeliotes. In Tripolis in Phoenicia this is called Potameus, and it blows from a plain like a huge threshing-floor, which is surrounded by the mountains Libanus and Bapyrus ; hence it is called Potameus. It ruffles the harbour of Poseidonium. In the Issic Gulf and about Rhosus it is called Syriander ; it blows from the Syrian gates, which the Taurus and Rhosian mountains divide. In the gulf of Tripolis it is called

---

⁴ αἰκαυνίαις B.　　　⁵ Ταυρόσια B.

20 ἀπὸ Μάρσου κώμης. ἐν δὲ Προκοννήσῳ καὶ
ἐν Τέῳ καὶ ἐν Κρήτῃ καὶ Εὐβοίᾳ καὶ Κυρήνῃ
Ἑλλησποντίας. μάλιστα δὲ ἐνοχλεῖ τόν τε τῆς
Εὐβοίας Καφηρέα καὶ τὸν Κυρηναῖον λιμένα,
καλούμενον δὲ Ἀπολλωνίαν· πνεῖ δὲ ἀφ' Ἑλλη-
σπόντου. ἐν δὲ Σινώπῃ Βερεκυντίας ἀπὸ τῶν
25 κατὰ Φρυγίαν τόπων πνέων. ἐν δὲ Σικελίᾳ Κατα-
973 b πορθμίας, πνέων ἀπὸ τοῦ πορθμοῦ. τινὲς δὲ αὐτὸν
Καικίαν οἴονται εἶναι, Θηβάναν προσαγορεύοντες.

Εὖρος. οὗτος ἐν μὲν Αἰγαῖς ταῖς κατὰ Συρίαν
Σκοπελεὺς καλεῖται ἀπὸ τοῦ Ῥωσίων σκοπέλου,
5 ἐν δὲ Κυρήνῃ Κάρβας ἀπὸ τῶν Καρβανῶν τῶν κατὰ
Φοινίκην· διὸ καὶ τὸν αὐτὸν Φοινικίαν καλοῦσί
τινες. εἰσὶ δὲ οἳ καὶ Ἀπηλιώτην νομίζουσιν εἶναι.

Ὀρθόνοτος. τοῦτον οἱ μὲν Εὖρον, οἱ δὲ Ἀμνέα
προσαγορεύουσιν. Νότος δὲ ὁμοίως παρὰ πᾶσι
καλεῖται· τὸ δὲ ὄνομα διὰ τὸ νοσώδη εἶναι· ἔξω
10 δὲ κάτομβρον, κατ' ἀμφότερα δὲ νότον. Λευκό-
νοτος ὁμοίως· τὸ δὲ ὄνομα ἀπὸ τοῦ συμβαίνοντος·
λευκαίνεται γὰρ ... Λίψ. καὶ οὗτος τὸ ὄνομα
ἀπὸ Λιβύης, ὅθεν πνεῖ. Ζέφυρος. καὶ οὗτος τόδε
τὸ ὄνομα διὰ τὸ ἀφ' ἑσπέρας πνεῖν. ἡ δὲ ἑσπέρα
... Ἰάπυξ. οὗτος ἐν Τάραντι Σκυλλητῖνος ἀπὸ
15 χωρίου Σκυλλητίου.[1] κατὰ δὲ Δορύλαιον[2] Φρυγίας.
ὑπὸ δέ τινων Φαραγγίτης· πνεῖ γὰρ ἔκ τινος
φάραγγος τῶν κατὰ τὸ Παγγαῖον.[3] παρὰ Πολλοῖς
δὲ Ἀργέστης. Θρᾳκίας (κατὰ μὲν Θράκην Στρυ-
μονίας· πνεῖ γὰρ ἀπὸ τοῦ Στρυμόνος ποταμοῦ),
κατὰ δὲ τὴν Μεγαρικὴν Σκίρρων ἀπὸ τῶν Σκιρ-
20 ρωνίδων πετρῶν, ἐν δὲ Ἰταλίᾳ καὶ Σικελίᾳ Κιρκίας
διὰ τὸ πνεῖν ἀπὸ τοῦ Κιρκαίου. ἐν δὲ Εὐβοίᾳ καὶ

---

¹ Σκυλαντίμου Β.   ² ὁραλεοντο Β.   ³ Πηγαῖον Β.

Marseus from a village Marsus. At Proconnesus,
Teos, Crete, Euboea and Cyrene it is called Helles-
pontias. It specially ruffles the harbour of Capheres
in Euboea and the harbour of Cyrene, which is
called Apollonia ; it blows from the Hellespont. In
Sinope it is called Berecyntias, blowing from parts
of Phrygia. In Sicily it is called Cataporthmias,
blowing from the strait. Some also call it Caecias,
adding the title Thebanas.

Eurus. At Aegae in Syria it is called Scopelus
from the Rhosian crag ($\sigma\kappa\acute{o}\pi\epsilon\lambda os$), and at Cyrene
Carbas from the Carbanes who dwell in Phoenicia ;
wherefore some call it Phoenicias. Some also believe
it to be the Apeliotes.

Orthonotus. Some add the title Eurus and
some Amneus. Notus has the same name every-
where. Its name is due to its bringing disease ($\nu\acute{o}\sigma os$),
apart from its being showery ($\nu\acute{o}\tau\iota os$), so there are
two reasons for its name. Similarly with Leuco-
notus ; its name is due to an accidental property ; for
it bleaches . . . Lips. This name is derived from
Libya whence it blows. Zephyrus. This derives
its name from the fact that it blows from the
west. . . . Iapyx. At Tarentum this is called
Scylletinus from a place Scylletium. At Dorylaeum
it is called Phrygias, and by some Pharangites, for
it blows from a certain gorge at Pangaeus. Among
many it is known as Argestes. Thracias, called
Strymonias in Thrace, because it blows from the
river Strymon, and in the Megarid Scirron from the
Scirronides rocks, and in Italy and in Sicily Circias
because it blows from Circaeum. In Euboea and

973 b

Λέσβῳ Ὀλυμπίας, τὸ δὲ ὄνομα ἀπὸ τοῦ Πιερικοῦ Ὀλύμπου· ὀχλεῖ δὲ Πυρραίους.

Ὑπογέγραφα δέ σοι καὶ τὰς θέσεις αὐτῶν, ὡς κεῖνται καὶ πνέουσιν, ὑπογράψας τὸν τῆς γῆς 25 κύκλον, ἵνα καὶ πρὸ ὀφθαλμῶν σοι τεθῶσιν.

SITUATIONS AND NAMES OF WINDS

Lesbos it is called Olympias, and its name comes from Pierian Olympus ; it gives trouble to the Pyrrhaei.

I have written down for you also the situation of the winds, where they are situate and whence they blow, drawing in a chart the earth's circumference, in order that these things may be set before your eyes.

ON MELISSUS, XENOPHANES
AND GORGIAS
(DE MELISSO, XENOPHANE, GORGIA)

INTRODUCTION

The Greek text of Bekker is largely untranslatable. Apelt, by a careful recension of a manuscript not used by Bekker, has cleared up a great many obscurities, and by the kindness of Messrs. Teubner this text has been used for the translation in this volume. The notes of Professor J. Cook Wilson in the *Classical Review* (Vol. VI) have also been consulted, and a few alterations made in Apelt's text in accordance with them. The difficulties of the manuscript may be gathered from a comment of a scribe who copied out one of them. " The original is too mutilated, so no one need blame me. As I see, so have I written." Even the title in Bekker's text is wrong.

ΠΕΡΙ ΜΕΛΙΣΣΟΥ

1. Ἀΐδιον εἶναί φησιν εἴ τί ἐστιν, εἴπερ μὴ ἐνδέχεσθαι γενέσθαι μηδὲν ἐκ μηδενός. εἴτε γὰρ ἄπαντα γέγονεν εἴτε μὴ πάντα, ἀΐδια ἀμφοτέρως.
5 ἐξ οὐδενὸς γὰρ γενέσθαι ἂν αὐτῶν γινόμενα. ἁπάντων τε γὰρ γινομένων οὐδὲν προϋπάρχειν· εἶτ' ὄντων τινῶν ἀεὶ ἕτερα προσγίνοιτο, πλέον ἂν καὶ μεῖζον τὸ ὂν γεγονέναι. ᾧ δὴ πλέον καὶ μεῖζον, τοῦτο γενέσθαι ἂν ἐξ οὐδενός· ⟨ἐν⟩ τῷ γὰρ ἐλάττονι τὸ πλέον, οὐδ' ἐν τῷ μικροτέρῳ τὸ μεῖζον οὐχ
10 ὑπάρχειν. ἀΐδιον δὲ ὂν ἄπειρον εἶναι, ὅτι οὐκ ἔχει ἀρχὴν ὅθεν ἐγένετο, οὐδὲ τελευτὴν εἰς ὃ γινόμενον ἐτελεύτησέ ποτε (πᾶν γάρ)· ἄπειρον δ' ὂν ἓν εἶναι. εἰ γὰρ δύο ἢ πλείω[1] εἴη, περαίνειν ἂν ταῦτα πρὸς ἄλληλα. ἓν δὲ ὂν ὅμοιον εἶναι πάντῃ· εἰ γὰρ ἀνόμοιον, πλείω ὄντα, οὐκ ἂν ἔτι ἓν εἶναι, ἀλλὰ πολλά. ἀΐδιον δὲ ὂν ἄπειρόν τε καὶ ὅμοιον πάντῃ, ἀκίνητον εἶναι τὸ ἕν. οὐ γὰρ ἂν κινηθῆναι μὴ ἔς τι ὑποχωρῆσαν. ὑποχωρῆσαι δὲ ἀνάγκην εἶναι

[1] πλέω ἢ δύο B; but cf. 976 a 16.

ON MELISSUS

1. MELISSUS maintains that if anything exists it must
be eternal, on the ground that it is impossible for
anything to come into existence from nothing.
(1) Whether everything has come into existence or
only some things, they are in either case eternal;
otherwise they would have come into existence from
nothing. For if we suppose that everything has
come into existence, then nothing existed before-
hand; supposing, on the other hand, that some
things existed, and that others were added thereto,
then the body of existence would have grown
more and larger. And its increment would have
come into existence from nothing; for the more
cannot exist in the less, nor the greater in the
smaller. (2) But anything eternal must be in-
finite, because it has not a beginning from which its
existence arose, nor any end into which it could ever
terminate (for it is universal). (3) Again, anything
eternal must be a unity. For if it were two or more,
these would terminate in each other. (4) One again
must be in every way homogeneous; for if it were not
homogeneous, being plural, it could not be a unity,
but would be many. (5) The eternal, then, being
infinite and homogeneous in every way, the unity
must be immovable. For it could not move unless it
passed into something. In that case it must pass

974 a

ἤτοι εἰς πλῆρες ἰὸν ἢ εἰς κενόν. τούτων δὲ τὸ μὲν
οὐκ ἂν δέξασθαι τὸ πλῆρες, τὸ δὲ οὐκ εἶναι οὐδὲν
[ἢ] τὸ κενόν. τοιοῦτο δὲ ὂν τὸ ἓν ἀνώδυνόν τε
20 καὶ ἀνάλγητον, ὑγιές τε καὶ ἄνοσον εἶναι, οὔτε
μετακοσμούμενον θέσει, οὔτε ἑτεροιούμενον εἴδει,
οὔτε μιγνύμενον ἄλλῳ. κατὰ πάντα γὰρ ταῦτα
πολλά τε τὸ ἓν γίνεσθαι καὶ τὸ μὴ ὂν τεκνοῦσθαι
καὶ τὸ ὂν φθείρεσθαι ἀναγκάζεσθαι. ταῦτα δὲ
ἀδύνατα εἶναι. καὶ γὰρ εἰ τὸ μεμῖχθαί τι ἓν ἐκ
25 πλειόνων λέγοιτο, καὶ εἴη πολλά τε καὶ κινούμενα
εἰς ἄλληλα τὰ πράγματα, καὶ ἡ μῖξις ἢ ὡς ἐν ἑνὶ
σύνθεσις εἴη τῶν πλειόνων, ἢ τῇ ἐπαλλάξει οἷον
ἐπιπρόσθησις γίνοιτο τῶν μιχθέντων, ἐκείνως μὲν
ἂν διάδηλα χωρὶς ὄντα εἶναι τὰ μιχθέντα, ἐπιπροσ-
θήσεως δ' οὔσης ἐν τῇ τρίψει γίνεσθαι ἂν ἕκαστον
974 b φανερόν, ἀφαιρουμένων τῶν πρώτων τῶν ὑπ' ἄλ-
ληλα τεθέντων μιχθέντων· ὧν οὐδέτερον συμβαί-
νειν. διὰ τούτων δὲ τῶν τρόπων κἂν εἶναι πολλὰ
κἂν ἡμῖν, οἳ' ἔστι, φαίνεσθαι μόνως. ὥστ' ἐπειδὴ
οὐχ οἷόν θ' οὕτως, οὐδὲ πολλὰ δυνατὸν εἶναι τὰ
5 ὄντα, ἀλλὰ ταῦτα δοκεῖν οὐκ ὀρθῶς. πολλὰ γὰρ
καὶ ἄλλα κατὰ τὴν αἴσθησιν φαντάζεσθαι ἅπασαν.
λόγον δ' οὔτ' ἂν ἐκεῖνο αἱρεῖν, τὰ ὄντα γίγνεσθαι,
οὔτε πολλὰ εἶναι τὸ ὄν, ἀλλὰ ἓν ἀίδιόν τε καὶ
ἄπειρον καὶ πάντῃ ὅμοιον αὐτὸ αὑτῷ.

Ἆρ' οὖν δεῖ πρῶτον μὲν μὴ πᾶσαν λαβόντα
10 δόξαν ἄρχεσθαι, ἀλλ' αἳ μάλιστα εἰσὶ βέβαιοι.
ὥστ' εἰ μὲν ἅπαντα τὰ δοκοῦντα μὴ ὀρθῶς ὑπο-
λαμβάνεται, οὐθὲν ἴσως προσήκει οὐδὲ τούτῳ
προσχρῆσθαι τῷ δόγματι, ⟨ὅτι⟩ οὐκ ἄν ποτε οὐδὲν
γένοιτο ἐκ μηδενός. μία γάρ τίς ἐστι δόξα καὶ

either into what is full or into what is empty. Of these two what is full cannot receive it, and what is empty has no existence. (6) This being the nature of what exists the unity is insensible to pain and sorrow, but is healthy and free from disease, neither showing any alteration in position nor betraying any change in form, nor any mixture with anything else. For in any of these cases the unity would become plural, the non-existent would be born, and that which does exist would be destroyed. And this is impossible. For if we were to say that the unity could be a mixture of many things, and that many things could move into each other, then the mixture would be either a kind of composition of many things in one, or by a different change there would be a laying of each ingredient on another ; in the former case the elements mixed would be obviously separate, and in the latter each layer would become apparent by rubbing, as the first layers put under one another were removed ; neither of which things happens in fact. In these ways only they could be many and could appear to us as they actually are. So that since this is impossible, what exists cannot be multiple, and to suppose so is an error. As many other things which appear true by sense. But this does not do away with the argument that things which exist come into existence, that what is one is not multiple, and that this is infinite and in every way homogeneous.

In the first place, one must not begin by adopting any opinion, but only those which have the soundest foundations. So that if all apparent truths are not correctly assumed, perhaps we have no right to subscribe to this theory, that nothing can arise out of nothing. For this opinion may also be one of the

αὕτη τῶν οὐκ ὀρθῶν, ἣν ἐκ τοῦ αἰσθάνεσθαί πως
15 ἐπὶ πολλῶν πάντες ὑπειλήφαμεν. εἰ δὲ μὴ ἅπαντα
ἡμῖν ψευδῆ τὰ φαινόμενα, ἀλλά τινές εἰσι καὶ τού-
των ὀρθαὶ ὑπολήψεις, ἢ ἐπιδείξαντα τοιαύτην,
ποία, ἢ τὰς μάλιστα δοκούσας ὀρθάς, ταύτας
ληπτέον· ἃς ἀεὶ βεβαιοτέρας εἶναι δεῖ ἢ αἳ μέλ-
λουσιν ἐξ ἐκείνων τῶν λόγων δειχθήσεσθαι. εἰ
20 γὰρ καὶ εἶεν δύο δόξαι ὑπεναντίαι ἀλλήλαις, ὥσπερ
οἴεται (εἰ μὲν γὰρ πολλά, γενέσθαι φησὶν ἀνάγκην
εἶναι ἐκ μὴ ὄντων· εἰ δὲ τοῦτο μὴ οἷόν τε, οὐκ
εἶναι τὰ ὄντα πολλά· ἀγένητον γὰρ ὄν, ὅ τι ἔστιν,
ἄπειρον εἶναι. εἰ δ᾽ οὕτως, καὶ ἕν), ὁμοίως μὲν δὴ
ἡμῖν ὁ⟨μολογουμένων⟩ ἀμφοτέρων π⟨ροτάσεων⟩
οὐδὲν μᾶλλον ὅτι ἕν, ἢ ὅτι πολλὰ δείκνυται· εἰ δὲ
25 βέβαιος μᾶλλον ἡ ἑτέρα, ἀπὸ ταύτης ξυμπεραν-
θέντα μᾶλλον δέδεικται. τυγχάνομεν δὲ ἔχοντες
ἀμφοτέρας τὰς ὑπολήψεις ταύτας, καὶ ὡς ἂν οὐ
γένοιτ᾽ ἂν οὐδὲν ἐκ μηδενός, καὶ ὡς πολλά τε καὶ
κινούμενα μέν ἐστι τὰ ὄντα, ἀμφοῖν δὲ πιστὴ μᾶλ-
λον αὕτη, καὶ θᾶττον ἂν πρόοιντο πάντες ταύτης
ἐκείνην τὴν δόξαν. ὥστ᾽ εἰ καὶ συμβαίνοι ἐναντίας
975 a εἶναι τὰς φάσεις, καὶ ἀδύνατον γίνεσθαί τε ἐκ μὴ
ὄντος καὶ μὴ πολλὰ εἶναι τὰ πράγματα, ἐλέγχοιτο
μὲν ἂν ὑπ᾽ ἀλλήλων ταῦτα. ἀλλὰ τί μᾶλλον οὕτως
ἂν ἔχοι; ἴσως τε κἂν φαίη τις τούτοις τἀναντία.
5 οὔτε γὰρ δείξας ὅτι ὀρθὴ δόξα ἀφ᾽ ἧς ἄρχεται,
οὔτε μᾶλλον βέβαιον ἢ περὶ ἧς δείκνυσι λαβών,
διελέχθη. μᾶλλον γὰρ ὑπολαμβάνεται εἰκὸς εἶναι

incorrect, which all of us assume from perception in many cases. But if all appearances are not false, but some of them are correct suppositions, either pointing to the real opinion which is, or at any rate to those which appear most correct, we must assume these ; and these must always be regarded as more sure than those which are to be demonstrated from arguments of the other kind. For if there were two contradictory opinions, as he thinks (for he says that if there are many things, coming into existence must take place from what does not exist ; but if this is impossible, then the things existing cannot be plural ; for, as it does not come into existence, that which is must be infinite ; but if this is so it is also a unity), in the same way if we admit both contentions, there is not more proof that it is one than that it is many. But if the one is better substantiated, then the conclusions arising from it are better proven. We chance then to be confronted with two propositions—(a) that nothing can come into existence from nothing, and (b) that what exists is plural and moving—and of the two the latter is more credible ; everyone would rather reject the former view than the latter. If, then, it is true that the statements are contradictory, and that " growing out of the non-existent," and " the present existence of many things " cannot both be true, then these views would be refuted by each other. But why should this be the case ? Perhaps one could state a thesis that contradicts these. For Melissus has not proved anything by showing that the premiss from which he starts is correct, nor any more certain than that concerning which he is arguing. For it may be regarded as more probable that something should arise

975 a

γίνεσθαι ἐκ μὴ ὄντος ἢ μὴ πολλὰ εἶναι. λέγεταί
τε καὶ σφόδρα ὑπὲρ αὐτῶν γίγνεσθαί τε τὰ μὴ
ὄντα, καὶ [μὴ] γεγονέναι πολλὰ ἐκ μὴ ὄντων, καὶ
10 οὐχ ὅτι οἱ τυγχάνοντες, ἀλλὰ καὶ τῶν δοξάντων
τινὲς εἶναι σοφῶν εἰρήκασιν. αὐτίκα δὴ Ἡσίοδος
" πάντων μὲν πρῶτον," φησί, " χάος ἐγένετο,
αὐτὰρ ἔπειτα γαῖ' εὐρύστερνος, πάντων ἕδος ἀ-
σφαλὲς αἰεί, ἠδ' Ἔρος, ὃς πάντεσσι μεταπρέπει
ἀθανάτοισιν." τὰ δ' ἄλλα φησὶ γενέσθαι ⟨ἐκ τού-
15 των⟩, ταῦτα δ' ἐξ οὐδενός. πολλοὶ δὲ καὶ ἕτεροι
εἶναι μὲν οὐδέν φασι, γίγνεσθαι δὲ πάντα, λέγοντες
οὐκ ἐξ ὄντων γίγνεσθαι τὰ γιγνόμενα. οὐδὲ γὰρ
ἂν ἔτι αὐτοῖς ἅπαντα γίγνοιτο. ὥστε τοῦτο μὲν
δῆλον, ὅτι ἐνίοις γε δοκεῖ καὶ ἐξ οὐκ ὄντων ἂν
γενέσθαι.

2. Ἀλλ' ἆρα εἰ μὲν δυνατά ἐστιν ἢ ἀδύνατα ἃ
λέγει, ἐατέον; τὸ δὲ πότερον συμπεραίνεται αὐτὰ
20 ἐξ ὧν λαμβάνει, ἢ οὐδὲν κωλύει καὶ ἄλλως ἔχειν,
ἱκανὸν σκέψασθαι· ἕτερον γὰρ ἄν τι τοῦτ' ἴσως
ἐκείνου εἴη. καὶ πρῶτον τεθέντος, ὃ πρῶτον λαμ-
βάνει, μηδὲν γενέσθαι ἂν ἐκ μὴ ὄντος, ἆρα ἀνάγκη
ἀγένητα ἅπαντα εἶναι, ἢ οὐδὲν κωλύει γεγονέναι
ἕτερα ἐξ ἑτέρων, καὶ τοῦτο εἰς ἄπειρον ἰέναι; ἢ
25 καὶ ἀνακάμπτειν κύκλῳ, ὥστε τὸ ἕτερον ἐκ τοῦ
ἑτέρου γεγονέναι, ἀεί τε οὕτως ὄντος τινός, καὶ
ἀπειράκις ἑκάστου γεγενημένου ἐξ ἀλλήλων; ὥστε
οὐδὲν ἂν κωλύοι τὸ ἅπαντα γεγονέναι, κειμένου
τοῦ μηδὲν γενέσθαι ἂν ἐκ μὴ ὄντος. καὶ ἄπειρα
ὄντα πρὸς ἐκεῖνον προσαγορεῦσαι οὐδὲν κωλύει

from nothing than that many things should not exist. In fact it is very commonly said that things which do not exist do come into existence, and that many things arise from what does not exist ; and this is the opinion not merely of chance persons, but some men with reputations, as philosophers have said it too. So Hesiod says " first of all there was created Chaos, then the broad-bosomed earth, ever the safe foundation of all things, and then Love which belongs to all the Immortals." All the rest of the universe he says grew out of these, but these out of nothing. Many others, again, say that nothing exists but everything is becoming, stating that what is becoming does not arise from what exists. For in that case everything would not come into existence. So that this is clear, that some at any rate believe that things come into existence from what does not exist.

2. But shall we now leave the question whether his conclusions are possible or impossible ? It is now proper to inquire whether his conclusions follow from his premisses, or whether there is anything to prevent others being drawn ; perhaps this is really a different question to the other. Admitting his first assumption that nothing can come into existence from what does not exist, does it follow that everything has not come into existence ? Or is there anything to prevent one thing arising out of another, and this from being an infinite process ? Or they might travel in a circle, so that each one arose out of the next, something always existing and each arising from each in an endless series. So there is nothing to prevent all things from having come into existence, even assuming that nothing can arise from what does not exist. None of the terms attached to unity prevents us from applying

30 τῶν τῷ ἑνὶ ἑπομένων ὀνομάτων. τὸ ἅπαντα γὰρ
εἶναι καὶ λέγεσθαι καὶ ἐκεῖνος τῷ ἀπείρῳ προσ-
άπτει. οὐδέν τε κωλύει, καὶ μὴ ἀπείρων ὄντων,
κύκλῳ αὐτῶν εἶναι τὴν γένεσιν. ἔτι εἰ ἅπαντα
γίγνεται, ἔστι δὲ οὐδέν, ὥς τινες λέγουσιν, πῶς ἂν
ἀΐδια εἴη; ἀλλὰ γὰρ τοῦ μὲν εἶναί τι ὡς ὄντος
35 καὶ κειμένου διαλέγεται. εἰ γάρ, φησί, μὴ ἐγένετο,
ἔστι δέ, ἀΐδιον ἂν εἴη, ὡς δέον ὑπάρχειν τὸ εἶναι
τοῖς πράγμασιν. ἔτι εἰ καὶ ὅτι μάλιστα μήτε τὸ
μὴ ὂν ἐνδέχεται γενέσθαι μήτε ἀπολέσθαι τὸ [μὴ]
ὄν, ὅμως τί κωλύει τὰ μὲν γενόμενα αὐτῶν εἶναι,
975 b τὰ δ' ἀΐδια, ὡς καὶ Ἐμπεδοκλῆς λέγει; ἅπαντα
γὰρ κἀκεῖνος ταῦτα ὁμολογήσας, ὅτι " ἐκ τε τοῦ
μὴ ὄντος ἀμήχανόν ἐστι γενέσθαι, τό τε ὂν ἐξόλ-
λυσθαι ἀνήνυστον καὶ ἄπρηκτον, ἀεὶ γὰρ θήσεσθαι
ὅπῃ κέ τις αἰὲν ἐρείδῃ," ὅμως τῶν ὄντων τὰ μὲν
5 ἀΐδιά φησιν εἶναι, πῦρ καὶ ὕδωρ καὶ γῆν καὶ ἀέρα,
τὰ δ' ἄλλα γίνεσθαί τε καὶ γεγονέναι ἐκ τούτων.
οὐδεμία γὰρ ἑτέρα, ὡς οἴεται, γένεσίς ἐστι τοῖς
οὖσιν, " ἀλλὰ μόνον μῖξίς τε διάλλαξίς τε μιγέντων
ἐστί· φύσις δ' ἐπὶ τοῖς ὀνομάζεται ἀνθρώποισιν."
τὴν δὲ γένεσιν οὐ πρὸς οὐσίαν τοῖς ἀϊδίοις καὶ τῷ
10 ὄντι γίγνεσθαι λέγει, ἐπεὶ τοῦτό γε ἀδύνατον ᾤετο.
πῶς γὰρ ⟨ἄν⟩, φησί, καὶ " ἐπαυξήσειε τὸ πᾶν τι
τε καὶ ποθὲν ἐλθόν; " ἀλλὰ μισγομένων τε καὶ
συντιθεμένων πυρὸς καὶ τῶν μετὰ πυρὸς γίγνεσθαι

the term infinite to the existent. For it is said, and he himself attaches to the infinite the fact that it is equivalent to all. Also, even if things existing are not infinite there is nothing to prevent their birth taking place in a circle. Again, if everything is in a state of becoming and nothing exists, as some say, how could they be eternal ? But he speaks of existence as something real and admitted. For he says, if a thing has not come into existence, but yet exists, it must be eternal on the assumption that existence is inherent in things. Furthermore supposing that it is impossible for what does not exist to come into being, and for what exists to be destroyed, all the same what is there to prevent some things from coming into being and existing and others from being eternal, as Empedocles himself really admits ? For he has in reality admitted all these things himself when he says that, " It is impossible that anything can come into being from what does not exist, and incredible and unworkable that what exists should be destroyed, for it will ever be in the place where someone has fixed it " ; yet at the same time he says that some existing things are eternal, fire, water, earth and air, and that all else arises and has arisen from these ; for he says there is no other possible birth for things that exist, "other than mixture and interchange of the parts mixed ; this is what men call natural process." He states that for the eternal and the existent there is no process of developing into existence, since he believes this impossible. For he says ; " How could anything increase the sum total, and whence could it come ? " But the many, he thinks, comes into being by the mixing and putting together of fire with the elements combined with fire, and by

471

τὰ πολλά, διαλλαττομένων τε καὶ διακρινομένων
φθείρεσθαι πάλιν, καὶ εἶναι τῇ μὲν μίξει πολλά
15 ποτε καὶ τῇ διακρίσει, τῇ δὲ φύσει τέτταρ' ἄνευ
τῶν αἰτίων, ἢ ἕν. ἢ εἰ καὶ ἄπειρα εὐθὺς ταῦτα
εἴη, ἐξ ὧν συντιθεμένων γίγνεται, διακρινομένων
δὲ φθείρεται, ὡς καὶ τὸν Ἀναξαγόραν φασί τινες
λέγειν, ἐξ ἀεὶ ὄντων καὶ ἀπείρων τὰ γιγνόμενα
γίγνεσθαι, κἂν οὕτως οὐκ ἂν εἴη ἀΐδια πάντα, ἀλλὰ
20 καὶ γιγνόμενα ἄττα καὶ γενόμενά τ' ἐξ ὄντων καὶ
φθειρόμενα εἰς οὐσίας τινὰς ἄλλας. ἔτι οὐδὲν
κωλύει μίαν τινὰ οὖσαν τὸ πᾶν μορφήν, ὡς καὶ
ὁ Ἀναξίμανδρος καὶ ὁ Ἀναξιμένης λέγουσιν, ὁ
μὲν ὕδωρ εἶναι φάμενος τὸ πᾶν, ὁ δέ, ὁ Ἀναξι-
25 μένης, ἀέρα, καὶ ὅσοι ἄλλοι οὕτως εἶναι τὸ πᾶν
ἓν ἠξιώκασι, τοῦτο ἤδη σχήμασί τε καὶ πλήθεσι
καὶ ὀλιγότητι, καὶ τῷ μανὸν ἢ πυκνὸν γίγνεσθαι,
πολλὰ καὶ ἄπειρα ὄντα τε καὶ γιγνόμενα ἀπ-
εργάζεσθαι τὸ ὅλον. φησὶ δὲ καὶ ὁ Δημόκριτος τὸ
ὕδωρ τε καὶ τὸν ἀέρα ἕκαστόν τε τῶν πολλῶν,
ταὐτὸ ὄν, ῥυσμῷ διαφέρειν. τί δὴ κωλύει καὶ
30 οὕτως τὰ πολλὰ γίγνεσθαί τε καὶ ἀπόλλυσθαι, ἐξ
ὄντος ἀεὶ εἰς ὂν μεταβάλλοντος ταῖς εἰρημέναις
διαφοραῖς τοῦ ἑνός, καὶ οὐδὲν οὔτε πλέονος οὔτε
ἐλάττονος γιγνομένου τοῦ ὅλου; ἔτι τί κωλύει
ποτὲ μὲν ἐξ ἄλλων τὰ σώματα γίγνεσθαι καὶ δια-
λύεσθαι εἰς σώματα, οὕτως δ' ἢ ἀναλυόμενα, κατ'
ἴσα γίγνεσθαί τε καὶ ἀπόλλυσθαι πάλιν; εἰ δὲ
35 καὶ ταῦτά τις συγχωροίη, καὶ εἴη τι καὶ ἀγένητον
472

their parting and separation they are destroyed again, and that the many exist by mixture and by separation, but that in nature there are only four elements apart from the causes, or else only one. If, then, the elements by whose composition creation takes place, and by whose separation destruction ensues, are entirely infinite, as some allege that Anaxagoras says, what comes into existence would do so from what is always existent and is infinite, and thus all this would not be eternal, but some becoming and having become from what is, and being destroyed into other forms. Again, there is nothing to prevent the sum total of existence from being one form, as Anaximander and Anaximenes say, the former stating that the whole is water, and Anaximenes that it is air, and all the other philosophers who have maintained that the whole is one, and that this appears under varying forms, and in different degrees of number and size, and differs by its rarity and density, both what exists and what is coming into existence being many and infinite, and producing the whole. Now Democritus maintains that water, and air, and each of the many being essentially the same only differ in rhythm. What, then, is there to prevent the many from coming into existence and being destroyed in this way, what exists continually changing into what exists by the aforesaid differences in the one, and the sum total never becoming either more or less? Again, what is there to prevent bodies coming into existence from other bodies and again being resolved into bodies, and in this way by being dissolved coming into existence and being destroyed again in equal balance? But if one can agree to this and a thing

εἴη, τί μᾶλλον ἄπειρον δείκνυται; ἄπειρον γὰρ
εἶναί φησιν, εἰ ἔστι μέν, μὴ γέγονε δέ. πέρατα
γὰρ εἶναι τὴν τῆς γενέσεως ἀρχήν τε καὶ τελευτήν.
καίτοι τί κωλύει ἀγένητον ὂν ἔχειν πέρας ἐκ τῶν
εἰρημένων; εἰ γὰρ ἐγένετο, ἔχειν ἀρχὴν ἀξιοῖ ταύ-
την ὅθεν ἤρξατο γιγνόμενον. τί δὴ κωλύει, καὶ
εἰ μὴ ἐγένετο, ἔχειν ἀρχήν; οὐ μέντοι γε ἐξ ἧς
[γε] ἐγένετο, ἀλλὰ καὶ ἑτέραν, καὶ εἶναι περαίνοντα
πρὸς ἄλληλα, ἀΐδια ὄντα; ἔτι τί κωλύει τὸ μὲν
⁵ ὅλον ἀγένητον ὂν ἄπειρον εἶναι, τὰ δ' ἐν αὐτῷ
γιγνόμενα πεπεράνθαι, ἔχοντ' ἀρχὴν καὶ τελευτὴν
γενέσεως; ἔτι καὶ ὡς ὁ Παρμενίδης φησί, τί
κωλύει καὶ τὸ πᾶν ἓν ὂν καὶ ἀγένητον ὅμως πε-
περάνθαι, καὶ εἶναι " πάντοθεν εὐκύκλου σφαίρας
ἐναλίγκιον ὄγκῳ, μεσσόθεν ἰσοπαλὲς πάντῃ· τὸ γὰρ
¹⁰ οὔτε τι μεῖζον οὔτε τι βαιότερον πελέμεν χρεών
ἐστι τῇ ἢ τῇ." ἔχον δὲ μέσον καὶ ἔσχατα, πέρας
ἔχει ἀγένητον ὄν. ⟨ἔτι ὄν⟩ τὸ πᾶν ἄπειρον εἰ καί,
ὡς αὐτὸς λέγει, ἕν ἐστι, καὶ τοῦτο σῶμα, ἔχει
ἄλλα ἑαυτοῦ μέρη, ἑαυτῷ δὲ ὅμοια πάντα (καὶ γὰρ
ὅμοιον οὕτω λέγει τὸ πᾶν εἶναι οὐχὶ ὡς ἄλλ⟨οι
ἑτέρῳ⟩ τινί, ὃ περανθὲν ἄν, ὁρᾷς, ἐλέγχει εἴ τι
¹⁵ ὅμοιον τὸ ἄπειρον—τὸ γὰρ ὅμοιον ἑτέρῳ ὅμοιον,

might exist and yet never be born, why should it
be further proved infinite ? For he says that it is
infinite if it exists and has not come into being.
This he states on the ground that the beginning and
the end of becoming are limits. And yet what is
there in the previous argument to prevent a thing
which has not come into existence from having a
limit ? For he claims that, if it has come into
existence, it has as a beginning that from which
it began to come into existence. What, then, is
there to prevent this having a beginning, even if
it has not come into existence ? Not, of course, that
from which they came into existence but another,
and from their all having limits in relation to each
other supposing that they are infinite ? Again, what
is there to prevent the sum total from being infinite
because it has not come into existence, and the
things which become in this sum total from being
limited, seeing that they have the beginning and
end of becoming ? Again, as Parmenides says,
what is there to prevent the sum total, even if it is
one, and does not come into existence, from being
limited, and from being " everywhere like unto the
mass of a well-shaped sphere, each point on the cir-
cumference being equidistant from the centre ? for
no measurement may be longer or shorter either in
one direction or in another." Seeing that it has a
centre and extremes, it has a limit, although it has
not come into existence. Again, being infinite if, as
he says, the whole is one, and is a body, it has different
parts of itself, but all its parts are like each other (for
he declares the whole to be alike in this sense, not
as one thing to another, which, you see, proves it
limited, if the infinite is alike—for its likeness is like

475

ὥστε δύο ἢ πλείω ὄντα οὐκ ἂν ἓν οὐδ' ἄπειρον
εἶναι—ἀλλ' ἴσως τὸ ὅμοιον πρὸς αὐτὸ λέγει, καὶ
φησὶν αὐτὸ ὅμοιον εἶναι πᾶν, ὅτι ὁμοιομερές, ὕδωρ
ὂν ἅπαν ἢ γῆ ἢ εἴ τι τοιοῦτον ἄλλο· δῆλος γὰρ
οὕτως ἀξιῶν εἶναι ἕν), τῶν δὴ μερῶν ἕκαστον,
20 σῶμα ὄν, οὐκ ἄπειρόν ἐστιν (τὸ γὰρ ὅλον ἄπειρον),
ὥστε ταῦτα περαίνει πρὸς ἄλληλα, ἀγένητα ὄντα.
ἔτι εἰ ἀίδιόν τε καὶ ἄπειρόν ἐστι, πῶς ἂν εἴη ἕν,
σῶμα ὄν; εἰ μὲν γὰρ ἀνομοιομερὲς εἴη, πολλὰ καὶ
αὐτὸς οὕτω γ' ἂν εἶναι ἀξιοῖ. εἰ δὲ ἅπαν ὕδωρ ἢ
25 ἅπαν γῆ ἢ ὅ τι δὴ τὸ ὂν τοῦτ' ἐστί, πολλὰ ἂν ἔχοι
μέρη, ὡς καὶ Ζήνων ἐπιχειρεῖ ὂν δεικνύναι τὸ
οὕτως ὂν ἕν. εἴη οὖν ἂν καὶ πλείονα τὰ αὐτοῦ
μέρη, ἐλάττω ὄντα, καὶ μικρότερα ἄλλα, ὥστε
πάντη ἂν ταύτῃ ἄλλο ἢ ἓν εἴη οὐδενὸς προσγιγνο-
μένου σώματος οὐδ' ἀπογιγνομένου. εἰ δὲ μήτε
σῶμα μήτε πλάτος μήτε μῆκος ἔχοι μηδέν, πῶς
30 ἂν ἄπειρον [ἂν] εἴη; τί κωλύει πολλὰ καὶ ἀνάριθμα
τοιαῦτα εἶναι; τί κωλύει καὶ πλείω ὄντα ἑνὸς
μεγέθει ἄπειρα εἶναι; ὡς καὶ Ξενοφάνης ἄπειρον
τό τε βάθος τῆς γῆς καὶ τοῦ ἀέρος φησὶν εἶναι.
δηλοῖ δὲ καὶ ὁ Ἐμπεδοκλῆς· ἐπιτιμᾷ γάρ, ὡς
λεγόντων τινῶν τοιαῦτα, ἀδύνατον εἶναι, οὕτως
35 ἐχόντων, ξυμβαίνειν αὐτά· " εἴπερ ἀπείρονα γῆς τε
βάθη καὶ δαψιλὸς αἰθήρ, ὡς διὰ πολλῶν δὴ βροτέων
ῥηθέντα ματαίως ἐκκέχυται στομάτων, ὀλίγον τοῦ
976 b παντὸς ἰδόντων." ἔτι ἓν ὂν οὐδὲν ἄτοπον, εἰ μὴ
πάντη ὅμοιόν ἐστιν. εἰ γάρ ἐστιν ὕδωρ ἅπαν ἢ
πῦρ ἢ ὅ τι δὴ ἄλλο τοιοῦτον, οὐδὲν κωλύει πλείω

another, so that being two or more it could not be one or infinite—but perhaps he means like itself, and that the whole is alike in the sense that its parts are alike, all being water or earth or something else; for it is clear that he believes it one), but each of the parts being a body is not infinite (for the whole is infinite), so that these have a limit in relation to each other, without coming into existence. Further, if it is eternal and infinite, how could it be one, seeing that it is a body? For if its parts were unlike, he himself would admit that it was many. But if it is all water or all earth, or whatever it may be, it would have many parts, as even Zeno undertakes to prove that what is thus existent is one. Then its parts would be more than one, some being less than others and some smaller, so that it would be in every way different from one with no body either added or subtracted. But if it is not a body, and has neither breadth nor length, how could it be infinite? What, then, is there to prevent such things from being many and countless? What is to prevent their being infinite in size, even if they are more than one? As also Xenophanes says that the depth of the earth and the air are unlimited. So also does Empedocles prove this; for he criticizes the view, saying it is impossible if they are thus, as some people say, that they should ever come together. "If the depths of the earth are unlimited and the air is vast, like the things which pour vainly out from the mouths of men, they have but little conception of the whole." Again, supposing it is one, there is nothing surprising in its not being alike in every part. For if it is all water, or fire, or whatever else it may be, there is nothing to prevent there being several forms of the one

εἰπεῖν τοῦ ὄντος ἑνὸς εἴδη, ἰδίᾳ ἕκαστον ὅμοιον
αὐτὸ ἑαυτῷ. καὶ γὰρ μανόν, τὸ δὲ πυκνὸν εἶναι,
μὴ ὄντος ἐν τῷ μανῷ κενοῦ, οὐδὲν κωλύει· ἐν γὰρ
5 τῷ μανῷ οὐκ ἔστιν ἔν τισι μέρεσι χωρὶς ἀποκεκρι-
μένον τὸ κενόν, ὥστε τοῦ ὅλου, τὸ μὲν πυκνόν,
⟨τὸ δὲ κενὸν⟩ εἶναι (καὶ τοῦτ' ἤδη ἐστὶ μανόν, τὸ
πᾶν οὕτως ἔχον), ἀλλ' ὁμοίως ἅπαν πλῆρες ὄν,
ὁμοίως ἧττον πλῆρές ἐστι τοῦ πυκνοῦ. εἰ δὲ καὶ
10 ἔστιν ἀγένητον, καὶ διὰ τοῦτο ἄπειρον ἂν δοθείη
εἶναι, καὶ μὴ ἐνδέχεσθαι ἄλλο καὶ ἄλλο ἄπειρον
εἶναι, καὶ διὰ τοῦτο καὶ ἓν τοῦτο ἤδη προσαγο-
ρευτέον καὶ ἀδύνατον· πῶς γὰρ ἂν εἴη ἀκίνητον τὸ
ὅλον, εἰ τὸ κενὸν μὴ ὅλον ἂν οἷόν τε εἶναι; ἀκί-
νητον δ' εἶναι φησίν, εἰ κενὸν μή ἐστιν· ἅπαντα γὰρ
κινεῖσθαι τῷ ἀλλάττειν τόπον. πρῶτον μὲν οὖν
15 τοῦτο πολλοῖς οὐ συνδοκεῖ, ἀλλ' εἶναί τι κενόν, οὐ
μέντοι τοῦτό γέ τι σῶμα εἶναι, ἀλλ' οἷον καὶ ὁ
Ἡσίοδος ἐν τῇ γενέσει πρῶτον τὸ χάος φησὶ γενέ-
σθαι, ὡς δέον χώραν πρῶτον ὑπάρχειν τοῖς οὖσιν,
τοιοῦτον δέ τι καὶ τὸ κενόν, οἷον ἀγγεῖόν τι ἀνὰ
μέσον εἶναι ζητοῦμεν. ἀλλὰ δὴ καὶ εἰ μή ἐστι
20 κενὸν μηδέν, τί ἧσσον ἂν κινοῖτο; ἐπεὶ καὶ Ἀναξ-
αγόρας τὸ πρὸς αὐτὸ πραγματευθείς, καίτοι μόνον
ἀποχρῆσαν αὐτῷ ἀποφήνασθαι ὅτι οὐκ ἔστιν, ὅμως
κινεῖσθαί φησι τὰ ὄντα, οὐκ ὄντος κενοῦ. ὁμοίως
δὲ καὶ ὁ Ἐμπεδοκλῆς κινεῖσθαι μὲν ἀεί φησι
συγκρινόμενα τὰ ὄντα πάντα ἐνδελεχῶς, κενὸν δὲ
25 οὐδὲν εἶναι, λέγων ὡς " τοῦ παντὸς δ' οὐδὲν
κενεόν. πόθεν οὖν τί κ' ἐπέλθοι;" ὅταν δὲ εἰς
μίαν μορφὴν συγκριθῇ, ὥσθ' ἓν εἶναι, οὐδέν, φησί,
τό γε κενὸν πέλει οὐδὲ περισσόν. τί γὰρ κωλύει
εἰς ἄλληλα φέρεσθαι καὶ περιίστασθαι ἅμα ὁτουοῦν

existence, though each is similar to each by itself. There is nothing to prevent part being rare and part dense, as long as there is no empty space in the rare ; for in the rare there is no empty space isolated among its parts, so that of the whole part is dense and part empty (that which is rare is consistently so all through), but, the whole thing being alike full, the rare part is less full than the dense. But if it is also unborn, and for this reason would be admitted to be infinite, and that it is impossible for one thing to be infinite as well as another, and on this account it is necessary to attach the term one to it, again it is impossible ; for how could it be unmoved, if it is quite impossible for a void to exist ? For everything moves by changing its place. Now first of all everyone does not agree to this, but some think that there is an empty space, not that this is a body, but such as Hesiod describes Chaos to have been in the beginning, on the ground that there must be a space for existing things, and that this is empty like a vessel we are looking for in the centre. How, he argues, if there were no empty space could anything move ? Since Anaxagoras, who concentrated on this problem, found himself content to demonstrate that there is no such thing, and yet believes that existing things move, even though there is no empty space. In the same way too Empedocles says that all existing things are continually moving while fusing together, but does not believe that there is an empty space, saying, " There is nothing entirely empty. Whence, then, could anything come into it ? " But when things are collected into one form so as to become a unity, there is nothing, he says, either empty or overflowing. For what is to prevent their being carried into each other's place and moving from

976 b

εἰς ἄλλο, καὶ τούτου εἰς ἕτερον, καὶ εἰς τὸ πρῶτον
30 ἄλλου μεταβάλλοντος ἀεί; ἔτι καὶ τὴν ἐν τῷ αὐτῷ
μένοντος τοῦ πράγματος τόπῳ τοῦ εἴδους μετα-
βολήν, ἣν ἀλλοίωσιν οἵ τ᾽ ἄλλοι κἀκεῖνος λέγει,
οὐδὲν ἐκ τῶν εἰρημένων αὐτῷ κωλύει κινεῖσθαι τὰ
πράγματα, ὅταν ἐκ λευκοῦ μέλαν ἢ ἐκ πικροῦ
γίγνηται γλυκύ. οὐδὲν γὰρ τὸ μὴ εἶναι κενὸν ἢ
35 μὴ δέχεσθαι τὸ πλῆρες ἀλλοιοῦσθαι κωλύει. ὥστε
οὔτε ἅπαντα ἀίδια οὔθ᾽ ἓν οὔτ᾽ ἄπειρον ἀνάγκη
εἶναι, ἀλλ᾽ ἄπειρα πολλά. οὔτε ἕν θ᾽ ὅμοιον, οὔτ᾽
ἀκίνητον, οὔτ᾽ εἰ ἓν οὔτ᾽ εἰ πόλλ᾽ ἄττα. τούτων
δὲ κειμένων καὶ μετακοσμεῖσθαι καὶ ἑτεροιοῦσθαι
τὰ ὄντα οὐδὲν ἂν κωλύοι ἐκ τῶν ὑπ᾽ ἐκείνου εἰρη-
977 a μένων, καὶ ἑνὸς ὄντος τοῦ παντὸς κινήσεως οὔσης,
καὶ πλήθει καὶ ὀλιγότητι διαφέροντος, καὶ ἀλ-
λοιουμένου οὐδενὸς προσγιγνομένου οὐδ᾽ ἀπογιγ-
νομένου σώματος, καὶ εἰ πολλὰ συμμισγομένων
5 καὶ διακρινομένων ἀλλήλοις. τὴν γὰρ μῖξιν οὔτ᾽
ἐπιπρόσθεσιν τοιαύτην εἶναι οὔτε σύνθεσιν εἰκός,
οἵαν λέγει, ὥστε ἢ χωρὶς εὐθὺς εἶναι, ἢ καὶ ἀποτρι-
φθέντος ⟨τοῦ⟩ ἐπίπροσθεν ἕτερα ἑτέρως φαίνεσθαι
χωρὶς ἀλλήλων ταῦτα, ἀλλ᾽ οὕτω συγκεῖσθαι τα-
χθέντα ὥστε ὁτιοῦν τοῦ μιγνυμένου παρ᾽ ὁτιοῦν ᾧ
μίγνυται ⟨γίγνεσθαι⟩ μέρος, οὕτως ὡς μὴ κατα-
10 ληφθῆναι συγκείμενα, ἀλλὰ μεμιγμένα, μηδ᾽
ὁποιαοῦν αὐτῷ μέρη. ἐπεὶ γὰρ οὐκ ἔστι σῶμα τί
ἐλάχιστον, ἅπαν ἅπαντι μέρος μέμικται ὁμοίως
καὶ τὸ ὅλον.

one spot to another, and from this to a third, and then with another change back to the first and so on continually ? Moreover, with the change of form which takes place in a thing remaining in the same spot, which others as well as he call change of state, there is nothing from what has been said to prevent things from being moved, when a change takes place from white to black or from bitter to sweet. For the non-existence of an empty space or the fact that a full one can admit nothing else does not prevent a change of state. So that it is not essential that either everything should be eternal, or that the one should be infinite, but many are infinite. Nor is the one either homogeneous or immovable, neither if there is only one, nor if there is many. But when once this is admitted, there is nothing in his statements to prevent what exists from changing and becoming different ; if what is existent is one, and movement belongs to the whole of it, and its differences are only quantitative, and a body changes its state without anything added or subtracted, and if the many is produced by union and separation among each other. This mixture is not likely to be a question of addition or of union of the kind Melissus mentions, in which the parts would be immediately separable, or in layers so that by rubbing off one the second would be seen to be different, but it is more probable that the union is arranged in such a way that one part of the mixture becomes actually part of that with which it is mixed, so that the parts will not be found lying side by side, one by another, but actually fused together. Since, therefore, no one body can be called smallest, each single part is fused with each other part, just as the whole is fused together.

977 a

3. Ἀδύνατόν φησιν εἶναι, εἴ τι ἔστι, γενέσθαι, τοῦτο
15 λέγων ἐπὶ τοῦ θεοῦ. ἀνάγκη γὰρ ἤτοι ἐξ ὁμοίου
ἢ ἐξ ἀνομοίου γενέσθαι τὸ γενόμενον. δυνατὸν δὲ
οὐδέτερον. οὔτε γὰρ ὅμοιον ὑφ᾽ ὁμοίου προσήκειν
τεκνωθῆναι μᾶλλον ἢ τεκνῶσαι (ταὐτὰ γὰρ ἅπαντα
τοῖς γε ἴσοις καὶ ὁμοίως ὑπάρχειν πρὸς ἄλληλα)
οὔτ᾽ ἂν ἐξ ἀνομοίου τὸ ἀνόμοιον γενέσθαι. εἰ γὰρ
20 γίγνοιτο ἐξ ἀσθενεστέρου τὸ ἰσχυρότερον ἢ ἐξ ἐλάτ-
τονος τὸ μεῖζον ἢ ἐκ χείρονος τὸ κρεῖττον, ἢ
τοὐναντίον τὰ χείρω ἐκ τῶν κρειττόνων, τὸ οὐκ ὂν
ἐξ ὄντος ⟨ἢ τὸ ὂν ἐξ οὐκ ὄντος⟩ ἂν γενέσθαι·
ὅπερ ἀδύνατον. ἀίδιον μὲν οὖν διὰ ταῦτ᾽ εἶναι τὸν
θεόν. εἰ δ᾽ ἔστιν ὁ θεὸς ἁπάντων κράτιστον, ἕνα
25 φησὶν αὐτὸν προσήκειν εἶναι. εἰ γὰρ δύο ἢ ἔτι
πλείους εἶεν, οὐκ ἂν ἔτι κράτιστον καὶ βέλτιστον
αὐτὸν εἶναι πάντων. ἕκαστος γὰρ ὢν θεὸς τῶν
πολλῶν ὁμοίως ἂν τοιοῦτος εἴη. τοῦτο γὰρ θεὸν
καὶ θεοῦ δύναμιν εἶναι, κρατεῖν, ἀλλὰ μὴ κρατεῖ-
σθαι, καὶ πάντων κράτιστον εἶναι. ὥστε καθὸ μὴ
κρείττων, κατὰ τοσοῦτον οὐκ εἶναι θεόν. πλειόνων
30 οὖν ὄντων, εἰ μὲν εἶεν τὰ μὲν ἀλλήλων κρείττους,

ᵃ The following argument really supersedes that of the previous sentences.

ON XENOPHANES

3. XENOPHANES says that, if anything exists, it can-
not have become, and he applies his conclusions to
God. For that which has come into existence must
have risen either from like or from unlike. But neither
of these is possible. For it is neither natural that like
should be begotten by like, any more than that like
should beget like (for the same features occur in all
equal quantities and their interrelations are similar),
nor is it possible that unlike has come into existence
from unlike. For he argues that if the stronger could
arise from the weaker or the greater from the less,
or conversely the inferior from the better, the non-
existent would arise from the existent, or conversely
the existent from the non-existent; both of which
are impossible. On these grounds then he claims that
God must be eternal. Further, he says that if God
is the most powerful of all, He must be one. For if
there were two or more gods, He would no longer be
the most powerful and best of them all. For each of
the many being a god would also share His char-
acteristics. For the essence of God and of His power
is to rule and not to be ruled, and to be the most
powerful of all. In so far then as He is not most
powerful He is not God.[a] But supposing that there
are many gods in some respects more powerful than
each other, and in other respects less so, they would

977 a
τὰ δὲ ἥττους, οὐκ ἂν εἶναι θεούς· πεφυκέναι γὰρ
τὸ θεῖον μὴ κρατεῖσθαι. ἴσων δὲ ὄντων, οὐκ ἂν
ἔχειν θεοῦ φύσιν ⟨οὐδένα· τὸν μὲν γὰρ θεὸν τὴν
φύσιν⟩ δεῖν εἶναι κράτιστον· τὸ δὲ ἴσον οὔτε βέλτιον
οὔτε χεῖρον εἶναι τοῦ ἴσου. ὥστ' εἴπερ εἴη τε καὶ
35 τοιοῦτον εἴη θεός, ἕνα μόνον εἶναι τὸν θεόν. οὐδὲ
γὰρ οὐδὲ πάντα δύνασθαι ἂν ἃ βούλοιτο. οὐ γὰρ
ἂν δύνασθαι πλειόνων ὄντων· ἕνα ἄρα εἶναι μόνον.
ἕνα δ' ὄντα ὅμοιον εἶναι πάντῃ, ὁρᾶν τε καὶ
ἀκούειν, τάς τε ἄλλας αἰσθήσεις ἔχοντα πάντῃ. εἰ
γὰρ μή, κρατεῖν ἂν καὶ κρατεῖσθαι ὑπ' ἀλλήλων
977 b τὰ μέρη θεοῦ ὄντα· ὅπερ ἀδύνατον. πάντῃ δ' ὅμοιον
ὄντα σφαιροειδῆ εἶναι· οὐ γὰρ τῇ μέν, τῇ δ' οὐ
τοιοῦτον εἶναι, ἀλλὰ πάντῃ. ἀίδιον δ' ὄντα καὶ
ἕνα καὶ σφαιροειδῆ οὔτ' ἄπειρον οὔτε πεπεράνθαι.
5 ἄπειρον μὲν γὰρ τὸ μὴ ὂν εἶναι· τοῦτο γὰρ οὔτε
μέσον οὔτ' ἀρχὴν καὶ τέλος οὔτ' ἄλλο μέρος οὐδὲν
ἔχειν, τοιοῦτον δ' εἶναι τὸ ἄπειρον. οἷον δὲ τὸ μὴ
ὄν, οὐκ ἂν εἶναι τὸ ὄν. περαίνειν δὲ πρὸς ἄλληλα,
εἰ πλείω εἴη. τὸ δὲ ἓν οὔτε τῷ οὐκ ὄντι οὔτε τοῖς
πολλοῖς ὡμοιῶσθαι· ἓν γὰρ οὐκ ἔχειν, πρὸς ὅ τι
περανεῖ. τὸ δὴ τοιοῦτον ἕν, οἷον τὸν θεὸν εἶναι
10 λέγει, οὔτε κινεῖσθαι οὔτε ἀκίνητον εἶναι. ἀκίνη-
τον μὲν γὰρ εἶναι τὸ μὴ ὄν. οὔτε γὰρ ἂν εἰς αὐτὸ
ἕτερον οὔτε ἐκεῖνο εἰς ἄλλο ἐλθεῖν. κινεῖσθαι δὲ
τὰ πλείω ὄντα ἑνός. ἕτερον γὰρ εἰς ἕτερον δεῖν
κινεῖσθαι. εἰς μὲν οὖν τὸ μὴ ὂν οὐδὲν ἂν κινηθῆναι·

not be gods ; for it is the essential nature of God not to be subject to any control. Supposing that there were equal gods none of them would have the nature of gods ; for God by nature must be most powerful of all ; but that which is equal is neither better nor worse than that to which it is equal. If then God exists, and such is His character, God must be one alone. If this were not so, God could not do whatever He wished. He could not if there were more gods : therefore God must be one. But being one He must be similar in every direction, both having power to see and to hear and all the other senses in every part. For otherwise different parts of God would control and be controlled by each other ; which is impossible. Again, Xenophanes says that being alike in all parts He must be spherical ; for He cannot be of such a kind in one direction and not in another, but must be of that kind in every part. But being eternal, and one, and spherical He must be neither limited nor unlimited. For non-Being is unlimited ; for this has neither middle, nor beginning, nor end, nor any other part, and this is the character of the unlimited. But Being cannot have the same character as non-Being. If they were more than one they would be limited by each other. But the one is in no way similar to non-Being, or to the many ; for the one has nothing in which it could reach a limit. Again the one, of the type which Xenophanes declares God to be, could neither move nor be immovable. For non-Being is immovable. For another thing cannot enter into its place, nor it into the place of another. It is only things more than one which move. For one thing must move into the place of another. But nothing could move into the place of the non-Being ; for non-

τὸ γὰρ μὴ ὂν οὐδαμῇ εἶναι. εἰ δὲ εἰς ἄλληλα
15 μεταβάλλοι, πλείω ἂν τὸ ἓν εἶναι ἑνός. διὰ ταῦτα
δὴ κινεῖσθαι μὲν ἂν τὰ δύο ἢ πλείω ἑνός, ἠρεμεῖν
δὲ καὶ ἀκίνητον εἶναι τὸ οὐδέν. τὸ δὲ ἓν οὔτε
ἀτρεμεῖν οὔτε κινεῖσθαι· οὔτε γὰρ τῷ μὴ ὄντι οὔτε
τοῖς πολλοῖς ὅμοιον εἶναι. κατὰ πάντα δὲ οὕτως
ἔχειν τὸν θεόν, ἀΐδιόν τε καὶ ἕνα, ὅμοιόν τε καὶ
20 σφαιροειδῆ ὄντα, οὔτε ἄπειρον οὔτε πεπερασμένον,
οὔτε ἠρεμεῖν οὔτ᾽ αὖ κινητὸν εἶναι.

4. Πρῶτον μὲν οὖν λαμβάνει τὸ γιγνόμενον καὶ
οὗτος ἐξ ὄντος γίγνεσθαι, ὥσπερ ὁ Μέλισσος.
καίτοι τί κωλύει μήτ᾽ ἐξ ὁμοίου ⟨μήτ᾽ ἐξ ἀνο-
μοίου⟩ τὸ γιγνόμενον γίγνεσθαι, ἀλλ᾽ ἐκ μὴ ὄντος;
ἔτι οὐδὲν μᾶλλον ὁ θεὸς ἀγένητος ἢ καὶ τἆλλα
25 πάντα, εἴπερ ἅπαντα ἐξ ὁμοίου ἢ ἐξ ἀνομοίου
γέγονεν· ὅπερ ἀδύνατον. ὥστε ἢ οὐδέν ἐστι παρὰ
τὸν θεόν, ἢ καὶ τἆλλα ἀΐδια πάντα. ἔτι κράτιστον
τὸν θεὸν λαμβάνει, τοῦτο δυνατώτατον καὶ βέλτι-
στον λέγων. οὐ δοκεῖ δὲ τοῦτο κατὰ τὸν νόμον,
ἀλλὰ πολλὰ κρείττους εἶναι ἀλλήλων οἱ θεοί. οὐκ
30 οὖν ἐκ τοῦ δοκοῦντος εἴληφε ταύτην κατὰ τοῦ
θεοῦ τὴν ὁμολογίαν. τό τε κράτιστον εἶναι τὸν
θεὸν οὐχ οὕτως ὑπολαμβάνειν ἐνδέχεται ὡς πρὸς
ἄλλο τι τοιαύτη ἡ τοῦ θεοῦ φύσις, ἀλλὰ πρὸς τὴν
αὐτοῦ διάθεσιν, ἐπεί τοί γε πρὸς ἕτερον οὐδὲν ἂν
κωλύοι μὴ τῇ αὐτοῦ ἐπιεικείᾳ καὶ ῥώμῃ ὑπερέχειν,
35 ἀλλὰ διὰ τὴν τῶν ἄλλων ἀσθένειαν. θέλοι δ᾽ ἂν
οὐδεὶς οὕτω τὸν θεὸν φάναι κράτιστον εἶναι, ἀλλ᾽
ὅτι αὐτὸς ἔχει ὡς οἷόν τε ἄριστα, καὶ οὐδὲν ἐλ-
λείπει καὶ εὖ καὶ καλῶς ἔχειν αὐτῷ· ἅμα γὰρ ἴσως

Being has no place. If, then, they could change places, the one would be more than one. Two, then, or more than one, could be moved, but what does not exist must be at rest and immovable. But the one can neither be at rest nor be moved ; for it is similar neither to non-Being nor to the many. In all respects, then, God is of this kind, eternal and one, alike throughout and spherical, neither limited nor unlimited, neither at rest nor movable.

4. Now to begin with Xenophanes assumes, as Melissus does, that what comes into existence arises from what is. Yet what is there to prevent what comes into existence arising neither from what is like nor from what is unlike, but from what is nonexistent ? Again, God is no more unborn than everything else, even if everything has come into existence from what is like or from what is unlike ; which is impossible. So that either there is nothing existing except God, or everything is eternal. Again, he assumes God to be strongest of all, when he calls Him most powerful and best. This is not the popular view, which is that the different gods are superior to each other in many ways. Xenophanes, then, did not take this as an admission from popular opinion. It is possible, then, that, in speaking of the pre-eminence of God, he means not that this is His nature in comparison with anything else, but only in comparison with His own disposition, since in relation to another there would be nothing to prevent His excelling not by His own excellence and strength, but by the weakness of others. But no one would wish to describe God as most powerful in this sense, but only because He is as good as it is possible to be, and in His excellence there is nothing lacking ; this of

977 b
ἔχοντι κἀκεῖνο ἂν συμβαίνοι. οὕτω δὲ διακεῖσθαι
καὶ πλείους αὐτοὺς ὄντας οὐδὲν ἂν κωλύοι, ἅπαντας
978 a ὡς οἷόν τε ἄριστα διακειμένους, καὶ κρατίστους
τῶν ἄλλων, οὐχ αὑτῶν ὄντας. ἔστι δ', ὡς ἔοικε,
καὶ ἄλλα· κράτιστον γὰρ εἶναι τὸν θεόν φησι, τοῦτο
δέ τινων εἶναι ἀνάγκη. ἕνα δ' ὄντα πάντη ὁρᾶν
5 καὶ ἀκούειν οὐδὲν προσήκει· οὐ γάρ, εἰ μὴ καὶ τῇδ'
ὁρᾷ, χεῖρον ὁρᾷ ταύτῃ, ἀλλ' οὐχ ὁρᾷ. ἀλλ' ἴσως
τοῦτο βούλεται τὸ πάντη αἰσθάνεσθαι, ὅτι οὕτως
ἂν βέλτιστα ἔχοι, ὅμοιος ὢν πάντη. ἔτι τοιοῦτος
ὢν διὰ τί σφαιροειδὴς ἂν εἴη, ἀλλ' οὐχ [ὅτι] ἑτέραν
τινὰ μᾶλλον ἔχων ἰδέαν, ὅτι πάντη ἀκούει καὶ
10 πάντη κρατεῖ; ὥσπερ γὰρ ὅταν λέγωμεν τὸ ψιμ-
μύθιον ὅτι πάντη ἐστὶ λευκόν, οὐδὲν ἄλλο σημαί-
νομεν ἢ ὅτι ἐν ἅπασιν αὐτοῦ τοῖς μέρεσιν ἐγκέχρω-
σται ἡ λευκότης· τί δὴ κωλύει οὕτω κἀκεῖ τὸ
πάντη ὁρᾶν καὶ ἀκούειν καὶ κρατεῖν λέγεσθαι, ὅτι
ἅπαν ὃ ἄν τις αὐτοῦ λαμβάνῃ μέρος, τοῦτ' ἔσται
15 πεπονθός; ὥσπερ δὲ οὐδὲ τὸ ψιμμύθιον, οὐδὲ τὸν
θεὸν ἀνάγκη εἶναι διὰ τοῦτο σφαιροειδῆ. ἔτι μήτε
ἄπειρον μήτε πεπεράνθαι σῶμά γε ὂν καὶ ἔχον
μέγεθος πῶς οἷόν τε, εἴπερ τοῦτ' ἐστὶν ἄπειρον ὃ
ἂν μὴ ἔχῃ πέρας δεκτικὸν ὂν πέρατος, πέρας δ' ἐν
μεγέθει καὶ πλήθει ἐγγίγνεται καὶ ἐν ἅπαντι τῷ
20 ποσῷ, ὥστε εἰ μὴ ἔχει πέρας μέγεθος ὄν, ἄπειρόν
ἐστιν; ἔτι δὲ σφαιροειδῆ ὄντα ἀνάγκη πέρας ἔχειν.
ἔσχατα γὰρ ἔχει, εἴπερ μέσον ἔχει, ἃ τούτου
πλεῖστον ἀπέχει. μέσον δ' ἔχει, σφαιροειδὲς ὄν·

course might be true of one who was His equal. There would be nothing to prevent a number from being so, all of them having the best possible disposition, and being superior to all others though not to each other. But, one would think, there are others besides God. For he says that God is most powerful, but this must necessarily be over something. Again, there is no need for God, because He is one, to see and hear in every part ; for if He does not see with one part, He does not see worse with this part, but He does not see at all. But perhaps by perception in every part He means that the best possible condition would be if He were alike in every part. But, supposing this were His character, why should He be spherical, and not have rather some other shape, because He hears and has power in every part ? Just in this way, when we say of white lead that it is entirely white, we mean nothing but that whiteness is a colour which dyes all parts of it ; what, then, is there to prevent our meaning, when we say that hearing, seeing and power lie in every part, that whatever part one takes will always show this characteristic ? In this case God need no more be spherical than white lead. Again, how is it possible that God should be neither limited nor unlimited, supposing that He is corporeal and has magnitude, since that is unlimited which has no limit, though it is capable of having such ; and a limit is a characteristic of size and number and every quantity, so that if being a magnitude it has no limit, it may be called unlimited ? But again, if spherical, it must have a limit. For a sphere has limits, since it has a centre, and these limits are the farthest points from the centre. It must have a centre, if it is spherical ;

978 a

τοῦτο γάρ ἐστι σφαιροειδὲς ὃ ἐκ τοῦ μέσου ὁμοίως
πρὸς τὰ ἔσχατα. σῶμα δὲ ἔσχατα ἢ πέρατα ἔχειν,
25 οὐδὲν διαφέρει. εἰ δὲ καὶ τὸ μὴ ὂν ἄπειρον, τί οὐκ
ἂν καὶ τὸ ὂν ἄπειρον; τί γὰρ κωλύει ἔνια ταὐτὰ
λεχθῆναι κατὰ τοῦ ὄντος καὶ μὴ ὄντος; τό τε γὰρ
[ὂν] οὐκ ὂν οὐδεὶς νῦν αἰσθάνεται, καὶ ὂν δέ τις οὐκ
ἂν αἰσθάνοιτο νῦν· ἄμφω δὲ λεκτὰ καὶ διανοητά.
οὐ λευκὸν δὲ τὸ μὴ ὄν· ἢ οὖν διὰ τοῦτο τὰ ὄντα
30 πάντα λευκά, ὅπως μή τι ταὐτὸ κατὰ τοῦ ὄντος
σημαίνωμεν καὶ μὴ ὄντος, ἢ οὐδέν, οἶμαι, κωλύει
καὶ τῶν ὄντων τι μὴ [ὂν] εἶναι λευκόν· οὕτω δὲ
καὶ ἄλλην οὖν ἀπόφασιν δέξονται τὸ ἄπειρον, εἰ,
κατὰ τὸ πάλαι λεχθέν, τι μᾶλλον παρὰ τὸ ἔχειν ἢ
μὴ ἔχειν ἐστὶν ἄπειρον.¹ ὥστε καὶ τὸ ὂν ἢ ἄπειρον
35 ἢ πέρας ἔχον ἐστίν. ἴσως δὲ ἄτοπον τὸ καὶ προσ-
άπτειν τῷ μὴ ὄντι ἀπειρίαν. οὐ γὰρ πᾶν, εἰ μὴ
ἔχει πέρας, ἄπειρον λέγομεν, ὥσπερ οὐδ' ἄνισον
οὐκ ἂν φαῖμεν εἶναι τὸ μὴ ὄν. ἔτι ⟨τί⟩ οὐκ ἂν
ἔχοι ὁ θεὸς πέρας εἷς ὤν, ἀλλ' οὐ πρὸς θεόν; εἰ
978 b δ' ἓν μόνον ἐστίν, ὁ θεὸς ἂν εἴη μόνον καὶ τὰ τοῦ
θεοῦ μέρη. ἔτι καὶ τοῦτ' ἄτοπον, εἰ τοῖς πολλοῖς
συμβέβηκε πεπεράνθαι πρὸς ἄλληλα, διὰ τοῦτο τὸ
ἓν μὴ ἔχειν πέρας. πολλὰ γὰρ τοῖς πολλοῖς καὶ
τῷ ἑνὶ ὑπάρχει ταὐτά, ἐπεὶ καὶ τὸ εἶναι κοινὸν
5 αὐτοῖς ἐστιν. ἄτοπον οὖν ἴσως ἂν εἴη, εἰ διὰ τοῦτο
μὴ φαῖμεν εἶναι τὸν θεόν, εἰ τὰ πολλά ἐστιν, ὅπως

---

¹ This whole passage is corrupt; nor is Apelt's emendation
—adopted here—entirely satisfactory.

for a definition of the spherical is that which has all its limits equidistant from the centre. It makes no difference whether we say that a body has extremes or limits. But if the non-existent is unlimited, why should not the existent also be unlimited ? For what is there to prevent the same things being said of the existent and the non-existent ? For no one can now see what does not exist, and one might not now see what does exist ; both things can be both said and thought. But what does not exist cannot be white ; I suppose, then, that on this account either all existing things are white, to prevent our attaching the same meaning to the existent and the non-existent, or there is, I imagine, nothing to prevent anything that exists from being not white ; and so they will readily allow another negative, namely unlimited, if, as we have said before, "infinite" depends upon its having, or not having, a limit. So that being is either unlimited or else it has a limit. But perhaps it is absurd to attach absence of limit to what does not exist. For we do not call everything unlimited if it has not a limit, just as we could not call the not-equal unequal. Moreover, why should not God have a limit because He is one, but His limit would not be God. But if God is one only, then both God and His parts must be one only. Again, this too is absurd, that if it falls to the lot of many to have a limit in each other, on this account the one has no limit. For many of the same qualities belong to the many and to the one, since existence is common to both of them. It would be unreasonable if we were to say on this account that there is no God, because the many exist, and He cannot therefore resemble the

491

μὴ ὅμοιον ἔσται αὐτοῖς ταύτῃ. ἔτι τί κωλύει
πεπεράνθαι καὶ ἔχειν πέρατα ἓν ὄντα τὸν θεόν; ὡς
καὶ ὁ Παρμενίδης λέγει ἓν ὂν εἶναι αὐτὸν '' πάντο-
θεν εὐκύκλου σφαίρας ἐναλίγκιον ὄγκῳ, μεσσόθεν
10 ἰσοπαλές.'' τὸ γὰρ πέρας τινὸς μὲν ἀνάγκη ἴσως
εἶναι, οὐ μέντοι πρός τί γε, οὐδὲ ἀνάγκη τὸ ἔχον
πέρας πρός τι ἔχειν πέρας, ὡς πεπερασμένον πρὸς
τὸ [μὴ] ἐφεξῆς ἄπειρον, ἀλλ' ἔστι τὸ πεπεράνθαι
ἔσχατα ἔχειν, ἔσχατα δ' ἔχον οὐκ ἀνάγκη πρός τι
15 ἔχειν. ἐνίοις μὲν οὖν συμβαίνει πᾶν, καὶ πεπε-
ράνθαι ⟨καὶ⟩ πρός τι συνάπτειν, τοῖς δὲ πεπεράνθαι
μέν, μὴ μέντοι πρός τι πεπεράνθαι. πάλιν περὶ
τοῦ ⟨μὴ⟩ ἀκίνητον εἶναι τὸ ὂν καὶ τὸ ἕν, ὅτι καὶ
τὸ ⟨μὴ⟩ ὂν ⟨οὐ⟩ κινεῖται, ἴσως ὁμοίως τοῖς ἔμ-
προσθεν ἄτοπον. καὶ ἔτι ἄρα γε οὐ ταὐτὸ ἄν τις
ὑπολάβοι τὸ μὴ κινεῖσθαι καὶ τὸ ἀκίνητον εἶναι,
ἀλλὰ τὸ μὲν ἀπόφασιν τοῦ κινεῖσθαι, ὥσπερ τὸ μὴ
20 ἴσον, ὅπερ καὶ κατὰ τοῦ μὴ ὄντος εἰπεῖν ἀληθές,
τὸ δὲ ἀκίνητον τῷ ἔχειν πως ἤδη λέγεσθαι, ὥσπερ
τὸ ἄνισον, καὶ ἐπὶ τῷ ἐναντίῳ τοῦ κινεῖσθαι, τῷ
ἠρεμεῖν, ὡς καὶ σχεδὸν αἱ ἀπὸ τοῦ ἄλφα ἀποφάσεις
ἐπὶ ἐναντίων λέγονται. τὸ μὲν οὖν μὴ κινεῖσθαι
ἀληθὲς ἐπὶ τοῦ μὴ ὄντος, τὸ δὲ ἠρεμεῖν οὐχ ὑπάρχει
25 τῷ μὴ ὄντι. ὁμοίως δὲ οὐδὲ ἀκίνητον εἶναι, ⟨ὃ⟩
σημαίνει ταὐτόν. ἀλλ' οὗτος τῷ ἠρεμεῖν ἐπ' αὐτῷ
χρῆται, καὶ φησὶ τὸ μὴ ὂν ἠρεμεῖν, ὅτι οὐκ ἔχει
μετάβασιν. ὅπερ δὲ καὶ ἐν τοῖς ἄνω εἴπομεν, ἄ-
τοπον ἴσως, εἴ τι τῷ μὴ ὄντι προσάπτομεν, τοῦτο

many in this way. Again, what is there to prevent God
from being limited and having limits because He is
one ? So Parmenides says that being one He " is in
every way like to the circle, all points in the circum-
ference being equidistant from the centre." For
presumably the limit of everything must exist, but
it need not end in anything, nor need what has a
limit have its limit in anything, as for instance when
its limit is the unlimited next to it in series, but
that which is limited must have extremities but need
not have them ending in anything. Some things
may have both qualities, that is, are limited and
impinge on something else, but others may be limited
but not be limited by anything else. Again, on the
question of being and not being unmoved, on the
ground that what is non-existent does not move,
perhaps it is just as absurd as the former. Again, no
one would suppose that not being moved and being
unmoved were the same thing ; not being moved is
merely a negation of moving (just as not-equal is
a negation of equal), which can truthfully be pre-
dicated of the non-existent, but unmoved is the
attribution of a certain positive quality, like unequal,
and implies the opposite of being moved, namely keep-
ing still, almost as the privative alpha makes words
mean their opposites. Not being moved is a true
description of the non-existent, but being at rest can-
not be attributed to the non-existent. In the same
way it cannot be unmoved, which means the same
thing. But Xenophanes applies the term " at rest "
to the non-existent, and says that the non-existent is
at rest, because it admits no change of place. As we
said above, it is absurd, if we attach any attribute to
the non-existent, to say that therefore it cannot be

μὴ ἀληθὲς εἶναι κατὰ τοῦ ὄντος εἰπεῖν, ἄλλως τε
30 κἂν ἀπόφασις ᾖ τὸ λεχθέν, οἷον καὶ τὸ μὴ κινεῖσθαι
μηδὲ μεταβαίνειν ἐστίν. πολλὰ γὰρ ἄν, καθάπερ
καὶ ἐλέχθη, ἀφαιροῖτο τῶν ὄντων κατηγορεῖν. οὐδὲ
γὰρ ἂν πολλὰ ἀληθὲς εἰπεῖν εἴη μὴ ἕν, εἴπερ καὶ
τὸ μὴ ὂν ἐστὶ μὴ ἕν. ἔτι ἐπ᾽ ἐνίων τἀναντία
35 ξυμβαίνειν δοκεῖ κατὰ τὰς αὐτὰς ἀποφάσεις· οἷον
ἀνάγκη ἢ ἴσον ἢ ἄνισον, ἄν τι πλῆθος ἢ μέγεθος
ᾖ, καὶ ἄρτιον ἢ περιττόν, ἂν ἀριθμὸς ᾖ. ὁμοίως δ᾽
ἴσως καί τι ἢ ἠρεμεῖν ἢ κινεῖσθαι ἀνάγκη, ἂν σῶμα
ᾖ. ἔτι εἰ καὶ διὰ τοῦτο μὴ κινεῖται ὁ θεός τε καὶ
979 a τὸ ἕν, ὅτι τὰ πολλὰ κινεῖται τῷ εἰς ἄλληλα ἰέναι,
τί κωλύει καὶ τὸν θεὸν κινεῖσθαι εἰς ἄλλο; οὐδαμοῦ
⟨γὰρ λέγει⟩ ὅτι ⟨ἕν ἐστι⟩ μόνον, ἀλλ᾽ ὅτι εἷς
μόνος θεός. εἰ δὲ καὶ οὕτως, τί κωλύει εἰς ἄλληλα
κινουμένων τῶν μερῶν τοῦ ⟨θεοῦ⟩ κύκλῳ φέρεσθαι
τὸν θεόν; οὐ γὰρ δὴ τὸ τοιοῦτον ἕν, ὥσπερ ὁ
5 Ζήνων, πολλὰ εἶναι φήσει. αὐτὸς γὰρ σῶμα λέγει
εἶναι τὸν θεόν, εἴτε τόδε τὸ πᾶν, εἴτε ὅ τι δήποτε
αὐτὸ λέγων. ἀσώματος γὰρ ὤν, πῶς ἂν σφαιρο-
ειδὴς εἴη; ἔτι μόνως γ᾽ ἂν οὕτως οὔτ᾽ ἂν κινοῖτο
οὔτ᾽ ἂν ἠρεμοῖ μηδαμοῦ γε ὤν· ἐπεὶ δὲ σῶμά ἐστι,
τί ἂν αὐτὸ κωλύοι κινεῖσθαι ὡς ἐλέχθη;

applied with truth to the existent, especially if what is said is a mere negation, such as not-moving and not-changing position. For, as has been said, it would make it impossible to attribute many things to what exists. It would not even be true to say that the "many" is "not one", since what does not exist is also "not one."

Again, in some cases contraries seem to arise from the actual negations; for instance, one of the terms equal and unequal must apply, whether we are dealing with numbers or magnitudes, and odd and even must apply if we are dealing with numbers. Possibly in the same way the terms "at rest" or "in motion" must apply if we are dealing with a body.

Again, if God, or the one, does not move because the many move by passing into each other, what is there to prevent God from moving into another place? For he never claims that God is the only existent, but that only one God exists. If this is the case, what is there to prevent God from moving in a circle by His parts moving into each other? For he will surely not say, as Zeno does, that a one of this kind is really many. For he himself says that God is a body, whether this body is the "all" or whether he calls it something else. For if God were not corporeal, how could He be spherical?

Again, the only case in which God could neither be at rest nor moving would be if He existed nowhere. Since God is a body, what prevents that body from moving, as has been said?

ΠΕΡΙ ΓΟΡΓΙΟΥ

5. Οὐκ εἶναί φησιν οὐδέν· εἰ δ' ἔστιν, ἄγνωστον
εἶναι· εἰ δὲ καὶ ἔστι καὶ γνωστόν, ἀλλ' οὐ δηλωτὸν
ἄλλοις. καὶ ὅτι μὲν οὐκ ἔστι, συνθεὶς τὰ ἑτέροις
15 εἰρημένα, ὅσοι περὶ τῶν ὄντων λέγοντες τἀναντία,
ὡς δοκοῦσιν, ἀποφαίνονται αὐτοῖς, οἱ μὲν ὅτι ἓν
καὶ οὐ πολλά, οἱ δὲ αὖ ὅτι πολλὰ καὶ οὐχ ἕν, καὶ
οἱ μὲν ὅτι ἀγένητα, οἱ δ' ὡς γενόμενα ἐπι-
δεικνύντες, ταῦτα συλλογίζεται κατ' ἀμφοτέρων.
ἀνάγκη γάρ, φησίν, εἴ τι ἔστιν, ⟨ἤτοι ἓν ἢ πολλὰ
εἶναι καὶ ἤτοι ἀγένητα ἢ γενόμενα. εἰ δὴ ξυμβαί-
20 νει⟩ μήτε ἓν μήτε πολλὰ εἶναι, μήτε ἀγένητα μήτε
γενόμενα, οὐδὲν ἂν εἴη. εἰ γὰρ εἴη τι, τούτων ἂν
θάτερα εἴη. ὅτι ⟨οὖν⟩ οὐκ ἔστιν οὔτε ἓν οὔτε
πολλά, οὔτε ἀγένητα οὔτε γενόμενα, τὰ μὲν ὡς
Μέλισσος, τὰ δὲ ὡς Ζήνων ἐπιχειρεῖ δεικνύειν
μετὰ τὴν πρώτην ἰδίαν αὑτοῦ ἀπόδειξιν, ἐν ᾗ λέγει
25 ὅτι οὐκ ἔστιν οὔτε εἶναι οὔτε μὴ εἶναι. εἰ μὲν γὰρ
τὸ μὴ εἶναι ἔστι μὴ εἶναι, οὐδὲν ἂν ἧττον τὸ μὴ
ὂν τοῦ ὄντος εἴη. τό τε γὰρ μὴ ὂν ἔστι μὴ ὄν, καὶ
τὸ ὂν ὄν, ὥστε οὐδὲν μᾶλλον εἶναι ἢ οὐκ εἶναι τὰ
πράγματα. εἰ δ' ὅμως τὸ μὴ εἶναι ἔστι, τὸ εἶναι,
φησίν, οὐκ ἔστι, τὸ ἀντικείμενον. εἰ γὰρ τὸ μὴ

ON GORGIAS

5. GORGIAS maintains first, that nothing exists ; secondly, that if anything exists it is unknowable ; and thirdly, that if anything exists and is knowable, it cannot be demonstrated to others. To prove that nothing exists, he combines the statements made by different people, who in discussing the question of Being have apparently made contradictory assertions ; some say that Being is one and not many, others that it is many and not one, some that it has never come into being, and others claim that it has ; he attempts to draw his conclusions from both sides. For he says, if anything exists, it is either one or many, and either has not come into existence or it has. If, then, it happens that it is neither one nor many, neither born nor unborn, it would be nothing. If, then, there were anything, it would be one of these two things. To prove that it is neither one nor many, neither unborn nor born, he tries to prove partly on the lines of Melissus and partly on those of Zeno, after the first demonstration of his own, in which he says that neither Being nor not-Being can exist. For if Not-Being is Not-Being, Not-Being IS no less than being. For Not-Being IS Not-being, and Being IS also Being, so that things exist no more than not exist. If Not-Being exists, then Being, which is its opposite, does not. For if Not-Being exists, then

979 a

30 εἶναι ἔστι, τὸ εἶναι μὴ εἶναι προσήκει. ὥστε οὐκ
ἂν οὕτως, φησίν, οὐδὲν ἂν εἴη, εἰ μὴ ταὐτόν ἐστιν
εἶναί τε καὶ μὴ εἶναι. εἰ δὲ ταὐτό, καὶ οὕτως οὐκ
ἂν εἴη οὐδέν· τό τε γὰρ μὴ ὂν οὐκ ἔστι καὶ τὸ
ὄν, ἐπείπερ γε ταὐτὸ τῷ μὴ ὄντι. οὗτος μὲν οὖν
ὁ αὐτοῦ λόγος ἐκείνου.

6. Οὐδαμόθεν δὲ συμβαίνει ἐξ ὧν εἴρηκεν, μηδὲν
35 εἶναι. ἃ γὰρ καὶ ἀποδείκνυσιν, οὕτως διαλέγεται.
εἰ τὸ μὴ ὂν ἔστιν, ἢ ἔστιν ἁπλῶς εἰπεῖν, ἢ ᾗ καὶ
ἔστιν τὸ μὴ ὂν μὴ ὄν. τοῦτο δὲ οὔτε φαίνεται
οὕτως οὔτε ἀνάγκη, ἀλλ' ὡσπερεὶ δυοῖν ὄντοιν, τοῦ
μὲν ὄντος, τοῦ δὲ δοκοῦντος, τὸ μὲν ἔστι, τὸ δ'
979 b οὐκ ἀληθές, ὅτι ἔστι τὸ μὲν μὴ ὄν. διὰ τί οὖν οὐκ
ἔστιν οὔτε εἶναι οὔτε μὴ εἶναι; τὸ δ' ἄμφω οὔθ'
ἕτερον οὐκ ἔστιν. οὐδὲν γὰρ ⟨ἧττον⟩, φησίν, εἴη
ἂν τὸ μὴ εἶναι τοῦ εἶναι, εἴπερ εἴη τι καὶ τὸ μὴ
εἶναι, ὅτε οὐδείς φησιν εἶναι τὸ μὴ εἶναι οὐδαμῶς.
5 εἰ δὲ καὶ ἔστι τὸ μὴ ὂν μὴ ὄν, οὐχ οὕτως ὁμοίως
εἴη ἂν τὸ μὴ ὂν τῷ ὄντι· τὸ μὲν γάρ ἐστι μὴ ὄν,
τὸ δὲ καὶ ἔστιν ἔτι. εἰ δὲ καὶ ἁπλῶς εἰπεῖν ἀληθές,
ὡς δὴ θαυμάσιόν γ' ἂν εἴη τὸ μὴ ὂν ἔστιν. ἀλλ'
εἰ δὴ οὕτω, πότερον μᾶλλον ξυμβαίνει ἅπαντα ἢ
εἶναι μὴ εἶναι; αὐτὸ γὰρ οὕτω γε τοὐναντίον ἔοικε
γίγνεσθαι. εἰ γὰρ τό τε μὴ ὂν ὄν ἐστι καὶ τὸ ὂν
ὄν ἐστιν, ἅπαντα ἔστιν. καὶ γὰρ τὰ ὄντα καὶ τὰ
μὴ ὄντα ἔστιν. οὐκ ἀνάγκη γάρ, εἰ τὸ μὴ ὂν ἔστι,
καὶ τὸ ὂν μὴ εἶναι. εἰ δὴ καὶ οὕτω τις ξυγχωροῖ,

---

* *i.e.* the word ἐστι is used in the first case merely as a
copula ; in the second in its sense of having existence. The
distinction is of course quite clear. " The Phoenix is a
mythical bird " does not imply the existence of the phoenix.

Being and Not-Being seem to be the same. On these grounds, he says, nothing could exist, unless Being and Not-Being are the same thing. And if they were the same thing, on these grounds too nothing would exist; for Not-Being does not exist, and the same applies to Being, since it is the same thing as Not-Being. This, then, is his argument.

6. Now it does not follow from any of his statements that nothing exists. His own demonstration is thus disproved. If Not-Being exists, either it exists in the ordinary sense of the term, or in the sense in which Not-Being does not exist. Now this is not apparent, nor is it a necessary conclusion; supposing, then, there are two things, one of which is, and one only seems to be, the one exists, but the other is not true, because it is non-existent. Why, then, should there be neither Being nor Not-Being? Both, and not only one, are possible. For he says Not-Being would exist no less than Being, if Not-Being had any existence, whence he states that Not-Being has no existence of any sort. But even if Not-Being IS Not-Being, Not-Being need not BE in the same sense as Being IS [a]; for the former simply is Not-Being, but the latter also exists. Even if it were possible to apply the word IS in its truest sense, how absurd it would be to say that Not-Being IS. And even if it were, would it be any more reasonable to say that everything IS not rather than IS? In this case the opposite seems to be true. For if Not-Being can be said to exist, and Being also exists, then all things exist, for both things which are and those which are not exist. For it does not follow that if Not-Being exists Being does not exist. If, then, anyone were to agree both that Not-Being exists, and

979 b

καὶ τὸ μὲν μὴ ὂν εἴη, τὸ δὲ ὂν μὴ εἴη, ὅμως οὐδὲν
ἧττον εἴη ἄν ⟨τι⟩· τὰ γὰρ μὴ ὄντα εἴη κατὰ τὸν
15 ἐκείνου λόγον. εἰ δὲ ταὐτόν ἐστι τὸ εἶναι καὶ τὸ
μὴ εἶναι, οὐδ' οὕτως μᾶλλον οὐκ εἴη ἄν τι ἢ εἴη.
ὡς γὰρ κἀκεῖνος λέγει, ὅτι εἰ ταὐτὸ τὸ μὴ ὂν καὶ
τὸ ὄν, τό τε ὂν οὐκ ἔστι καὶ τὸ μὴ ὄν, ὥστε οὐδὲν
ἔστιν, ἀντιστρέψαντι ἔστιν ὁμοίως φάναι ὅτι πάντα
ἔστιν. τό τε γὰρ μὴ ὂν ἔστι καὶ τὸ ὄν, ὥστε
20 πάντα ἔστιν. μετὰ δὲ τοῦτον τὸν λόγον φησίν, εἰ
δὲ ἔστιν, ἤτοι ἀγένητον ἢ γενόμενον εἶναι. καὶ εἰ
μὲν ἀγένητον, ἄπειρον αὐτὸ τοῖς τοῦ Μελίσσου
ἀξιώμασι λαμβάνει· τὸ δ' ἄπειρον οὐκ ἂν εἶναί που.
οὔτε γὰρ ἐν αὑτῷ οὔτ' ἂν ἐν ἄλλῳ εἶναι· δύο γὰρ
ἂν οὕτως ἀπείρω εἶναι, τό τε ἐνὸν καὶ τὸ ἐν ᾧ·
25 μηδαμοῦ δὲ ὂν οὐδὲν εἶναι κατὰ τὸν τοῦ Ζήνωνος
λόγον περὶ τῆς χώρας. ἀγένητον μὲν οὖν διὰ ταῦτ'
οὐκ εἶναι, οὐ μὴν οὐδὲ γενόμενον. γενέσθαι γοῦν
οὐδὲν ἂν οὔτ' ἐξ ὄντος οὔτ' ἐκ μὴ ὄντος. εἰ γὰρ
⟨ἐξ ὄντος γένοιτο, μεταπεσεῖν ἄν, ὃ ἀδύνατον· εἰ
γὰρ⟩ τὸ ὂν μεταπέσοι, οὐκ ἂν ἔτ' εἶναι αὐτὸ ὄν,
ὥσπερ γ' εἰ καὶ τὸ μὴ ὂν γένοιτο, οὐκ ἂν ἔτι εἴη
30 μὴ ὄν. οὐδὲ μὴν οὐκ ἐξ ὄντος ἂν γενέσθαι. εἰ
μὲν γὰρ μὴ ἔστι τὸ μὴ ὄν, οὐδὲν ἂν ἐκ μηδενὸς
ἂν γενέσθαι· εἰ δ' ἔστι τὸ μὴ ὄν, δι' ἅπερ οὐδ' ἐκ
τοῦ ὄντος, διὰ ταῦτα οὐδ' ἐκ τοῦ μὴ ὄντος γενέ-
σθαι. εἰ οὖν ἀνάγκη μέν, εἴπερ ἔστι τι, ἤτοι
35 ἀγένητον ἢ γενόμενον εἶναι, ταῦτα δὲ ἀδύνατον,
⟨ἀδύνατόν⟩ τι καὶ εἶναι. ἔτι εἴπερ ἔστι τι, ἢ ἓν
ἢ πλείω, φησίν, ἐστίν· εἰ δὲ μήτε ἓν μήτε πολλά,
500

that Being does not exist, even in this case something would exist ; for according to his argument Not-Being would exist. If, then, Being and Not-Being are identical, in this case nothing can be said to exist any more than not to exist. For, as he himself says, if Not-Being and Being are identical, then neither Being nor Not-Being has any existence, so that nothing exists, and changing the argument round it is just as true to say that everything exists. For both Not-Being and Being exist, and therefore everything exists. After this argument Gorgias says that if anything exists it is either unborn or born. If it is unborn he maintains by the axioms of Melissus that it is infinite ; and the infinite, he says, is nowhere. For it can neither be in itself nor in another : if it existed in another there would be two infinites, that which is in something and that in which it is ; and according to Zeno's discussion on Space, that which is no-thing must be no-where. For this reason, then, it is not unborn, nor can it be born. For nothing could be born either from Being or from Not-Being. For if it were born from Being, it would have changed, which is impossible ; for if it were to change, it would no longer be Being, just as if Not-Being were to be born, it would no longer be Not-Being. Again it could not be born from Being, for, if Not-Being does not exist, clearly nothing could be born out of nothing ; but if Not-Being does exist, it could not be born from Not-Being, for the same reason as it could not be born from Being. If, then, it is inevitable, that if anything exists it is either unborn or born (and this is impossible), then it is impossible for anything to exist. Again, if anything exists, he says it must be either one or many ; if it were neither one nor many, it

οὐδὲν ἂν εἴη. καὶ ἓν μὲν ⟨οὐκ ἂν εἶ⟩ναι, ὅτι
ἀσώματον ἂν εἴη τὸ ⟨ὡς ἀληθῶς⟩ ἕν, κ⟨αθὸ οὐδ⟩ὲν
ἔχον μέγε⟨θος· ὃ ἀναιρεῖσθαι⟩ τῷ τοῦ Ζήνωνος
λόγῳ. ἑνὸς δὲ ⟨μὴ⟩ ὄντος, οὐδ' ἂν ⟨ὅλως⟩ εἶναι
οὐδέν. μὴ ⟨γὰρ ὄντος ἑνὸς⟩ μηδὲ πολλὰ ⟨εἶναι
980 a δεῖν⟩. εἰ δὲ μήτε ⟨ἕν, φησιν⟩, μήτε πολλὰ ἔστιν,
οὐδὲν ἔστιν. οὐδ' ἂν κινηθῆναί φησιν οὐδέν. εἰ
γὰρ κινηθείη, [ἢ] οὐκ ἂν ἔτ' εἴη ὡσαύτως ἔχον,
ἀλλὰ τὸ μὲν ⟨ὂν⟩ οὐκ ὂν εἴη, τὸ δ' οὐκ ὂν γεγονὸς
εἴη. ἔτι δὲ εἰ κίνησιν κινεῖται, καθ' ἣν μετα-
φέρεται, οὐ συνεχὲς ὂν διῄρηται, ⟨ᾗ δὲ διῄρηται⟩
5 τὸ ὄν, οὐκ ἔστι ταύτῃ· ὥστ' εἰ πάντῃ κινεῖται, πάντῃ
διῄρηται. εἰ δ' οὕτως, πάντῃ οὐκ ἔστιν. ἐκλιπὲς
γὰρ ταύτῃ, φησίν, ᾗ διῄρηται, τοῦ ὄντος, ἀντὶ τοῦ
κενοῦ τὸ διῃρῆσθαι λέγων, καθάπερ ἐν τοῖς Λευ-
κίππου καλουμένοις λόγοις γέγραπται.

Εἶναι οὖν οὐδέν, τὰς ἀποδείξεις ⟨λέγει ταύτας·
εἰ δ' ἔστιν, ὅτι ἄγνωστόν ἐστι, μετὰ ταῦτα τὰς
ἀποδείξεις⟩ λέγει. ἅπαντα δεῖν γὰρ τὰ φρονού-
10 μενα εἶναι, καὶ τὸ μὴ ὄν, εἴπερ μὴ ἔστι, μηδὲ
φρονεῖσθαι. εἰ δ' οὕτως, οὐδὲν ἂν εἴποι ψεῦδος
οὐδείς, φησίν, οὐδ' εἰ ἐν τῷ πελάγει φαίη ἁμιλ-
λᾶσθαι ἅρματα. πάντα γὰρ ἂν ταύτῃ εἴη. καὶ
γὰρ τὰ ὁρώμενα καὶ ἀκουόμενα διὰ τοῦτο ἔσται,
ὅτι φρονεῖται ἕκαστα αὐτῶν· εἰ δὲ μὴ διὰ τοῦτο,
15 ἀλλ' ὥσπερ οὐδὲν μᾶλλον ἃ ὁρῶμεν ⟨ᾗ ὁρῶμεν⟩
ἔστιν, οὕτως ⟨οὐ⟩ μᾶλλον ἃ ὁρῶμεν ᾗ διανοούμεθα
(καὶ γὰρ ὥσπερ ἐκεῖ πολλοὶ ἂν ταῦτα ἴδοιεν, καὶ

could not exist. He says it cannot be one, because one is really not corporeal, as it has no magnitude : which is disproved by Zeno's argument. If, then, it is not one, it could not exist at all. For if it is not one, it cannot be many. But, he argues, if it is neither one nor many, it does not exist at all. Again, he says that nothing can be moved. For if it were moved, it would not be the same as it was before, but Being would have become Not-Being, and Not-Being would be born. Again if it has any motion whereby it can change its place, not being continuous it suffers division, and at the point where Being is divided, it does not exist ; so that if it moves in every part, it is divided in every part. If this is the case, it ceases to exist in any part. For it falls short of Being (so Gorgias says) at the point of its division, and he calls it division instead of Void, as it is described in the works ascribed to Leucippus.

^a These, then, he claims as proofs that nothing exists; after this he states his proof that, if anything exists, it is unknowable. For if it could be known, then all subjects of thought must exist and Not-Being, since it does not exist, could not be thought of. But, if this is so, no one, he says, could say anything false, not even if he said that chariots compete in the sea. For everything would be in the same category. So things seen and things heard will exist, because each of them is an object of thought ; if this is not the case, if, that is, what we see no more exists because we see it, so what we think no more exists because we think of it (for just as in that case many would see this, and

---

^a The whole of this passage is unsatisfactory, but in the mutilated condition of the MS. it is hopeless to attempt a sound emendation.

980 a

ἐνταῦθα πολλοὶ ἂν ταῦτα διανοηθεῖεν), τί οὖν μᾶλ-
λον δῆλον εἰ τοιάδ' ἐστί; ποῖα δὲ τἀληθῆ, ἄδηλον.
ὥστε εἰ καὶ ἔστιν, ἡμῖν γε ἄγνωστ' ἂν εἶναι τὰ
πράγματα. εἰ δὲ καὶ γνωστά, πῶς ἄν τις, φησί,
20 δηλώσειεν ἄλλῳ; ὃ γὰρ εἶδε, πῶς ἄν τις, φησί,
τοῦτο εἴποι λόγῳ; ἢ πῶς ἂν ἐκεῖνο δῆλον ἀκού-
980 b σαντι γίγνοιτο, μὴ ἰδόντι; ὥσπερ γὰρ οὐδὲ ἡ ὄψις
τοὺς φθόγγους γιγνώσκει, οὕτως οὐδὲ ἡ ἀκοὴ τὰ
χρώματα ἀκούει, ἀλλὰ φθόγγους· καὶ λέγει ὁ λέγων,
ἀλλ' οὐ χρῶμα οὐδὲ πρᾶγμα. ὃ οὖν τις μὴ ἐννοεῖ,
πῶς ἂν αὐτὸ παρ' ἄλλου λόγῳ ἢ σημείῳ τινί,
5 ἑτέρῳ τοῦ πράγματος, ἐννοήσειεν, ἀλλ' ἢ ἐὰν μὲν
χρῶμα, ἰδών, ἐὰν δὲ ⟨φθόγγος, ἀκροώ⟩μενος;
ἀρχὴν γὰρ οὐ⟨δεὶς⟩ λέγει ⟨φθόγ⟩γον οὐδὲ χρῶμα,
ἀλλὰ λόγον· ὥστ' οὐδὲ διανοεῖσθαι χρῶμα ἔστιν,
ἀλλ' ὁρᾶν, οὐδὲ ψόφον, ἀλλ' ἀκούειν. εἰ δὲ καὶ
ἐνδέχεται γιγνώσκειν τε καὶ ἀναγιγνώσκειν λόγον,
ἀλλὰ πῶς ὁ ἀκούων τὸ αὐτὸ ἐννοήσει; οὐ γὰρ
10 οἷόν τε τὸ αὐτὸ ἅμα ἐν πλείοσι καὶ χωρὶς οὖσιν
εἶναι· δύο γὰρ ἂν εἴη τὸ ἕν. εἰ δὲ καὶ εἴη, φησίν,
ἐν πλείοσι καὶ ταὐτόν, οὐδὲν κωλύει μὴ ὅμοιον
φαίνεσθαι αὐτοῖς, μὴ πάντῃ ὁμοίοις ἐκείνοις οὖσιν
καὶ ἐν τῷ αὐτῷ· εἰ ⟨γάρ⟩ τι ἦν τοιοῦτο, εἷς ἄν,
ἀλλ' οὐ δύο εἶεν. φαίνεται δὲ οὐδ' αὐτὸς αὑτῷ
15 ὅμοια αἰσθανόμενος ἐν τῷ αὐτῷ χρόνῳ, ἀλλ' ἕτερα
τῇ ἀκοῇ καὶ τῇ ὄψει, καὶ νῦν τε καὶ πάλαι
διαφόρως, ὥστε σχολῇ ἄλλῳ πᾶν ταὐτὸ αἴσθοιτό

in the other many would think of it), why should it be any more clear, if such things exist? But it is quite uncertain which kind of things is true. So that, if they exist, things must in any case be unknown by us. But even if they are known, how, he says, could anyone communicate them to another? For how could a man express in words what he has seen? Or how could a thing be clear to a man who heard it, if he has not seen it? For just as sight is not the sense which recognizes sounds, so hearing cannot hear colours, but only sounds; and the speaker speaks, but he does not speak a colour or a thing. Anything, then, which a man has not in his own consciousness, how can he acquire it from the word of another, or by any sign which is different from the thing, except by seeing it if it is a colour, or hearing it if it is a sound? For, to begin with, no one speaks a sound or a colour, but only a word; so that it is not possible to think a colour but only to see it, nor to think a sound, but only to hear it. Granting, then, that it is possible to know and read a word, how can the hearer be conscious of the same thing? For it is impossible for the same thing to exist in several separate persons; for then the one would be two. But if the same things were in several persons, there is nothing to prevent it from not being the same in them all, seeing that they are not in every way alike, nor in the same place; for if anything were this, it would be one and not two. But even the man himself does not seem to perceive similar things at the same time, but different things with his hearing and with his vision, and different again at the moment and long ago, so that one man can hardly perceive the same things as another. Thus

505

τις. οὕτως οὐκ ἐστίν, εἰ ἔστι τι, γνωστόν, ⟨εἰ δὲ
γνωστόν,⟩ οὐδεὶς ἂν αὐτὸ ἑτέρῳ δηλώσειεν, διά τε
τὸ μὴ εἶναι τὰ πράγματα λόγους, καὶ ὅτι οὐδεὶς
20 [ἕτερον] ἑτέρῳ ταὐτὸν ἐννοεῖ. ἅπαντες δὲ καὶ
οὗτος ἑτέρων ἀρχαιοτέρων εἰσὶν ἀπορίαι, ὥστε ἐν
τῇ περὶ ἐκείνων σκέψει καὶ ταῦτα ἐξεταστέον.

if anything exists, it cannot be known, and if it is known, no one could show it to another; because things are not words, and because no one thinks the same things as another.

All philosophers including Gorgias are here dealing with difficulties of other older thinkers, so that in consideration of their views these must also be examined.

INDEX NOMINUM

INDEX NOMINUM

INDEX NOMINUM

INDEX NOMINUM

INDEX NOMINUM

INDEX RERUM

INDEX RERUM

INDEX RERUM